T0135450

Kurt M. Füglister
Martin Hicklin
Pascal Mäser (Hg.)

natura obscura

200 Naturforschende –

200 Naturphänomene –

200 Jahre Naturforschende
Gesellschaft in Basel

Mit neun Abbildungen von
Martin Oeggerli (Micronaut), Basel

Schwabe Verlag Basel

Wir danken den folgenden Institutionen/Unternehmen für die grosszügige Unterstützung unseres Jubiläums.

Swiss Academy of Sciences
Akademie der Naturwissenschaften
Accademia di scienze naturali
Académie des sciences naturelles

SWISSLOS-Fonds
Basel-Stadt

SWISSLOS

R. Geigy·Stiftung

Swiss Industry Science Fund (SISF)

 NOVARTIS Roche syngenta

 J. SAFRA SARASIN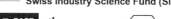

Nachhaltiges Schweizer Private Banking seit 1841

Stiftung Emilia-Guggenheim-Schnurr

Basler Stiftung für Experimentelle Zoologie

FSC
www.fsc.org
MIX
Aus verantwortungs-vollen Quellen
FSC® C068066

Umschlaggestaltung: Thomas Lutz, Schwabe
unter Verwendung der Abbildungen:
Krätzmilbe (Sacroptes scabiei) © Martin Oeggerli 2012–2017;
Sternfeld im Zentralgebiet der Milchstrasse, Quelle: NASA, ESA, STScI; W. Clarson und K. Sahu
Schrift: Arnhem, Akzidenz Grotesk
Papier: Profibulk
Druck: Schwabe AG, Muttenz/Basel, Schweiz
Gesamtherstellung: Schwabe AG, Muttenz/Basel, Schweiz
Printed in Switzerland
ISBN 978-3-7965-3686-1

rights@schwabe.ch
www.schwabeverlag.ch

Inhalt

Kurt M. Füglister
Pascal Maeser
Martin Hicklin (Hg.)

Als sich in Basel am 8. Januar 1817, einem Mittwoch, elf ehrenwerte Herren aus der Basler Wissenschaft und gutem Hause trafen, um der Empfehlung des bernischen Pfarrers Samuel Wyttenbach zu folgen und auch in Basel eine Naturforschende Gesellschaft zu gründen, setzten sie in ersten Statuten hohe Ziele. Zweck der Gesellschaft solle die «Erweiterung und Ausbreitung menschlicher Kenntnisse in sämtlichen Zweigen der Naturwissenschaften» sein, und es solle besonderes Gewicht «auf die Naturgeschichte des Vaterlandes und der Umgegend» sowie darauf gelegt werden, «wie man diese Kenntnisse im praktischen Leben und zum Nutzen des Vaterlandes anwenden» könne. Die Gesellschaft wollte für die Forschenden der Stadt, in heutigen Worten, Plattform, Hub und Inkubator des Fortschritts sein, der sich in dem zu diesem Zeitpunkt gerade friedlichen Jahrhundert – Napoleon war schon ein drittes Jahr auf Sankt Helena – mächtig entfalten sollte. Wichtig war dabei: Weniger durch Theorie als auf dem «sicheren Weg der Erfahrung, durch sorgfältige und richtige Beobachtungen und Versuche» sollte die neue Gesellschaft der Naturforschenden nach Punkt 2 der Statuten «die Kenntnis der Natur zu befördern sich bestreben».

Zweihundert Jahre danach hat die Gesellschaft weit mehr als ihr blosses Überleben in einer im Vergleich zur Zeit der Gründung auch in der Wissenschaft völlig veränderten Welt zu feiern. Sie blickt nicht nur auf Generationen legendärer Mitglieder zurück, nach denen gar Strassen, Plätze und Brücken benannt sind, sondern will gerade heute eine besondere, unverwechselbare Rolle in der Vermittlung von erklärendem Wissen um die Natur und ihren Reichtum spielen. Dabei pflegt sie das Verbindende, wie der Paläontologe Hans Georg Stehlin schon vor hundert Jahren angesichts der beginnenden, die Fächer trennenden Spezialisierung anmahnte, und strebt danach, den Nutzen der Forschung, auch für Stadt und «Vaterland», einer weit grösseren Öffentlichkeit bekannt und beliebt zu machen denn je zuvor.

«Rettet die Phänomene» hatte in den 1970er-Jahren der Physiker Martin Wagenschein als didaktischen Imperativ ausgerufen und das unmittelbare Erleben und Beobachten der Naturerscheinungen als unverzichtbar für ein wirkliches Verstehen hervorgehoben.

In diesem Buch zum 200-jährigen Bestehen der Naturforschenden Gesellschaft in Basel NGiB soll es um genau dies und solche Phänomene gehen. Passend zum Jubiläum wollten wir 200 Naturforschende aus der Region, oder die mit Basel als Wissenschaftsplatz verbunden sind, gewinnen, ein sie selbst faszinierendes Phänomen der Natur erklärend zu behandeln. Einer von uns (K. F.) hatte die verrückte Idee und nannte das zu erhellende Objekt «natura obscura – ein Zaubergarten». Schien am Anfang das Ziel schier unerreichbar, kamen am Ende ungezwungen – und nach ein paar tausend E-Mails – diese Zweihundert zusammen, um mit ihren Texten, in ihrer Sprache und Dramaturgie von einem Stück Natur zu erzählen, das sie in Atem hält. Aktive und emeritierte Wissenschaffende, Studierende und Institutsvorstehende, Nobelpreisträger und ein gelehrter Tramführer finden sich unter den Autorinnen und Autoren.

So bildet die Vielfalt der Beitragenden auch die Vielfalt der Themen unserer für alle Interessierten offenen Naturforschenden Gesellschaft ab und bleibt doch nur ein bescheidener Ausschnitt aus all den möglichen Facetten des im Zaubergarten Natur und in der blühenden Wissenschaftsstadt Basel so reichlich Vorhandenen.

natura obscura ist mit den faszinierenden Bildern des bekannten Basler Micronauten Martin Oeggerli aus dem Mikrokosmos und den spektakulären Aufnahmen der ins Universum blickenden Weltraumteleskope illustriertes Lesebuch der Natur geworden, das hie und da herausfordernd ist und immer wieder, wie ein Kaleidoskop, neue Einblicke in die Natur gibt.

Wir danken allen, die uns geholfen, gestützt und ermutigt haben, insbesondere auch unseren Sponsoren und dem Verlag, der uns vor allem in Person von Frau Odine Osswald beistand, das Jahrhundertwerk gut zu Ende zu bringen.

Der Rest ist Lesen und – Schauen.

natura obscura
von A bis Z

«Ja», sagt meine Nachbarin, «ich beteilige mich seit Beginn an der Sapaldia-Studie, aber was der Name bedeutet, weiss ich immer noch nicht.» Die Nachbarin ist eine der rund 10 000 Teilnehmenden an Sapaldia, der **S**wiss Study on **A**ir **P**ollution **A**nd **L**ung **D**iseases **i**n **A**dults, also der Untersuchung des Zusammenhangs zwischen Luftschadstoffbelastung und Lungenkrankheiten in der erwachsenen Schweizer Bevölkerung. Sapaldia begann im Jahre 1991 und untersucht immer wieder dieselben Personen in acht Orten und nähert sich so den ursächlichen Beziehungen zwischen Umweltfaktoren und Krankheiten.

Die erste Studie stellte fest, dass je stärker die Luft am Wohnort einer Person mit Schadstoffen belastet ist, desto weniger gut funktioniert ihre Lunge und umso mehr leidet sie an Atemwegsproblemen. Das merken wir deutlich, wenn wir zum Beispiel eine Genferin mit einer Davoserin vergleichen.

Die Weltgesundheitsorganisation hat aufgrund solcher Studien Richtlinien zur Luftqualität erstellt. Diese helfen den Ländern, Grenzwerte zur Luftreinhaltung einzuführen – worauf auch die Schweiz in den neunziger Jahren die bestehenden Grenzwerte verschärfte und Feinstaubbelastung einschränkte. Ein Massnahmenkatalog führte in den letzten zwanzig Jahren zu einer kontinuierlichen Verbesserung der Luft. Deutlich zeigt dies die Abbildung für den Schwebestaub mit einem Durchmesser unter 10 µm (PM10) in den untersuchten Orten bis 2002.

Verbesserte sich dadurch die Gesundheit der Bevölkerung? Im Jahr 2003 wurden dieselben Personen mit denselben Methoden wie zwölf Jahre zuvor erneut untersucht. Menschen tun alles Mögliche, solche Untersuchungen zu erschweren: sie wechseln z.B. den Wohnort, arbeiten an einem anderen Ort, rauchen, werden älter und damit ihre Lungenfunktion geringer. Mit aufwendigen Befragungen, Messungen und Modellrechnungen wurde für jede Person die Veränderung der Belastung in der Zwischenzeit ermittelt, und es gelang zu zeigen, dass je stärker die Schadstoffbelastung für sie über die zwölf Jahre abgenommen hatte, desto weniger Lungenfunktion hatte sie verloren. Mit andern Worten, ihre Lunge alterte weniger schnell.

Aber: Unsere Luft ist noch lange nicht 'rein' und neben der Luft, die wir atmen, setzen wir uns verschiedensten andern Schadstoffen aus, die unsere Lungen altern lassen. Würden wir jünger bleiben, wenn wir sauberere Luft einatmen würden? Viele Studien zeigen, dass in Gegenden mit stärkerer Belastung die Menschen weniger alt werden und dass an Tagen mit erhöhter Schadstoffbelastung mehr Menschen sterben. Diese Unterschiede lassen sich als kontinuierliche Zusammenhänge beschreiben.

Die laufende Forschung verfeinert und erhärtet all diese Befunde. Gibt es besonders empfindliche Personen? Gibt es Bestandteile, die schlimmer sind? Was ist gesundes Altern? Mit den Untersuchungen der nun bereits 25-jährigen Sapaldia-Kohorte ergeben sich neue Fragestellungen.

Die Untersuchungspersonen waren zu Beginn zwischen 18 und 60, heute, 25 Jahre später, sind sie 43 bis 85 Jahre alt. Damit ist auch meine junge Nachbarin in eine Gruppe gelangt, die hilft, Alternsvorgänge und das Auftreten chronischer Krankheiten zu erforschen. So auch die Frage, welche Rolle spielt die Umwelt und wo können wir ansetzen, um das Altern 'gesünder' zu machen? Mit ihrer Beteiligung ermöglicht sie dieser Studie eine Zukunft und leistet damit einen Beitrag zur Gesunderhaltung der Bevölkerung.

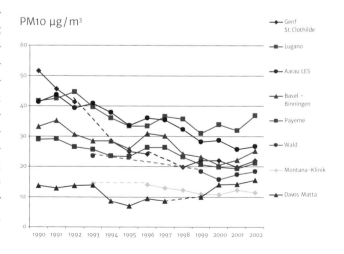

PM10 µg/m³

- Genf St.Clothilde
- Lugano
- Aarau LES
- Basel – Binningen
- Payerne
- Wald
- Montana-Klinik
- Davos Matta

Markus Affolter

Fluoreszierende Eiweisse: von der Natur ins Labor

Waren sie schon mal am Meer an einem schönen Sommerabend, und zu Ihrem grossen Erstaunen leuchteten die sich überschlagenden Wellen grün in der dunklen Nacht? Ein faszinierendes Phänomen, das man auch beim Nachtsegeln beobachten kann, wenn der 'Schweif' des Schiffes auf der Meeresoberfläche grün funkelt! Man kann dieses Naturspektakel auch ohne ein Nachfragen nach dem «Wieso» geniessen, aber eine wissenschaftliche Erklärung dürfte es trotzdem geben für dieses eher spezielle Lichtphänomen.

Es gibt verschiedene Systeme, die für das Leuchten von Tieren oder Bakterien verantwortlich sein können. Einerseits sind es chemische Verbindungen, die von selbst in verschiedenen Farben strahlen, so wie etwa beim Leuchtkäfer. Andererseits gibt es auch Eiweisse – oder Proteine, wie sie auch genannt werden, die farbig leuchten, wenn man sie mit Licht einer gewissen Wellenlänge anstrahlt. Diese Eigenschaft haben fluoreszierende Proteine zu den meistbenutzten Proteinen in der modernen Zell- und Entwicklungsbiologie gemacht, eine aufregende und faszinierende Geschichte.

Ein japanischer Forscher, Osamu Shimomura, wollte in den 1960er-Jahren herausfinden, wieso die Qualle *Aequorea victoria,* die im Pazifischen Ozean vorkommt, grün leuchtet. Was beim ersten Hinsehen vielleicht als triviale Frage erscheint, hat sich aber in diesem Fall als eine echte Knacknuss erwiesen. Shimomura, in Princeton im Labor von Frank John Johnson tätig, hat nämlich herausgefunden, dass es zwei verschiedene Proteine sind, die leuchten; eines, Aequorin genannt, emittiert blaues Licht in der Anwesenheit von Kalzium; das zweite Protein, Green Fluorescent Protein oder kurz GFP genannt, nimmt dieses blaue Licht auf und gibt die Energie dann als grünes Licht weiter. Douglas Prasher, ein Postdoc in M. J. Cormiers Labor, klonierte dann in den 1990er-Jahren das Gen, welches das GFP-Protein kodiert. Ob das Protein gewisse Kofaktoren braucht, oder ob es auch in anderen Organismen grün leuchten würde, war aber ungewiss, bis Martin Chalfie mit dem cDNA-Klon, den er von Prasher erhielt, GFP im Nervensystem des Fadenwurms *(C. elegans)* exprimierte und einzelne Neuronen, wenn sie mit blauem Licht bestrahlt wurden,

grün aufleuchteten! Auch in anderen Modellsystemen, wie der Hefe und der Taufliege, behielt das GFP-Protein seine starke grüne Fluoreszenz bei, und dies auch, wenn es an andere Eiweisse angehängt wurde. Das wiederum machte deutlich, dass das GFP-Protein keinen komplexen Kofaktor benötigt, um Licht wiederzugeben, und deshalb auch in allen anderen Organismen diese wunderbare Eigenschaft beibehält. Ein neuer Stern der biologischen Wissenschaft war aufgegangen, und das GFP-Protein hat seit seiner Entdeckung mächtige Wellen geschlagen!

Fasziniert von diesem Protein hat Roger Tsien sich darangemacht, die Eigenschaft der Fluoreszenz des GFP-Proteins besser zu beschreiben. In seinen molekularen Analysen hat er festgestellt, dass durch gezielte Veränderungen des GFP-Proteins die Wellenlänge des abgegebenen Lichtes verändert werden kann, sodass das Protein nach Bestrahlung gelbes oder blaues Licht aussendet.

Für ihre Arbeiten haben Shimomura, Chalfie und Tsien im Jahre 2008 den Nobelpreis für Chemie bekommen. Prasher hat nach erfolglosem Suchen nach einer festen Stelle als Forscher der Wissenschaft den Rücken zukehren müssen, um sich zeitweise mit Taxifahren über Wasser zu halten, bis er später im Labor von Roger Tsien wieder zu seinem Protein zurückfand.

GFP hat mittlerweile eine imposante Weiterentwicklung der Mikroskope, die fluoreszierendes Licht erfassen können, nach sich gezogen! Verschiedene Proteine, Zellverbände oder einzelne Zellen können nun während der Entwicklung eines Lebewesens vom Ei zum erwachsenen Tier verfolgt werden, und dies dank der Neugier eines japanischen Forschers, der das Leuchten der Algen nicht einfach als faszinierendes Schauspiel, sondern auch als wissenschaftliche Herausforderung wahrgenommen hat.

Christine Alewell
Franz Conen

Löst Bodenstaub Schnee und Regen aus?

Landschaften mit ihren Pflanzen, Tieren und Böden sind vom Wetter geprägt. Umgekehrt beeinflussen Pflanzen und Böden, vielleicht sogar Mikroorganismen und Bodenstaub, das Wettergeschehen.

Wenn wir im Spätherbst den Raureif auf Wiesen betrachten, ist das aus physikalischer Sicht ein erstaunliches Phänomen, denn reines Wasser gefriert erst bei etwa -38°C zu Eis. Bei wärmeren Temperaturen braucht es eine Oberfläche, damit ein erster Eiskristall keimen kann. Auf Pflanzen sind genügend dieser Eiskeime vorhanden, ebenso an kalten Fensterscheiben, wo diese Eiskeime zu beeindruckenden Eisblumen heranwachsen können. Auch bilden sich in Wolken Eiskristalle, und viele der dafür notwendigen Eiskeime sind wohl die gleichen, die uns auch den Raureif auf Gräsern, Sträuchern und Bäumen bescheren.

Während man früher dachte, dass vor allem anorganische Partikel, wie Tonminerale, eventuell durch ihre strukturelle Ähnlichkeit zu Eiskristallen, Eisbildung anstossen, zeigt die Forschung der letzten Jahre, dass bei wärmeren Temperaturen knapp unter 0°C Lebewesen wie Bakterien, Pilzsporen, Pollen oder auch nur Bruchstücke davon für die Eisbildung verantwortlich sind. Diese Partikel sind klein genug, um vom Wind in der Atmosphäre verteilt zu werden. Sie können so grosse Höhen in den Wolken erreichen. In dieser feuchten Umgebung wachsen sie zu Eiskristallen, welche rasch zu schwer werden, um in Schwebe zu bleiben, und sich auf dem Weg zur Erdoberfläche zu Schneeflocken zusammenfinden. Ein Grossteil des Niederschlags entsteht auf diese Weise und kommt geschmolzen als Regen am Boden an. Staub von unseren Ackerböden ist sehr viel reicher an Eiskeimen, als dies bei weniger fruchtbaren Böden aus Steppen oder Wüsten der Fall ist.

Unter natürlichen Verhältnissen haben wir in Wolken meist sehr sauberes Wasser. Zur Luftüberwachung wird der atmosphärische Feinstaub auch in Wolkenhöhe auf Filtern gesammelt und untersucht (z. B. am Jungfraujoch oder dem Berg Izaña auf Teneriffa). Obwohl der Berg Izaña durch die Nähe zur Sahara oft sehr hohen Feinstaubkonzentrationen ausgesetzt ist, haben wir auf den Filtern von dort kaum Eiskeime gefunden die zwischen -5°C und -10°C aktiv sind. Dagegen fanden wir in dem Staub, den wir vom Jungfraujoch untersuchten, zahlreiche dieser Eiskeime. Während die untersuchten Filter vom Berg Izaña im Ocker der Wüstenböden leuchten, sind die vom Jungfraujoch weniger intensiv gefärbt und tragen den braunen Farbton unserer Ackerböden. Das stützt unsere Vermutung, dass die Konzentration von Eiskeimen in Luftmassen von den Böden bestimmt wird, über die sie streichen. In Wolken unter dem Einfluss von Saharastaub entsteht so erst ab etwa -15°C Eis, wogegen in unseren Breiten Wolken bereits ab -5°C Eis enthalten können.

Menschen nehmen so durch das Pflügen von Böden und das Verändern des Pflanzenbewuchses in der Landschaft unabsichtlich Einfluss auf die Niederschlagsbildung. Indem wir Ackerbau betreiben, verstärken wir nicht nur die Staubentwicklung etwa um ein Siebenfaches gegenüber der natürlichen Staubentwicklung über Weiden und Wäldern, sondern verändern auch die Art der Eiskeime in der Atmosphäre. Damit ergibt sich eine mögliche Wirkungskette vom Ackerbau zur Niederschlagsbildung in Wolken. In welchem Ausmass wir Menschen mit unserer landwirtschaftlichen Tätigkeit tatsächlich regionale Niederschläge beeinflussen, ist eine noch unbeantwortete Frage.

Foto © Christine Alewell

Milch ist ein ganz besonderer Saft, der die Säugetiere (Mammalia) seit 200 Millionen Jahren auf ihrer Erfolgsgeschichte begleitet. Zu deren herausragenden Kennzeichen gehört das Säugen des Nachwuchses mit Milch. Nahrhafte Bestandteile der Milch sind Kohlenhydrate, Proteine und Fette. Zucker spielen als Energielieferant unter allen Nährstoffen die wichtigste Rolle. Um den Milchzucker (Laktose) der Muttermilch zu verdauen, benötigt man das Enzym Laktase. Neugeborene bilden es während der Stillzeit in ausreichender Menge. Mit der Entwöhnung von der Muttermilch zwischen dem ersten und dritten Lebensjahr verlieren Kinder die Fähigkeit, Milchzucker zu verdauen. Die Produktion der Laktase sinkt nach dem Abstillen auf fünf bis zehn Prozent des Standes direkt nach der Geburt. Dies hat zur Folge, dass Erwachsene Frischmilch nur schlecht verwerten können. Diese Unfähigkeit wird medizinisch Laktose-Intoleranz (Milchzuckerunverträglichkeit) genannt. Gelangt, bei mangelhafter Aktivität von Laktase, enzymatisch nicht gespaltener Milchzucker in den Dickdarm, entstehen dort Milchsäure und Gase, die Krämpfe, Blähungen, Durchfall und anderes mehr hervorrufen können.

Die Laktose-Intoleranz ist weltweit verbreitet, jedoch hat sich vor allem in Nordeuropa sowie in Teilen Afrikas und Asiens eine Punktmutation im MCM6-Gen durchgesetzt, die den Rückgang oder Wegfall der Laktase-Produktion nach dem Abstillen verhindert. Dies versetzt auch Erwachsene in die Lage, Milch zu verdauen. Medizinisch ist dieser Vorgang als Laktase-Persistenz (Milchzuckerverträglichkeit) bekannt. Vor allem in Nordeuropa und dort, wo heute Menschen mit weisser Hautfarbe leben, wie in Nordamerika und Australien, haben über siebzig Prozent der Erwachsenen die Fähigkeit, Laktose zu spalten, behalten. Von Nord-, über Mittel- nach Südeuropa aber nimmt dieser Prozentsatz stetig ab. In Asien und Afrika können nur noch weniger als zehn Prozent Laktose verdauen.

Welche Vorteile hat es, Milch auch im Erwachsenenalter verdauen zu können? Aus Sicht der Evolution war die Laktose-Intoleranz über Jahrmillionen hinweg kein Nachteil für die Gattung *Homo*. Über die Stillzeit hinaus stand Milch als Nahrungsmittel gar nicht zur Verfügung. Dies änderte sich, als Menschen vor 12 000 Jahren damit begannen, Tiere zu domestizieren. Nachdem diese «Neolithische Revolution» vor 7500 Jahren auch in Mitteleuropa vollzogen war, schien sie diejenigen unter den Viehzüchtern zu bevorteilen, die Milchzucker über die Kindheit hinaus verdauen konnten. Wahrscheinlich bot dies einen natürlichen Selektionsvorteil, der Wirkung zeigte. So könnte energiereiche Milch die Sterblichkeit der Kinder nach der Entwöhnung gesenkt haben. Organische Nachweise belegen den Genuss von Milchprodukten seit 8000 Jahren. Fälschlicherweise werden der Konsum von Frischmilch und Milchprodukten wie Käse, Joghurt, Kefir zeitlich oft gleichgesetzt und in Verbindung mit der Laktase-Persistenz gebracht. Nach Studien auf Genomebene setzt ein nennenswerter Anstieg der Laktase-Persistenz in Europa aber frühestens vor 2000 Jahren ein. Kulturelle Evolution in Verbindung mit natürlicher Selektion (Co-Evolution) hat die Nutzung des protein- und energiereichen Nahrungsmittels Milch und seiner Nebenprodukte möglich gemacht.

Primär war und ist Milch kein natürliches Nahrungsmittel für Erwachsene. Es sei denn, man negiert die zahlreichen Nebenwirkungen der Laktose-Intoleranz, die zirka 75 Prozent der Weltbevölkerung betrifft. Da primär Menschen nord- und mitteleuropäischer Abstammung und einige Hirtenvölker Asiens und Afrikas aufgrund evolutionärer Anpassung Milch vertragen, relativieren sich populäre Aussagen in den Medien über die 'weisse Unschuld'. Schlichtweg falsch ist die Behauptung, dass Milch seit Beginn der Menschheitsgeschichte eine wichtige Säule der menschlichen Ernährung dargestellt habe. Milch ist als Kulturleistung ein Nebenprodukt der wirtschaftlichen Entwicklung, die vor 10 000 Jahren unsere Lebensweise drastisch und nachhaltig geändert hat.

Florian Altermatt
Dieter Ebert

Wie die Motten zum Licht

Motten werden in der Nacht sprichwörtlich vom Licht angelockt. Die Ursache dieses Verhaltens ist nicht restlos geklärt. Die Folgen dagegen sind bekannt: die Nachtfalter, oder Motten, sterben oft am Licht, sei es durch Verbrennen, an Erschöpfung oder durch Fledermäuse, die gerne um Strassenlampen nach Nachtfaltern jagen. In einem Forschungsprojekt haben wir untersucht, was die evolutionären Konsequenzen dieses Phänomens sind. Wir haben dazu Raupen der Gespinstmotte *(Yponomeuta cagnagella)* aus verschiedenen Populationen in und um Basel gesammelt.

Die kolonial lebenden Raupen können leicht auf ihrer weit verbreiteten Wirtspflanze, dem Pfaffenhütchen *(Euonymus europaeus)* gefunden werden. Wir sammelten Raupen aus Populationen, welche schon Jahrzehnte einer grossen Lichtverschmutzung ausgesetzt waren, beispielsweise in Parkanlagen in der Stadt Basel. Andererseits sammelten wir Raupen in ländlichen Gebieten, wo die Lichtverschmutzung bis heute gering ist.

Im Zoologischen Institut wurden dann alle Raupen unter konstanten Bedingungen zu Faltern gezogen. Anschliessend führten wir Anlockungsversuche durch. Die Falter wurden in einem grossen, vollkommen abgedunkelten Raum freigelassen, und wir zählten, wie viele von ihnen von einer Lichtquelle im Raum angelockt wurden.

Wir fanden heraus, dass Falter aus langfristig starker Lichtverschmutzung ausgesetzten Populationen signifikant weniger vom Licht angelockt wurden als solche, welche aus nicht lichtverschmutzten Lebensräumen stammten. Dieser Unterschied war sowohl bei männlichen wie auch weiblichen Faltern beobachtbar, wobei Männchen grundsätzlich stärker vom Licht angelockt wurden.

Aus unserem Experiment schliessen wir, dass eine jahrelange Exposition an Lichtverschmutzung starke Selektion verursacht, welche Falter mit einer geringeren Neigung zum Licht zu fliegen bevorteilt. Dies führt mittelfristig zu einer evolutiven Anpassung ans Leben in einer lichtverschmutzten Umwelt: Stadtfalter fliegen weniger zum Licht als ihre Vorfahren.

Unsere Resultate zeigen erstmalig eine evolutive Konsequenz von Lichtverschmutzung auf Organismen. Weil wir die Falter unter konstanten Bedingungen herangezogen haben und der Effekt über etliche Populationen hinweg sichtbar ist, schliessen wir, dass die Unterschiede nicht allein auf allgemeine Umweltunterschiede zurückzuführen sind. Die Beobachtung der evolutiven Anpassung an die Lichtverschmutzung könnte relativ generell sein.

Mit unseren bisherigen Experimenten konnten wir die Mechanismen für das reduzierte Anflugverhalten noch nicht aufklären. Beispielsweise könnten die Falter weniger angelockt werden, weil sie Licht anders wahrnehmen oder ihre Flugaktivitäten ändern. Es ist jedoch wahrscheinlich, dass die evolutiven Anpassungen an die Lichtverschmutzung für die Falter Kosten mit sich bringen, beispielsweise in der Partnersuche, im Migrationsverhalten oder den Sinneswahrnehmungen.

Fotos © Florian Altermatt

Valentin Amrhein

Vogelmännchen singen, um Weibchen anzulocken und um männliche Konkurrenten fernzuhalten. Wenig spricht dafür, dass es ausgerechnet der Nachtigall nur um den Spass an der Musik geht – aber warum hält sie sich nicht an die üblichen Arbeitszeiten?

Tatsächlich ist die Nachtigall zunächst ein ganz gewöhnlicher Vogel. Sie singt im Morgenchor der Singvögel, nämlich in der Stunde vor Sonnenaufgang. Sie singt vormittags, nachmittags und abends. Etwa eine Stunde nach Sonnenuntergang verstummen die letzten Nachtigallen. Aber ab elf Uhr nachts fangen viele Männchen wieder an zu singen. Jedes hat etwa 200 verschiedene Strophentypen im Repertoire, und jedes singt gut 500 Strophen pro Stunde Nachtgesang.

Und sie singen laut, mit bis zu neunzig Dezibel, gemessen in einem Meter Entfernung. Die Männchen unterhalten sich über Distanzen von bis zu 500 Metern miteinander. Sie antworten sich mit ähnlichen Strophentypen. Sie fallen einander ins Wort und überlappen die Strophen des Konkurrenten, was genauso wie beim Menschen als unhöflich gilt und als aggressives Signal verwendet und wahrgenommen wird.

Etwa zwischen dem 20. April und dem 20. Mai ist in der Petite Camargue Alsacienne der nächtliche Nachtigallenchor zu hören. Kaum ein anderer Vogel singt um diese Tageszeit, ausser dem gelegentlichen Teichrohrsänger oder dem Feldschwirl.

Inmitten der Nachtigallen, in den Gebäuden der «Kaiserlichen Fischzucht von Hüningen», befindet sich in der Petite Camargue eine Forschungsstation, die von einem privaten Basler Verein getragen und an die Universität Basel angegliedert ist. Was läge näher, als hier der Frage nachzugehen, für wen die Nachtigall nachts singt?

Einen ersten Hinweis lieferte die Vogelberingung. Die Forscher spannten in den Revieren der Nachtigallen zum Vogelfang übliche Nylon-Netze auf, etwa sechs Meter lang und drei Meter hoch, um die Tiere individuell zu beringen. Oft fingen sie neben dem Männchen auch ein Weibchen im Netz. Nur in den Revieren, in denen ein Männchen die Nacht hindurch sang, fingen die Forscher nie ein Weibchen. Und kaum war in einem Revier ein Weibchen eingetroffen, hörte das

Foto © Thierry Becret

Männchen auf, nachts zu singen. Verliess ein Weibchen aber ein Revier, etwa nach frühem Verlust des Geleges, so fing das Männchen noch in derselben Nacht wieder an zu singen. Nur die unverpaarten Männchen singen also nachts. Müssen sie wach bleiben, weil die Weibchen nachts auf Partnersuche gehen?

Um das zu überprüfen, fingen die Forscher weibliche Nachtigallen in der Gegend von Colmar, direkt nach deren Rückkehr aus dem afrikanischen Winterquartier, und verfrachteten sie in die Petite Camargue. Die mit einem Telemetrie-Sender ausgestatteten Weibchen bewegten sich tagsüber kaum; aber zwischen Mitternacht und vier Uhr morgens flogen die Weibchen umher und besuchten Männchen um Männchen, bis sie sich schliesslich noch vor der Morgendämmerung bei einem davon niederliessen.

In einem zweiten Versuch wurden auch Männchen von Colmar in die Petite Camargue umgesiedelt. Die aber blieben nachts stationär und flogen nur während des Morgenchores in der Stunde vor Sonnenaufgang umher. Offenbar sind also bei der Nachtigall die Hauptfunktionen des Gesangs zeitlich getrennt: Morgengesang ist wichtig, um das Revier gegen reviersuchende Männchen zu verteidigen; Nachtgesang dient dem Anlocken Partner suchender Weibchen.

Werner Arber

Einblick in die Naturgesetze der biologischen Evolution

Charles Darwin veröffentlichte vor rund 150 Jahren seine Ideen zur natürlich erfolgenden biologischen Evolution auf Grund seiner Beobachtungen von phänotypischen Varianten von in verschiedenen Habitaten vorgefundenen Tierarten. Es ist aber erst seit Mitte des 20. Jahrhunderts bekannt, dass phänotypische Merkmale massgeblich von Genprodukten beeinflusst werden und dass sich die Gene in den Lebewesen auf fadenförmigen DNA-Molekülen (Genomen) vorfinden. Die genetische Information wird in spezifischen Abfolgen der DNA-Bausteine (Nukleotide) codiert. Inzwischen ist es möglich geworden, die Nukleotidsequenzen von Genomen zu erkunden und deren Unterschiede zwischen verschiedenen Varianten zu analysieren. Diese Fortschritte der Forschung dank neuartiger Untersuchungsmethoden ermöglichen es uns seit einiger Zeit, die molekularen Prozesse von spontan erfolgender genetischer Variation zu erforschen. Dazu eignen sich Bakterien und deren Viren besonders gut. Unter Laborbedingungen vermehren sich diese Mikroorganismen sehr schnell, was es dem Forscher ermöglicht, an einem Tag bereits grosse Populationen von Nachkommen einer einzelnen Zelle zu erhalten und darin nach seltenen genetischen Varianten zu suchen. Über die in unseren Laboratorien in den vergangenen Jahrzehnten erhaltenen Resultate soll hier kurz berichtet werden.

In den mit *E. coli*-Darmbakterien und deren Viren gemachten Erkundungen konnten wir beobachten, dass fallweise eine Reihe verschiedenartiger, molekularer Mechanismen zur gelegentlichen, spontanen Bildung von genetischen Varianten beitragen. Aus den dabei erzielten Ergebnissen kann man schliessen, dass die Natur enorm erfinderisch ist. Die analysierten neuen Varianten lassen sich drei verschiedenen natürlichen Strategien der genetischen Variation zuordnen, wobei auch verschiedenartige spezifische molekulare Mechanismen zu jeder der Strategien Beiträge leisten. Eine der drei Strategien bringt eine lokale Veränderung der herkömmlichen DNA-Sequenz, oft die Substitution eines Nukleotids. Die zweite Strategie bringt eine segmentweise Umstrukturierung innerhalb des Genoms. Das kann eine Verdoppelung

eines kürzeren DNA-Segmentes sein, in anderen Fällen die Deletion eines Segmentes, dessen Umdrehung oder Verpflanzung (Transposition). Schliesslich kann man in mikrobiellen Mischpopulationen beobachten, dass neuartige genetische Varianten sich durch horizontalen Gentransfer von einem Organismus auf einen anderen ergeben. Dies entspricht einer dritten natürlichen Strategie der spontan erfolgenden genetischen Variation.

Bei den hier beschriebenen molekularen Variationsprozessen spielen einerseits spezifische Genprodukte eine bedeutende Rolle, teils als Variationsgeneratoren, teils als Modulatoren der Frequenz der genetischen Variation. Ausserdem berücksichtigt die Natur auch ausschlaggebende Beiträge von nicht-genetischen Faktoren, wie der isomeren Form eines Nukleotids oder auch eines zufällig einwirkenden chemischen oder physikalischen Mutagens aus der Umwelt. Bei all diesen Prozessen zeigt sich, dass die in der Natur erfolgenden Mutationsprozesse relativ selten sind, was zur hohen Stabilität der Genaktivitäten der Lebewesen beiträgt.

Abschliessend soll noch klargestellt werden, dass nur ein Teil der spontan produzierten genetischen Varianten verbesserte Eigenschaften hat mit der Möglichkeit einer Anpassung an andere Habitate. Alle neuen genetischen Varianten sind natürlicherweise wie alle Lebewesen der darwinischen natürlichen Selektion unterworfen.

Alles deutet darauf hin, dass die hier beschriebenen natürlichen Prozesse der biologischen Evolution prinzipiell für alle Arten von Lebewesen Geltung haben. Es handelt sich also um Naturgesetze der biologischen Evolution.

Nicht selten lassen sich an Pflanzen tumorähnliche Gebilde im Übergangsbereich zwischen Wurzel und Stängel beobachten. Der dafür verantwortliche «Übeltäter» wurde bereits 1897 vom italienischen Pflanzenpathologen Fridiano Cavara aus Wurzelhalsgallen von Reben isoliert. Da er bei Pflanzen Tumore auslöst, nannte man ihn *Agrobacterium tumefaciens.* Nach erneuten systematischen Abklärungen heisst das stäbchenförmige Bodenbakterium heute *Rhizobium radiobacter.* Durch dieses Pathogen werden Kulturpflanzen wie Reben, Obstbäume und Zuckerrüben geschädigt, was immer wieder zu grösseren wirtschaftlichen Einbussen führt.

Der Schädling hat ein ausgeklügeltes System entwickelt, um in seine Wirtspflanze zu gelangen. Angelockt wird er durch chemische Botenstoffe, die von verletzten Pflanzengeweben ausgesendet werden. Zusätzlich zum ringförmigen Bakterienchromosom besitzt er einen kleineren DNA-Ring, das Ti-Plasmid (Ti: Tumor inducing). Ein Transfer-DNA genanntes Stück dieses Plasmids wird in die Erbinformation der Wirtszellen integriert. Nach der erfolgreichen Infektion beginnt die Wirtszelle mit der Synthese von Opinen (Aminosäuren, die ausschliesslich in Wurzelhalsgallen zu finden sind) und aktiviert Gene, deren Produkte indirekt die Zellteilungsrate erhöhen. Dies führt zur Tumorbildung. Die Parasiten erreichen dadurch zweierlei, erstens bietet ihnen der Tumor einen geschützten Lebensraum, zweitens dienen ihnen die von der Wirtspflanze gebildeten Opine als Nahrungsquelle.

Wie kompliziert die Bildung von Wurzelhalsgallen verläuft, wurde erstmals im Jahre 1983 von den belgischen Molekularbiologen Jozef Schell und Marc Van Montagu beschrieben. Bald danach gelang es, das Ti-Plasmid von *Rhizobium radiobacter* als Vektor zur Produktion gentechnisch veränderter Tabak-Pflanzen zu verwenden, ein bahnbrechendes Ereignis. Die Nutzung des Ti-Plasmids zur Herstellung transgener Pflanzen setzt eine Manipulation am Plasmid voraus; die tumorerzeugenden Gene werden entfernt und das gewünschte fremde Gen wird eingebaut.

Will man die bakterielle Infektionsfähigkeit diverser Stämme von *Rhizobium radiobacter* untersuchen, gibt es dafür einen einfachen, gut standardisierten Test. Man bestreicht Karottenscheiben mit einer Bakteriensuspension und verfolgt, ob und wie sich Tumore bilden. Dieser Test ist eine gute Möglichkeit, das Thema Krebs für Schülerinnen und Schüler im Unterricht erfahrbar zu machen. In diesem Zusammenhang kann vor allem die durch Mikroorganismen verursachte Tumorentstehung diskutiert werden. Die Lernenden können selbstständig Karottenscheiben mit den Bakterien infizieren, die Tumor-Entwicklung beobachten und beispielsweise mit dem durch humanpathogene Papilloma-Viren verursachten Gebärmutterhalskrebs anhand der Literatur vergleichen. Wenige Wochen nach der Infektion bilden sich weissliche Erhebungen, ausgehend vom teilungsfähigen Gewebe, das zuständig für die Bildung von Seitenwurzeln ist. Zauberringe sind entstanden, und der Zauberer ist identifiziert.

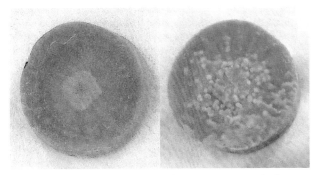

Eine mit *Rhizobium radiobacter* infizierte Karottenscheibe (rechts); nicht infizierte Kontrolle (links).
Fotos © Christine Baader

Warum sich Zellen bewegen

Alle Lebensformen, Bakterien, Pilze, Pflanzen und Tiere, ob einzellig oder komplexes, mehrzelliges Lebewesen, stehen immer wieder vor demselben Dilemma; wie finde ich die optimalen Bedingungen für mein Überleben. Nur wenigen fliegt die Nahrung einfach so zu, dass sie ein genügsames und ruhiges Dasein geniessen dürfen. Wie lösen das alle anderen? Einzellige Lebewesen machen es vor; sie bewegen sich mit Hilfe von Flagellen, mit denen sie sich an den Ort, an dem gute Lebensbedingungen herrschen, bewegen. Sie folgen dabei einer Spur, die ihnen den Weg ins Schlaraffenland zeigt, den Ort, an dem für sie Milch und Honig fliessen. Zellen bewegen sich also, um sich mit den Stoffen zu versorgen, die sie zum Überleben, für ihr Wachstum, die Energiegewinnung und zur Vermehrung brauchen. Kompliziertere Einzeller, wie Schleimpilze, bilden vorübergehend mehrzellige Organismen aus, wenn sie nicht mehr genügend Nahrung vorfinden. Diese Zellen bewegen sich aufeinander zu und bilden komplexe Zellhaufen. In diesen Haufen verändern sie sich zu verschiedenen Zelltypen und bilden einen Fruchtkörper, der dann zur Zellvermehrung führt. Hier hat sich in der Evolution bereits angedeutet, dass es sich lohnen kann, die alltäglichen Aufgaben gemeinsam anzugehen. Während zwei Milliarden Jahren war Einzelligkeit die Norm und mehrzellige, komplexe Organismen entstanden vor 600 Millionen Jahren. In diesen organisieren und spezialisieren sich die Zellen und teilen sich die Arbeit. Sie bewegen sich, von hormonähnlichen Substanzen und der Beschaffenheit ihrer Umgebung gesteuert, an den Ort, an dem sie benötigt werden. Pflanzenzellen bilden Wurzeln, Blätter, Kanäle für den Wasser-, Gas- und Zuckertransport und müssen sich deshalb bewegen. Blätter, Stengel oder Wurzeln werden dank Zellteilung und Bewegung grösser. Bei der Entwicklung aus der befruchteten Eizelle der Säugetiere entstehen mehrere hundert verschiedene Zelltypen, die die Organe ausbilden. Während ihrer Reise im sich entwickelnden Embryo ändern Säugerzellen ihre Gestalt und ihre Eigenschaften, sie werden zu Nerven-, Muskel-, Knochenzellen. Für Endothelzellen, die die Blutgefässe ausbilden, sieht das im Detail so aus: Im grösser werdenden Embryo oder nach einer Blutgefässverletzung entsteht eine lokale Sauerstoffarmut, eine Hypoxie. Das hypoxische Gewebe sendet einen Stoff aus, der die Endothelzellen in der Nachbarschaft zur Migration anregt. Während ihrer Reise verändern sie sich und bilden an der Front des wachsenden Gefässes, wo die Verbindungen mit bereits bestehenden Gefässen entstehen müssen, «Tipzellen» aus. Andere Zellen werden zu «Strunk- oder Phalanxzellen», die die Gefässwände bilden. So wird dank der Fähigkeit der Endothelzellen zur Bewegung die Versorgung des Organismus mit Blut, und damit das Überleben aller Zellen, sichergestellt. Die Zellmigration wird durch das Zellskelett gesteuert, das aus beweglichen Filamenten besteht. Sie verleihen den Zellen Form und Kontraktilität.

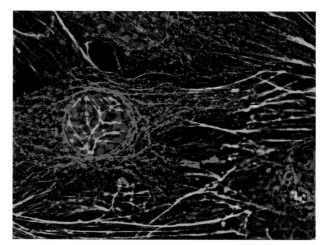

Das Zellskelett einer Bindegewebszelle, grün Aktinfilamente, rot Mikrotubuli, blau Zellkern.
Foto © Kurt Ballmer-Hofer, Paul Scherrer Institut (PSI)

Wir hatten sehr wenig Zeit. In den Tropen braucht die Sonne höchstens zwanzig Minuten, um unterzugehen, und es war schon nach vier, als wir im Gunung Gading Nationalpark, der Heimat der *Rafflesia arnoldii,* der grössten Blume der Welt ankamen. Ihretwegen waren wir von Kuching angereist. Leider für heute wohl zu spät, denn allein der steile Abstieg durch den Urwald ins Tal, in welchem die schmarotzenden Blüten heimisch sind, würde schon eine gute Stunde beanspruchen.

«Wir gehen trotzdem», hörte ich meine Begleiter sagen. «Tut das nicht, es wird dunkel und wir haben nicht einmal festes Schuhwerk dabei!» Aber sie hatten den Abstieg auf dem schmalen Weg schon begonnen, welcher anfangs über Treppen und Stege lief, um weiter unten immer mehr mit dem Unterholz des Regenwaldes zu verschmelzen. «Das ist doch absurd, ich bleibe hier», rief ich und ärgerte mich insgeheim über meine Ängstlichkeit. «Okay», war die knappe Antwort. «Na dann geht mal …»

Ich setzte mich auf einen Baumstamm und begann meine Umgebung zu studieren. Um mich herum bewegte sich alles, jeder Quadratzentimeter pulsierte von Leben. Ich beobachtete unzählige Spinnentiere und Insekten auf den Pflanzen und in der Luft, vernahm Stimmen und Laute, die sich zu behaupten suchten und von denen ich nicht einmal ausmachen konnte, zu welchen Tierstämmen sie gehörten, geschweige denn zu welchen Arten! Mein Unbehagen war verflogen und hatte purem Staunen Platz gemacht. Noch nie hatte ich den Urwald so hautnah und bewusst erlebt. Am Vortag waren wir von Singapur nach Borneo gekommen. Eine andere Welt – Natur in ihrer noch ursprünglichsten Form. Unglaubliche Schönheit, aber auch Fremdartigkeit.

«Nature is not a place to visit, it is home» sagt der Poet Gary Snyder.

Trifft diese Behauptung auf unser Verhältnis zur Natur überhaupt noch zu? Inzwischen beherrschen wir Menschen fast jeden Fleck der Erde; in unseren Städten hat die Natur nur dort Platz, wo wir es erlauben, und dann nur in schön getrimmter, ja nicht zu üppiger Form. Singapur, welches wir gerade hinter uns gelassen hatten, war ein Paradebeispiel dafür. Hier hingegen war alles umgekehrt. Ich fühlte mich als Eindringling in dieser Harmonie von Lebewesen, die genau zu wissen schienen, wo sie waren und warum. Ich schaute nach oben und sah nur Blätter und Gehölz, nicht einmal eine Andeutung von Himmel; hörte ein Orchester von Lauten, sah aber keinen einzigen Vogel. Waren das überhaupt Vogelstimmen? Es fing zu nieseln an, und die feinen Tropfen, die aus dem Nichts zu fallen schienen, produzierten ein leises Rascheln. Sich mehr und mehr zu einem Rauschen verdichtend, wurde es Teil des Orchesters. Rasch legte sich ein Nebel über alles und binnen wenigen Minuten sah man kaum mehr fünf Meter weit. Ich zog meine dünne Jacke zu und fühlte mich noch ein wenig verlassener. Weit weg hörte ich Äste knacken, dumpfe Stimmen; meine Freunde, die sich immer weiter entfernten.

Nun brach die Dunkelheit ein und durchdrang den Nebel. Für kurze Zeit wurde es völlig still. Was war los? Dann wusste ich: Die Stimmen des Tages wurden durch die Laute der Nacht abgelöst – eine andere, mir noch unbekanntere Schöpfung von Klängen übernahm die Regie. Die Zeit schien stillzustehen und ich hatte keine Ahnung, wie lange ich schon hier sass, wusste nur, dass ich viel gegeben hätte für ein Tonaufnahmegerät.

Als meine Begleiter Stunden später zurückkamen, ohne eine Rafflesia gesehen zu haben, gingen wir schweigend zurück zur Strasse. Die Natur hatte mir in dieser kurzen Zeit viel von ihrer Weisheit enthüllt, so viel in mir berührt. Den langen Moment im Dunkel des Urwaldes habe ich nie mehr vergessen. Wir verwöhnten Menschen wissen so wenig vom wahren Leben!

Zurück in Lundu, sah ich per Zufall auf die Füsse meiner Freunde, welche mein Entsetzen sofort wahrgenommen haben mussten. Jeder hatte mehrere daumengrosse schwarz-glänzende Gebilde zwischen den Zehen. Kommt, sagte ich, lasst uns die Blutegel sofort entfernen – man weiss nie, was sie so alles übertragen …

Foto © Bruno Baur

Sein Vorkommen wurde in den 1940er-Jahren am Grossbasler Rheinufer beim St. Johanns-Tor entdeckt, obwohl er vermutlich schon seit mehreren hundert Jahren in diesem Gebiet lebte: der Erdbockkäfer *(Iberodorcadion fuliginator)*. Am 13. April 2009 wurde zum letzten Mal ein Individuum an der Rheinböschung beobachtet. Trotz intensiver Suche in den nachfolgenden Jahren (2010–2016) konnten keine Käfer mehr nachgewiesen werden. Mit grosser Wahrscheinlichkeit ist der Erdbockkäfer in den letzten Jahren in Basel ausgestorben.

Weshalb so viel Aufhebens um eine Käferart, von der nur wenige Menschen je ein lebendes Exemplar gesehen haben? Der flugunfähige Erdbockkäfer gilt als Paradebeispiel für die Bedrohungen, denen spezialisierte Arten in der von Menschen genutzten und umgestalteten Landschaft ausgesetzt sind. Die meisten dieser eher versteckt lebenden Kleintiere werden kaum wahrgenommen. So fällt ihr Verschwinden auch nicht auf. Fragen werden erst gestellt, wenn das Ökosystem nicht mehr richtig funktioniert.

Der Erdbockkäfer hat einen zweijährigen Entwicklungszyklus; ausgewachsene Käfer sind nur während eines Monats im Frühling zu sehen. Geschlechtsreife, 12–18 Millimeter grosse Käfer verlassen Anfang April den Boden. Zwischen Gräsern herumkrabbelnd suchen sie nach Geschlechtspartnern. Dabei spielen Duftstoffe (Pheromone) eine wichtige Rolle. Nach erfolgter Paarung legt das Weibchen die vier Millimeter langen Eier einzeln in einen genagten Spalt in Halme der Aufrechten Trespe *(Bromus erectus)* ab. Rund 4 Wochen später schlüpft eine winzige Larve aus dem Ei, die sich im Boden von Graswurzeln ernährt. Nach mehreren Häutungen und einer Überwinterung bauen sich die Larven aus abgestorbenen Pflanzen- und Wurzelteilen eine Schutzhülle, in der sie sich verpuppen. Etwa drei Wochen später schlüpfen die ausgewachsenen Käfer. Diese bleiben allerdings nochmals einen Winter im Erdreich, bis die wärmenden Sonnenstrahlen sie im Frühling zum Hervorkriechen veranlassen.

Die Nordschweiz bildet die südöstliche Grenze seines Ausbreitungsgebietes. Vom ursprünglich über weite Teile West- und Mitteleuropas verbreiteten Erdbockkäfer sind in den vergangenen 60 Jahren rund 80 Prozent der ehemals bekannten Bestände erloschen. Vor 65 Jahren waren sechs Vorkommen auf Schweizer Boden in und um Basel bekannt. Heute kommt er nur noch bei der ehemaligen Schiessanlage Allschwilerweiher vor. An den anderen Orten wurde der Erdbockkäfer ausgerottet.

Entomologen beobachteten die Population in Basel während vieler Jahre. Durch die Überbauung «Elsässerrheinweg» ab Mitte der 1980er-Jahre zusammen mit der Neugestaltung der Rheinpromenade und dem Bau einer neuen Schiffsstation wurde sein Lebensraum stark verkleinert und verändert. Um den bedrohten Käfer in der Stadt erhalten zu können, stellten die Behörden das Rheinbord St. Johann im Sommer 1996 unter Naturschutz. Doch die ausgeprägte Isolation des Käferbestandes auf verkleinerter Fläche, der Mangel an geeigneten Gräsern für die Eiablage, der Stickstoffeintrag durch Hundekot und -urin sowie das häufige Betreten der Böschung während seiner Aktivitätszeit reduzierten die Populationsgrösse weiter, bis schliesslich keine Tiere mehr nachgewiesen werden konnten. Es bleibt zu hoffen, dass der Erdbockkäferbestand in Allschwil, der letzte bekannte in der Nordwestschweiz, nicht das gleiche Schicksal erleidet.

Wer hat nicht schon mal im Tümpel nach Pantoffeltierchen gesucht und sicherlich auch gefunden. Kleine, einzellige algenfressende Organismen, die unter dem Binokular wie kleine Wunder aussehen. Und manch einer hat einen Heuaufguss gemacht und versucht, die Einzeller darin zu bestimmen. Sicherlich waren darunter auch *Stylonychia lemnae,* nur, wer erkannte sie?

Stylonychia ist ein Vertreter der hypotrichen Ciliaten, also der mehr oder weniger flachen, halbseitig mit Zilien bedeckten Einzeller und Verwandter des allbekannten Pantoffeltierchens.

Vielleicht sahen diese Einzeller nicht besonders spektakulär aus, doch hätten wir mit stärkerer Vergrösserung in sie hineingesehen, wären wir überrascht gewesen. Wo man einen Zellkern mit mehreren Chromosomen erwartet hätte, beobachten wir bei den Hypotrichia einen Kern-Dualismus mit einem generativen Mikronukleus (m) und einem vegetativen Makronukleus (M). Und die beiden Kerne sind nicht nur in ihrer Grösse verschieden, sondern auch in ihrem genetischen Aufbau. Was bedeutet das? Warum zwei unterschiedliche Kerne?

Vor der Konjugation (oder sollten wir besser «beim Sex» sagen) durchlaufen die Mikronuklei eine Reduktionsteilung, und je ein haploider Mikronukleus wird ausgetauscht, um mit dem Partnernukleus der anderen Zelle, wie bei einer klassischen Befruchtung, zu verschmelzen. Die verschmolzenen Nuklei aber durchlaufen jetzt noch eine mitotische Teilung, woraus vier Kerne entstehen. Drei davon sterben ab, und der verbleibende Kern teilt sich nochmals. Einer der zwei entstandenen Kerne wird zum Mikronukleus und der andere, die Makronukleus-Anlage, vermehrt ein Drittel seiner Chromosomen etwa 30-fach. Sie sind dann als Riesenchromosomen sichtbar, während die anderen verbliebenen Chromosomen abgebaut und eliminiert werden.

Danach zerfallen die Riesenchromosomen in kleine gengrosse Stücke (*gene-sized pieces,* Nanochromosomen), wobei etwa 98 Prozent aller DNA eliminiert werden! Was übrig bleibt, sind kleine DNA-Fragmente, welche jeweils eine komplette Transkriptionseinheit enthalten und von spezialisierten Telomer-Enden flankiert werden.

Nach dieser unglaublichen Eliminierung von genetischem Material setzt eine Replikation ein, welche die DNA auf die über hundertfache Menge des Mikronukleus anwachsen lässt. Danach liegt jedes dieser Nanochromosomen in 10 000- bis 15 000-facher Anzahl vor.

Am Ende dieser Replikation übernimmt nun der Makronukleus die Steuerung der Zelle, während der Mikronukleus in dichtes Chromatin verpackt und inaktiviert wird. Während der nachfolgenden vegetativen Teilungen durchläuft ein unter dem Mikroskop sichtbares Replikationsband (rb) den Makronukleus und die Verteilung der Chromosomenschnipsel erfolgt anscheinend zufällig. Dennoch kann sich *Stylonychia* über viele Generationen vegetativ vermehren.

All dies wurde 1965 entdeckt und war damals sensationell. Denn dadurch wurde, lange bevor die Gentechnologie in die Biologie einzog, zum ersten Mal die Untersuchung einzelner, eukaryotischer Transkriptionseinheiten möglich. Viele Fragen konnten an diesen Ciliaten untersucht werden. Wie werden Gene reguliert? Wie sind Chromosomen stabil? Wie werden Telomere erhalten?

Viele Fragen sind heute noch ungeklärt, aber insbesondere zur Untersuchung der Telomer-Biologie konnte *Stylonychia lemnae* viel beitragen. Und noch heute faszinieren Einzeller im Heuaufguss interessierte (zukünftige) Biologinnen und Biologen.

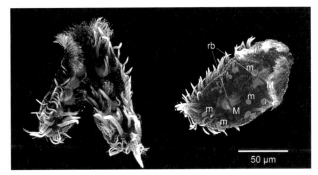

Foto © Jan Postberg, Universität Witten–Herdecke, Deutschland (bislang unveröffentlicht)

Barbara Berli

Woher kommen die Bachforellen in unseren Bächen?

Bachforelle
Foto © Zoologischer Garten, Basel

Fischers Fritz fischt frische Fische – besonders gern fischen Fischer Forellen – am allerliebsten oftmals Regenbogenforellen *(Oncorhynchus mykiss)*. Sie sind stark, schnell und wendig, und nicht jeder Fischer hat von Anfang an das Können, sie zu überlisten. Regenbogenforellen sind jedoch keine einheimischen Fische, sondern wurden im 19. Jahrhundert aus Nordamerika als Speisefische eingeführt. Was man damals noch nicht ahnte: Regenbogenforellen konkurrenzieren mit den einheimischen Bachforellen *(Salmo trutta)* sehr stark und können somit Auswirkungen auf deren Populationen haben. Regenbogenforellen wachsen schneller, ertragen höhere Wassertemperaturen, sind stressresistenter. Zudem sind sie weniger anfällig auf Krankheiten, wie z.B. PKD (Proliferative Nierenkrankheit), welche Bachforellenpopulationen schwächen.

Um die Bachforellen zu schützen, wurde 1994 schweizweit der Einsatz von Regenbogenforellen in offenen Gewässersystemen verboten und der Besatz (Freilassen von Fischen in ein Gewässer) von Zuchtfischen gefördert. Ausgewählte Fischzüchter entnehmen dabei zur Fortpflanzungszeit geschlechtsreife Elterntiere aus den Gewässern, streifen ihnen Eier und Spermien aus dem Körper, brüten die Eier aus und ziehen die Jungtiere dann während 4–6 Monaten auf. Die Jungfische werden dann im Auftrag der Fischerei-

behörden in denjenigen Bächen und Flusssystemen, aus welchen ihre Elterntiere stammen, freigelassen. Dies, um lokale Anpassungen der Tiere an ihre Ursprungsgewässer beizubehalten (lokale Adaptation).

Da die Tiere der verschiedenen Zuchten und Bachsysteme äusserlich schwierig zu unterscheiden sind, führen Wissenschaftler populationsgenetische Studien durch, welche folgende Fragen erforschen: Aus welchem Flusseinzugsgebiet (z.B. Atlantik) stammen die Elterntiere? Sind Populationen identifizierbar und wenn ja, sind sie genetisch genügend divers oder besteht die Inzuchtgefahr? Findet man die gezüchteten Fische in der Natur wieder – nützt also der Stützbesatz?

In unserer Region wurden populationsgenetische Studien über die Bachforellen des Birs-Systems sowie des Ergolz-Systems durchgeführt. Dabei stellte man fest, dass in der Birs, höchstwahrscheinlich durch die vorherrschende Zucht- und Besatzpraxis, eine einzige Bachforellenpopulation entstanden ist, also genetisch grosse Homogenität vorherrscht; während in der Ergolz und in einigen ihrer Seitenbäche wie z.B. der Hinteren Frenke oder im Diegterbach eigene Genotypen vorkommen, was auf lokal angepasste Bachforellen-Populationen hinweist.

Ein spannendes Detail bei der Untersuchung im Birs-System ist, dass in einem ihrer Zuflüsse Tiere dem Einzugsgebiet des Mittelmeeres zugeordnet werden konnten – was geographisch doch recht erstaunlich erscheint, da die Birs und der Rhein nicht mit dem Mittelmeer verbunden sind. Nach einigen Gesprächen mit Kennern der Fischerszene stellte sich heraus, dass lokale Fischer selber einige Tiere dort eingesetzt hatten, um den Bachforellen-Fortbestand ebenfalls tatkräftig zu unterstützen.

Die klimatischen Veränderungen werden zeigen, welche Genotypen sich durchsetzen werden resp. woher die Bachforellen in unseren Bächen in der Zukunft kommen und ebenso, wie stützend Fischbesatz in Gewässern ist, in welchen die äusseren Bedingungen (z.B. Wassertemperatur) nicht mehr den Anforderungen der Bachforellen entsprechen – womit der Rahmen für weitere spannende Studien gegeben ist.

Daniel Berner

Wie der Stichling sich gegen Fressfeinde rüstet

Wer im Frühling am Ufer des Bodensees entlangspaziert und das Leben im Wasser beobachtet, wird vielleicht auf den Dreistachligen Stichling aufmerksam. Dieser kleine Fisch sucht dann nämlich die Uferzone, Flussmündungen und Hafenanlagen auf, um eifrig seinem Brutgeschäft nachzugehen. Hierbei bauen die Männchen, mit blauen Augen und roter Kehle prächtig gefärbt, ihre Nester. Wenn ein Weibchen an einem Männchen Gefallen findet, wird es ihm ein Eipaket ins Nest legen und hoffen, dass es die gemeinsame Brut gewissenhaft umsorgt.

Wer Stichlinge aus dem Bodensee fängt und diese genauer inspiziert, kann ein eigenartiges Körpermerkmal feststellen: Die Flanken der Fische sind mit harten Knochenplatten belegt. Diese Platten sind umgewandelte Schuppen auf der ansonsten ungeschuppten Haut.

Der Stichling fühlt sich nicht nur im Bodensee wohl, sondern auch in vielen kleinen Bächen, die in den Bodensee münden. Wer aber Stichlinge aus einem solchen Bach fängt und untersucht, kann feststellen, dass viele Individuen in der hinteren Körperhälfte keine Knochenplatten aufweisen. Wie kommt dieser Unterschied zwischen den See- und Flussfischen im Bodenseegebiet zustande? Um dies zu beantworten, müssen wir zuerst verstehen, wozu die Knochenplatten nützlich sind und worin sich der Seelebensraum von jenem umliegender Bäche unterscheidet.

Zur Funktion der Platten ist bekannt, dass sie einen gewissen Schutz vor Fressfeinden, also vor Raubfischen und Wasservögeln, bieten: Ein Stichling mit Platten wird sich einfacher aus dem Maul eines Beutegreifers frei zappeln können und auch weniger schwere Verletzungen davontragen als ein Stichling ohne Platten. Ein grosser Unterschied zwischen See und Bächen wiederum liegt in Nahrungsangebot. Aus Studien von Mageninhalten an Stichlingen aus dem Bodensee ist bekannt, dass sich diese Tiere ausserhalb des Brutgeschäfts im offenen Wasser aufhalten und dort nach Zooplankton jagen. Die Seefische sind dabei Fressfeinden schutzlos ausgesetzt, und die beste Schutzstrategie ist Panzerung mittels Knochenplatten. Dagegen haben die Stichlinge in den seich-

ten Bächen jederzeit Versteckmöglichkeiten. Die Knochenplatten sind hier deshalb nicht nur überflüssig, sie sind eine Last, denn der Aufbau von so viel Knochenmaterial ist kostspielig, und das Schwimmen fällt leichter ohne Platten

Wie aber kommt der Unterschied in der Panzerung überhaupt zustande? Aufgrund genetischer Untersuchungen ist bekannt, dass Unterschiede in einem Erbfaktor, dem Ektodysplasin-Gen, hauptverantwortlich für das Vorhandensein oder Fehlen der Knochenplatten im hinteren Körperabschnitt der Stichlinge sind. Veränderungen in diesem Erbfaktor verursachen beim Menschen Missbildungen der äusseren Hautschicht. Die See- und Flussstichlinge des Bodenseeraums haben sich also durch die natürliche Auslese unterschiedlicher Varianten eines alten Erbfaktors an ihre Lebensräume anpassen können.

Foto © Daniel Berner

Foto © Hans Peter Bernhard

Meeresbiologische Forschungsinstitute waren zu Anfang des vergangenen Jahrhunderts für die entwicklungsbiologische Forschung von grosser Bedeutung. Marine Organismen konnten im Meerwasser von der Befruchtung bis zur Geschlechtsreife *in vitro* kultiviert, beobachtet und mit manuellem Geschick auch experimentell manipuliert werden. Wegen des beschränkten technischen Instrumentariums waren diesen Forschungsvorhaben jedoch enge Grenzen gesetzt. Zentrale Fragen der Entwicklungsbiologie konnten damals nur im Ansatz verfolgt und meist nicht beantwortet werden. Techniken der heutigen Genetik und der Molekularbiologie ermöglichen es, diese Fragen erneut anzugehen und zu beantworten.

Am Basler Biozentrum war es uns ein Anliegen, mit Wiederholungen klassischer Experimente Studierenden vor Ort einen Einstieg in die heutige Forschung an marinen Organismen anzubieten.

In der Bibliothek des Laboratoire Arago in Banyuls s/mer hatte ich die einzigartige Gelegenheit, Originalarbeiten dieser frühen Forschungen einzusehen. Dabei begegnete ich einem faszinierenden Meeresbewohner, dem Pergamentwurm *(Chaetopterus variopedatus)*, welcher bereits am Anfang des vergangenen Jahrhunderts an diesem Institut erforscht wurde. Der Wurm ist im küstennahen, weichen Sediment-

boden in etwa zwölf Meter Wassertiefe leicht zu finden. Mit der Abgabe von sich verfestigendem Schleim bildet er in sandigem Meeresboden eine pergamentartige U-förmige Röhre, die an beiden Enden geöffnet ist und deren Enden aus dem Boden herausragen. Nach dem Herauslösen aus seiner Röhre findet man einen spektakulären, etwa fünfundzwanzig Zentimeter langen Wurm. Der segmentierte Körper ist in einen Vorderteil mit Augen und Mund, einen Mittelteil mit Verdauungsorganen und einen Hinterteil mit den Geschlechtsorganen gegliedert, welcher je nach Geschlecht Eizellen oder Spermien in die Röhre entlässt. Mit einem durch Muskelkraft erzeugten Wasserfluss vom vorderen zum hinteren Ende der Röhre werden die Geschlechtszellen ins offene Meer transportiert, wo die Eizellen auf die Spermien treffen und die Befruchtung stattfindet. Mit einer in der Natur selten zu beobachtenden ungleichen ersten Furchungsteilung beginnt der spannende Lebenszyklus dieses faszinierenden Wurms. Er verläuft über drei jeweils recht unterschiedliche schwimmende Larvenformen zu einem voll ausgebildeten Wurm, der sich nach etwa vierzig Tagen für den Rest seines Lebens auf dem Meeresboden niederlässt und dort eine eigene Röhre baut. Die Larven halten sich mit Hilfe eines mit schlagenden Flimmerhärchen besetzten Gürtels schwimmend im lichtdurchfluteten Oberflächenwasser auf. Für die Futtersuche nach den dort vorkommenden Einzellern sind die Larven mit lichtempfindlichen Augenflecken ausgerüstet. Diese dienen dazu, Helligkeit und Dunkelheit zu unterscheiden. Nach einer Sequenz von je nach Larvenstadium zwei bis vier Augenflecken werden beim ausgewachsenen Wurm auf den Antennen am Kopfteil schliesslich noch zwei komplexe Augen gebildet, welche auch die Richtung des einfallenden Lichts präzis erfassen können. Die Frage, wozu diese wohl dienen, ist noch offen, da der doch eher asoziale Wurm seine dunkle Röhre vermutlich nie verlässt. Ein weiteres Phänomen im Leben dieses einsamen Röhrenbewohners, die Absonderung eines hell leuchtenden Schleims als Reaktion auf mechanische Reize, bleibt ebenfalls noch unerklärt.

Am Ende des 19. Jahrhunderts entstanden zwei verschiedene Ansätze Kontinente und Ozeane zu interpretieren. Einerseits zeigte die paläontologische Überlieferung, dass während verschiedener Erdepochen zwischen den Kontinenten ein Austausch von Fauna und Flora stattgefunden hatte, andererseits zeigte die Geophysik, dass die Kontinente leichte 'Wurzeln' hatten, während die Ozeane von schwerem Gesteinsmaterial unterlagert wurden. Die beiden Ansichten, das Axiom der Permanenz der Ozeane und die Hypothese früherer Landbrücken, waren offensichtlich inkompatibel solange die Ozeane permanent und die Kontinente an Ort und Stelle seit der frühesten Erdgeschichte verwurzelt waren.

Dieses Paradox konnte durch Alfred Wegeners Kontinentaldrift-Hypothese vor etwa hundert Jahren scheinbar gelöst werden. Wenn Ozeane nicht permanent waren und die Kontinente wanderten, ergaben die Hinweise auf verschwundene Landverbindungen zwischen Kontinenten und die Funde ozeanischer Gesteine in den Alpen plötzlich Sinn. Wegeners Idee fand deshalb sofort Zustimmung bei vielen der alpinen Geologen, wurde aber vom Mainstream vehement bekämpft. Wie bei vielen Paradigmenwechseln war zunächst die Radikalität der neuen Hypothese, dann aber auch die Tatsache, dass Wegener als Klimatologe ein Aussenseiter war und dass der vorgeschlagene Mechanismus den Gesetzen der Physik scheinbar widersprach, Grund für die Ablehnung seiner Erklärung. Die Polflucht der Kontinente liess sich nicht nachweisen, und die Idee, dass die leichten Kontinente wie Eisberge auf dem schwereren, spröden Erdmantel schwimmend sich durch den Untergrund pflügten, war nicht haltbar:

Erst die Konzepte des *seafloor spreading* und der Plattentektonik, die in den 1960er-Jahren entwickelt wurden, brachten die Lösung. Die Kontinente bewegen sich nicht selbständig, sondern reisen als Passagiere auf driftenden Lithosphärenplatten, die von der thermischen Konvektion im Erdmantel angetrieben werden. Neue, ozeanische Lithosphäre entsteht längs konstruktiven Plattenrändern an mittelozeanischen Rücken und verschwindet in destruktiven Rändern unter kontinentaler oder ozeanischer Lithosphäre im und rund um den Pazifik. Damit werden die physikalischen Schwierigkeiten der Wegenerschen Hypothese eliminiert.

Neu ist diese Idee nicht. Sie geht zurück auf Arthur Holmes (1890–1965). Holmes war 1930 Gastprofessor an der Universität Basel und hat sein Konzept der Mantelkonvektion auch in der Zeitschrift unserer Naturforschenden Gesellschaft illustriert (1930). Damit wurde er zu einem der frühen Protagonisten der Plattentektonik. Die Ursache für die Konvektion, die die Lithosphären-Platten treibt, sah Holmes in der Wärme, die beim Zerfall radioaktiver Isotope in den Gesteinen entsteht. Holmes war auch der erste Geologe, der die Idee von Rutherford aufnahm, das Alter der Erde aus dem Verhältnis von Mutter- und Tochterisotopen zu bestimmen. Seine Altersbestimmung des Beginns des Kambriums (1911) mit 600 Millionen Jahren liegt recht nahe beim heute geltenden Wert von $541{\pm}1$ Millionen Jahre.

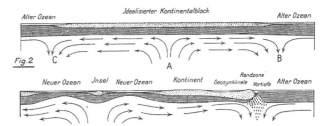

Eine frühe Version der Plattentektonik: Konvektionsströme im Erdmantel führen bei A zum Auseinanderbrechen und -driften der Kontinente, bei B zur Verschluckung (Subduktion) der ozeanischen Kruste (Holmes 1930, Verh. Naturf. Ges. Basel, 41, 136–185).

Arthur Holmes (Mitte) mit August Buxtorf und Max Reinhard (Univ. Basel) in der Klus von Court (1930)

Die erstaunlichen Moose

Wenn Moose im Gesamtbild unterschiedlicher Naturräume überhaupt ins Auge fallen, erscheinen sie als grüne oder bräunliche Überzüge, weitläufige Decken, als weiche Rasen oder Polster. Der Habitus einzelner Pflänzchen ist meist nur aus nächster Nähe – oft auch nur mit optischen Hilfsmitteln – zu erkennen; und für eine sichere Bestimmung ist bei einer Vielzahl der Arten eine eingehende, mikroskopische Untersuchung unabdingbar. Wer sich aber näher mit Moosen zu befassen beginnt, ist rasch begeistert von der Formenvielfalt und der ästhetischen Schönheit der Pflänzchen und ihrer Teile – mir ist es zumindest so ergangen.

Berührend ist auch die Geschichte der Moose. Ihre Vorfahren gehörten zu den ersten Pflanzen, die im Erdaltertum vor über 400 Millionen Jahren das Land 'eroberten'. Die drei Abteilungen der Moospflanzen – die Leber-, Horn- und Laubmoose – zählen somit zu den ältesten Entwicklungslinien der Landpflanzen. Aus dem Tertiär, vor 45 Millionen Jahren, sind Moose bekannt, die identisch mit rezenten Arten sind. Sie überdauerten alle Katastrophen in der Erdgeschichte und haben in den vielen Jahrmillionen bis heute ihre erfolgreiche Lebensweise beibehalten und sich nicht wesentlich verändert. Moose sind wechselfeuchte Pflanzen, von denen die Mehrzahl trockene Perioden (oft viele Monate!) durch Aufgabe aller Lebensfunktionen schadlos ertragen können; bei einsetzender Feuchtigkeit beginnen sie sofort wieder zu assimilieren. Eine einzigartige Eigenschaft, die sie vor fast allen anderen Gewächsen auszeichnet.

Moose sind nahezu überall anzutreffen, von der Arktis bis in die Tropen. Sie besiedeln hier unterschiedlichste Lebensräume, was die klimatischen Verhältnisse, die Topographie und die Substrate betrifft. Man findet sie auf jeglicher Art von Böden und Gesteinen, sie wachsen epiphytisch auf lebenden Bäumen und überziehen morsches Holz. Kühlfeuchte Gebiete in montanen und subalpinen Lagen zählen zu ihren artenreichsten Lebensräumen. Überwältigend ist hier die Fülle und Üppigkeit in Regenwäldern. Auch ständig feuchte und nasse Standorte wie Moore, periodisch überschwemmte Bach-, Fluss- und Seeränder sind oft reich an Moosen. In den Hochlagen der Gebirge, die nur noch für wenige Samenpflanzen bewohnbar sind, wird der Aspekt oft von Moosen geprägt. Beeindruckend ist auch ihre Bedeutung in verschiedenen Ökosystemen. Ihre Eigenschaft, Wasser in beachtlichen Mengen rasch aufzusaugen und nur langsam abzugeben, ist für den Wasserhaushalt in Wäldern von erheblicher Relevanz. Moosdecken sind auch ein Erosionsschutz, indem sie das Wegspülen ihres Untergrundes verhindern. Verrottete Moose liefern erste organische Substanzen und tragen so zur Humifizierung karger Böden bei, die oft zum Keimbeet anderer Pflanzen werden. Moose sind ein Biotop für eine Vielzahl von kleinen Organismen. Auch als Baumaterial werden sie von verschiedenen Tieren genutzt, so von Vögeln zum Nestbau.

In frühesten Zeiten haben Menschen schon Moose für verschiedenste Zwecke verwendet, so für Sitz- und Liegeplätze und das Stopfen von Kissen. Das heute häufigste Moos der Schweiz, das Schlafmoos *(Hypnum cupressiforme)*, erinnert noch an diese Verwendung (griech. hypnos = Schlaf). Ferner dichtete man mit Moosen die Ritzen von Blockhäusern. Bei manchen Völkern sind gewisse Arten noch heute als Heilpflanzen in Gebrauch. Wegen ihrer grossen Saugfähigkeit und antibakteriellen Eigenschaft fanden Torfmoose noch im Ersten Weltkrieg als Wundverbände Verwendung. Lange Zeit wurden sie auch für hygienische Zwecke wie Windeln und 'Toilettenpapier' benutzt. Auch als schmückende Elemente, wie etwa in der Kranzbinderei, sind sie zu bestaunen. Heute haben Moose als Bioindikatoren Bedeutung erlangt und werden zum Messen und zum Überwachen der Qualität von Luft, Wasser und Böden benutzt.

So entpuppen sich die kleinen, oft kaum beachteten Pflänzchen als bewunderungswürdige und nützliche 'Überlebenskünstler'.

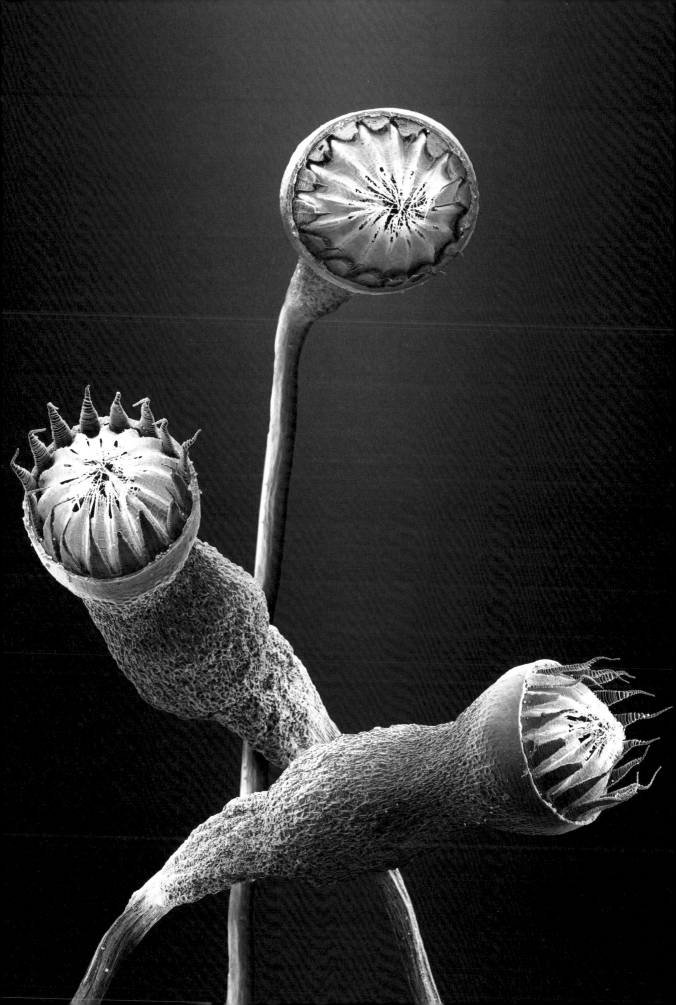

Warum ist es dunkel in der Nacht? Natürlich deshalb, weil die Sonne untergegangen beziehungsweise noch nicht aufgegangen ist, weil sie auf der anderen Seite der Erde scheint. Das ist richtig – und greift doch zu kurz. Betrachten wir den wolkenlosen Nachthimmel genauer. Er ist ja nicht einfach leer, sondern ist übersät mit Gestirnen. Den Mond, der manchmal dafür sorgt, dass es alles andere als dunkel ist in der Nacht, lassen wir mal weg. Ebenso die Planeten, von denen nur vier (Venus, Mars, Jupiter und Saturn) – und dies auch nicht immer – gut sichtbar sind. Nein, wir meinen die Fixsterne, die in ganz klaren Nächten zu Tausenden am Firmament glitzern. Wie man weiss, sind sie sehr weit entfernt, von den allernächsten Sternen trennen uns bereits Lichtjahre. Deswegen erscheinen sie uns auch millionenfach schwächer als die Sonne. Also nochmals, es ist kein Wunder, dass es nachts dunkel ist!

So weit so gut. Aber jetzt machen wir ein Gedankenexperiment mit diesen Sternen. Nehmen wir einmal an, in jedem Raumwürfel von einem Lichtjahr Kantenlänge befindet sich ein Stern wie die Sonne, und dies überall, im ganzen Weltall, das wir uns grenzenlos und unendlich gross denken. Welche Menge Licht werden wir von all diesen Sternen insgesamt empfangen? Mit einer einfachen Rechnung lässt sich zeigen, dass die Anzahl der Sterne in einem gewissen Distanzintervall um uns herum mit der Distanz im Quadrat zunimmt, während die Lichtintensität, die wir von einem einzelnen Stern empfangen, gerade umgekehrt mit der Distanz im Quadrat abnimmt. Die beiden Effekte kompensieren sich, sodass die Lichtmenge, die wir von den Sternen aus einer bestimmten Kugelschale erhalten, immer dieselbe ist, unabhängig von der Entfernung. Wenn wir jetzt das Licht über alle Kugelschalen bis ins Unendliche integrieren, erhalten wir eine unendliche Menge Licht. Anders gesagt, in einem unendlichen Weltall würde unser Sehstrahl in jeder beliebigen Richtung auf die Oberfläche eines Sterns treffen. Am Himmel stünde Sonne an Sonne, es gäbe keine Nacht!

Dieser Widerspruch zwischen dem einfachsten denkbaren Weltmodell und der alltäglichen Beobachtung der nächtlichen Dunkelheit ist bekannt unter dem Begriff «Olberssches Paradoxon», benannt nach dem deutschen Arzt und Himmelforscher Heinrich Wilhelm Olbers, der es 1823 erstmals formulierte. Aber bereits 200 Jahre früher hatte Johannes Kepler dieses Paradoxon dazu benutzt, gegen die von Giordano Bruno postulierte Unendlichkeit des Universums anzukämpfen. Später zeigten die Sternzählungen von Wilhelm Herschel, dass das Sternenmeer in weiten Entfernungen tatsächlich ausdünnt: Wir leben bekanntlich in einem zwar riesigen, so doch endlich begrenzten Sternsystem namens Milchstrasse. Aber das Dilemma ist im 20. Jahrhundert wieder neu aufgetreten, als klar wurde, dass die Milchstrasse nur ein Sternsystem unter Myriaden von anderen 'Galaxien' ist. Denn das Olberssche Paradoxon gilt nun genauso für Galaxien wie zuvor für Sterne.

Was also ist die Lösung des Paradoxons? Warum ist es nachts dunkel? Der Schlüssel liegt in der zeitlichen Struktur des Alls. Nach dem Verständnis der modernen Kosmologie kommen drei Faktoren zusammen: Die Lichtgeschwindigkeit ist endlich, das Universum hat ein endliches Alter von zirka 14 Milliarden Jahren und drittens dehnt sich das Weltall seit dem Urknall unaufhörlich aus. Die ersten beiden Faktoren erzeugen einen Sichtbarkeitshorizont: Wir können nur soweit in den Raum blicken, wie es der Strecke entspricht, die das Licht seit Weltbeginn durchlaufen konnte. Das 'schützt' uns vor der aktualen Unendlichkeit. Und der dritte Faktor sorgt dafür, dass das gleissend helle Licht der heissen, dichten Frühphase des Kosmos so viel an Energie verliert, dass es heute als unsichtbar schwaches 'Nachglühen' im Mikrowellenbereich bei uns ankommt.

Wir sehen also, unsere Frage ist alles andere als trivial, sondern führt zum Fundament der Welt. Und ausserdem, nicht nur das Licht, auch die Dunkelheit ist ein Geschenk!

Für uns Menschen ist es selbstverständlich, mit anderen zusammenzuleben und Arbeiten zu teilen. Wir alle spezialisieren uns auf gewisse Tätigkeiten. Wir profitieren von den Leistungen anderer, in Bereichen, die wir selbst oft nicht verstehen. Durch Aufgabenteilung erreichen wir vieles. So selbstverständlich ist Aufgabenteilung für uns, dass wir uns kaum bewusst sind, welche Ausnahmeerscheinung sie im Tierreich darstellt.

Bei einigen Tierarten ziehen Eltern ihre Jungen auf, doch meist trennen sich diese später von der Familie. Bei wirbellosen Tieren sind die Jungen oft schon ab dem Zeitpunkt der Eiablage auf sich allein gestellt. Noch seltener als gemeinsames Leben ist eigentliche Arbeitsteilung. Es gibt aber Ausnahmen, sogar bei Wirbellosen.

Die höchstentwickelten Gemeinschaften finden wir bei den echten sozialen Insekten. Das sind vor allem Termiten, Ameisen sowie ein Teil der Bienen- und Wespenarten, die in Kolonien zusammenleben, die eigentlichen Insektenstaaten entsprechen. Ihre Nester können beeindruckende Ausmasse annehmen. Bei Nestern im Boden oder Totholz ist der grösste Teil vor unseren Augen verborgen. Doch auch der sichtbare Teil kann beachtlich sein. Einige Ameisenarten, einschliesslich einiger bei uns vorkommender Waldameisenarten, können Superkolonien mit vielen Nestern bilden. Die 45 000 Nester einer Superkolonie von *Formica yessensis* in Japan bedeckten eine Fläche von 2,7 Quadratkilometern. Die Superkolonie hatte circa 300 Millionen Arbeiterinnen und eine Million Königinnen. Noch weit grössere Superkolonien sind von der invasiven Argentinischen Ameise bekannt, zum Beispiel aus Südeuropa.

In Insektenstaaten sind die Aufgaben auf verschiedene Kasten und Unterkasten verteilt. Die Königinnen sind, ausser in der Gründungsphase, bevor Helfer zur Verfügung stehen, auf die Fortpflanzung spezialisiert. Die viel zahlreicheren Arbeiterinnen pflanzen sich dagegen bei den meisten Arten nicht fort. Während bei Termiten Männchen und Weibchen sowohl als König/innen wie auch als Arbeiter/innen die verschiedenen Aufgaben anpacken, treten bei Ameisen, Bienen und Wespen Arbeiterinnen nur unter den Weibchen auf. Männchen beschränken sich auf die Fortpflanzung.

Die Art der Arbeit ist altersabhängig. Junge Ameisen oder Bienen starten in der Brutpflege und werden erst, wenn sie älter sind, in gefährlicheren Jobs ausserhalb des Nestes, wie der Futtersuche, eingesetzt. Zu diesem Zeitpunkt hat die Arbeiterin bereits der Gemeinschaft gedient und die Investition in ihre Aufzucht gerechtfertigt.

Bei manchen Arten gibt es extrem spezialisierte Arbeiterinnen. Honigtopfameisen mit stark aufgeblähtem Hinterleib dienen als Speicher für flüssiges Futter einiger Arten in Trockengebieten. Sie sind so wertvoll, dass sie tief im Nest versteckt sind und andere Kolonien sie bei Überfällen stehlen. Wenig beweglicher ist die als lebende Tür dienende Türstöpselmorphe der Stöpselkopfameise. Sie weicht nur zurück, um Nestkameradinnen Einlass zu gewähren. Die bekannten Ameisensoldaten sind grosse Arbeiterinnen mit vergrösserten Köpfen. Sie sind aber je nach Art für andere Aufgaben als die Verteidigung zuständig, weshalb man heute eher von Major-Arbeiterinnen spricht. Bei Ameisen, Bienen und Wespen werden aus unbefruchteten Eiern Männchen. Ob aus einem befruchteten Ei eine Arbeiterin, Soldatin oder Königin wird, hängt von vielen Faktoren ab, zum Beispiel der Ernährung, der Temperatur oder dem Anteil der entsprechenden Gruppe im Nest. Auch bei Termiten gibt es spezielle Soldatentypen oder -morphen. Die leicht erkennbaren Soldaten von *Nasutitermes* spritzen zur Verteidigung Sekrete durch einen nasenähnlichen Fortsatz an ihren Köpfen.

Arbeitsteilung ist ein Erfolgsmodell. So kommen Ameisen in fast allen terrestrischen Lebensräumen vor. Bisher sind über 13 000 Arten beschrieben. Würde man alle Ameisen zusammen wägen, würden sie alle anderen Insekten an Gewicht übertreffen. Trotz ihrer geringen Grösse würden sie sogar alle Menschen zusammen 'überwiegen'. Alle für eine, eine für alle.

Thomas Brodtbeck

Leben auf Granit?

Wer in den Alpen in die nivale Stufe hochsteigt, wird die nackten Felswände einzig noch mit flach anliegenden Flechten bewachsen vorfinden. Licht, Feuchtigkeit (im Wechsel mit Austrocknung) und herangewehte Nährstoffe – alles für ein Flechtenleben Notwendige ist vorhanden, die Temperatur ist zweitrangig. Härtesten Granit aus dem Urner Gotthardgebiet finden wir auch beim Überqueren der Mittleren Rheinbrücke in Basel. Sicher haben Sie hier auf den Brüstungen auch Flechten bemerkt. Oder nicht? Offen gestanden: Mir ging es so, dass ich zunächst gar nicht glaubte, dass da mitten im Verkehrstrubel an nacktem Gestein Flechten wachsen könnten, bis mich ein kollegialer Kenner darauf aufmerksam machte. Das Geheimnis zähen Lebenswillens liegt offen da, ist mühelos erkennbar – wenn man nur seinen Blick mit der inneren Bereitschaft, etwas zu entdecken, darauf richtet.

Die Wasseraufnahme der Flechten geschieht passiv-physikalisch; bei Feuchtigkeit oder Nässe quellen die Flechtenlager auf, bei Austrocknung schalten sie auf 'Ruhezustand'. Möglicherweise spielt die vom Rhein aufsteigende Verdunstungsfeuchtigkeit eine Rolle, sind doch die wasserseitigen Brüstungen der Rheinbrücke deutlich stärker bewachsen als die strassenseitigen.

Woher nehmen die Flechten ihre Nahrung? Die Algen (Grünalgen) im Flechtenkörper besorgen die Photosynthese und erzeugen so Kohlehydrate (Zucker), die von den angedockten Pilzhyphen aufgenommen werden. Der Stickstoffhaushalt wird deutlich sichtbar durch Vogelsitzplätze gefördert (z.B. Möwen). Besonders grell orangefarbene Flechten gedeihen mit Vorliebe dort, wo durch Vogelkot Stickstoff anfällt.

Eine der häufigsten Flechten auf Gestein ist die Mauerflechte *(Lecanora muralis)*. Im Zentrum des hellolivfarbenen Lagers bilden sich bräunliche, weissrandige Apothecien, in denen Sporen heranwachsen. Zierlich verzweigte orange Lager bildet die Zierliche Gelbflechte *(Xanthoria elegans),* die in allen Höhenstufen verbreitet ist. Dazwischen schieben sich feinkörnige, hellgelbe Lager der Gewöhnlichen Dotterflechte *(Candelariella vitellina).* Ebenfalls auf den Brüstungen der Mittleren Brücke wachsen zwei echte Silikat-

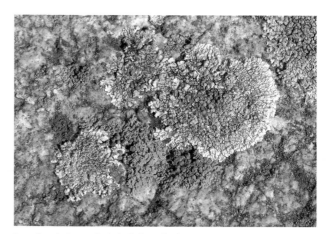

Basel, Mittlere Rheinbrücke, Flechtengesellschaft auf eutrophiertem Silikatgestein: Im Zentrum *Lecanora muralis,* daneben die orange *Xanthoria elegans* und die zitronengelbe *Candelariella vitellina.*
Foto © Armin Coray

flechten aus der Gattung der Schüsselflechten (nicht abgebildet): die helltürkisgrüne *Xanthoparmelia conspersa* und die dunkelumbrabraune *Xanthoparmelia verruculifera.*

Aufgabe: Suchen Sie in Ihrem Wohngebiet, oder wo auch immer Sie unterwegs sind, mit einer starken Handlupe ausgerüstet, Mauern und Platten aus Beton oder anderem Gestein ab: Sie werden garantiert überall kleine Flechten finden, gelbe, braune, schwarze, verschieden grüngetönte oder graue mit Blauschimmer.

Wir alle kennen das Zebra, das einzige Pferd mit Streifen, aus Reiseprospekten und von unserem letzten Zoobesuch. Es gibt drei Zebra-Arten mit unterschiedlicher Streifenzahl und Streifenbreite. Und wir haben es mit schwarzen Streifen auf weissem Fell zu tun. Aber wozu dienen diese Streifen? Die Frage ist alt und wurde kontrovers diskutiert.

Verschiedene Hypothesen zirkulieren schon seit Jahrzehnten: Die Streifen könnten der Tarnung im Busch dienen, dem Schutz vor Raubtieren, der Wärmeregulation, der Erkennung innerhalb der Herde und dem Schutz vor Tsetse- und anderen Stechfliegen.

Die Fachleute sind sich einig, die ersten vier Punkte treffen kaum zu. Tarnung im Busch hängt stark vom Hintergrund ab, die Streifenzeichnung kann vor dem falschen Hintergrund gar zu einer besseren Erkennbarkeit führen. Die Hypothese «Schutz vor Räubern» konnte in einer kürzlich publizierten Arbeit ausgeschlossen werden. Wärmeregulation wird allgemein als unsinnig angesehen, ein weisses Tier reflektiert in jedem Fall mehr Wärme als ein gestreiftes. Dass die Streifen der Erkennung eines Individuums dienen, trifft sicher zu, dazu würden aber auch andere Merkmale ausreichen. Bleibt nur noch der Schutz vor Tsetse- und anderen Stechfliegen. Gibt es Gründe, die für diese Hypothese sprechen?

Stechfliegen können verschiedene Tierseuchen übertragen: Bremsen übertragen die Surra, und Tsetse-Fliegen die Nagana, die Wiederkäuer erkranken und sterben lässt. Tsetse-Fliegen finden ihre Wirte mit Hilfe zweier Sinne: olfaktorisch aus grosser Distanz und visuell aus kurzer Distanz. Sie setzen sich gerne auf grosse dunkle Flächen. Schon im Jahr 1981 wurden in Afrika Experimente mit Tsetse-Fliegen und verschieden gemusterten Flächen gemacht. Es zeigte sich, dass schmale Streifen (<2 cm) für die Fliegen weniger attraktiv sind als breite (>5 cm). Die Vermutung wurde geäussert, dass das Facettenauge der Fliege das gestreifte Zebra nicht richtig wahrnimmt.

Eine andere Methode, die uns hilft festzustellen, welche Tiere die Tsetse-Fliege sticht, ist die Blutmahlanalyse. Blutreste im Darm der Fliege können typisiert werden. Zebrablut wurde bei diesen Bestimmungen nur selten gefunden.

Das Verbreitungsgebiet der Zebras geht über die Verbreitung der Tsetse-Fliegen hinaus. Zebras im Süden Afrikas oder in Bergregionen, wo keine Tsetse vorkommen, tragen eine reduzierte Streifenzeichnung. Der Somali-Wildesel, der mit Tsetse-Fliegen nicht in Berührung kommt, hat nur einige feine Streifen an den Beinen. Diese Beobachtung bestärkt einen Zusammenhang zwischen Streifenmuster und dem Vorhandensein der Fliegen. Das ausgestorbene Quagga (eine Unterart des Steppenzebras) lebte im tsetsefreien Südafrika und hatte nur eine leichte Streifung an Kopf und Hals. Das letzte Tier verstarb 1883 im Amsterdamer Zoo.

Andere Wildtiere im Tsetse-Gebiet von Afrika, zum Beispiel Antilopen, werden zwar gestochen und mit Parasiten infiziert, sie erkranken aber nicht. Verantwortlich dafür sind Mechanismen der Anpassung der Parasiten an den Wirt und umgekehrt. In alten Wirt-Parasit-Beziehungen schädigt der Parasit den Wirt kaum mehr.

Zurück zum Zebra und seinen Streifen. Vieles deutet darauf hin, dass das Schwarz-Weiss-Muster dazu dient, weniger von Stechfliegen belästigt zu werden. Zebras haben kürzere Haare als andere Warmblüter in Afrika und sind so viel anfälliger für Insektenstiche und die damit übertragenen Krankheiten.

Foto © Reto Brun

Mit dem Schwund der Auen und Sümpfe wurden die Nächte leiser. Den lärmigen grünen Fröschen hatte der industrielle Fortschritt des 19. und 20. Jahrhunderts erst einmal den Garaus gemacht. Aber nur vorübergehend. Ein Blick auf die Bestandeszahlen aus dem Kanton Aargau bestätigt dies. Wasserfrösche haben sich dort seit Beginn der 90er-Jahre wieder enorm ausgebreitet. Ob dieser Trend erfreulich oder als Nebeneffekt der Globalisierung zu bedauern ist, sei dahingestellt. Spannend ist jedenfalls der Blick auf die genaueren Umstände, die zum Erstarken des Wasserfroschs geführt haben.

«Wasserfrosch» ist ein Sammelbegriff für eine ganze Gruppe schwierig zu unterscheidender Froscharten der Gattung *Pelophylax*. Grün sind sie alle, aber sehr variabel im Ton und in den Zeichnungen. Drei Arten, so die bisherige Annahme, sind in Mitteleuropa präsent. Zwei davon, der Kleine Wasserfrosch *(P. lessonae)* und der Teichfrosch *(P. kl. esculentus),* leben hier mindestens seit der letzten Eiszeit. Eine Art, der Seefrosch *(P. ridibundus),* wurde im 20. Jahrhundert aus verschiedenen Gegenden Osteuropas importiert, als Produzent von Froschschenkeln oder als Labortier. Zeitzeugen berichten, dass überschüssige Tiere eimerweise in heimischen Feuchtgebieten ausgesetzt wurden. Ist etwa der gebietsfremde Seefrosch, dessen Ruf wie der einer meckernden Ziege klingt, für die starke Ausbreitung der Wasserfrösche bei uns verantwortlich?

Aber die meisten Wasserfrösche im Aargau meckern nicht. Sie schnarren und rattern eher, wie es eigentlich nur Teichfrösche und Kleine Wasserfrösche tun. Und ihre Zunahme war so stark, dass sich Naturschützer sorgten, dass dadurch andere, seltenere Amphibien verdrängt würden. Diese Vermutung wurde mit dem umfangreichen Datenmaterial aus dem Aargau überprüft. Forschende der Universität Basel konnten damit belegen, dass zumindest Gelbbauchunken und Geburtshelferkröten markant kleinere Bestände aufweisen, wenn am selben Gewässer auch Wasserfrösche vorkommen. Ob die Unken und andere Amphibien gefressen oder vertrieben werden, lässt sich nicht sagen. Sicher ist, dass sie sich in Anwesenheit von Wasserfröschen nicht nur verstecken, sondern wirklich dezimiert werden.

Warum aber sind Wasserfrösche plötzlich so erfolgreich? Zum einen gibt es wieder mehr kleine Weiher und Tümpel. Obwohl diese nicht gezielt für Wasserfrösche angelegt worden waren, konnten sie dennoch vom Naturschutz profitieren. Zum anderen aber sind die Wasserfrösche nicht mehr dieselben wie einst. 2014 fanden Spezialisten der Universität Lausanne heraus, dass in der Schweiz statt drei mindestens sechs *Pelophylax*-Arten vertreten sind. Also doch die ausgesetzten Labortiere? Ja, aber nicht nur. Wie etwa der Italienische Wasserfrosch *P. bergeri* die Schweiz besiedeln konnte, vermag bisher niemand zu erklären. Fest steht, dass kaum mehr eine der *Pelophylax*-Arten in genetisch reiner Form bei uns existiert, denn die Arten kreuzen sich munter. Und offenbar sind dabei neue genetische Varianten entstanden, die bestens an die heutige Umwelt angepasst sind. Untersuchungen von 2016 in der Petite Camargue Alsacienne stützen diese Vermutung. Auch die dortigen Wasserfrösche sind ein wildes Gemisch aus einheimischen und gebietsfremden *Pelophylax*-Arten. Heute gilt also: Auch wer schnarrt und rattert, könnte mit einem Neuling verwandt sein.

Vielfalt der 'Wasserfrösche' in der Petite Camargue Alsacienne
Fotos © Ch. Stickelberger

«Desoxyribonukleinsäure – ist das sehr giftig?» fragte mich neulich meine neunjährige Tochter. «Nein, überhaupt nicht», konnte ich sie beruhigen. «Dein Körper ist voll davon, und Du hast eben eine ganze Menge davon gegessen.»

Was so gefährlich klingt, ist nicht weniger als der Stoff, aus dem unsere Gene gebaut sind. Desoxyribonukleinsäure, kurz DNA, findet man in jeder Zelle. Also auch in den Tomaten, die meine Tochter verspeiste. Es ist diese DNA, die ich und meine Tochter gemeinsam haben, und deshalb erstaunt es den aufgeklärten Zeitgenossen vielleicht nicht, dass sie mir ein bisschen ähnlich sieht. Es ist aber gar nicht die DNA, unser Erbgut, über das ich mich in diesem Text auslassen will. Vielmehr ist es ihre Verwandte, die Ribonukleinsäure oder RNA.

Ich gebe es zu, ich hab einen Narren gefressen an diesem Molekül. Ja, und auch RNA ist allgegenwärtig in der lebenden Welt. Sie ist ein wahrhaftiges Multitaskingtalent. Während die DNA wie eine Strickleiter in unseren Zellen 'rumhängt', ist es die RNA, die wirklich harte Arbeit leistet: Sie dient als Matrize für die Maschinen, die unsere Proteine zusammenbauen, sie dient als Gerüst, sie nimmt Proteine an der Hand und führt diese an den richtigen Ort, und – sie ist eine 'Wunderwaffe', die wir vielleicht einmal gegen Krankheiten einzusetzen verstehen werden!

Diese Waffe ist so klein, dass sie die Wissenschaft lange Zeit übersehen hat. Es sind winzige RNA-Stücke, die ganz gezielt Gene abschalten. RNA ist so gut darin, weil sie im Gegensatz zur DNA auch nur aus einem Seil der Strickleiter bestehen kann. Dieser Einzelstrang kann die Sprossen anderer Strickleitern 'durchsägen' und sich dann mit der passenden Hälfte paaren. Und wenn das passiert, sprechen wir von der RNA-Interferenz.

Das Prinzip der RNA-Interferenz wurde 1998 entdeckt. Mittlerweile ist sie eine Standardtechnologie in jedem Forschungslabor. Man synthetisiert eine RNA, schleust sie in eine Zelle, und die anderen Stränge, mit denen sie sich paart, werden stillgelegt. Dass Biotech-Firmen darauf setzen, ist selbsterklärend. Es ist aber viel weniger der potentielle therapeutische Nutzen dieser Winzlinge, der mich so fasziniert, als die Tatsache, dass man sie überall findet, wo es kreucht und fleucht – ja sogar Mikroorganismen wie Hefen oder Bakterien machen davon Gebrauch. Aber wieso eigentlich?

Grund dafür sind wohl Parasiten. Nein, nicht der Fuchsbandwurm, vor dem sich meine Tochter so sehr fürchtet. Eher sind es Viren, die ihr Erbgut in das unsere einbauen. So geschehen vor langer Zeit in unseren Vorfahren. Ein grosser Teil unserer Erbsubstanz ist nämlich ein Überbleibsel aus dieser Zeit. Und Achtung, einige dieser Eindringlinge können immer noch aktiv werden und sich in unsere Gene bohren. Das ist natürlich gefährlich, denn so könnte ich plötzlich an Krebs erkranken. Besonders dramatisch wäre so etwas in der Keimbahn, denn das würde bedeuten, dass ich diese neu erworbene Mutation an meine Nachkommen weitergäbe. Genau da sind kleine RNAs wieder als 'Superhelden' anzutreffen. In der Keimbahn von Tieren werden Tausende von sogenannten piRNAs gemacht, die genau wissen, wie die in uns schlummernden Bösewichte aussehen. Sobald diese erwachen, werden sie von den piRNAs nach dem Prinzip der RNA-Interferenz unschädlich gemacht. Also eine Art Immunsystem, das uns vor fremdem Erbgut schützt!

Eine geniale Errungenschaft von hoch entwickelten Tierarten? – Denkste! Sogar Bakterien machen dies, denn auch sie werden von Viren attackiert. Sie besitzen eine Bibliothek, in der sie kurze Abschnitte von fremder DNA horten. So erinnern sie sich an frühere Infektionen. Und wieder sind es RNAs, abgeschrieben aus diesen Büchern, die bereitstehen zum Angriff, falls der Bösewicht es nochmals wagt, das Bakterium anzugreifen.

Fachleute nennen diese Bibliotheken CRISPR. Ja genau, die Genmanipulationsmethode, die die Welt in Atem hält. Während sie die einen euphorisiert, versetzt sie andere in besorgte Unruhe. Bleiben Sie dran, eine Fortsetzung folgt bestimmt!

Seltene Erden haben spektakuläre magnetische und spektrale Eigenschaften, von denen die meisten von uns keine grosse Ahnung haben. Eine verblüffende Eigenschaft dieser doch grossen Gruppe von Elementen ist die Abnahme der Ionenradien mit zunehmender Atomzahl. Ein anderes Phänomen ist die Bildung von Komplexen mit hochkomplizierten biologischen Molekülen, welche unerwartete spektroskopische Eigenschaften aufweisen können.

Der stabilste Oxidationsgrad der Lanthaniden ist der +3-Zustand. Einige bilden auch Verbindungen im +2-Zustand (z.B. Europium) oder im +4-Zustand (z.B. Cer). Diese unterschiedlichen Oxidationsgrade werden bei einzelnen Anwendungen ausgenützt.

Einige dieser Elemente sind gar nicht so selten, wie ihr Name vermuten lässt. Cer ist in der Erdkruste relativ verbreitet, andere wiederum sind extrem selten, wie zum Beispiel Holmium. Gemeinsam haben sie aber die Eigenschaft, dass sie meist schwer zugänglich und durch ihre extrem geringen chemischen Unterschiede nur sehr schwer unterscheidbar sind.

Wenn man die gesamte Jahresproduktion von allen Seltenen Erden und damit inklusive Scandium und Yttrium betrachtet, kann man nur staunen. Im Jahr 2010 wurden insgesamt 133 000 Tonnen all dieser Elemente geschürft. Die Gesamtreserven der Erde wurden 2009 auf 98 000 000 Tonnen geschätzt. Die Reserven reichen also in extremis für über 750 Jahre. In Wirklichkeit werden diese Reserven wesentlich länger erhalten bleiben, da in Zukunft ein grosser Teil der in Elektronikteile eingebauten Lanthaniden durch ausgeklügelte Verfahren wieder zurückgewonnen wird.

Die erste industrielle Anwendung war die Produktion von Thoriumoxid-Glühstrümpfen, welche ein Prozent Ceroxid als Katalysator enthielten. Heute ist das radioaktive Thorium durch Yttrium ersetzt.

In den letzten zwei Jahrzehnten wurden die Eigenschaften dieser Elemente immer detaillierter erforscht und die Phantasie der Forscher hat entsprechende Anwendungen ertüftelt, welche neue Produkte mit überragenden Eigenschaften hervorbrachten. Hier nur einige Beispiele: Einige Oxide der Lanthaniden werden zur Einfärbung von Gläsern verwendet, so zum Beispiel Neodym für violette, Praseodym für grüne Färbung, Samarium für lumineszierende, Erbium für infrarotabsorbierende Gläser oder Cer zur Herstellung von UV-Filtern. Lanthan wird zur Produktion von optischen Gläsern mit hohem Brechungsindex eingesetzt.

In einer 3,5-MW-Windturbine kommen bis zu 600 Kilogramm Neodym, in älteren Batterien für elektrische Autos bis zu 22 Kilogramm Lanthan und Cer zum Einsatz. Moderne Solarzellen haben eine höhere Effizienz dank 'Doping' mit seltenen Erden (Ytterbium, Thulium). Terbium findet bei der Produktion von LCD- und Plasmabildschirmen, sowie von Energiesparlampen Verwendung.

Nachdenklich stimmt allerdings, dass die Schürfung und Produktion von reinen Lanthaniden äusserst energieintensiv und nicht unbedingt umweltfreundlich erfolgt.

Wenn man die gesamte Literatur der Lanthaniden ab 1980 durchsucht, dann findet man Hunderte von Vorschlägen, die nie zu Ende gedacht wurden. So wurde Cer schon früh als Antikoagulans erkannt, aber nicht weiter verfolgt. Der Einsatz als Antikrebsmittel wurde auch einmal studiert, aber fallengelassen. In vielen biochemischen Reaktionen könnte der Zusatz von Lanthaniden einzelne Abläufe beeinflussen – so wissen wir, dass Proteasen durch einzelne Lanthaniden gehemmt werden können.

Persönlich denke ich, dass der Einsatz von Lanthaniden in allen Naturwissenschaften vertieft erforscht werden müsste, um von diesen Erkenntnissen zu profitieren und darauf aufbauend neue, ja selbst innovative Produkte und Ideen realisieren zu können.

Ich bin überzeugt, dass noch sehr viel Potenzial in dieser Gruppe von Elementen steckt, welches wir nur konsequent erforschen und anwenden müssen: im Labor, in der Medizin und in den Materialwissenschaften.

Dirk Bumann

Ich bin anders als Du bist anders als sie – Individualität bei Bakterien

Für uns ist es selbstverständlich, dass jeder Mensch einzigartig ist. Wir haben unsere Vorlieben, die sich darin äussern, wie wir uns kleiden, was wir am liebsten essen und was für Texte wir gerne lesen. Uns liegen verschiedene Aktivitäten mehr oder weniger, wir reagieren unterschiedlich auf Stress, kurz gesagt, wir sind Individuen. Diese Unterschiede beruhen teils auf geerbten Genen und teils auf unseren Erfahrungen und Lebensumständen.

Überraschenderweise zeigen auch Bakterien individuelles Verhalten. Wir können zum Beispiel eine einzelne Bakterie in Fleischbrühe geben und über Nacht an einen warmen Platz, zum Beispiel auf eine Heizung, stellen. Am nächsten Morgen hat sich die eine Bakterie enorm vermehrt. Diese vielen Bakterien haben alle das gleiche Erbmaterial und im Mikroskop sehen sie auch gleich aus. Wenn wir uns etwas Mühe machen und die Bakterienkultur die ganze Zeit umrühren (zum Glück gibt es dafür entsprechende Apparate), haben sie auch identische Umweltbedingungen.

Wenn wir aber näher hinschauen (und das können wir erst seit einigen Jahren mit der notwendigen Genauigkeit), merken wir, dass jede Bakterie ein bisschen unterschiedlich ist. Die eine Bakterie hat etwas mehr von einem bestimmten Eiweissmolekül, eine andere etwas weniger Zucker, eine dritte mehr Fette usw. Es würde für die Bakterien nämlich einen enormen Aufwand bedeuten, jede ihrer Komponenten ganz exakt auf einen bestimmten Wert einzustellen. Ein solcher Aufwand lohnt sich nur selten, da die meisten kleinen Variationen kaum Auswirkungen auf die Zellfunktionen haben.

Aber es gibt Ausnahmen. Für ihren Stoffwechsel, für ihre Beweglichkeit und viele andere Aktivitäten benutzen Bakterien bestimmte Moleküle als Schalter. Wie mit einem Lichtschalter können sie damit von einem Zustand in einen anderen schalten und sich so zum Beispiel an Umweltbedingungen anpassen. Einige solcher Schalter stehen aber auf der Kippe zwischen ein und aus. Aufgrund von zufälligen Schwankungen sind dann manche Bakterien eingeschaltet, während andere Bakterien ausgeschaltet sind und sich damit völlig anders verhalten können – trotz gleichem Erbmaterial und gleichen Umweltbedingungen.

Auf den ersten Blick wirkt das nicht gerade sinnvoll. Einer der beiden Zustände (ein oder aus) ist meist besser geeignet für die jeweiligen Bedingungen. Entsprechend sich verhaltende Bakterien wachsen dann viel schneller als ihre Kollegen mit dem falschen Zustand. Warum stellen die Bakterien dann nicht sicher, dass der Schalter eindeutig auf der richtigen Seite steht und auch bei zufälligen Schwankungen nicht aus Versehen umspringt?

Um das zu verstehen, müssen wir noch einmal zu unserer Bakterienkultur auf der Heizung zurückkehren. Vielleicht stossen wir sie am Morgen noch leicht verschlafen um. Sie fällt auf den Boden und läuft aus. Das Wasser verdunstet und die Bakterien trocknen aus. Die meisten Bakterien, die sich auf das Leben in warmer Fleischbrühe gut eingestellt haben, werden mit dieser neuen Situation nur schwer fertig und sterben ab. Ein kleiner Bruchteil der Bakterien hat aber zufällig Schalter eingestellt, die für die Kulturbedingungen zwar eher ungeeignet sind, aber die Zellwand fester machen und weitere Schutzmechanismen gegen Austrocknen ermöglichen. Diese Individuen können dadurch unser kleines Malheur überleben und sich vielleicht später, wenn die Umweltbedingungen wieder besser werden, weiter vermehren.

Sich plötzlich und unvorhersehbar ändernde Umweltbedingungen sind ein häufiges Problem für Bakterien. Eben schien noch die Sonne, und plötzlich kommt ein Gewitter mit Starkregen. Ein Apfel fällt auf den Boden und bietet dortigen Bakterien plötzlich paradiesische Nahrungsbedingungen, doch kommen konkurrierende Mikroben hinzu. Ausserdem lauern ihnen Amöben auf, die davon leben, Bakterien zu fressen, oder sie werden plötzlich mit Antibiotika bekämpft. Mit solch chaotischen Verhältnissen kommen Populationen, bei denen sich einige Individuen etwas 'verrückt' verhalten, am besten zurecht.

Blattflöhe sind kleine etwa einen bis zehn Millimeter lange Insekten, die mit den Blattläusen verwandt sind. Heute sind weltweit etwa 4000 Arten bekannt, was wahrscheinlich weniger als die Hälfte der in der Natur existierenden Arten ausmacht. Besonders in den Tropen sind viele unbekannte Arten zu erwarten. Wie Blattläuse ernähren sich Blattflöhe ausschliesslich von Pflanzensaft, sie sind aber sehr wirtsspezifisch, das heisst sie entwickeln sich oft nur auf einer Pflanzenart oder -gattung. Pflanzensaft ist reich an Wasser und Zucker, aber arm an anderen lebenswichtigen Substanzen wie Stickstoff. Pflanzenläuse scheiden deshalb als Abfallprodukte viel Honigtau (Zuckerwasser) und Wachs aus. Die Wachsausscheidungen von Blattflöhen können einen unauffälligen Film auf der Körperoberfläche bilden, watteartig an der Abdomenspitze haften oder kleine Schildchen formen, unter denen sich die Larven entwickeln.

Als Spezialist bekomme ich regelmässig Anfragen aus der ganzen Welt für die Bestimmung von Blattflöhen. Meistens handelt es sich um bekannte Schädlinge, doch manchmal gibt es Überraschungen. So bekam ich vor zehn Jahren einige Bilder aus Costa Rica mit Blattflohlarven, die am Abdomen-Ende zwei lange, zapfenzieherartige Fortsätze aus Wachs tragen. Eine Untersuchung der Tiere war leider nicht möglich, da keine Belege gesammelt worden waren. Ich konnte also weder die Art bestimmen, noch untersuchen, wie diese ungewöhnlichen Wachsausscheidungen produziert werden.

Trotz mehrerer Sammelreisen nach Südamerika sollte es zehn Jahre dauern, bis das Geheimnis um den Zapfenzieher-Blattfloh gelüftet werden konnte. Im April 2015 unternahm ich zusammen mit der brasilianischen Forstingenieurin Dalva Queiroz eine Expedition in den Staat Roraima im Norden Brasiliens. Wir waren dort mehrere Tage in einer Waldlichtung stationiert, von wo aus wir den Wald in alle Richtungen nach Blattflöhen absuchten. Hitze und Trockenheit erschwerten die Feldarbeit. An einem Tag, nach mässiger Ausbeute und einem schmerzlichen Zwischenfall mit kleinen stechenden Ameisen, sahen wir plötzlich auf den Blättern eines Baumes viele Blattflohlarven

Foto © Kenji Nishida

mit fingerförmig abstehenden weissen Wachsausscheidungen, die wie Zapfenzieher gedreht waren. Nach weiterem Suchen fanden wir auch die dazugehörigen erwachsenen Tiere. Schon im Feld war klar, dass es sich um die geheimnisvollen Blattflöhe aus Costa Rica handeln musste. Die Freude über diese sensationelle Entdeckung war riesig.

Die Untersuchungen im Labor zeigten dann, dass es sich um eine unbeschriebene Art und Gattung der *Ciriacreminae (Psyllidae)* handelt. Ebenso konnte eine Erklärung für die schraubenförmigen Wachsausscheidungen gefunden werden. Wachsfäden entstehen, wenn eine Wachspore mit einer Wachsborste assoziiert ist, an der die Ausscheidungen gleichsam 'wachsen' können. Bei unseren Larven sind dies je zwei auffällig grosse Borsten, die nah beieinanderstehen und leicht schief gegeneinander gerichtet sind. Bei der Ausscheidung der beiden Wachsfäden berühren sich diese und beginnen sich gegenseitig abzudrängen, was zu der schraubenförmigen Torsion führt. Ob diese auffälligen Wachsgebilde nur ein kurioses Abfallprodukt darstellen oder den Larven zusätzliche Dienste leisten, kann ohne weitere Untersuchungen nicht beantwortet werden.

Der homerische Sagenheld Odysseus geriet im Laufe seiner Irrfahrten mit seinen Gefährten auch auf die Insel des Aiolos, des Gottes der Winde. Dort wurde er freundlich bewirtet. Zum Abschied erhielt er einen Sack, in den sein Gastgeber sämtliche Winde bis auf einen, nämlich den Westwind Zephyros, eingesperrt hatte. Dieser sollte Odysseus sanft blasend nach Hause geleiten. Allein die Mannschaft des Odysseus, eifersüchtig und neugierig, öffnete entgegen striktem Befehl den Sack, während ihr Herr ermattet eingeschlafen war. Die Folgen waren verheerend: Die losgelassenen Winde steigerten sich zu einem gewaltigen Sturm, der das Schiff des Odysseus wieder von seiner Heimat Ithaka, die schon in Sichtweite war, weit weg trieb. Der Held erreichte sie infolgedessen erst mehrere Jahre später.

Diese Geschichte gibt ein treffendes Beispiel der Vorstellung, die sich das archaische Griechenland (8./7. Jh. v. Chr.) von der Naturgewalt des Windes machte. Es waren göttliche Kräfte, willkürlich und unberechenbar, die indessen grossen Einfluss auf die Menschen hatten. Die diversen Winde hatten je einen eigenen Charakter und Namen: Neben dem angenehmen Zephyros, der häufig Regen und Frucht brachte, gab es als bekannteste etwa den kräftigen und kalten Nordwind Boreas oder den heissen Notos, den Südwind. Griechenland war (und ist) den Winden ausgesetzt, diese bestimmten den Alltag und waren für Landwirtschaft, Fischerei und Seefahrt von hoher Bedeutung. Es ist daher nicht verwunderlich, dass die Griechen eine Erklärung für deren Treiben suchten und diese wichtige Erscheinung in ihren Götterkosmos einbauten; bei Hesiod sind sie die Söhne des Titanen Astraios und der Eos, Göttin der Morgenröte. Ihre Vergöttlichung entspricht dem Umgang der frühen Griechen mit der sie umgebenden Welt; wirkende Naturkräfte wurden sakralisiert, um sie in ein Weltbild einordnen und ihre Macht erklären zu können. Da das Verhalten der Götter demjenigen der Menschen ziemlich nahekam, obgleich sie unsterblich und viel mächtiger waren, waren sie auch durch Rituale, Gebet und Opfer beeinflussbar: Um den Scheiterhaufen seines erschlagenen Freundes Patroklos zu entzün-

den bat etwa Achilleus Boreas und Zephyros um Feuer und versprach reichlich Opfer dafür. Die Götter waren also keine moralischen Instanzen, sondern personalisierte Energien, mit denen man sich durch Einrichtung von Kulten und Durchführung von Ritualen gut stellen musste.

In der klassischen Zeit der Griechen (5./4. Jh. v. Chr.) genügte diese Auffassung zur Erklärung von Winden nicht mehr. Die aufkommende Naturphilosophie entwickelte einen Rationalitätsanspruch, um natürliche Phänomene zu erklären. Einige Vorsokratiker legten diverse Theorien zum Entstehen der Winde vor. Unter anderen nahmen Thrasyalkes aus Thasos und ihm teilweise folgend Aristoteles zwei Hauptwinde an, den Nord- und Südwind, die aus verdunsteter feuchter Luftmasse bestanden, der erste kalt, weil er vom nördlichen Pol kommt, der zweite durch die libysche Wüste erwärmt; West- und Ostwind galten lediglich als deren Abweichungen. Andere Thesen operieren mit der Dichte der Luftmasse, den Ausdünstungen der Sonne oder der Zahl der Atome in einem Raum, um die Winde zu verstehen.

Der Turm der Winde in Athen, errichtet ca. 100 v. Chr., diente der Zeitmessung und zeigt in seinem oberen Umgang Reliefdarstellungen der bekanntesten Winde.
© Fachbereich Klassische Archäologie, Universität Basel

Sie sind einzigartig im Tierreich: Die Plattfische! Während ihre frei schwimmenden Larven zu Beginn noch beide Augen seitlich am Kopf tragen, wie dies für die meisten Fische typisch ist, liegen sie bei den ausgewachsenen Plattfischen auf ein und derselben Körperseite. Zudem ist nur die Augenseite des Körpers, je nach Art, lebhaft gefärbt, die auf dem Meeresboden liegende Unterseite dagegen weiss. Wie kommt das?

Um diesem ausserordentlichen Wandel der Gestalt auf die Spur zu kommen, muss man sich die Stammesgeschichte dieser speziellen Fische ansehen. Bei den ursprünglichsten Arten, den Hartstrahl-Flundern aus dem Indopazifik, liegt das wandernde Auge auf dem Scheitel, und es gibt ebenso viele rechts- wie linksseitige Exemplare. Bei den übrigen der rund 700 bekannten Arten, ist die Körperseite, welche die Augen trägt, genetisch fixiert. Sie liegen etwa bei den Flundern auf der rechten und bei den Seezungen auf der linken Körperseite. Davon kann man sich in jedem Geschäft, das Meeresfische anbietet, überzeugen.

Wie sich die Augenwanderungen entwickelt haben könnten, zeigen gewisse Buntbarsch-Arten aus den grossen Süsswasserseen Afrikas. Hier gibt es Arten, welche sich zum Schlafen mit einer Körperseite an einen Felsen oder auf den Seeboden legen. Durch die natürliche Selektion können so im Laufe der Zeit Individuen entstanden sein, bei denen sich Schritt für Schritt ihr dem Boden zugewandtes Auge immer weiter nach oben verlagerte, bis es auf der anderen Körperseite zu liegen kam. Dieser Vorgang lässt sich in der Jugendentwicklung der Plattfische auch heute noch beobachten. Mittlerweile konnten molekularbiologische Studien aufzeigen, wie diese Augenwanderung gesteuert wird. Verschiedene Wachstumshormone führen dazu, dass im Laufe der Jugendentwicklung einzelne Schädelelemente auf der künftigen Blindseite stärker wachsen und so das eine Auge nach oben und auf die andere Körperseite schieben. Auch die beiden Kieferhälften wachsen unterschiedlich, sodass bei gewissen Arten wie etwa den Seezungen die Kieferbewegung asymmetrisch ausfällt. Viele Plattfische sind zudem Meister der Tarnung. In der Körperoberfläche eingelagerte Farbzellen können die umgebende Meeresober-

fläche verblüffend gut imitieren. Umtriebige Forscher haben einzelne Arten schon auf Schachbretter gelegt, deren geometrisches Muster die Fische dann bis zu einem erstaunlichen Grad imitieren konnten.

Bis vor kurzem waren versteinerte Übergangsformen nicht bekannt. Plattfische schienen zu Beginn der Erdneuzeit wie aus dem Nichts aus den Reihen der barschartigen Fische aufzutauchen. Erst vor einigen Jahren hat der englische Paläontologe Matt Friedman fossile Fische vom Monte Bolca, einer weltbekannten Fundstelle in Norditalien, genauer untersucht. Unter ihnen fand er zwei Arten, welche die Anfänge der Augenwanderung nun auch durch Fossilien dokumentieren.

Eine ganz andere Erklärung für den speziellen, asymmetrischen Körperbau der Plattfische liefert eine Sage aus Norddeutschland. Danach soll sich die Flunder nach einem verlorenen Rennen beim Herrgott unberechtigterweise beschwert haben. Zur Strafe liess er ihren Kopf schief wachsen. So heisst denn auch eine Plattfisch-Art in der Nordsee «Scheefschnut».

Weitäugiger Butt *(Bothus podas)*
Foto © Toni Bürgin

Fadenwürmer, eine unsichtbare Welt unter unseren Füssen

Faden- oder Rundwürmer (Nematoden), gewisse Arten werden auch Älchen genannt, sind, rein zahlenmässig gesehen, der grösste Tierstamm der Erde, sind doch wohl 80 Prozent aller Tiere Nematoden. Obwohl «Würmer» genannt, sind sie nicht näher mit Anneliden (zum Beispiel Regenwürmern) und Plattwürmern verwandt. Man kennt bisher über 25 000 Spezies sowohl freilebender wie auch parasitischer Nematoden, jedoch schätzt man, dass es bis eine Million Arten geben könnte. Die freilebenden Fadenwürmer sind meist unscheinbar klein, oft weniger als einen bis zwei Millimeter lang, und finden sich im Boden wie in den Gewässern der ganzen Welt. Sie ernähren sich von Bakterien und anderen Mikroorganismen und folgen diesen in die unwirtlichsten Regionen. So gibt es Nematoden in den Trockentälern der Antarktis, wo sie tiefgefroren überleben können. Selbst in der Tiefsee, in heissen Quellen bei Temperaturen bis zu 60°C oder viele Kilometer unter der Erde in Minenschäften (etwa der *Halicephalobus mephisto*) wurden sie gefunden. Sie können äusserst widerstandsfähig sein: Der Nematode *Caenorhabditis elegans,* der viel in der Forschung eingesetzt wird, hat es kurzzeitig in einer Ultrazentrifuge bei 460 000-facher Erdbeschleunigung ausgehalten, und ein Experiment mit *C. elegans* hat 2003 den Absturz des Space Shuttles Columbia überlebt.

Nematoden kommen überall im Boden vor, man geht geradezu auf ihnen. Typischerweise finden sich in Gras- und Weideland zwischen einer und 10 Millionen Individuen pro Quadratmeter, im Wald bis zu 30 Millionen, am Strand zwischen 200 000 und 5 Millionen. In einem Salzmarsch wurden gar 50 Millionen gezählt.

Viele Nematoden haben sich an ein Leben als Parasiten angepasst. So befallen sie Pflanzen, insbesondere deren Wurzeln, was zu weltweiten Ernteeinbussen von geschätzten 80 Milliarden Dollar führt. Tiere und Menschen werden ebenfalls befallen. Über 2 Milliarden Menschen sind mit Hakenwürmern, Trichinen, Spulwürmern, Filarien, oder anderen parasitischen Nematoden infiziert.

Speziell tragisch ist die Onchozerkose, bei der die Filarien in den Augen die sogenannte Flussblindheit verursachen können. Parasitische Nematoden können relativ gross werden. Der Herzwurm in Hunden wird bis 30 Zentimeter lang, und in der Plazenta von Pottwalen wurden über 8 Meter lange Nematoden gefunden.

Auch in der Fortpflanzung leisten sie Ungeheures: Spulwürmer können bis zu 200 000 Eier am Tag legen. Bei *C. elegans* dauert es nur drei Tage von einer Generation zur nächsten, wobei ein Hermaphroditenindividuum 300 Nachkommen zeugen kann. Einige Nematoden nehmen sich spezifische Insektenlarven als Brutkammern (siehe Bild).

Wenn ihnen keine Nahrung mehr zu Verfügung steht, können Nematoden in ein Dauer-Stadium wechseln, in welchem sie ohne Nahrung mehrere Monate überleben. Sie haben auch Strategien, um wieder in bessere Gefilde zu kommen. Gewisse Nematoden können auf ihrer Schwanzspitze stehen und mit dem Körper wackeln. So warten Sie, bis ein Insekt vorbeikommt, an das sie sich anhängen können, um mitzureisen. Einige Arten sind richtige Akrobaten, sie können sich zusammenkrümmen, um dann loszuschnellen und über eine Distanz vom Achtfachen ihrer Körperlänge auf einen Transporter zu hüpfen.

Eine unbeachtete Wunderwelt. Wie viele Nematoden haben Sie in Ihrem Leben wohl schon gegessen?

Foto © Peggy Greb, USDA Agricultural Research Service, Bugwood.org

In meinem beruflichen Alltag bin ich immer wieder damit konfrontiert, dass Menschen den Begriff der Nachhaltigkeit eins zu eins mit «Ökologie» verbinden. Bisweilen wird auch behauptet, dass die Natur nachhaltig sei. Ich denke, dass wir beides nicht tun sollten: Weder sollten wir Nachhaltigkeit mit Ökologie gleichsetzen, noch sollten wir die Natur als das nachhaltige Vorbild ansehen.

Damit es keine Missverständnisse gibt: Der weltweite Druck auf die Ökosysteme unseres Planeten hat nicht nachgelassen. Wir fahren fort, unsere eigenen Lebensgrundlagen zu untergraben. Der durch unsere Emissionen initiierte Klimawandel, die Gefährdung der Ökosystemdienstleistungen, der Rückgang der Biodiversität etc. stellen gewaltige Herausforderungen dar. Allerdings sind es nicht die einzigen. Noch immer leben viele in Armut und haben zum Beispiel keinen Zugang zu sauberem Wasser und zu Sanitäranlagen. In vielen Ländern herrschen Diktaturen oder autoritäre Regime und die sozialen Ungleichheiten wie z. B. diejenigen zwischen den Geschlechtern sind bei Weitem nicht behoben.

Schon die Brundtland-Kommission hatte 1987 in ihrem für die moderne Nachhaltigkeitsdiskussion bahnbrechenden Bericht «Our Common Future» die Armutsbekämpfung mit der Sicherung der ökologischen Lebensgrundlagen verknüpft. Die UNO ist diesen Weg weitergegangen. Sie hat 2015 für ihre Agenda 2030 insgesamt 17 übergreifende Ziele für eine nachhaltige Entwicklung formuliert. Weder der Brundtland-Bericht noch die Agenda 2030 verstehen Nachhaltigkeit wie Carlowitz (d.h. gemäss dem Grundsatz: Ernte nur so viel, wie nachwächst). Nachhaltigkeit ist weit mehr als Ökologie.

Eine der Grundaussagen in der Agenda 2030 ist, dass kein einziger Mensch zurückgelassen werden darf. Wie steht diese radikale Aussage zur behaupteten Vorbildfunktion der Natur? Würden wir die Natur als Vorbild für Nachhaltigkeit nehmen, würden wir von natürlicher Auslese oder gar vom Zurücklassen der Schwächeren sprechen. Die Natur, so haben uns Darwin und viele andere gelehrt, kennt weder Ziele noch Gerechtigkeit. Die Agenda 2030 ist aber stark von Gerechtigkeitsmotiven geprägt. Gerechtigkeit ist der Schlüsselbegriff, wenn es um Nachhaltigkeit geht. Wenn aber die Natur weder Ziele noch Gerechtigkeit kennt, kann sie uns nicht zum Vorbild dienen, wenn es um nachhaltige Entwicklung geht. Gerechtigkeit ist eine «gesellschaftliche Erfindung». Es handelt sich – wie es im Philosophiejargon heisst – um eine regulative Leitidee, die hilft, das Zusammenleben der Menschen zu steuern.

Aber auch wenn Fragen der (intra- und intergenerationalen) Gerechtigkeit den Kern von Nachhaltigkeit ausmachen, haben die ökologischen Herausforderungen einen zentralen Stellenwert für eine nachhaltige Entwicklung. Die Idee der Nachhaltigkeit fordert uns auf, Fragen der Gerechtigkeit zusammen mit jenen der global gesehen zunehmend knappen Ressourcen und der sich stetig erhöhenden Fragilität der ökologischen Systeme zu stellen. Das ist das radikal Neue an der Idee einer nachhaltigen Entwicklung: Gesellschaftliche Entwicklungen sollen sowohl Gerechtigkeitspostulate als auch ökologische Postulate erfüllen.

Letztere können unter dem Stichwort der «ökologischen Nachhaltigkeit» thematisiert werden. Aber diese ist nur ein Teilaspekt von Nachhaltigkeit. Dennoch gilt selbstverständlich, dass eine Entwicklung nicht nachhaltig sein kann ohne substantielle Reduktion der ökologischen Belastungen. Wenn wir dabei etwa bei der Produktion von Gütern von der Natur lernen können, sollten wir das unbedingt tun. Was aber unsere Konsum- und Lebensweisen respektive unsere Erwartungen an die Lebensqualität betrifft, werden wir uns nicht die Natur zum Vorbild nehmen können. Dafür gibt es überhaupt kein Vorbild. Unsere Lebensweisen zu ändern erfordert letztlich soziale Innovationen und gesellschaftliche Transformationen, von denen wir uns gegenwärtig kaum ein Bild machen können. Die Natur zeigt uns nur Grenzen an. Wie wir aber menschenwürdiges Leben gestalten, das liegt allein an uns.

Die Tiefengeothermie hat einen Zielkonflikt: Um die zur Stromerzeugung nötigen Temperaturen von 150 bis 200°C zu erreichen, muss man sehr tief in die Erdkruste vordringen – bei uns etwa 4000 bis 5000 Meter. Aber je tiefer Sedimente versenkt werden, umso geringer ist ihre Permeabilität. Grosse Durchlässigkeit ist aber nötig, um die hohen Heisswasser-Fliessraten von 50 bis 100 Litern pro Sekunde zu erreichen, die für eine wirtschaftliche Erzeugung von Strom nötig sind. Natürliche Situationen mit so hohen Zuflüssen sind in grossen Tiefen sehr seltene Anomalien der Natur, und solche hydrothermalen Projekte werden daher nie einen signifikanten Beitrag zur Stromversorgung der Schweiz leisten können. In fünf Kilometern Tiefe trifft man zudem in den meisten Gebieten des Landes nicht mehr auf Sedimente, sondern auf kristallines Grundgebirge, meist Granite oder Gneiss. Diese können geklüftet sein, haben aber kaum Porosität. Es gibt daher nur *eine* Möglichkeit den Zielkonflikt zu lösen: den Durchlauferhitzer im tiefen, heissen Gestein künstlich zu erzeugen.

Im Jahr 2006 wurde im Projekt «Deep Heat Mining» in Basel erstmals die Schaffung eines solchen künstlichen Wärmetauschers in der Schweiz erprobt. Das Projekt musste damals wegen zu grosser, durch die Stimulation ausgelöster Erschütterungen eingestellt werden. Die spürbare Seismizität hat bei Medien, Politikern und Öffentlichkeit zu einer kritischen Haltung gegenüber der Tiefengeothermie geführt. Ganz anders sehen das die meisten Fachleute: Bei Wissenschaftlern von Kalifornien bis Japan steht die Bohrung von Basel für ein einmaliges Datenset und für wichtige neue Erkenntnisse, welche den Weg in die Zukunft der Tiefengeothermie aufzeigen.

In Basel wurde ein grosses System von Klüften erzeugt, eine senkrecht stehende «Scheibe» von mehr als einem Quadratkilometer Ausdehnung und etwa 200 Metern Breite. Dieses Rissnetz wurde in einem einzigen sechstägigen Vorgang durch das Einpressen von Wasser unter grossem Druck von bis zu 300 bar erzeugt, und seine Ausdehnung durch viele seismische Instrumente an und nahe der Oberfläche verfolgt; man weiss also sehr genau, wann, wo und wie weit sich die Risse ausgebreitet haben. Auf der Basis dieser und Daten aus der ganzen Welt hat man nun festgestellt, dass die Magnituden der Beben proportional zur Grösse der Rissfläche ansteigen, einzelne Stimulationen müssten daher so klein wie möglich gehalten werden.

In den letzten zehn Jahren hat die Industrie die Technologie des *Hydraulic Fracturing* enorm perfektioniert, die Technologie ist heute erprobte Routine. Dabei kommen horizontale Bohrungen zur Anwendung, welche dann im Zielhorizont durch eine Vielzahl von einzelnen, künstlichen Rissscheiben *(Fracs)* miteinander verbunden werden. Es wird nicht in einem einzigen Vorgang ein grosses Risssystem erzeugt, sondern es entsteht in Abständen von 50 bis 100 Metern eine grosse Anzahl von kleinen Rissscheiben. Die Rissflächen sind eine bis zwei Grössenordnungen kleiner als in Basel, und entsprechend sind die Magnituden der Erschütterungen viel kleiner. Die seismischen Bewegungen liegen nun weit unter jeder Schadenintensität, und sie können durch die kontrollierte Ausbreitung der Risse gesteuert werden.

Diese Methode wird im nächsten Tiefengeothermie-Projekt, «Haute-Sorne» im Jura, zur Anwendung kommen. Wenn es gelingt, diese Technologie auch in der Geothermie zu einer Routinemethode zu entwickeln, dann sind der weiteren Nutzung der Energie aus der Tiefe kaum Grenzen gesetzt. Die Bohrung «Basel 1» und Basler Wissenschaftler haben dazu einen ganz wichtigen Beitrag geliefert. Rückschläge sind oft die grössten Erkenntnisquellen.

Dass ausgerechnet die Sonne in einem Buch mit dem Titel *natura obscura* erscheint, ist nicht selbstverständlich. Oder eben doch – wenn wir nämlich merken, dass wir noch fast nichts wissen darüber, *wie sich die Leuchtkraft der Sonne in die Erhellung unseres Geistes verwandelt.*

Genau dies muss doch schon vor Langem und vermutlich immer wieder geschehen sein. Immerhin wissen wir, dass die Sonne bei der Entstehung des Lebens und der Entwicklung der Pflanzen und Tiere auf der Erde massgeblich mithelfen musste und dass sie also auch massgeblich mitgeholfen hat, uns Menschen hervorzubringen. Warum sollte diese wunderbare Energie unseres Sterns gerade beim Heranwachsen des Hominidengehirns und seiner zum *Homo sapiens* führenden Ausstattung mit der Fähigkeit zum Denken dispensiert gewesen sein? – Es muss vielmehr einen genetischen Zusammenhang geben zwischen der Sonne, die im Weltraum als riesige materielle Verkörperung des physikalischen Seins existiert, und dem vermutlich masse- und körperlosen Sonnenbild, das im geradezu unscheinbar kleinen menschlichen Gehirn als Bewusst-Sein 'herumgeistert'. Wer weiss – vielleicht steckt ja gerade in diesem Herumgeistern ein Schlüssel?

Wenn die Metamorphose auch nicht so direkt wie bei der Photosynthese in den Pflanzen erfolgt, ist das Sonnenlicht sicher auch das wesentliche Bindeglied zwischen der heissen Gaskugel am Himmel und ihrer Präsenz als Gedanke in unserem Gehirn. Denn dort wie hier löst es Prozesse aus, in deren Gefolge seine Energie wie in einer Odyssee auf Schritt und Tritt aufgehalten und abgelenkt wird und sich auf verwickelten Wegen in ständig wechselnden Richtungen durch die löcherige Materie vorwärtstastet. Statt dass sich das Licht in der Sonne mühelos vom Geburtsort im Zentrum in guten zwei Sekunden auf geradem Weg frei bis an den Rand ausbreiten kann, muss es einen durch das Elektronen-Ionen-Gemisch auf Millimeterlängen zerstückelten und chaotisch zusammengesetzten, hundertmilliardenfach längeren Umweg gehen! Auch mit Lichtgeschwindigkeit braucht jedes Photon dazu gut und gerne 100 000 Jahre – bevor es zum bekannten Direktflug durch den fast leeren Raum ansetzen kann und in nur etwa 8,3 Minuten auch auf der 150 Millionen Kilometer entfernten Erde ankommt.

Hier gibt es nun bemerkenswerte Ähnlichkeiten oder Parallelen zwischen Sonne und Gehirn. Zum Beispiel die geschilderte Art und Weise, wie die Energieströme und -felder durch die ständigen Wechselwirkungen mit dem materiellen Substrat (her)umgelenkt und umgeformt werden. In der Sonne wird das durch die unzähligen, in chaotischer Temperaturbewegung befindlichen Teilchen besorgt, im Gehirn durch das hochgradig verdichtete, komplexe Netzwerk von räumlich stabilen Neuronen mit ihren Myriaden Schnittstellen, Verzweigungen und Windungen. In der Sonne führt diese Dynamik dazu, dass die Lichtquanten auf dem Weg nach aussen von ihrer ultraheissen, energiereichen Form als Röntgenstrahlung in die kühle, energieärmere Form des sichtbaren Lichts verwandelt werden. Dadurch gelingt es ihr auch, sich ein thermodynamisches Gleichgewicht in einer langfristig bleibenden Struktur zu bewahren. Und aus diesen Gründen verbrennt die Sonne nicht alles Feingliedrige und Komplexe auf Erden schon kurz nach dem Entstehen wieder, sondern ermöglicht und erhält im Gegenteil unser Leben! Im Menschen könnte die analoge Arbeit im Labyrinth seines Gehirns nicht weniger folgenreiche Errungenschaften mit sich gebracht haben und mitbringen: erstens die Transformation zu immer niedriger energetischen Wechselwirkungen bis zur praktisch energiefreien Grenze – dem Übergang zur Leichtigkeit mentaler Prozesse? Und zweitens die Spurensicherung der energetischen Bewegungen und Interaktionen in massstäblich verkleinerten, kompakten inneren 'Landkarten' – Voraussetzung der Fähigkeit zur freien Bewegung in der Zeit – dem Denken?

Vielleicht kann man am Ende in Anlehnung an Goethes Xenion auch vom menschlichen Geist sagen: *Wär' nicht das Denken sonnenhaft – die Sonne könnt' es nie erkennen.*

Am 14. Mai 2008 kam es am St. Johanns-Rheinweg zu einer Notfällung. Es traf einen mehrstämmigen Bergahorn, der durch Ausbruch eines Stammes und aggressiven Pilzbefall aufgefallen war. Das Rheinbord St. Johann ist in Naturschutzkreisen bekannt, denn bis 2009 konnte man dort eine Population des Erdbockkäfers nachweisen. In jenem Jahr begann ich mich plötzlich auch für Insekten in Baumpilzen zu begeistern. Der parasitische Pilz am Ahornstumpf, ein Wulstiger Lackporling *(Ganoderma adspersum),* blieb also nicht lange unbemerkt, geriet jedoch erst im Umweg über das Elsass in den Fokus.

Am 1. März 2012 führte eine von etlichen Pilz-Exkursionen auch ans Ill-Ufer bei Sausheim, nördlich von Mulhouse, wo sich mir das imposante Bild einer umgestürzten Pappel, besetzt von zahlreichen Zunderschwämmen *(Fomes fomentarius),* zeigte. Ich entnahm eine Probe von einem Fruchtkörper-Rudiment, das sich an der ausgehöhlten Innenseite des Pappelstumpfs befand, und tat sie in einen Plastikbeutel. Bei der Auswertung fanden sich dann, völlig unerwartet, neben den üblichen Arten, auch etliche circa 2,5 mm grosse Zahnschienen-Schwammfresser *(Xylographus bostrichoides).* In Baumpilzen dominieren zwar häufig Vertreter der darauf spezialisierten Käfer-Familie Ciidae, nur war mit diesem Wärme liebenden Mitglied in unserer Region nicht unbedingt zu rechnen. Aus der Literatur war mir zwar der Erstnachweis für Deutschland von 1998 präsent, jedoch stammte dieser von Worms in Rheinland-Pfalz. Auch die publizierten Funde aus dem Elsass waren ausschliesslich im Département Bas-Rhin lokalisiert. Der überraschende Nachweis so weit im Süden des Oberrheingebietes liess plötzlich auch Funde auf Schweizer Seite erhoffen. Alte Zunderschwämme an sonniger Lage waren da freilich nicht so leicht zu finden. Eine erneute Literaturrecherche ergab indes, dass *Xylographus bostrichoides* nicht nur im Zunderschwamm brütet, sondern alternativ auch Ganoderma-Arten besiedelt.

Hier kam das Rheinbord St. Johann ins Spiel, jener mächtige Fruchtkörper, an dem ich schon x-mal vorbeigegangen war. Am 28. April 2012 nahm ich von ihm eine grosse Probe, und bei der Auswertung bestätigte sich meine Vermutung: Über hundert Individuen konnten so geborgen werden. Vorhanden war sogar ein dazugehörender Parasitoid, die squamiptere Morphe einer Plattkopfwespe *(Bethylidae)* der Gattung *Cephalonomia.* Kaum als neu für die Schweiz publiziert (2013), ist der Zahnschienen-Schwammfresser vielleicht schon wieder verschwunden, den kürzlich hat man am Rheinbord den Baumstumpf samt Pilz entfernt.

Am Basler Naturhistorischen Museum hat sich der Käfer hingegen gehalten, denn die Sausheimer Probe vom 1. März 2012 – schon ziemlich zerstückelt, ohne Feuchtigkeitszugabe im verschlossenen Beutel – lieferte am 5. Juni 2016, mehr als vier Jahre danach (!), immer noch acht putzmuntere *Xylographus bostrichoides.*

Fruchtkörper des Wulstigen Lackporlings am Basler Rheinbord St. Johann und Zahnschienen–Schwammfresser aus der Probe vom 28. April 2012
Fotos © Armin Coray

Philippe F.-X. Corvini
Boris Alexander Kolvenbach
Benjamin Ricken

Bereits Alexander Fleming hatte vor den Folgen des unachtsamen Gebrauches von Antibiotika gewarnt, die er in Gestalt von Penicillin eher zufällig entdeckt hatte. Durch die massenhafte Anwendung, teilweise bedingt durch übermässige Dosierung, sowie die Anwendung in Fällen, in denen die Gabe von Antibiotika nicht medizinisch notwendig ist, kommt es mittlerweile allerorts zur Bildung und Verbreitung von Resistenzen. Nach der Einnahme durch Mensch oder Tier werden Antibiotika teilweise unverändert ausgeschieden und gelangen in die Umwelt, zum Beispiel in die Kanalisation oder über Gülle und Mist auf die Äcker. Unsachgemässe Entsorgung durch Haushalte verschärft die Lage zusätzlich. Denn selbst, wo Antibiotika in Konzentrationen vorkommen, in denen sie noch nicht direkt schädlich für Bakterien, sondern lediglich 'unangenehm' sind, bringen sie bereits jenen Organismen einen Vorteil, die Resistenzen in ihr Repertoire aufgenommen haben.

Resistenzgene, welche die Erbinformation für diese Resistenzen enthalten, werden über verschiedene Wege verbreitet und können mittels sogenannter mobiler genetischer Elemente weitergegeben werden. Mikroorganismen können so nicht nur plötzlich Antibiotika überleben, sie können sogar die Fähigkeit erwerben, von ihnen zu leben. Prinzipiell ist in den meisten Fällen mehr als ein Umwandlungsschritt, und damit auch mehr als ein Enzym als Werkzeug nötig, um neue Substrate (Nährstoffquellen) dem zentralen Stoffwechsel zuzuführen, welche sich nicht direkt von ‚bekannten' Substraten ableiten. Manche Resistenzmechanismen beruhen auf einem Abbau des Antibiotikums, sodass hier bereits der erste Schritt getan ist. Es kann aber auch sein, dass in der Zelle schon Enzyme vorhanden sind, die neben anderen Arbeiten, die sie 'hauptamtlich' verrichten, zufälligerweise auch ein neues Substrat nutzbar machen können. Wenn das Enzym nicht nur genau auf ein Substrat, sondern bedingt auch auf andere, nicht einmal zwingend sehr ähnliche Substrate passt, können auch andere Stoffe von diesem Enzym umgesetzt werden. Die Geschwindigkeiten sind jedoch oft mehrere Grössenordnungen geringer als die, mit denen das Hauptsubstrat umge-

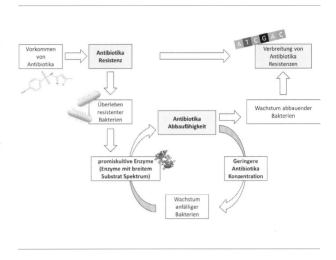

setzt wird. Enzyme, die derlei Aktivitäten bei weiteren Substraten haben, nennt man auch promiskuitiv. Sind diese promiskuitiven Enzyme bereits in der Zelle vorhanden, und können sie die nötigen Reaktionen, wenn auch nur notdürftig, durchführen, ist die Nutzung des 'Giftes' als Nahrung im wahrsten Sinne des Wortes nur eine Frage der Zeit. Zwar sind die Umsatzraten aller Zwischenprodukte auf dem Weg vom ursprünglichen Gift zum neuen als Nährstoffquelle genutzten Substrat vermutlich sehr gering, da die beteiligten Enzyme wohl alles andere als spezialisiert auf das neue Substrat sind.

Andererseits können Bakterien in Stresssituationen Mechanismen aktivieren, die vorhandene Enzyme durch zufällige Mutationen zu höchst effektiven Katalysatoren gegenüber neuen Substraten werden lassen. Die Vorstellung, dass Bakterien, die eigentlich mit Antibiotika bekämpft werden sollen, davon nicht nur unbeeindruckt bleiben, sondern darüber hinaus sogar aus der Behandlung gestärkt hervorgehen, ist sicherlich beunruhigend. Andererseits trägt aber der Abbau von Antibiotika durch Bakterien in der Umwelt auch dazu bei, dass diese dort verschwinden, und mit ihnen auch der Selektionsdruck, der das Gleichgewicht zu noch mehr resistenten Organismen verschieben würde.

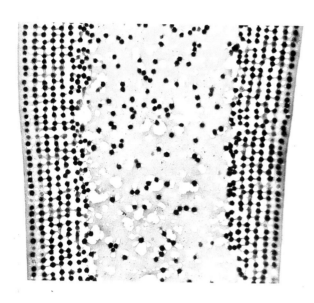

Die erste Abbildung der Schillerstruktur im Elektronenmikroskop, Primärvergrösserung: 10 000 x (1962, eine Weltpremiere)
Foto © Heinz Durrer

Schon Darwin schreibt, dass das Federkleid des Pfaus mit seinem Ocellenmuster «vielleicht eines der schönsten Objekte» sei. Doch wie erzeugt der Vogel diese schillernden Farben, die kein Künstler auf seiner Palette hat. Lange Zeit blieb es ein Geheimnis, obwohl Newton schon 1704 die Entstehung solcher Farben physikalisch als «Farben dünner Blättchen» erklärte. Die Reflexion des einfallenden weissen Lichtes an den Oberflächen führt zur Überlagerung der verschiedenen Wellenlängen, wobei diejenige Farbe, bei der die Phasenverschiebung genau eine Wellenlänge beträgt, verstärkt reflektiert wird, während die anderen ausgelöscht werden. Doch erst nach der Erfindung des Elektronenmikroskops war es möglich, die Struktur im Inneren der feinen abgeplatteten und in die Federebene eingedrehten Schillerradien zu entdecken, denn die Struktur liegt im Nanobereich. Dünne Melaninstäbchen von nur 0,16 bis 0,2 µm werden als Gitter im Keratin der Feder eingelagert, und nur der Abstand der Schichten und die Dicke der Melaninstäbe ergibt die Farbe. Wir waren 1962 die Ersten, die das publizieren konnten. Mit der mühsam entwickelten Technik zur Herstellung von Dünnschnitten konnten danach noch 19 verschiedene Typen von Schillerstrukturen bei den verschiedensten Vogelarten entdeckt werden. Am Aufbau beteiligt sind fünf verschiedene Arten von Melaninkörnern wie Stäbchen oder Röhren und Plättchen bis zu komplexen luftgefüllten Plättchen. Diese sind entweder in einer dichten Lagerung eingebettet oder kommen mit regelmässigem Abstand vor, und dies in allen möglichen Kombinationen. Je mehr Schichten es sind, desto intensiver leuchtet die reflektierte Farbe. Dabei treten gleiche Strukturen bei nicht verwandten Formen (Konvergenzen), währenddem innerhalb derselben Familie unterschiedliche Muster entstanden (Divergenzen). Das Besondere beim Pfau besteht nun darin, dass es ihm – als einziger Art – gelingt, innerhalb einer Feder das verschiedenfarbige, schillernde Ocellenmuster zu erzeugen. Dabei wird nur der Abstand und die Dicke der Melaninstäbe variiert (siehe Abbildung), und diese Struktur kann mit der Präzision von 0,01 µm bei jeder Federneubildung reproduziert werden.

Ein Meisterwerk der Natur; zu dem ich mit einem Zitat meines Doktorvaters Professor Adolf Portmann nur sagen kann: «Doch je mehr wir mit dem Instrument der Forschung entdecken, umso grösser wird das Staunen über die Geheimnisse der Natur.»

Doch es stellt sich dem Biologen auch die Frage, was soll dieses Muster, hat es eine Bedeutung – einen Selektionswert? Im Kaspar-Hauser-Versuch mit unerfahrenen Tieren konnte gezeigt werden, dass es wie ein Körnerbild wirkt und die Versuchstiere ins Zentrum des Ocellenmuster picken. Es handelt sich also um ein optisches Körnerbild, welches in der ritualisierten Futterübermittlungsszene der Phasianidenbalz eingesetzt wird.

Dieter Ebert

Niemand ist allein: unser Leben mit unsichtbaren Mitbewohnern

Ein menschlicher Körper besteht aus etwa 50–100 Billionen Zellen. Ein relativ grosser Teil davon sind allerdings Bakterienzellen. Das kombinierte Erbgut all dieser Bakterien entspricht etwa dem 300-fachen des menschlichen Erbguts, eine unvorstellbare Diversität von Genen. Wir sind aber keine Ausnahme. Jedes bisher untersuchte Tier, sowie auch alle untersuchten Pflanzen, beherbergen bakterielle Mitbewohner in einem ähnlichen Ausmass. Niemand ist allein auf dieser Welt, und sicherlich war es auch bereits zu Urzeiten nicht anders. Bakterien sind Bestandteil unserer Umwelt seit Milliarden Jahren und die Evolution von Tieren und Pflanzen ist undenkbar ohne Bakterien. Es ist deshalb nicht verwunderlich, dass wir diverse Anpassungen aufzeigen, die auf eine enge Koevolution von Mensch und Bakterien hinweisen. Für die meisten Organismen ist ein Leben in einer bakterienfreien Umwelt nur sehr eingeschränkt möglich. Die gesundheitsschädlichen Folgen einer Umwelt ohne Bakterien führten zu dem Schluss, dass die Bakteriengemeinschaften, die sogenannten Mikrobiota, generell gut für ihre Wirtsorganismen sind. Diese Vereinfachung wird der Realität allerdings nicht gerecht, da Microbiota aus vielen Arten zusammengesetzt sind deren Wechselwirkungen untereinander und mit ihrem Wirt sehr komplex sind. Unter den vorteilhaften Mikrobiota können sich sogar Pathogene verbergen. Aus Sichtweise des Wirtes gilt es, diese Schädlichen zu vermeiden. Mütter geben ihren Kindern vorzugsweise gutartige Bakterien mit auf den Lebensweg. Beim Menschen erfolgt diese Übertragung während der natürlichen Geburt und beim Stillen, bei Tieren und Pflanzen oft durch spezielle Mechanismen der vertikalen Übertragung oder einfach durch die Nähe der Nachkommen zur Mutter. Die Übertragung von Pathogenen sollte die Wirtsmutter verhindern, allerdings haben Pathogene das gegenteilige Interesse und evolvieren Strategien, um möglichst effizient übertragen zu werden. Das Ergebnis ist eine hoch diverse Gemeinschaft von Bakterien mit unterschiedlichsten Interessen und Überlebensstrategien. Langsam fangen wir an zu verstehen, wie sich diese Gemeinschaften zusammensetzen.

In den Mikrobiota sind manche Bakterienarten häufig, während die meisten selten sind. In frei lebenden Wasserflöhen (Abbildung oben) zum Beispiel findet man etwa 100 Bakterienarten pro Wirtsindividuum (Abbildung unten), davon kommen aber nur 15 bis 20 Arten häufig vor. Ähnliche Verhältnisse gelten für andere Organismen. Eine Untersuchung der Verteilung von Bakterien zeigte, dass es die Spezialisten sind, die häufig sind, während Generalisten zwar auf vielen Wirten zu finden, aber dort jeweils selten sind. Dieses Muster findet sich sogar beim Vergleich verschiedener Regionen am menschlichen Körper. Die häufigen Bakterien der Achselhöhlen sind spezialisiert auf dieses Habitat und das gleiche gilt für häufige Bakterien im Darm, der Mundhöhle und auf der Kopfhaut. Es ist also nicht nur niemand allein auf der Welt, jeder, ob Mensch, Tier oder Pflanze, braucht notwendig hoch spezialisierte Mitbewohner zur gesunden Entwicklung und zum Leben. Die Erhaltung natürlicher Mikrobiota sollte uns deshalb genauso am Herzen liegen wie unsere Gesundheit.

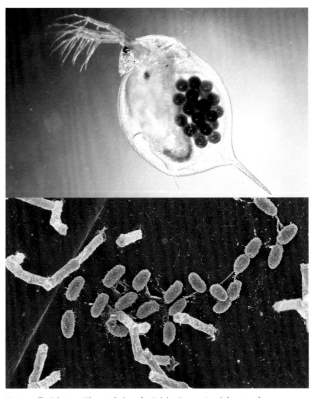

Fotos © Dieter Ebert (oben), Frida Ben-Ami (unten)

Adrian Egli

Antibiotika-Resistenz: Die Natur schlägt zurück

Bis vor hundert Jahren galten bakterielle Lungenentzündungen oder infizierte Wunden mitunter als schwerwiegende oder gar tödliche Erkrankungen. Sulfonamide wurden als erste Antibiotika bereits vor dem ersten Weltkrieg in Deutschland eingesetzt, aber erst die Entdeckung des Penicillins 1928 durch den Engländer Sir Alexander Fleming und der grosse Bedarf an antibakteriellen Substanzen während des zweiten Weltkriegs leiteten das Goldene Zeitalter der Antibiotika ein. Lungenentzündungen, Wundinfektionen, und Tuberkulose wurden zu (vermeintlich) banalen Infekten degradiert. Zweifellos, eine Vielzahl von Errungenschaften der modernen Medizin, wie chirurgische Eingriffe mit Transplantationen von Organen oder Implantate in der Orthopädie wurden erst durch den Einsatz von Antibiotika möglich. Viele Wissenschaftler im letzten Jahrhundert meinten allerdings, Bakterien gar ganz von unserem Planeten verbannen zu können. Der Verbrauch von Antibiotika ist seither leider kontinuierlich gestiegen.

Über Jahrmillionen der Evolution haben Bakterien lange vor der medizinischen Verwendung von Antibiotika eine Vielzahl von Resistenzmechanismen erworben und die Zeit effizient genutzt, sich für den 'Kampf' vorzubereiten. In der Umwelt kommen unterschiedlichste natürliche Antibiotika vor. Viele der verwendeten Antibiotika beruhen auf Molekülen der Natur, welche von Schimmelpilzen z.B. *Penicillium spp.* und Bakterien z.B. *Streptomyces spp.* hergestellt werden. Diese 'natürlichen' Antibiotika dienen einem Organismus als entscheidender Vorteil im Wettlauf um wichtige Ressourcen und garantieren so das Überleben in der Umwelt. Damit die antibakteriellen Substanzen nicht gegen den produzierenden Organismus selbst wirken, bestehen eine Reihe von Resistenzmechanismen:

Durch Modifikation des Ziels: Antibiotika binden in der Regel an Proteine von Bakterien und verhindern so deren wichtige Funktionen z.B. die Synthese von anderen Proteinen. Dies wird gehemmt durch Aminoglykoside, der Aufbau der Zellwand durch Cephalosporine. Wegen der Veränderung der Zielstruktur können diese Antibiotika nicht mehr wirken.

Durch Produktion von Antibiotika spaltenden Enzymen: Eine Reihe von Enzymen können insbesondere die Klasse der Beta-Laktam-Antibiotika inaktivieren z.B. Penicilline, Cephalosporine und Carbapeneme. Dieser Mechanismus hat in den letzten Jahren besonders zugenommen.

Durch Verminderung von Porinen: Kleinste Poren in der äusseren Bakterienmembran ermöglichen es, dass Nährstoffe in die Bakterienzelle gelangen können. Diese Poren werden auch von Antibiotika als Eintrittspforte genutzt. Durch die Herunterregulierung der Poren können z.B. Carbapeneme nicht mehr in die Zelle gelangen und werden unwirksam.

Durch mehr Effluxpumpen: Giftstoffe als Resultate der vielfältigen Stoffwechselleistungen von Bakterien müssen möglichst rasch eliminiert werden. Sogenannte Effluxpumpen leisten diesen Dienst und können auch Antibiotika aus der Zelle transportieren.

Manche Resistenzmechanismen sind im chromosomalen Erbgut der Bakterien fixiert und werden bei der Zellteilung automatisch auf die nächste Generation vererbt. Andere Resistenzen können durch sogenannte Plasmide übertragen werden. Plasmide sind ringförmige DNA-Fragmente, welche zwischen Bakterien ausgetauscht werden. Insbesondere gramnegative Bakterien können so eine breite Anzahl von Resistenzmechanismen sammeln – und werden zu regelrechten Superbakterien. Durch die hohe, zum Teil auch unnötige Verwendung von Antibiotika kommt es zu einer Anreicherung in unserer Umwelt (Abwasser, Nutztiere etc.) und einer raschen Zunahme der resistenten Bakterien, da diese in einer mit Antibiotika angereicherten Umwelt einen Überlebensvorteil haben. Die Errungenschaften der modernen Medizin werden bedroht durch die rasche Anpassungsfähigkeit und die Resistenzmöglichkeiten von Bakterien. Dringendst müssen neuartige Klassen von Antibiotika entwickelt werden, sonst droht die Gefahr, bei einem Wundinfekt wieder eine lebensgefährliche nicht-behandelbare Infektion zu haben – wie in der vorantibiotischen Zeit vor hundert Jahren.

Naturgesetze beschreiben wiederholbare Vorgänge in der Natur. Sie sind unabhängig vom Beobachter. Die Entstehung des Universums ist jedoch eine einmalige Angelegenheit, und wir können nicht sagen: «Die Evolution vom Urknall zur heutigen Welt passiert immer gleich.»

Als viel früher der Sternenhimmel nachts noch klarer zu sehen war, beeindruckte mich die Unendlichkeit des Weltalls. Wir waren ein winziger Punkt darin. Später lernte ich – was auch schon Kepler wusste –, dass unter den Annahmen eines unendlich grossen und ewig existierenden Universums bei im Mittel gleichmässiger Verteilung der Sterne der Nachthimmel hell sein müsste. Da dem nicht so ist, muss das Universum endlich sein. Gibt es einen Anfang der Zeit und einen Geburtsort des Universums? Die moderne Physik sagt, dass diese Frage unsinnig ist, da beim Urknall der Raum erst entstanden ist; und was ist Zeit ohne Raum? Aus einer physikalisch unverstandenen mathematischen Singularität entsteht das Raum-Zeit-Gebilde und expandiert zu immer grösseren Dimensionen. Diese Expansion findet heute, ca. 14 Milliarden Jahre nach dem Urknall, immer noch statt. Nach heutigem Wissen beschleunigt sich sogar diese Expansion mit der Zeit.

Kurze Zeit nach dem Urknall (nach weniger als einer Sekunde) war das Universum hundert Millionen Grad heiss und befand sich im Wärmegleichgewicht. Mit wenigen Annahmen lässt sich die zeitliche Evolution des Universums von damals bis zum heutigen Tag verfolgen. Unter anderem können wir die Häufigkeit der Elemente Wasserstoff, Deuterium, Helium-3 und -4 sowie Lithium-7 voraussagen. Die schweren Elemente entstanden bei Explosionen von Sternen (Supernovae). Unglaublich, was wir alles verstehen!

Was sind diese Annahmen? Dank Experimenten an Teilchenbeschleunigern wie zum Beispiel am Paul Scherrer Institut in Villigen oder am CERN in Genf kennen wir die Grundbausteine der Materie und ihre Kräfte. Astronomen haben nachgewiesen, dass sich alle Galaxien voneinander wegbewegen. Man entdeckte, dass eine gleichmässig verteilte Mikrowellenstrahlung das Verhältnis von Photonen zu Kernteilchen bestimmt, eine Konstante während der Evolution des Universums.

Doch vieles verstehen wir nicht. Beim Urknall gab es gleich viel Materie wie Antimaterie, die sich nach der Abkühlung in Strahlung verwandelt hat. Warum ist unsere Welt jedoch von Materie dominiert? Da in Einsteins Relativitätstheorie auch Masse zur totalen Energie des Universums beiträgt, wundert man sich, dass die uns bekannte leuchtende Materie nur etwa fünf Prozent zur totalen Energie beiträgt. Was ist der Rest? Ein Teil ist dunkle Materie, aber den grössten Teil nennen die Physiker dunkle Energie, nichts mehr als eine mysteriöse Konstante in Einsteins Feldgleichungen, welche für die beschleunigte Expansion des Universums verantwortlich sein soll. Wie kam es im Bruchteil einer Sekunde zu einem Wärmegleichgewicht? Was passierte davor? Das Rätsel liegt in der noch völlig unverstandenen Verknüpfung der Geometrie des Raumes mit der Quantenmechanik. Es könnten daher auch andere Universen entstanden sein. Aber wir werden es nie wissen.

Andreas Erhardt

Schmetterlinge als Modellorganismen für schnelle Anpassung

Kleiner Kohlweissling *(Pieris rapae)* beim Blütenbesuch auf einer Witwenblume *(Knautia arvensis)*
Foto © Gebhard Müller

Zu meinen Studienzeiten galten Schmetterlinge wohl als bunte, durchaus attraktive Lebewesen, allerdings ohne grosse Bedeutung für grundlegende wissenschaftliche Fragen und nur für ihre oft als etwas kauzig angesehenen Liebhaber von grösserer Wichtigkeit.

In der Zwischenzeit hat sich dieses Bild stark gewandelt. Schmetterlinge sind zu Modellorganismen für verschiedenste Phänomene und Prozesse geworden, so als Bioindikatoren für Landnutzung und Biodiversität oder als klassisches Beispiel für das von dem finnischen Biologen Ilkka Hanski entwickelte Metapopulationskonzept, das zeigt, dass Populationen einer Art dynamisch interagieren, zeitweise aussterben und von benachbarten Populationen wieder neu gegründet werden. Auch, dass Arten auf die globalen Klimaveränderungen mit einer Verschiebung ihres Verbreitungsgebiets nach Norden und in höher gelegene Gebiete reagieren, wurde zuerst an Schmetterlingen nachgewiesen.

Im vorliegenden Beitrag geht es um ein weiteres Phänomen. Schon vor mehr als zwanzig Jahren haben Biologen spekuliert, dass die Elterngenerationen von Insekten Anpassungen an ihre eigenen Umweltbedingungen auf ihre Nachkommen übertragen

könnten. Das postulierte Phänomen wurde «transgenerational acclimatization» genannt. Ein Nachweis für einen solchen epigenetischen Prozess konnte bisher allerdings nie erbracht werden. Mit dem Kleinen Wiesenvögelchen *(Coenonympha pamphilus)*, einem in nicht allzu intensiv genutzten Wiesen häufigen Schmetterling, ist uns nun ein solcher Nachweis geglückt. Tatsächlich stellen diese Schmetterlinge ihre Nachkommen auf die Qualität ihrer eigenen Larvalfutterpflanzen ein, in unseren Experimenten gut gedüngte oder nicht gedüngte, magere Varietäten des Rotschwingels *(Festuca pratensis)*. So werden aus Raupen, welche auf der gleichen Futterqualität aufgezogen werden, wie sie ihre Eltern hatten, grössere Falter als wenn die Futterqualität zwischen den Generationen wechselt. Überraschenderweise unterschieden sich die Grössen der Falter von über zwei Generationen auf gedüngtem oder magerem Rotschwingel aufgezogenen Raupen nicht. Grössere Falter haben eindeutig einen höheren Fortpflanzungserfolg. Experimente mit dem Kleinen Kohlweissling *(Pieris rapae)* bestätigten nicht nur die Befunde beim Kleinen Wiesenvögelchen, sondern zeigten zudem, dass die Weibchen auch ihr Eiablageverhalten entsprechend der Futterqualität ändern, unter der sie sich als Raupen entwickelt hatten. Normalerweise bevorzugen Weibchen für die Eiablage gut gedüngten Kohl mit hohem Stickstoffgehalt. Werden sie aber als Raupe auf stickstoffarmem, magerem Kohl gehalten, so werden sie in ihrem Eiablageverhalten indifferent gegenüber der Kohlqualität, und wenn sie über zwei Generationen auf magerem Kohl aufgezogen werden, bevorzugen sie diesen Kohl für ihre Eiablage!

Die beiden Experimente zeigen nicht nur eine schnelle Anpassung von Schmetterlingen an sich ändernde Umweltbedingungen – im vorliegenden Fall an eine sich ändernde Qualität der Larvalfutterpflanze – sondern darüber hinaus eine gezielte Platzierung ihrer Nachkommen auf ebendiese veränderte Ressource und damit auch einen möglichen Weg für schnelle sympatrische Artbildung, ein Prozess, der unter Biologen auch schon als 'Heiliger Gral' der Biologie bezeichnet wurde.

Beat Ernst

Vom Blau auf dem Land zum Blau in der Stadt

«Nichts in der Geschichte des Lebens ist beständiger als der Wandel.» Das Zitat stammt von Charles Darwin, dem Begründer der Evolutionstheorie. Mit ihr beschrieb er die Anpassung der Organismen an sich verändernde Lebensbedingungen sowie die Entstehung neuer Arten. Aber nicht nur Lebewesen, auch Lebensräume und Lebensgemeinschaften sind einem dauernden Wandel unterworfen. Der Wandel ist ein Lebensprinzip.

Ein langfristiger Wandel der Lebensgemeinschaften manifestierte sich mit der Pflanzenbesiedlung gegen Ende der letzten Eiszeit. Sie vollzog sich auf den vom Eis allmählich freigegebenen Flächen. Kurzfristige Veränderungen sind beispielsweise Sukzessionsprozesse. Sie setzen sowohl nach natürlichen Änderungen der Lebensräume als auch nach Veränderungen durch den Menschen ein und führen zu einer neuen Lebensgemeinschaft. Die Nutzung der Kulturlandschaft führt oft zu Zwischenstadien der Sukzession, die nur erhalten bleiben, wenn regelmässig Eingriffe stattfinden. Fett- und Magerwiesen sind gute Beispiele dafür. Sie würden ohne menschliches Zutun allmählich wieder verwalden.

Betrachten wir den Wiesensalbei unter dem Aspekt dieses Wandels. Er stammt ursprünglich aus dem Mittelmeerraum und hatte vor der Jungsteinzeit im stark bewaldeten Mitteleuropa keine Lebensgrundlage. Der Wiesensalbei wanderte mit den Rodungen und dem beginnenden Ackerbau nach Mitteleuropa und auch in die Region Basel ein. Die Trockenheit liebende Pflanze findet auf den mageren, wenig gedüngten Halbtrockenwiesen ihren Lebensraum. Schon der Basler Botaniker Werner de Lachenal, bester Kenner der regionalen Flora seiner Zeit, schrieb im 18. Jahrhundert: «Wiesensalbei ist [...] die allergemeinste Pflanze in allen Wiesen, an Strassen und Ackerrändern».

Im 19. Jahrhundert wurden durch die Zunahme der Viehhaltung vermehrt Halbtrockenrasen mit Stallmist gedüngt und Ackerland für die Futterproduktion in Grasland umgewandelt, was zu einer stärkeren Verbreitung der traditionellen Heuwiesen führte. Diese blumenreichen «Fromentalwiesen» wurden zweimal jährlich geschnitten; der erste Schnitt wurde als Heuet, der zweite Schnitt als Emd bezeichnet. Während seiner Blütezeit verlieh der Wiesensalbei der Landschaft in den Tieflagen das unverwechselbare Blau.

Dieses Bild blieb bis in die 1950er-Jahre bestehen. Dann setzte bei der Grasbewirtschaftung, wie bei anderen Landwirtschaftszweigen auch, eine Intensivierung ein. Durch vermehrte Düngung, vorwiegend mit Gülle, wurden die traditionellen Heuwiesen in Fettwiesen mit bis zu fünf Schnittgängen pro Jahr umgewandelt. Der gelbblühende Löwenzahn und der weissblühende Wiesenkerbel wurden dadurch gefördert. Das artenreiche Farbgemisch, bei dem der Wiesensalbei für den Blautupfer sorgte, verschwand.

Dem Wiesensalbei kommt heute ein neuer Trend zugute. Im Stadtgebiet von Basel und in der Agglomeration werden von der Stadtgärtnerei und den Werkhöfen der Gemeinden vermehrt Naturwiesenmischungen angesät, die neben anderen Wiesenpflanzen auch den Wiesensalbei enthalten. Dies führt im Frühjahr zu auffällig blaublühenden Grünflächen mitten im städtischen Umfeld. So erblühen Böschungen, Borde, Verkehrskreisel und Baumrabatten in Salbeiblau und bieten dem Wiesensalbei urbane Ersatzstandorte. Was seit den 1950er-Jahren aus dem ländlichen Raum allmählich verschwand, erlebt zurzeit im städtischen Umfeld eine Renaissance. Das tiefe Blau ist vom Land in die Stadt gezogen.

Foto © Beat Ernst

Der Zürcher Stadtarzt und Professor Conrad Gessner (1516–1565) war ein weit über die Landesgrenzen hinaus bekannter Universalgelehrter und der wohl wichtigste Naturforscher des 16. Jahrhunderts. Sein Ruhm beruhte vor allem auf seiner umfangreichen Tiergeschichte, der ersten umfassenden Zoologie der Neuzeit, sowie auf seinen leider fragmentarisch gebliebenen botanischen Arbeiten. In seinem letzten Lebensjahr veröffentlichte er ein kleines Büchlein mit dem Titel *De rerum fossilium … liber,* das für die frühe Geschichte der Paläontologie von herausragender Bedeutung ist. Es ist nämlich das erste durchgehend illustrierte gedruckte Werk zum Thema «Fossilien». Entsprechend finden wir hier die ersten Abbildungen von Ammoniten, Belemniten, fossilen Krebsen, Seelilien, Seeigeln und Fischzähnen.

Foto © Naturhistorisches Museum, Basel

Von besonderer Bedeutung ist das Fossilienbuch aber auch, weil hier nicht idealisierte Objekte abgebildet und beschrieben wurden, sondern naturgetreu gezeichnete Stücke, die zum überwiegenden Teil in Gessners Besitz waren. Auf den Holzschnitten sind insgesamt 200 Fossilien, Steine, Mineralien und Artefakte abgebildet. Zählen wir die nur im Text erwähnten Objekte dazu, muss Gessners erdgeschichtliche Sammlung deutlich über 500 Einzelstücke umfasst haben. Das Fossilienbuch war recht erfolgreich und weit verbreitet. Zahlreiche Abbildungen wurden von anderen Forschern kopiert, und insbesondere die Abbildung einer fossilen Krabbe erschien in abgewandelter Form in zahlreichen Büchern bis ins 18. Jahrhundert.

Gessner starb 1565 an der Pest. Sein Nachfolger als Zürcher Stadtarzt Caspar Wolf erwarb das wissenschaftliche Vermächtnis, verkaufte Teile davon aber weiter. Die erdwissenschaftliche Sammlung wurde vom Basler Arzt und Freund Gessners, Felix Platter, erworben.

Somit kamen die im Fossilienbuch abgebildeten Objekte nach Basel, wo sie Platter in seine eigene Sammlung integrierte. Über mehrere Generationen blieb die weit über Basel hinaus bekannte Platter-Sammlung in der Familie, wobei aber immer wieder Wertvolles veräussert und weniger wertvolles Material beim Umzug in andere Liegenschaften wohl

entsorgt wurde. Letzteres dürfte auch Stücke der ursprünglichen Gessner-Sammlung betroffen haben. Schliesslich wurde die Platter-Sammlung aufgeteilt und verkauft, und der erdwissenschaftliche Teil mit den verbliebenen Gessner-Objekten gelangte um 1775 in den Besitz von Stadtpräsident Hieronymus Bernoulli. 1821 wurde das Naturhistorische Museum gegründet und so von den anderen städtischen Sammlungen abgetrennt, und dieses im Falkensteinerhof untergebrachte Museum erhielt nach dem Tod von Hieronymus Bernoulli dessen umfangreiche Sammlung.

Peter Merian, Vorsteher des Museums von 1821 bis zu seinem Tod 1883, entdeckte in diesen Beständen wieder Gessner-Originale. Heute kennen wir vier sichere und drei wahrscheinliche Reste von Gessners erdwissenschaftlicher Sammlung in den Beständen des Naturhistorischen Museums. Darunter ist die berühmte Krabbe, schon von Peter Merian als Gessner-Reliquie bezeichnet. Dieses Fossil ist in der Tat absolut einzigartig, ist es doch das Prunkstück der weltweit ältesten Belegsammlung zu einer paläontologischen Publikation, nämlich zu Gessners *De rerum fossilium … liber* von 1565!

Fotos © Klaus C. Ewald

Die drei gewichtigen lateinischen Worte «natura abhorret vacuum» beinhalten einen gültigen Grundsatz der Physik, nämlich: «Es gibt in der Natur keinen leeren Raum» oder «Die Natur besetzt jeden leeren Fleck». Doch man darf ihn wohl auch auf biologische Prozesse anwenden. Ich habe die Sentenz 1984 der Einleitung zum dreibändigen Basler Natur-Atlas vorangestellt, weil damals die Meinung herrschte, in der Stadt gäbe es keine Natur; diese sei nur «auf der Landschaft» anzutreffen. Als Emeritus bin ich nun «auf dem Land» gärtnerisch tätig und beobachte täglich allüberall die Bewahrheitung des Grundsatzes. Sogar im Winter sammelt sich das Herbstlaub in Nischen und die Moose wachsen auf dem Asphalt weiter. Somit entstehen neue Standorte für Pflanzen und Tiere.

Gärtnern bedeutet wie Land- und Forstwirtschaft nichts anderes als Steuerung der Natur, auch wenn die Akteure mit Kulturpflanzen hantieren. Natur ist auch im Garten präsent. Man kann sie umschreiben als Beziehungsgefüge zwischen Boden, Nährstoffen, Mikroorganismen, Sauerstoff, Sonnenlicht, Wasser, pflanzlichem und tierischem Leben. Sogar in der Vertikalen gilt der Grundsatz, wie die beiden Photographien zeigen: links eine kleine Sonnenblume am 15. Juli 2016 zwischen Tomatenstauden und rechts dieselbe Sonnenblume am 6. August 2016.

Wie ist es möglich, dass aus einem Löchlein – einer öden Vertiefung in der Mauer – blühendes Leben

spriesst? Ein Vogel, vielleicht eine Kohlmeise oder eine Spechtmeise, hat im Winter einen Sonnenblumenkern aus dem Futterhaus hierher getragen um ihn aufzuklopfen und wurde dabei gestört. Trotz Frost und Trockenheit unter dem Plastikdach des Tomatenbeetes hat der Embryo im Sonnenblumenkern überlebt. Im Frühling keimte er wohl ohne Erde und ohne ersichtliche Wasserzufuhr. Vielleicht trugen der morgendliche Tau und ein paar die Mauer herunterrinnende Wassertropfen zur Keimung bei. Vermutlich verbergen sich noch einige Humuspartikel im kleinen Mauerloch. Sie waren in Verbindung mit einigen Wassertropfen offenbar ausreichend, um die Keimung anzuregen. Der geringe Nahrungsvorrat und die äusserst geringe Wasserzufuhr reichten daher nur für eine Sonnenblume von etwa vierzig Zentimetern Höhe, derweil ihre Geschwister im Freiland an die zwei Meter gross werden. Doch die wesentliche Entfaltung des Lebens, nämlich das Blühen und Fruchten, also die Vermehrung und Weitergabe der Gene, ist hier trotz der äusserst kargen Lebensbedingungen geglückt. Die kleine Sonnenblume hat einen standfesten Stengel und einen kleinen Blütenteller hervorgebracht, der erst nach dem Verblühen umknickte. Man kann sich fragen, ob der wüstenhafte Standort die Gene der nun an diesem Standort heranreifenden Sonnenblumenkerne so zu prägen vermochte, dass sie ähnlich marginale Standorte ebenso gut oder besser nutzen könnten, falls die Samen nicht gefressen werden oder verfaulen.

Hier hat sich einmal mehr an unwirtlicher Stelle ein kleines Naturwunder ereignet, das Zeugnis ablegt vom permanenten Lebens- bzw. Überlebenskampf der Natur, die jedwede Lücke einnimmt und füllt!

Man sollte denken, dass innerhalb einer Blutzelle keine weitere Zelle Platz findet. Wie käme sie wohl hinein oder ihre Nachkommen wieder heraus? Und wieso wehrt sich die Wirtszelle nicht gegen den Eindringling? Dies sind spannende Fragen der molekularen Parasitologie.

Nehmen wir als Beispiel den Malariaparasiten. Der Einzeller Plasmodium besitzt einen Zellkern und alle lebensnotwendigen Organellen. Er hat sogar die Befähigung zur aktiven Fortbewegung. Die Wirtszelle dieses intrazellulär lebenden Parasiten ist das rote Blutkörperchen, welches einem Parasiten für 48 Stunden als sicherer Schlupfwinkel dient. Um jedoch dort hineinzugelangen, ist ein besonderer Invasionsmechanismus notwendig. Hierfür produziert der Parasit eine ganze Reihe von Bindungsmolekülen, die ein temporäres Festhalten an der Wirtszelle ermöglichen. Diese spezifischen Rezeptor-Ligand-Verbindungen spuren den Weg des Parasiten ins Innere der Wirtszelle, in die der Parasit mit eigenem Myosin-Antriebsmotor hineingleitet. Danach schliesst sich die Wirtszelle wieder.

Nun richtet Plasmodium sein neues Heim mit eigener Ausstattung ein. Hierzu transportiert die Parasitenzelle ungefähr 400 Proteine nach aussen ins Zytoplasma der Wirtszelle oder sogar noch weiter zu deren Oberfläche. Diese Proteine dienen dem Andocken der infizierten Zelle an die Wände der Blutkapillaren. Dies soll verhindern, dass die bald mit Tochterzellen prall gefüllte Wirtszelle bei einer Passage durch die Milz ausgesondert wird.

In seiner intrazellulären Nische ist Plasmodium zunächst vor der Immunabwehr sicher. Gelangen aber danach die fürs Andocken nötigen Parasitenproteine an die Oberfläche, kann das Immunsystem die infizierte Blutzelle erkennen. Nun aber sichert sich Plasmodium sein Überleben mit folgendem Trick: im Laufe einer Infektion werden immer neue Proteinvarianten hergestellt und zur Oberfläche transportiert. Diese sogenannte Antigenvariation tarnt den Parasiten. Er ist vor der Immunabwehr so lange sicher, bis sich eine spezifische Antikörperantwort entwickelt hat. Varianten, denen das Immunsystem des Wirts noch nie begegnet ist, bewirken einen Selektionsvorteil für den Parasiten.

Die chronische Infektion kann weiterbestehen. Dadurch steigt die Chance, von einem Anopheles-Moskito bei einer zukünftigen Blutmahlzeit aufgenommen und auf den nächsten Wirt übertragen zu werden.

Ist erst einmal die Wirtszelle bewohnt, dann gelten die Überlebensprinzipien «Sabotage & Ausbeutung». «Sabotage» bezieht sich auf Verhinderung des Absterbens der Wirtszelle, wozu Signalwege der Wirtszelle sabotiert werden. «Ausbeutung» bezieht sich auf den üppigen Eiweissvorrat in einer roten Blutzelle, nämlich Hämoglobin. Bei dessen Abbau wird aber das für den Parasiten toxische Häm frei. Um sich zu schützen, aggregiert der Parasit dieses als unschädliches Malariapigment.

Es zeigt sich, dass intrazelluläres Leben für Parasiten eine ideale Nische darstellt. Die wesentlichen Elemente sind Invasions- und Überlebensstrategien, wobei allen diesen Vorgängen eine gegenseitige Selektion von Parasit und Wirt zugrunde liegt. Im Laufe der Coevolution hat nicht nur Plasmodium eine Anpassung durchlaufen, sondern auch der Wirt, wie man am Beispiel der Sichelzellenanämie sehen kann, einer Erbkrankheit, welche die Funktion des Hämoglobins beeinträchtigt aber vor Malaria schützt. Dies jedoch ist schon ein weiteres Phänomen.

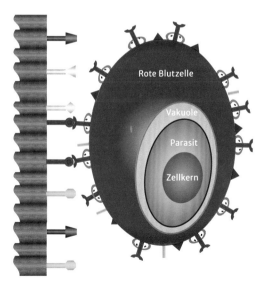

Parasitenmoleküle vermitteln die Bindung der infizierten Wirtszelle und die Wände von Blutkapillaren.

Thierry A. Freyvogel

Was bleibt? – Einige Gedanken zur Biologie

Der Erreger der Malaria, ein *Plasmodium,* macht einen guten Teil seiner geschlechtlichen Entwicklung in einer blutsaugenden Stechmücke durch. Im Falle eines für Menschen pathogenen *Plasmodiums* in einer *Anopheles,* in deren Darm die Befruchtung eines Makrogameten durch einen Mikrogameten stattfindet. Das Produkt, der bewegliche Ookinet, verlässt aktiv das Darminnere, wohl um nicht mit dem aufgenommenen Blut verdaut zu werden. Auf der Aussenseite des Darmes wird der Ookinet zur Oocyste, in welcher die Sichelkeime, die für den Menschen infektiösen Sporozoïten gebildet werden. Diese müssen, wenn sie in einen Menschen gelangen sollen, in die Speicheldrüsen der Mücke vordringen. Woher 'wissen' die Sporozoïten, wohin sie müssen? Und wie finden sie den Weg dorthin?

Der Kleine Leberegel *(Dicrocoelium lanceolatum),* ein Plattwurm, kommt in der Schweiz, ohne allzu grossen Schaden anzurichten, bei Schafen häufig vor. Bei diesem, dem Endwirt, lebt er im Darm. Seine Eier werden mit dem Kot des Schafes ausgeschieden und von einer Landschnecke als erstem Zwischenwirt aufgenommen. In deren Darm schlüpfen Mirazidien. Diese verlassen den Darm und entwickeln sich in der 'Leber' der Schnecke über mehrere Larvenstadien zu Zerkarien. In Schleimballen verpackt werden diese von der Schnecke ausgestossen und von Ameisen als zweitem Zwischenwirt aufgenommen. In diesem wandert nun (von den zahlreich vorhandenen) eine einzelne Zerkarie in das 'Gehirn', das Unterschlundganglion der Ameise und verursacht da, als 'Hirnwurm', eine entscheidende Verhaltensänderung.

Bei Nachteinbruch nämlich wandert die Ameise nicht wie sonst ins Nest zurück, sondern verbringt die Nacht verbissen an niederem Gras. Ihr Krampf löst sich erst wieder nach Tagesanbruch bei steigender Temperatur. Werden Schafe schon zuvor auf die Weide gelassen, fressen sie mit dem Gras die noch verkrampften infizierten Ameisen. Der 'Hirnwurm' bleibt Zerkarie und stirbt im Schaf, derweil die bis zu 200 übrigen Zerkarien sich in die für das Schaf infektiösen Metazerkarien umwandeln. Unter Hunderten Zerkarien befällt also ein einzelnes Exemplar das Unterschlundganglion des zweiten Zwischenwirts und gibt sich damit, zugunsten seiner 'Geschwister', selbst auf. Ist es gerechtfertigt, in Anlehnung an das menschliche «Einer für alle ...» von einem 'Opfertod' zu reden?

Soweit nur zwei Beispiele aus der Parasitologie. Sie drängen die Frage nach dem Zustandekommen derart präzise aufeinander abgestimmter Beziehungen von Wirt und Parasit auf. Man denkt (ohne sie zu erklären) an Koevolution, ähnlich den Blütenpflanzen und nektarsaugenden Insekten oder Vögeln, die sich in ihrer Entwicklung im Verlauf von Jahrmillionen gegenseitig beeinflusst haben sollen. Im Hinblick auf die Evolution allgemein liesse sich die Liste beliebig erweitern, auch für höhere Tiere sowie vermutlich auch für Pflanzen. Man kann nicht umhin, verblüfft zu staunen.

Ganz gewiss ist gegen das Nutzen naturwissenschaftlicher Erkenntnisse zur Erleichterung des täglichen Lebens nichts einzuwenden. Das Swiss TPH (Schweizerisches Tropen- und Public-Health-Insitut, früher Schweizer Tropeninstitut [TPI]) macht im Bereich des internationalen Gesundheitswesens genau das. Wohingegen ich mich entschieden auflehne, ist die Forderung einzelner Politiker, Forschung nur unter Berücksichtigung ihrer «Wertschöpfungsrelevanz» zu finanzieren. Konsequent angewendet, käme dies einer Kapitulation der Kultur gleich. Was den *Homo sapiens* auszeichnet, ist Fausts Drang zu fassen, «was die Welt im Innersten zusammenhält». Die sogenannte Grundlagenforschung, das Forschen um des Forschens willen, darf als essentiell Humanes um des Mammons willen keinesfalls aufgegeben werden.

Was die Welt im Innersten zusammenhält, wird der Mensch schwerlich je erfassen. Was also bleibt? Wie es schon Psalmen des hebräischen Testaments bezeugen, bleiben dem Naturforscher, diesem bevorzugten Zeitgenossen der Gesellschaft des 21. Jahrhunderts, als letztlich Erfüllendes das grosse Wundern und tiefste Bescheidenheit.

Seit Jahrhunderten gehören ausgewählte Grün-, Braun- und Rotalgen zum Speiseplan in China, Korea und Japan. Die Rotalgen der Gattung *Pyropia* wachsen auf Felsen in der Gezeitenzone der Meere. Wurden die Algen früher bei Ebbe von den Felsen geerntet, begannen die Japaner ab 1750 Bambuspfähle in den Sand der Gezeitenzone zu treiben. *Pyropia* und weitere Algen der Gezeitenzone setzten sich darauf fest. Durch gezieltes Entfernen unerwünschter Algen liess sich die Ausbeute vergrössern, und das Ernten auf sandigem Grund wurde einfacher.

Im Zuge der Erforschung der Natur wurde 1824 die Gattung *Pyropia* beschrieben. *Pyropia* bildet blattähnliche, hauchdünne Gewebe, die bis zu drei Meter lang werden können. 1892 wurde eine mikroskopisch kleine fädige Alge entdeckt, die kalkhaltige Muschelschalen durchbohrt und an deren Oberflächen sich kleine, rote Büschel bilden. Aufgrund ihrer Lebensweise und Farbe wurde sie *Conchocelis rosea* genannt. Weitere 60 Jahre technologischer Fortschritt waren nötig, bis es der Algologin Kathleen Drew-Baker 1949 gelang, die asexuell gebildeten Sporen von *Conchocelis* in einer Nährlösung zur Keimung zu bringen. Sie entdeckte, dass die Keimlinge sich nicht wie erwartet zu *Conchocelis,* sondern zur makroskopischen *Pyropia* entwickelten. *Conchocelis* ist also keine eigene Art, sondern sie stellt im Generationswechsel von *Pyropia* die mikroskopische, asexuelle Generation der geschlechtlichen Makroalge dar. Kurze Zeit danach begannen japanische Meeresbiologen mit künstlichen Zuchttechniken zu experimentieren, um die Erträge zu steigern. Mittlerweile ist aus Kathleen Drews Entdeckung eine gut entwickelte Industrie entstanden. Am Ende der Wachstumssaison (März bis April) werden hochwertige, reife *Pyropia*-Individuen ausgewählt und ihre aus Befruchtung hervorgegangenen Sporen in einem 20-Liter-Gefäss aufgefangen. Zeitgleich werden in Hallen die Böden von flachen Becken vollständig mit gereinigten Austernschalen bedeckt und die soeben gewonnenen Sporen mit einer Giesskanne gleichmässig über die Austernschalen verteilt. Wenn genügend Sporen in die Muschelschalen ausgekeimt sind, werden je 15 Schalen nacheinander an Schnüren befestigt und diese an lange, horizontal ausgerichtete Stangen gehängt. Wenn die Stangen voll sind, werden sie, rechts und links aufliegend, auf den Beckenrand gelegt, so, dass die an den Schnüren befestigten Schalen vollständig ins Wasser eintauchen.

Die *Conchocelis*-Algen reifen innert 5 Monaten, um dann Conchosporen zu bilden. Während der Sporenfreisetzung werden 18 Meter lange Netze, die zu je 30 Stück auf grossen Spulen aufgewickelt sind, in die Becken eingebracht. Die Spulen rotieren ähnlich wie ein Mühlrad im Bach um die eigene Achse und die Conchosporen setzen sich innert 20 bis 60 Minuten an den Netzen fest. Nun werden die Netze mit Booten ins Meer gebracht und in der Gezeitenzone an Stangen oder in geschützten Buchten im offenen Meer an Bojen befestigt, sodass ausgedehnte Algenfelder im Meer entstehen. Binnen zwei Monaten wachsen 15 bis 20 cm lange Pyropia-‹Blätter› heran, die nach dem Einsammeln der Netze geerntet werden. Die Algen werden gründlich mit Süsswasser gewaschen, in 0,5 x 1 cm kleine Stücke ‹geschreddert› und dann in Süsswasser (4 Kilo Algen pro 100 Liter) suspendiert. Wie beim Papierschöpfen werden je 600 ml Suspension in Bambussiebe von 20 x 18 cm gegeben. Nach dem Abtropfen des Wassers werden die Siebe mit Algenbelag aus den Rahmen entnommen und in einem Ofen bei maximal 50°C getrocknet. Die getrockneten Blätter werden in Zehnerpackung als Nori in alle Welt verschickt. Jetzt endlich kann auch Ihr geschätzter Sushimeister Ihre Sushi mit Nori umwickeln. Die rasante Entstehung tausender Sushibars führt mittlerweile zu einem Jahresumsatz von bis zu zwei Milliarden Dollar.

Wenn es um Wahrscheinlichkeiten geht, versagt bisweilen der gern gerühmte gesunde Menschenverstand. Oder hätten Sie etwa im Ernst geglaubt, dass bei einem Apéro mit bloss 23 Leuten bereits eine mehr als nur Fifty-Fifty-Chance besteht, dass zwei der Anwesenden jeweils am selben Tag ein Jahr älter werden?

Die Überprüfung ist simpel: Es mögen nur alle nacheinander ihren Geburtstag verraten – und alsbald werden zwei identische Aussagen zu hören sein. Aufgepasst: Es geht nicht darum, dass ein bestimmter Geburtstag (beispielsweise derjenige des Gastgebers) doppelt vorkommt, sondern um irgendeinen nicht vorhersehbaren.

Dieses in der Fachsprache Geburtstagsparadoxon genannte Phänomen besagt in der Tat, dass schon in einer Gesellschaft von 23 Personen mit einer Wahrscheinlichkeit von 50,73 % zwei denselben Geburtstag haben. Verblüffender noch: Bei vierzig respektive sechzig Personen beläuft sich die besagte Wahrscheinlichkeit auf sage und schreibe 89 % respektive 99 % (siehe Grafik).

Wohlverstanden, 'nur' 99 % also nicht 'gerundet' 100 %. Denn auf der sicheren Seite ist man natürlich erst, wenn zu 365 Personen noch eine dazukommt. Andererseits wäre es doch recht seltsam, wenn die erwartete Koinzidenz nicht schon vorher eintreten würde.

Dies wiederum hiesse ja – kaum zu glauben –, dass eine erste von 365 Personen am 1., eine zweite am 2., eine dritte am 3. Januar und so weiter bis zu einer letzten Person, die dann am 31. Dezember Geburtstag hätte.

Damit ist das Stichwort dafür gegeben, wie sich die Paradoxie auflösen lässt. Genauer: Es geht darum, dass die sogenannte Gegen-Wahrscheinlichkeit in Betracht gezogen wird, also um die Frage nach der Wahrscheinlichkeit, dass unter 23 Personen keine zwei am gleichen Tag Geburtstag haben.

Dazu gehe man wie beim oben genannten Spiel vor: Nachdem eine erste Person ihren Geburtstag genannt hat, bleiben in Bezug auf die Gegen-Wahrscheinlichkeit für die nächste nur noch 364 (=365-1) Tage übrig, dann dergleichen nur noch 363 et cetera bis nur noch 343 (=365-22). Die gesuchte Gegen-Wahrscheinlichkeit ergibt sich jetzt durch Multiplikation der einzelnen Wahrscheinlichkeiten 364/365,

363/365 …, 343/365 zu 49,27 %, was den eingangs erwähnten 100 %-49,27 %=50,73 % entspricht.

Quasi als Test nehme man sich die bislang 45 US-Präsidenten vor (Prognose: 93 %). Das Ergebnis: James Polk (1795–1849) und Warren Harding (1865–1923) sind beide an einem 2. November geboren.

Das gleiche Paradoxon besteht natürlich auch für die Todestage der inzwischen verstorbenen 39 US-Staatsoberhäupter (Prognose: 88 %). Die daraus resultierende Bilanz ist schier unglaublich.
- Millard Fillmore (1800–1874) und William Taft (1857–1930) sind beide an einem 8. März gestorben;
- Harry Truman (1884–1972) und Gerald Ford (1913–2006) sind am 26. Dezember, also beide einen Tag nach Weihnachten gestorben;
- John Adams (1735–1826) und sein unmittelbarer Nachfolger als Präsident Thomas Jefferson (1743–1826) sowie James Monroe (1758–1831) sind alle drei – Zufall oder nicht – am Independence Day (4. Juli) gestorben – die ersten zwei sogar im gleichen Jahr (1826), also an ein und demselben Tag!

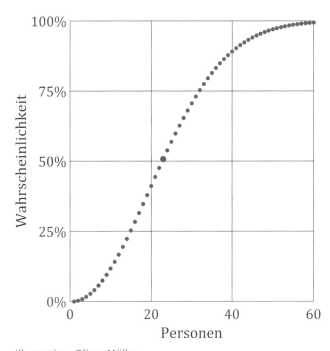

Illustration: Oliver Müller

Conrad Gessner, *Historia animalium* (1551)

Das Meer-Einhorn ist ein Wal, und sein vermeintliches Horn ist ein Zahn. Beim Narwal *(Monodon monoceros)* ist der Stosszahn in der Regel der einzige Zahn im Schädel des Tieres, der ausreift, und zwar beim Männchen. Es ist der linke Eckzahn im Oberkiefer. Selten wachsen zwei Eckzähne, bekannt sind weltweit zwanzig solche Fälle. Umstritten ist nach wie vor der eines angeblich weiblichen Tieres, gefangen 1684 mit zwei Zähnen. «Lisa» wird derzeit im Centrum für Naturkunde der Universität Hamburg auf ihr tatsächliches Geschlecht hin untersucht.

Der Zahn wird bis knapp drei Meter lang und acht bis zehn Kilogramm schwer. Er durchbricht die Oberlippe und ist schraubenförmig gegen den Uhrzeigersinn gewunden, er krümmt oder biegt sich nicht, sondern wächst kerzengerade und endet in einer Spitze.

Dieser Zahn dient weder zum Aufbrechen des Eises noch für den Fischfang, auch nicht zum Durchwühlen des Meeresbodens und offensichtlich nicht für Rivalenkämpfe. Er ist ein besonderes und eigenes Sinnesorgan. Im Zahn verlaufen Nervenbahnen, die in mehreren Millionen Rezeptoren enden. Dieser hydrodynamische Sensor vermag verschiedene Signale wie Temperatur, Druck, Salzgehalt und weitere Messdaten zu registrieren und ans Gehirn weiterzuleiten.

Weshalb sollten allein die Männchen ein solch sensibles Organ haben? Wie erfolgte dann die Nahrungssuche bei den Weibchen – und warum gibt es nicht (mehr) doppelzähnige Weibchen, wenn doch der Dop-

pelzahn einen solchen Vorteil der verbesserten Orientierung impliziert? Diese Fragen sind noch nicht geklärt.

Der Zahn ist in seiner Gestalt und in seiner Funktion einmalig im Tierreich – er ist das «Eigenartige», das den Narwal zu einer eigenen Art macht. Ist ein solches Ereignis in der Evolution ein Erfolg, ein Missgeschick, ein Prototyp oder ein Endzustand? Dieser Zahn wächst in irritierender Weise, dennoch nach einem bestimmten Bauplan, bleibt in seiner Anlage aber singulär, als sollte nach Bertolt Brecht gezeigt werden: «Es geht auch anders, aber so geht es auch.» Ein Zufall oder eine methodische Spielerei der Natur?

Dass weder bei anderen Walarten noch bei Säugetieren generell, die alle als Merkmal echte Zähne aufweisen, je auch nur ansatzweise etwas Analoges entwickelt wurde, also das Bizarre des Zahns, macht uns zu Recht Staunen. Denn indem der Zahn des Narwals offenkundig eine ökologische Nische füllt, zeigt er uns: es gibt kein «Ökosystem Natur», an das die Arten sich anpassen müssen; und umgekehrt: die Biodiversität bringt das Ökosystem erst hervor.

Der Zahn des Narwals, das Elfenbein aus dem Eismeer, das Einhorn der Meere, das Ainkürn, einstiges Zepter französischer Könige, die «main de justice», möge heutzutage als Symbol der Wahrung der Arten- und Lebensvielfalt dienen.

Einhornrelief, Oberrhein (?), um 1500, Museum für Geschichte, Basel

Sie sind aus unserem Alltag nicht mehr wegzudenken. Die Prothesen: Brillen, Kontaktlinsen, Hörgeräte, Zahnersatz, künstliche Hüft- und Kniegelenke sowie Herz- und Hirnschrittmacher ersetzen oder verbessern die Funktionen defekter Körperteile. Dank stetiger Weiterentwicklung ist es bereits möglich, mechanische Prothesen mit Muskel- und Nervenfasern zu verbinden, um perfekte Funktionalität, Kontrolle und Integration der Prothesen mit dem Körper zu erreichen. Die Integration von Mensch und mechanischen Prothesen ist bereits so weit fortgeschritten, dass sich mit Gedanken Körperteile, Rollstühle und sogar die Aktivität einzelner Gene steuern lassen.

Bisher blieb das Erfolgskonzept «Prothese» weitgehend mechanischen Systemen vorbehalten. Dabei böten Molekulare Prothesen, die in der Lage sind metabolische Fehlfunktionen wiederherzustellen, neuartige Möglichkeiten zur Therapie von Immun- und Herzkreislauferkrankungen sowie Diabetes und Fettleibigkeit, alles Krankheiten, bei denen klassische medikamentenbasierte Ansätze bislang nur mässigen Erfolg erzielten. Metabolische Krankheiten werden nach dem jahrhundertealten Grundsatz von Paracelsus behandelt, wonach ein Medikament, in der richtigen Dosis verabreicht, zur Heilung führt. Wenn wir uns krank fühlen, gehen wir zum Arzt, der die Krankheit diagnostiziert und meist Tabletten verschreibt, die wir in regelmässigen Abständen einnehmen.

Dieses grundlegende Therapiekonzept hat mehrere Schwächen. Erstens gehen wir erst zum Arzt, wenn wir bereits krank sind. Dies verhindert Prävention. Zweitens ist die Dosierung statisch und gleicht sich nicht den Bedürfnissen des Körpers an. Eine suboptimale Dosierung beeinträchtigt die Therapie. Drittens müssen Medikamente rechtzeitig eingenommen werden, was fehleranfällig ist und die Bereitschaft eines Patienten zur aktiven Mitwirkung an therapeutischen Massnahmen voraussetzt.

Anders als klassische Therapiemethoden könnten Molekulare Prothesen dereinst automatisch defekte metabolische Vorgänge im Körper erkennen und behandeln. Kürzlich ist es gelungen, mittels molekularer Prothesen Gicht, Bluthochdruck, Schup-penflechte, Diabetes und Fettleibigkeit im Tiermodell erfolgreich zu behandeln. Dabei überwachen komplexe synthetische Gen-Netzwerke im Inneren von implantierten Zellen in Echtzeit krankheitsrelevante Blutwerte, produzieren das benötigte Medikament und geben es wohldosiert in den Blutkreislauf ab. Die direkte reversible Synchronisation von Blutwert-Sensorik mit der Produktion und Dosierung von Medikamenten ermöglicht eine bedarfsgerechte Medikation mit unerreichter Präzision und Dynamik. Dabei verschmelzen Diagnose und Therapie zu einer Einheit und ermöglichen eine rechtzeitige präventive Intervention, die metabolische Krankheiten ohne regelmässige Verabreichung von Medikamenten automatisch und nachhaltig behandelt. Am Beispiel der Molekularen Prothese zur Bekämpfung von Fettleibigkeit wurde dies kürzlich eindrücklich dokumentiert. Mäuse mit Zugang zu fettreicher Nahrung mit einem Anteil von sechzig Prozent Speck leiden bald an Übergewicht. Erhalten diese Tiere ein Zellimplantat mit einer Molekularen Prothese, welche konstant die Blutfettwerte misst, bei Bedarf ein Sättigungshormon produziert und in der richtigen Dosierung in den Blutkreislauf abgibt, wird bei ihnen ein Sättigungsgefühl ausgelöst, das zu reduzierter Nahrungsaufnahme, reduzierten Blutfettwerten, Gewichtsverlust und schliesslich zu Normalgewicht führt. Da die Molekulare Prothese nur nach Aufnahme zu fettreicher Nahrung aktiv wird, bleibt das Idealgewicht erhalten.

Molekulare Prothesen gelten als neuartige Therapieform zur Behandlung von metabolischen Krankheiten. Durch die perfekte Kombination von Diagnose, Medikamentenproduktion und Dosierung werden sich neue Therapieerfolge erzielen lassen.

Sebastien Gagneux

Wie antibiotikaresistente Tuberkulose-Bakterien ihre Virulenz zurückgewinnen

Die Tuberkulose (TB) ist nach wie vor eine der grössten Herausforderungen für das Gesundheitswesen. Jedes Jahr werden weltweit 10,4 Millionen neue Fälle registriert, davon rund 500 in der Schweiz. Obwohl TB behandelt werden kann, sterben jährlich 1,8 Millionen Menschen an dieser Krankheit. Die Behandlung beruht auf einem Cocktail von vier Antibiotika, die während sechs Monaten täglich eingenommen werden müssen. Weil seit Jahrzehnten kaum neue TB-Medikamente entwickelt worden sind, haben gewisse Bakterien gegen die gängigen Medikamente starke Resistenzen entwickelt. Die Behandlung solcher multiresistenter Tuberkulose-Patienten verlängert sich auf bis zu zwei Jahre und mehr. Trotzdem versagt die Behandlung bei vielen dieser Patienten, sodass am Ende nur etwa die Hälfte die Krankheit überleben.

Interessanterweise haben die Gen-Mutationen, die TB-Bakterien gegen Antibiotika resistent machen, oft gleichzeitig auch einen negativen Einfluss auf die Virulenz dieser Keime. So haben Studien bereits in den 1950er-Jahren gezeigt, dass antibiotikaresistente TB-Bakterien Meerschweinchen weniger schnell töten als empfindliche Bakterien. Diese Beobachtungen haben damals zur optimistischen Vorhersage geführt, dass die Antibiotikaresistenz ein lokal begrenztes Problem bleiben würde, da die resistenten Keime sich aufgrund ihrer reduzierten Virulenz kaum verbreiten könnten. Heute wissen wir, dass dem nicht so ist. Ganz im Gegenteil: in gewissen Regionen der Welt verursachen resistente Keime schon die Mehrheit der neuen TB-Fälle.

Wie können wir den scheinbaren Widerspruch zwischen der geringeren Virulenz in den Meerschweinchen und der erfolgreichen Verbreitung im Feld erklären? Unsere Forschungsgruppe hat vor ein paar Jahren entschieden, sich mit diesem Thema auseinanderzusetzen. Dafür haben wir uns auf Rifampicin fokussiert, das für die Behandlung von TB routinemässig eingesetzt wird. Rifampicin bindet an die sogenannte «Beta-Untereinheit» der bakteriellen RNA-Polymerase. Die RNA-Polymerase ist ein wichtiges Enzym, das aus mehreren Untereinheiten besteht und für die Transkription der bakteriellen DNA in die entsprechende RNA verantwortlich ist. Das Rifampicin hemmt diese Transkription, was zum Absterben der TB-Bakterien führt. Rifampicin-resistente Bakterien haben eine Mutation in der Beta-Untereinheit. Sie bewirkt, dass das Rifampicin nicht mehr richtig binden kann. Allerdings haben diese Resistenzmutationen ihren Preis. Obwohl die resistenten Bakterien in Gegenwart von Rifampicin überleben können, ist die Effizienz der Transkription in diesen Bakterien reduziert, was mit einem verlangsamten Wachstum und reduzierter Virulenz einhergeht.

Wie können sich aber diese resistenten Bakterien in den TB-Patienten behaupten? Um dieser Frage nachzugehen, haben wir Evolutionsexperimente durchgeführt, bei denen wir resistente TB-Bakterien ein Jahr lang im Labor gezüchtet haben; dies ausgehend von der Hypothese, dass diese Bakterien sogenannte Kompensationsmutationen entwickeln, die die Virulenz verbessern. Zusätzlich haben wir mittels Gensequenzierung Hunderte klinischer Bakterienisolate von TB-Patienten mit einer Rifampicin-Resistenz aus verschiedenen Ländern analysiert. In der Tat konnten wir sowohl in unseren künstlich herangezüchteten Mutanten als auch in klinischen Isolaten solche Kompensationsmutationen beobachten. Sie sind in anderen Untereinheiten der RNA-Polymerase lokalisiert und wirken den negativen Nebeneffekten der Resistenzmutationen in der Beta-Untereinheit entgegen, indem sie die Effizienz der Transkription wieder verbessern. Dies führte uns zu dem Schluss: Antibiotikaresistente Bakterien legen zwar anfänglich eine reduzierte Virulenz an den Tag, sie können sich aber weiterentwickeln und ihre Virulenz zurückerlangen, ohne dabei ihre Resistenz zu verlieren.

natura obscura, was für ein Motto! Das lateinische *obscurus* hat mehrere Bedeutungen: dunkel, finster, unklar, unverständlich, niedrig, unbekannt, verborgen, geheimnisvoll, undeutlich und ruhmlos.

Aber was eigentlich ist an den mannigfaltigen Manifestationen der belebten und auch unbelebten Natur so obskur? Bis Anfang des 18. Jahrhunderts waren in Europa die Beziehungen und Zusammenhänge zwischen den verschiedenen pflanzlichen und tierischen Lebensformen für den grossen Teil der Bevölkerung zwar unbekannt, aber trotzdem nicht geheimnisvoll oder dunkel. Dies weil kaum Zweifel an der Richtigkeit der biblischen Schöpfungssaga toleriert wurden und weil der Schöpfungsmythos solche Beziehungen ignorierte, obwohl die unbelebte und die belebte Natur genügend Beispiele offerierten, die darauf hinwiesen, dass an der Genesis irgendwas nicht so ganz stimmen konnte. So wiesen Fossilien in den Strata auf ein beträchtliches Alter der Erde hin und die Bauplanähnlichkeiten der Säugerspezies liess erahnen, dass individuelle Schöpfungsakte nicht wirklich stattgefunden haben konnten. Daher reihte der Systematiker Carl von Linné schon im 18. Jahrhundert den Menschen unter die Säuger ein, und Anfang des 19. Jahrhunderts postulierte Jean-Baptiste de Lamarck, dass alle Organismen von wenigen Urformen abstammen könnten. Diese Erkenntnis war unter den naturwissenschaftlich orientierten Kreisen bereits etabliert, als Darwin 1859 sein epochales Werk publizierte. Neu war aber Darwins Erkenntnis, dass natürliche Selektion von zufälligen genetischen Veränderungen die treibende Kraft hinter der Entwicklung der Arten ist. Molekularbiologische Techniken ermöglichen heute das Lesen und Vergleichen der Genome der verschiedenen Lebensformen und etablierten die These, dass alles Leben auf einen Ursprung zurückgeht und stufenweise von unbelebter Materie über einfachste, sich vermehrende Moleküle zu den ersten einfachen eigentlichen Lebensformen führt. Und das Wunderbare, um nicht zu sagen Ehrfurchtgebietende, an der uns umgebenden lebendigen Natur sind die unendliche Vielfalt und Schönheit, die auf der Basis von lediglich vier Stickstoffbasen, Kohlehydraten, Lipiden und zwan-

zig Aminosäuren entstehen konnten. Komponenten die vom einfachsten Virus bis zum komplexen Säuger dieselben sind. Vorbei war damit die anthropozentrische Idee vom Menschen als der «Krone der Schöpfung». Der Mensch ist ein Primat und gehört damit zu den Affen. Die genetische Homologie zwischen unseren nächsten Verwandten, den Schimpansen, beträgt mehr als 95 Prozent. Aber wir sind nicht zu 95 Prozent Schimpansen. Zur Illustration mag folgendes Beispiel dienen: Das Wort «Baseball» weist mit «Basketball» eine 80-prozentige Homologie auf, doch niemand wird behaupten wollen, Baseball sei zu 80 Prozent wie Basketball. Aber mit der Verwandtschaft zwischen den beiden Gruppen werden wir mit dem eigentlich einzigen Obskuren in der Natur konfrontiert: dem Auftreten des «Bösen» und dem Paradoxon zwischen dem Verhalten individueller Vertreter unserer Spezies und dem Verhalten von ganzen Gruppen. Viele Individuen unserer Spezies sind zu bewundernswerten Aktionen, sei dies in altruistischen, in künstlerischen oder in wissenschaftlichen Bereichen fähig. Als Spezies im Ganzen aber tragen wir dazu bei, dass «natura obscura» traurige Wahrheit wird: Wir sind dunkel, finster, unklar, unverständlich, niedrig, unbekannt, verborgen, geheimnisvoll, undeutlich und ruhmlos. Denn erst seit dem Auftreten der beiden afrikanischen Genera *Homo* und *Pan* ist aktive und bewusste Grausamkeit und Bösartigkeit nicht mehr aus der Natur wegzudenken. Keine andere Gruppe als die Vertreter der Tribus *Homini* setzen alles daran, Andersdenkende oder Andersaussehende auszumerzen und schlimmer noch, keine andere Spezies als die unsere hat es fertiggebracht, die Natur, in welcher unsere Art noch eine Million Jahre leben sollte, in kürzester Zeitspanne zu zerstören und in Bälde für uns unbewohnbar zu machen. *Natura obscura: ad abyssum vadis, homo!*

Unser Genom ist mit Sequenzen durchsetzt, die weder menschliche Proteine kodieren noch die Genexpression direkt kontrollieren. Das können Abfolgen von fünf, 30, vielleicht 200 Nukleotiden sein, die sich unzählige Male wiederholen. Oder es sind Überbleibsel von Viren, die sich in unser Genom eingebaut haben und seither unterdrückt werden. Fast 70 Prozent unseres Genoms bestehen aus solchen repetitiven Elementen oder aus nicht funktionellen Virengenomen, aus Ramsch sozusagen. Die 1,5 Prozent des menschlichen Genoms, die unsere Proteine codieren, verblassen dagegen förmlich.

Der grösste Teil dieser Ramsch-Sequenzen ist als sogenanntes Heterochromatin stark verpackt. Das heisst, dass der DNA-Strang so aufgewickelt ist, dass diese Sequenzen nicht zugänglich sind und nicht abgelesen werden können. Eine wichtige Rolle spielen dabei die Proteinspulen, um welche die DNA gewickelt wird, die Histone. Diese Histone sind mit Markierungen versehen, die festlegen, wie stark die DNA verdichtet wird. Eine charakteristische Markierung, eine Methylgruppe auf dem Histon drei (H3K9me), ist für Heterochromatin besonders wichtig.

Aktuelle Studien am Friedrich Miescher Institute im Fadenwurm *(C. elegans)* zeigen, wie das funktioniert und warum H3K9me so wichtig ist. Erstaunlicherweise entwickelt sich nämlich ein Fadenwurm ohne H3K9me – das heisst ohne Heterochromatin – tadellos. Es zeigte sich jedoch, dass das Genom so beschädigt ist, dass der Wurm unfruchtbar ist. Die Forschenden wiesen nach, dass in diesem Fall sich ein Strang RNA an einen Strang DNA bindet, sobald die repetitiven Elemente ohne H3K9me abgelesen und in RNA überschrieben werden, wodurch eine eigenartige Struktur entsteht (anders als bei der normalen DNA-DNA-Paarung). Diese Strukturen behindern die DNA-Replikationsmaschinerie, was zu unzähligen Mutationen führt.

Die Methylierung von Histon drei führt also dazu, dass repetitive Elemente stark verpackt und so ausgeschaltet werden. Dies wiederum verhindert Mutationen und andere Veränderungen im Genom wie zum Beispiel die Ausbreitung der repetitiven Elemente.

Wenn diese Prozesse nicht sauber funktionieren, führt das Ausdehnen der repetitiven Elemente in der Nähe von Genen zu Krankheiten. Die degenerativen Erkrankungen Chorea Huntington und Friedreich-Ataxie, und gewisse Formen der Muskeldystrophie werden alle durch eine veränderte Anzahl der *repeats* in der Nähe eines Genes ausgelöst. Verkürzt gesagt gilt: Werden die *repeats* abgelesen, so breiten sie sich aus und führen zu Krankheiten. Dies kann auch bei Krebs stattfinden.

Diese *repeats* faszinieren mich, denn obwohl sie sehr prominent vorhanden sind, wissen wir relativ wenig über sie. Wenn diese repetitiven Elemente eine solch grosse Gefahr für die Stabilität unseres Genoms darstellen, warum wurden sie dann im Lauf der Evolution nicht aussortiert? Warum werden zelluläre Ressourcen dafür «verschwendet» die Wiederholungen aufrechtzuerhalten? Wieso tolerieren wir diese DNA, die so viel Schaden anrichtet, wenn sie irgendwann abgelesen wird? In meinen Augen ist es höchst unwahrscheinlich, dass 70 Prozent unseres Genoms als «unnötiger Ballast» durch die Milliarden von Zellteilungen, die täglich in unserem Körper vorkommen, einfach mitgeschleppt werden. Aber was ist dann ihre Funktion?

Es wird spekuliert, dass die *repeats* bestimmte genetische Veränderungen ermöglichen, die es dem Organismus erlauben, schnell auf Umweltveränderungen oder Stress zu reagieren. Vielleicht ermöglichen sie auch die Flexibilität des Genoms in der Evolution. In diese Richtung findet man etliche Hinweise: Die Unterschiede zwischen den grössten Menschenaffenfamilien widerspiegeln Veränderungen in den Chromosomen, die auch von repetitiven Elementen ausgelöst wurden. Vielleicht spielten auch aktive Virensequenzen eine Rolle, sodass aus einem «Uraffen» Gorillas, Orang-Utans und Schimpansen entstanden sind.

Und es gibt weitere offene Fragen: Wie wurde zum Beispiel die Evolution durch die Stilllegung der repetitiven DNA-Sequenzen beeinflusst?

Jürgen Gebhard

**Milchdiebe und Duftsprache
bei Fledermäusen**

Fledermäuse leben oft in sozialen Gruppen. Auffallend sind im Sommer die Weibchenkolonien, sogenannte Wochenstuben, in denen viele Mütter, bei einigen Arten sind es bis zu tausend Individuen, ihren Nachwuchs aufziehen. In einer Saison gebären sie nur ein Junges, seltener auch Zwillinge. Die Jungtiere müssen schnell wachsen, um im Alter von knapp vier Wochen fliegen zu können. Die Milch der säugenden, nächtlich ausfliegenden und jagenden Mütter ist sehr nährreich. An der wertvollen Nahrungsquelle werden strikt nur die eigenen Jungen geduldet. Am Hangplatz, im dicht gedrängt ruhenden Pulk, finden die Mütter ihr Kind durch Stimmfühlungslaute. Bevor sie trinken dürfen, wird ihre Identität olfaktorisch überprüft.

Das soziale Zusammenleben in den Kolonien, mit vielen offensichtlichen Rivalitäten, aber auch individuellen Vertrautheiten, ist schwer durchschaubar und wenig erforscht. In der Region Basel gelang es, interessante Einblicke in das Mutter-Kind-Verhalten des Grossen Abendseglers *Nyctalus noctula* zu erhalten. Weibchen, in menschlicher Obhut geboren und dann in verschiedenen Quartieren ausgewildert, konnten aus nächster Nähe durch eine Glasscheibe beobachtet werden. Mütter und Kinder wurden individuell mit farbigen, nummerierten Metallklammern am Unterarm markiert.

Während der Jagdflüge blieben die Jungen im Quartier am Hangplatz zurück und suchten oft den wärmenden Körperkontakt von anwesenden Insassen. Ältere Junge registrierten akustisch den An- und Einflug der Mutter und kamen ihr im Quartier entgegen. Auf kontaktsuchende Junge reagierten die Mütter spezifisch, das heisst, es interessierte sie nur das eigene Kind. Satte Junge nuckelten oft schlafend an einer der beiden Milchzitzen oder ruhten auch abseits. Gelegentlich versuchten hungrige Säuglinge an freien Zitzen von fremden Müttern zu trinken. Sie wurden aber nach einer Geruchskontrolle im Kopfbereich durch Bisse und lautes Gezeter abgewiesen. Manchmal gelang es dennoch, Milch bei schlafenden fremden Müttern zu stehlen. Durch 'Kleptolaktie' scheinen sich einige Junge zu optimieren. Waisen versuchten Milch zu stehlen, wurden aber als 'Diebe' im Quartier als solche

früh erkannt und abgewiesen. 'Ammendienste' wurden nicht beobachtet. Allerdings duldete im Sommer 1995 ein selbst ein Junges aufziehendes Weibchen wissentlich, nach vorherigem Beschnuppern, das Junge ihrer eigenen Mutter. Diese lebte im gleichen Quartier in der Station «Hofmatt» in Münchenstein. Die olfaktorische Kommunikation ist bei nachtaktiven Säugetieren ein weitgehend unerforschtes Phänomen. Grosse Abendsegler haben eine intensive, auch für menschliche Nasen deutlich wahrnehmbare 'Duftsprache'. Das Quartier von territorialen, balzrufenden Männchen wird innen und aussen am Einflugloch mit Sekreten der grossen Buccal- und Schnauzendrüsen markiert. Bei der Kopulation reiben sie den Weibchen Sekrete ins Genick, um am gleichen Tag bereits begattete am Duft zu erkennen.

Neuankömmlinge in einem Quartier realisieren sofort nicht nur die Artzugehörigkeit, sondern auch das Geschlecht und den sozialen Status der Insassen. Zweifellos zeigen fliegende Fledermäuse mit einer Duftspur, wer und was sie sind. Uns fehlen noch die 'technischen Nasen' als Hilfsmittel, um solche Geheimnisse lüften zu können. Zweifellos sind hier noch überraschende Entdeckungen möglich.

Grosser Abendsegler *(Nyctalus noctula)* präsentiert Buccaldrüse.
Foto © Jürgen Gebhard

Ila Geigenfeind

Der Grosse Laternenfisch *(Anomalops katoptron)* im Vivarium
Zoo Basel. Eine Schicht aus Guaninkristallen im Leuchtorgan
reflektiert das Blitzlicht.
Foto © Ila Geigenfeind

Grüne Lämpchen leuchten in der Wiese, am Waldrand
blitzt es kurz auf. Wer in lauen Sommernächten zwischen Lausen und Itingen im Baselbiet spazieren geht,
kann mit etwas Glück Glühwürmchen beobachten.
Mit ihrem Leuchten locken die Weibchen des Grossen Leuchtkäfers *(Lampyris noctiluca)* Männchen an.
Die Lichterzeugung durch Lebewesen, die sogenannte
Biolumineszenz, hat die Menschen schon immer fasziniert. Glühwürmchen sind deswegen auch sehr beliebt. Dabei kommt Biolumineszenz an Land eigentlich kaum vor.

Die meisten leuchtenden Lebewesen gibt es im
Meer. Badegäste auf den Malediven staunen, wenn
das einzellige Meeresleuchttierchen *(Noctiluca scintillans)* Wellen aufblitzen lässt und ganze Strände
zum Leuchten bringt. Ob Bakterien, Einzeller, Leuchtquallen, Leuchtgarnelen, Manteltiere, Kalmare oder
Fische: die Anzahl der leuchtenden Lebewesen im
Meer ist kaum zu überschauen. Das Licht dient der
Kommunikation, dem Beutefang, der Partnersuche
oder der Tarnung. Die Lichterzeugung folgt immer
demselben Prinzip: Ein sogenanntes Luziferin wird
mit Sauerstoff und dem Energieträger ATP (Adenosintriphosphat) oxidiert und dabei wird Energie in Form
von Licht frei.

Es sind verschiedene Luziferine bekannt. Das Enzym,
das diese Reaktion ermöglicht, wird Luziferase genannt. Das erzeugte Licht liegt meistens im blaugrünen Bereich. Diese Wellenlängen reichen im Meerwasser am weitesten. Leuchtende Lebewesen haben zwei
verschiedene Möglichkeiten, Licht zu erzeugen. Einige machen selbst Licht in ihrem Körper, andere halten
sich dazu Leuchtbakterien. Spezielle Leuchtorgane
sorgen dafür, dass das Licht optimal genutzt wird. Dabei kommen auch Reflektoren und sogar komplizierte
Linsen zum Einsatz.

Der Grosse Laternenfisch *(Anomalops katoptron;*
siehe Foto) besitzt beispielsweise je ein bohnenförmiges, mit Leuchtbakterien gefülltes Leuchtorgan unter jedem Auge. Das blaugrüne Leuchten wird durch
reflektierende Kristalle in der Rückwand des Organs
noch zusätzlich verstärkt. Will der Fisch nicht gesehen werden, klappt er das Leuchtorgan einfach nach
innen, denn die schwarz pigmentierte Rückseite lässt
kein Licht durch. Einige Kalmare und Fische können
mit ihren Leuchtorganen das von oben kommende,
schwache Licht imitieren. Durch diese Gegenbeleuchtung werden sie für Feinde aus der Tiefe unsichtbar.
Der Schwarze Drachenfisch *(Malacosteus niger)* hat
sogar sein eigenes Nachtsichtgerät dabei, denn sein
Leuchtorgan erzeugt rotes Licht, das andere Meerestiere nicht sehen können.

In der Tiefsee leuchten bis zu neunzig Prozent aller
Lebewesen. Deswegen haben Tiefseebewohner trotz
ihres dunklen Lebensraums oft riesige Augen. Doch
die Tiefsee ist kaum erforscht. Unzählige leuchtende
Lebewesen warten noch auf ihre Entdeckung. Welche
komplexen Leuchtorgane haben sie wohl entwickelt?

Die Artenvielfalt entsteht durch konstanten Wandel, durch Evolution. Wir finden die vielfältigsten Formen und Anpassungen an jegliche Lebensräume. Diese Vielfalt ist aber nicht gleichmässig verteilt, und manchmal ergeben sich bei genauer Betrachtung Überraschungen. Ein Beispiel veranschaulicht diese allgemeine Beobachtung.

Die Ernährung von Schnecken spiegelt sich in den Zähnen wieder. In der Regel weist eine Familie, sicherlich eine Gattung, eine Bezahnung auf. Deshalb genügt es, wenn man ein oder zwei Beispielsarten untersucht, denn es sind kaum Unterschiede zu erwarten.

Das trifft auch auf die Gattung *Anatoma* zu. Die weltweit 75 Arten haben ähnliche Schalen. Von 43 Arten ist das Gebiss bekannt. Bei 35 Arten sind sie kaum zu unterscheiden, bei sechs gibt es kleinere Abweichungen. Zwei Arten hingegen weichen so sehr ab, dass man eine andere Familienzugehörigkeit erwarten würde. Bei den ersten Bildern aus dem Rasterelektronenmikroskop wurde eine Verwechslung von Proben befürchtet, der Albtraum jedes Forschers. Zum Glück bestätigte ein zweites Präparat die Ergebnisse. Die Überprüfung jeder Einzelheit bei allen Arten ist kein Luxus oder Pedanterie, sondern unabdingbare Notwendigkeit, die manchmal sogar unvorhersehbare wissenschaftliche Erkenntnisse liefert.

Statistisch gesehen ist diese Merkmalsverteilung unerwartet. Weshalb finden wir keine Glockenkurve? Obwohl die Evolution eine ungeheure Vielfalt geschaffen hat, ist sie dennoch träge und limitiert. Dies wird als *Beschränkung* bezeichnet. Kleinere Veränderungen sind einfach zu tolerieren, und wenn sie nützlich sind, werden diese neuen Merkmalsausprägungen fixiert. Dies führt zu einer langsamen, kontinuierlichen Anpassung. Grosse evolutive Sprünge hingegen sind riskant.

Eine wichtige Beschränkung ist die Grösse der Organismen. Die kleinsten Formen haben alle die ursprünglichen, typischen Zähne. Dies trifft sowohl auf kleine erwachsene Formen zu (z.B. Kleine Schlitzbandschnecken) als auch auf Junge in der weiteren Verwandtschaft (z.B. Meerohren, Lochnapfschnecken). Bei grösseren Arten fällt diese Beschränkung weniger ins Gewicht. Neue Anpassungen können durch Weiterentwicklung entstehen. So finden wir bei den kleinen Schlitzbandschnecken (0,5–1,5 Millimeter) nur die für *Anatoma* typische Bezahnung, während bei der grösseren *Anatoma* (1–10 Millimeter), manchmal weiterentwickelte Morphologien zum Vorschein treten.

Das Gebiss dient der Nahrungsaufnahme. Bei Arten mit normalen Zähnen finden wir im Darm Sand, Silt und Algenschalen; sie ernähren sich ähnlich wie Regenwürmer. Die seltene Gebissform erinnert an die von anderen Schwammfressern. Diese *Anatoma*-Arten sind sehr selten, sodass deren Mageninhalt noch nicht erforscht werden konnte.

Genetische Schalter können mit kleinsten Veränderungen ganze Programme ein- und ausschalten. Ein neuer Steuerbefehl lässt plötzlich eine ganz andere Gestalt hervortreten. Jedoch ist die Wirkung begrenzt; nur die Zähne sind ganz anders, die Schale bleibt gleich. Die neue Form muss an den Lebensraum angepasst sein. Dieses Zusammentreffen eines aussergewöhnlichen genetischen Vorgangs und einer günstigen Anpassung an den Lebensraum ist unwahrscheinlich. Die seltene Gebissform muss sich gerade in der Nähe von Schwämmen bilden. Deshalb sind ganz andere Gebisse selten, aber nicht unmöglich.

Foto © Daniel L. Geiger

Since the pioneering work of A. van Leeuwenhoek and R. Hooke in the middle of the 17th century biologists have made continuous use of microscopes for the observation of small organisms, tissues and cells invisible to the human eye, but the last 25 years witnessed a series of major breakthroughs, whose inventors were crowned with Nobel Prizes in 2008 and 2014, and which changed the way we literally see nature.

The *Green Fluorescent Protein* is one of the most important tools used today in Biology. In 1961, O. Shimomura observed that the jellyfish *Aequorea victoria* glows blue and a bit green when illuminated with ultraviolet light, a process known as fluorescence. He then purified the proteins responsible for both blue and green fluorescence, but it is M. Chalfie in the 1990s who cloned the gene encoding the green fluorescent protein (GFP) and showed that GFP could be used as a luminous genetic tag by cloning its DNA next to any gene of interest. The resulting protein chimeras fluoresce in all organisms tested, from bacteria, yeasts, fungi and fish to mammals. Thereon, it was possible, just by illuminating with ultraviolet light a sample, to monitor in space *and* time the behavior of a protein or of a specific cell in a living organism. Thanks to the studies R. Tsien conducted in the 1990s, the mechanisms of fluorescence could be explained. R. Tsien also extended the color palette beyond green by creating other artificial fluorescent proteins glowing in cyan, yellow, red or farred. One application in particular is the labelling of different populations of neuronal cells in mice with different colors to understand the connections and activities of individual neurons in different conditions, like learning, sleeping or moving.

A second recent technological revolution is *super-resolution microscopy*. Since the 19th century, it was believed that the best resolution achievable with light microscopy, i.e. the smallest distance at which two similar objects could still be distinguished, was roughly half the wavelength of visible light, approximately two hundred nanometers. Since the years 2000, these laws established by E. Abbe around 1873 do not hold true anymore, as E. Betzig, S. W. Hell and W. E. Moerner have found three different ways to image beyond this resolution barrier, down to distances an order of magnitude smaller and achievable so far only with electron microscopy. Although implemented in very different ways, their very basic principle is the same: instead of switching on at the same time all fluorescent molecules in a sample, which results in the fusion of their respective signals into one blurred object, only a limited set of molecules is activated at a time, then a second set, then a third set, etc., enabling the precise observation of the different elements present separately. The final picture is obtained by compiling all individual signals together with the aid of different algorithms.

Super-resolution microscopy revealed that neurons had a skeleton which was not a uniform shelf, as seen with classical light microscopy, but was made instead of isolated actin rings, spaced periodically along the axonal shafts. It is speculated that this skeleton organization provides elastic and stable mechanical support for the axon membrane, which is particularly important since axons can be extremely long and thin, and have to withstand mechanical strains as animals move.

Different brainstem neurons stained with different fluorophore markers, among which GFP.
Foto © Silvia Arber

Oreste Ghisalba

Benzin aus Algen – Utopie oder bald Realität?

Biotreibstoffe spielen eine wichtige Rolle in 'grünen' Energiestrategien und zunehmend auch in der realen Wirtschaft. Die meisten der oft unter dem Schlagwort «Bioökonomie» angepriesenen Produktionskonzepte sind agrarisch motiviert und stark subventioniert. Sie erfüllen die strengen Kriterien einer nachhaltigen Entwicklung nicht und führen in ökologische Sackgassen. Dies gilt vor allem für die Biotreibstoffe der ersten Generation: Biogas, Bioethanol, pflanzliche Öle. Nachhaltigere Entwicklungsansätze sind dringend gefragt.

Eine attraktive Option ist die direkte Produktion von Kohlenwasserstoffen über photobiologische Systeme. Gut untersucht sind zum Beispiel Pflanzen der Gattung *Euphorbia,* die eine kohlenwasserstoffreiche Latexmilch produzieren, welche direkt als Kraftstoff in Dieselmotoren einsetzbar ist. Mit Euphorbien lassen sich an geeigneten Standorten pro Jahr etwa vier bis sechs Tonnen Latex pro Hektare Land erzielen.

Die Synthese von Kohlenwasserstoffen ist auch bei Bakterien, Pilzen und Algen bekannt. Die ermittelten Gehalte sind aber bei praktisch allen getesteten Spezies sehr bescheiden (max. drei Prozent des Trockengewichts), was eine technische Nutzung ausschliesst.

Eine erstaunliche Ausnahme bildet die einzellige photosynthetische Mikroalge *Botryococcus braunii.* Diese Alge enthält in der Ruhephase bis zu 86 % (!) Kohlenwasserstoffe bezogen auf das Trockengewicht. Sie kommt weltweit in Süss- und Brackwasser vor und braucht zu ihrem Wachstum nur Wasser, Licht, CO_2 und anorganische Nährstoffe. In Seen rahmen die kohlenwasserstoffhaltigen Algen auf. Dies führt am Ufer zu teerigen Sedimenten, die auch heute noch von einigen Naturvölkern direkt als Brennstoff benutzt werden. Aus Fossilienfunden lässt sich ableiten, dass Algen vom Typus *B. braunii* einen wesentlichen Anteil an der Bildung der fossilen Kohlenwasserstoffe der Erde hatten.

B. braunii kommt in mindestens drei Unterarten vor. Subspecies A produziert ungeradzahlige C25-C31 n-Alkadiene und n-Alkatriene; Subspecies B polymethylierte ungesättige C30-C37-Terpene und Subspecies L überwiegend ein Tetraterpenoid (C40H78). Bei den meisten Organismen ist die Umwandlung der Fettsäuren zu Lipiden gegenüber der Decarboxylierung zu Kohlenwasserstoffen metabolisch bevorzugt. Bei *B. braunii* handelt es sich also um einen interessanten und sehr seltenen Spezialfall.

Nach dem Ernten der Algen können die Kohlenwasserstoffe mit Hexan oder superkritischem CO_2 extrahiert werden. Ein Crackprozess wurde im Pilotmassstab durchgeführt und ergab die folgenden Fraktionen: 67 % Benzin, 15 % Flugbenzin, 15 % Dieselöl und 3 % Schweröl. Die erreichbaren Oktanzahlen sind für den Motorenbetrieb ausreichend! Von der Aufarbeitung her steht also der technischen Nutzung solcher Algen nichts im Wege.

Seit etwa dem Jahr 2000 hat das Interesse an Algen und speziell an *Botryococcus braunii* stark zugenommen. Es gibt heute weltweit rund 100 Firmen und 200 Institute, die sich mit der Produktion von Biotreibstoffen und Chemikalien aus Algen befassen. Im Jahr 2011 wurde an der Universität Kobe in Japan eine neue Variante von *B. braunii* gefunden, die heute unter der Bezeichnung Enomoto-Alge (oder auch Hyper-growth *Botryococcus*) bekannt ist und die pro Zeiteinheit 1000-mal produktiver sein soll als die früher untersuchten Stämme. Die Firma IHI NeoG Algae LCC (ein Spin-out Venture der Uni Kobe) hat 2013 eine erste 100-Quadratmeter-Versuchsanlage in Betrieb genommen und kann seit 2015 stabil in offenen 1500 m²-Teichen Algenbiomasse und 'Algenöl' produzieren. Die Firma rechnet aktuell mit Produktionskosten von etwa 1000 Yen pro Liter Algenöl. Diese Kosten sollen bis zum Jahr 2020 auf weniger als 100 Yen (ca. 1 CHF) gesenkt und damit Konkurrenzfähigkeit erreicht werden. Nach aktuellen Prognosen lassen sich auf einer Hektare Algenkultur 137 000 Liter Algenöl gewinnen. Dieser Wert liegt weit über den mit kohlenwasserstoffproduzierenden Landpflanzen erzielbaren Hektarerträgen. Auf die weitere Entwicklung darf man gespannt sein!

*«Die Kunst zu Zaubern besteht nicht so sehr darin,
wunderbare Dinge zu vollbringen, als darin,
die Zuschauer zu überzeugen, dass wunderbare
Dinge geschehen.»*

Harry Houdini (1874–1926)
berühmter Zauber- und Entfesselungskünstler

Keiner führt dem Menschen die Beschränktheit seines Wissens und seines Urteilsvermögens auf derart faszinierende Art und Weise vor Augen wie der Zauberkünstler, der Surrealist unter den darstellenden Künstlern – spielerisch, elegant, poetisch und in stiller Übereinkunft mit Magritte: «Ceci n'est pas de la magie.»

Denn wie anders ist es möglich, dass in einem geradezu winzigen Käfig ein brüllender Berberlöwe erscheint (siehe Foto), nachdem noch Sekunden davor sich darin eine adrette Dame aufgehalten hat? Zugegeben, der vorführende Meister hat quasi in einem Zwischenspiel den Käfig für einen kurzen Moment mit einem Tuch bedeckt. Aber ob damit das Erscheinen des Löwen anstelle der Dame erklärt ist? Wohlverstanden, der Käfig stand während der ganzen Zeit in der Mitte der Zirkusarena auf einem Gestell – unten nichts, oben nichts, das Publikum ringsherum. So etwas gibt es nur im Märchen, dem Spiegel unserer Wünsche, und es ist eben der Zauberkünstler, der uns diese Wünsche erfüllt.

Aber wie ist es mit dem dazugehörigen einfachen Trick bestellt, wobei mit einfach nicht leicht gemeint sein kann? So muss man vergleichsweise beim Klavierspielen lediglich zum richtigen Zeitpunkt die richtigen Tasten drücken. Das ist zwar einfach, aber gar nicht leicht – und zu seiner Ausführung bedarf es eben eines Meisters.

Natürlich wird bei unserer Grossillusion, wie Fachleute derartige Zauberkunststücke mit Menschen und Tieren nennen, ein Kunstgriff angewandt, sogar mehrere. Erstaunlich ist aber, dass ein im Grundprinzip so einfaches Kunststück das komplexeste und am weitesten entwickelte Gehirn im bekannten Universum zu täuschen vermag. Dies hat weitreichende Konsequenzen – zumindest für die Philosophie. In der Tat haben Philosophen und Zauberkünstler bestimmt eine Sache gemeinsam: Sie erschüttern vermeintlich sichere Grundsätze.

Denn Zauberkunst als Projektionsfläche für die Urwünsche der Menschheit funktioniert nur dank der Beschränkung unseres Denkens: einer in mehrfacher Hinsicht fehlerhaften Wahrnehmung, einem lückenhaften Gedächtnis und einer überschätzten Intelligenz, einer subjektiven Wirklichkeit, die uns oft davon abhält, die Wahrheit zu erkennen. Aber ohne die Begrenztheit unseres Erkenntnisvermögens und die Imagination, die in unserer Zeit zu verkümmern droht, könnten wir nicht mehr staunen – weder als Künstler noch als Wissenschaftler.

Eine Vorführung im russischen Staatszirkus von Emil Kio (1894–1965), dem Begründer der modernen Grossillusion mit Tieren.
Foto: Alle Rechte vorbehalten www.alamy.com – E0RG1W

Calvin Bridges war sehr erstaunt, als er 1915 in einem seiner Fliegenröhrchen eine derartige spontane Mutation entdeckte. Fliegen gehören zu den Zweiflüglern oder Dipteren innerhalb der Insekten. An ihrem Thorax tragen sie ein Paar Flügel und ein Paar Schwingkölbchen, die zur Stabilisation während des Fluges dienen. Bei der von Bridges entdeckten Veränderung hatten sich anstelle von Schwingkölbchen vollständige Flügel ausgebildet. Er nannte diese Mutation *Bithorax.*

Diese vierflügelige Fliege wurde zu einer Ikone der Biologie und zum eigentlichen «Stein von Rosetta» der Entwicklungsbiologie:

Wie aus einem befruchteten Ei ein Embryo und daraus ein komplexer Organismus entsteht, ist sicherlich einer der faszinierendsten Lebensvorgänge. Der Bauplan dafür ist in der Erbsubstanz DNA niedergeschrieben. Da jede Zelle die genau gleiche genetische Information enthält, müssen Zielgene während der Entwicklung koordiniert abgelesen werden, um sicherzustellen, dass Zellteilung, -wanderung und -differenzierung zum richtigen Zeitpunkt am richtigen Ort stattfinden. Um die molekularen Mechanismen dieser Entwicklungsvorgänge genauer zu verstehen, wurde und wird die Taufliege *(Drosophila melanogaster)* seit über hundert Jahren untersucht. Dieses Haustier der Genetiker wurde um 1905 durch Thomas Hunt Morgan als Modellorganismus etabliert.

Bei der vierflügeligen Fliege ist der Bauplan falsch gelesen worden. Wenn es gelingt, zu verstehen, weshalb diese Fliege vier Flügel ausgebildet hat, ist es möglich zu verstehen, wie in einer Fliege der in der DNA codierte Bauplan korrekt abgelesen wird. Die Mutation wird somit zum Schlüssel für das Verständnis.

Diese Art von Mutation, bei der ein Körperteil in einen anderen Körperteil umgewandelt wird, wurde bereits 1894 durch Walter Bateson beschrieben und als homeotische Transformation bezeichnet. In seinem Buch *Materials for the Study of Variation* sind Transformationen bei Krebstieren und Insekten beschrieben: Beine anstelle von Antennen und Flügeln oder Antennen anstelle von Augen!

Doch erst 1978 gelang es Edward B. Lewis, eine detaillierte genetische Analyse des Genortes auf dem dritten Chromosom der Drosophila zu beschreiben, der für die homeotischen Transformationen verantwortlich ist. Für diese Forschungsarbeit erhielt er 1995 den Nobelpreis.

Das verstorbene Ehrenmitglied der Naturforschenden Gesellschaft in Basel, Walter J. Gehring, hat mit seiner Forschungsgruppe am Biozentrum der Universität Basel die verantwortlichen Gene isoliert und gezeigt, dass es sich dabei um Regulatorgene, sogenannte Transkriptionsfaktoren handelt. Diese Regulatoren kontrollieren das An- und Ausschalten von anderen Genen und ermöglichen so, ganze Entwicklungsprogramme zu starten und Positionsinformation zu etablieren. Man kann sich dies ähnlich der Herstellung einer Telefonverbindung vorstellen: Mit 10 Ziffern und 13 Positionen ist es möglich, eine Verbindung zu Milliarden von Telefonanschlüssen auf diesem Planeten zu erhalten. Analog können durch die Kombination von wenigen Transkriptionsfaktoren Tausende von Genen kontrolliert werden.

Diese Homeotischen Gene gibt es nicht nur in der Taufliege *(Drosophila melanogaster),* sondern in allen bis anhin untersuchten Tieren. Die Kontrolle der Entwicklung eines mehrzelligen Tieres scheint universell, in der Evolution konserviert und auch die Basis zu sein, um neue Baupläne zu entwickeln.

Vierflügelige Fliege, bei der die Schwingkölbchen in ein zweites Flügelpaar umgewandelt wurden (nach E. B. Lewis). © Courtesy of the Archives, California Insitute of Technology

Lindbergit – pseudomorph nach Falottait

Dies ist die Geschichte eines zunächst unbekannten, 1977 in den Bündner Bergen gefundenen Minerals, das jahrzehntelang auch modernsten Untersuchungsmethoden trotzte; seine knapp millimetergrossen Kriställchen konnten einfach nicht identifiziert werden. Fast vierzig Jahre sollten vergehen, bis der Antrag, es unter dem Namen «Falottait» als neues Mineral zu homologisieren, an die zuständige internationale Kommission eingereicht werden konnte, von der er 2013 angenommen wurde.

Dabei war schon am Anfang alles bestimmt worden, was bestimmbar war: Kristallstruktur, Kristallklasse, Röntgen-Pulverdiagramm, Morphologie, qualitativ-chemische Zusammensetzung, genaue optische Daten etc. Die chemische Zusammensetzung aus Mangan (Mn), Kohlenstoff (C) und Sauerstoff (O) deutete zuerst auf eines der unzähligen Karbonatmineralien in der Natur, aber die Röntgendaten liessen keine solche Identifizierung zu. In der Folge blieben die Kriställchen in meiner Schublade im Bernoullianum liegen, bis eine zufällige spätere Inspektion der Proben ein merkwürdiges Phänomen offenbarte: die zuvor farblosen, glasklaren Kriställchen hatten sich umgewandelt in ein opakes, leuchtend weisses Mineral!

Pulveraufnahmen von Fragmenten dieser weissen Kriställchen lieferten ein Röntgendiagramm, das sich klar von demjenigen der ursprünglichen Kristalle unterschied – aber zunächst immer noch nicht identifizierbar war. Immerhin, und einige Zeit später, konnte anhand neuer Literaturdaten das umgewandelte, weisse Mineral als eine *Oxalatverbindung* (ebenfalls Kohlenstoff-Verbindung) identifiziert werden, die zugleich als neues Mineral Lindbergit in die mineralogische Systematik einging.

Aber damit war das ursprüngliche, glasklare Mineral immer noch nicht benannt und eingeordnet, obwohl das Phänomen naheliegenderweise mit einem Wasserverlust in Verbindung stehen musste. Es vergingen wiederum Jahre, bis eine holländische Studie über die Bildung verschiedener Oxalat-Verbindungen des Rätsels Lösung bringen sollte.

Untersucht wurden das Mangan-Oxalat-*Di*hydrat $MnC_2O_4 \cdot 2H_2O$ (γ-Phase, identisch mit dem Mineral Lindbergit) und das *Tri*hydrat $MnC_2O_4 \cdot 3H_2O$. Es erwies sich nach den Röntgendaten als völlig identisch mit unserem glasklar durchsichtigen Mineral von Falotta, das damit als *neue Mineralart* unter dem Namen «Falottait» beschrieben werden konnte. Aus den Daten der holländischen Studie liess sich unschwer erkennen, dass das Trihydrat (identisch mit den Kristallen von Falotta) nur *unterhalb* einer Temperatur von etwa 30°C existieren kann und *bei höheren Temperaturen* in das Dihydrat (Lindbergit) – die stabile Phase – übergehen muss.

Es ergab sich damit die groteske Situation, dass unter dem Namen «Falottait» eine neue Mineralart beschrieben wurde, von der zurzeit gar kein (natürliches) Referenzmaterial existiert! Es ist daher zu hoffen, dass – was durchaus möglich wäre – die Mineraliensammler nochmals neues Material finden, bevor dieses der globalen Erwärmung zum Opfer fällt ...

Ursprünglich wasserklare Kriställchen von Falotta
Fotos © Stefan Graeser

Tierseuchen gibt es wahrscheinlich so lange wie Tiere. In der Bibel werden sie als Plagen (zum Beispiel als «Geschwüre von Mensch und Tier» und «Viehpest») bezeichnet. Viele hoch ansteckende Tierseuchen haben in der Vergangenheit ihr zerstörerisches Potential unter Beweis gestellt. So führte die heute nahezu getilgte Rinderpest im 18. Jahrhundert in Europa zum Verlust von circa 200 Millionen Rindern und trug direkt dazu bei, dass die ersten Veterinärschulen gegründet wurden. Im Zuge der Kolonialisierung wurde die Rinderpest nach Afrika eingeschleppt (1887) und vernichtete dort nicht nur einheimische Rinderrassen, sondern auch viele Wildwiederkäuer, mit der Folge von grossen Hungersnöten und schwerwiegenden sozialen Veränderungen.

Während die Rinderpest unter grossen internationalen Anstrengungen erfolgreich bekämpft wurde, führen andere klassische Tierseuchen, wie etwa die Maul- und Klauenseuche, die Schweinepest und die Geflügelpest, immer noch weltweit zu Schäden und beeinträchtigen den internationalen Handel mit Tieren und ihren Produkten.

Viele Seuchenerreger können zudem vom Tier auf den Menschen übertragen werden, wie bei der Tollwut oder Vogelgrippe. Ausserdem treten immer wieder neue Infektionskrankheiten auf, SARS oder jüngst das Zika-Virus sind Beispiele dafür.

Tierseuchen verursachen erhebliche Verluste, besonders in der Nutztierhaltung. Ausserdem haben sie häufig Handelsbeschränkungen zur Folge, welche die Verbreitung der Seuche verhindern sollen, aber in den betroffenen Regionen zu zusätzlichen wirtschaftlichen Einbussen führen. Einige Tierseuchen haben eine hohe Ausbreitungstendenz mit erheblichen sozioökonomischen Konsequenzen, sind gesundheitsgefährdend oder können für den internationalen Handel mit Tieren und Produkten tierischer Herkunft von Bedeutung sein. Bereits der Verdacht auf das Vorliegen dieser Infektionen ist anzeigepflichtig. Der Klimawandel kann zum Wiederaufflackern oder zum Auftauchen von neuen Tierseuchen führen. Die Veterinärdienste müssen weltweit ausgerüstet werden, um mit diesem Problem umzugehen. So wurde in der Schweiz

Milchkuh, mit Blauzungenvirus infiziert
Foto © Christian Griot

im Oktober 2006 der erste Fall der Blauzungenkrankheit, einer durch Insekten übertragenen Krankheit, in Bettingen (Kanton BS) festgestellt. Proben wurden am nationalen Tierseuchen-Referenzlabor, Institut für Virologie und Immunologie, als positiv für das Blauzungenvirus getestet. In der Folge traten zahlreiche Fälle in der Schweiz wie auch in anderen europäischen Ländern auf. Dank einer staatlich geförderten Impfkampagne konnte die Krankheit wieder zurückgedrängt werden.

Ein weiterer begünstigender Faktor ist der globalisierte Handel mit Tieren und/oder deren Produkten in Verbindung mit globalem Tourismus. Diese gesellschaftlichen Tendenzen lassen sich kaum vermeiden. Wir müssen jedoch lernen, wie damit umzugehen ist. Jede/r muss für sich abschätzen können, ob gewisse Risiken tragbar sind oder nicht. Der Staat kann diese Entscheidung nicht für die Gesellschaft treffen.

Seit Jahrhunderten macht sich der Mensch die unterschiedlichen körperlichen und charakterlichen Eigenschaften von Maultier und Maulesel zunutze. Doch wie kommt es, dass diese Tiere so unterschiedlich sind, obschon sie genau das gleiche Erbgut haben? Maulesel und Maultier unterscheiden sich nur insofern, dass der väterliche und mütterliche Anteil des Erbguts vom Esel respektive Pferd beigesteuert werden. Die prominenten Unterschiede könnten daher stammen, dass die Eizellen – oder die mütterliche Umgebung im Allgemeinen – nicht gleich sind (Maternaleffekte) oder dass väterliches und mütterliches Erbgut sich irgendwie unterscheiden. Vermutlich ist es die Kombination beider Faktoren, die zu einem gutmütigen Maultier oder einem etwas störrischeren Maulesel führt.

Dass die elterliche Herkunft eines Erbfaktors tatsächlich über seine Aktivität entscheiden kann, wurde vor bald fünfzig Jahren in Experimenten mit Mais gezeigt. Wenn das *R1*-Gen, welches für die rotbraune Pigmentierung des Samens verantwortlich ist, von der Mutter geerbt wurde, sind die Samen komplett braun, wenn es vom Vater kommt, sind die Samen gefleckt. Jerry Kermicle konnte durch elegante Kreuzungsexperimente zeigen, dass es sich es hierbei nicht um klassische Maternaleffekte handelt, sondern dass das *R1*-Gen je nach elterlicher Herkunft geprägt ist. Rund fünfzehn Jahre später konnten die Gruppen von Azim Surani und Davor Solter durch embryologische Experimente nachweisen, dass auch bei Säugern die elterlichen Genome nicht äquivalent sind. Heute wissen wir, dass in der Maus circa 200 Gene durch solche genetische Prägung («genomic imprinting») reguliert werden. Viele dieser Gene sind essenziell für eine normale Entwicklung.

Wir konnten durch die Charakterisierung des *MEDEA*-Gens in der Modellpflanze *Arabidopsis thaliana* zur Entschlüsselung der molekularen Mechanismen der genetischen Prägung beitragen. Wenn ein Same eine defekte Kopie des *MEDEA*-Gens von der Mutter erbt, stirbt er ab, während eine vom Vater geerbte defekte Kopie keine negativen Auswirkungen hat. Das *MEDEA*-Gen reguliert das Wachstum des Samens und ist so geprägt, dass nur die mütterliche Kopie aktiv ist. Wird die gleiche Kopie des Gens in der nächsten Generation via den Vater an die Nachkommen weitergegeben, ist es inaktiv. Der Unterschied zwischen aktiver und inaktiver Kopie liegt also nicht in der Gensequenz, sondern an sogenannten epigenetischen Markierungen («imprints»), die in jeder Generation dem Geschlecht entsprechend neu programmiert werden.

Die genauen Mechanismen der genetischen Prägung in Pflanzen sind noch nicht vollkommen entschlüsselt, aber chemische Veränderungen der DNA selbst (Cytosin-Methylierung) und von Proteinen, an welche die DNA gebunden ist (Histon-Methylierung), spielen eine wichtige Rolle. Die gleichen Veränderungen sind auch an der epigenetischen Regulation geprägter Gene bei Säugern inklusive des Menschen beteiligt.

Genetische Prägung hat man bis heute nur bei Säugern und Samenpflanzen gefunden. Wie kommt es, dass sich diese epigenetische Form der Genregulation während der Evolution in so unterschiedlichen Organismengruppen entwickelt hat? David Haig führt dies auf ähnliche Fortpflanzungsstrategien zurück. Sowohl bei Samenpflanzen als auch bei Säugern entwickeln sich die Nachkommen in vollkommener Abhängigkeit der Mutter. Die Interessen der elterlichen Genome in Bezug auf die Nahrungsversorgung der Nachkommen durch die Mutter sind aber unterschiedlich. Da alle Nachkommen fünfzig Prozent des Genoms mit der Mutter teilen, ist es für diese evolutionär sinnvoll, ihre Ressourcen gleichmässig zu verteilen. In den meisten Arten tragen aber nicht alle Nachkommen das gleiche väterliche Genom, sodass es im Interesse der Väter liegt, die mütterlichen Ressourcen für ihren Nachwuchs zu maximieren. Dieser Elternkonflikt führte wahrscheinlich zur Evolution der genetischen Prägung von wachstumsregulierenden Genen, wobei väterlich aktive Gene das Wachstum der Nachkommen fördern, während mütterlich aktive es hemmen.

Eine biologische Zelle besteht aus Billionen von Atomen, die sich in den unterschiedlichsten chemischen Reaktionen zu Milliarden von Molekülen verbinden. Moleküle können sehr klein sein, wie zum Beispiel Wasser, das nur aus zwei Wasserstoffatomen und einem Sauerstoffatom besteht, oder sehr gross wie das Protein Titin mit Millionen von Atomen. Wie eine Zelle 'lebt', wie sie auf die Umwelt reagiert, sich bewegt, Nahrung verarbeitet, wächst, sich teilt und stirbt, ist letztlich das Wechselspiel dieser Moleküle. Sie lagern sich zusammen, werden von einem Ort zum andern transportiert, sie gehen neue chemische Bindungen ein oder werden wieder auseinandergebrochen. In mehrzelligen Lebewesen findet dieses Wechselspiel der Moleküle auch zwischen den Zellen statt. Alles Leben beruht darauf.

Diese Wechselwirkungen sind aber nicht zufällig, sondern werden hochspezifisch von der dreidimensionalen Struktur der Moleküle und den chemischen Eigenschaften ihrer Atome bestimmt. Zum Beispiel bindet ein Betablocker spezifisch an den beta-adrenergen Rezeptor im Herzmuskel, da seine chemische Struktur genau in eine Tasche in der Rezeptoroberfläche passt. Dies blockiert den Rezeptor, verändert so die elektrischen Signale der Zelle und reduziert schliesslich die Herzfrequenz.

Viele molekulare Strukturen sind bekannt. Die Frage ist nun, ob man aus den Strukturen die Wechselwirkungen vorhersagen kann. Dann könnte man zum Beispiel neue Medikamente direkt im Computer entwickeln, indem man Moleküle entwirft, die genau zu einer Rezeptoroberfläche passen, und müsste nicht aufwendige Experimente machen. Letztlich könnte man ja vielleicht das ganze Wechselspiel aller Moleküle und damit alle Lebensfunktionen vorhersagen. Für kleinere Moleküle sind solche Vorhersagen durch einen Computer im Moment schon realistisch.

Für grössere Moleküle wird die Zahl der Möglichkeiten schnell sehr, sehr gross. Dies sieht man am Beispiel der Proteinfaltung. Ein Protein ist eine Kette von Aminosäuren, die aus circa 10–20 Atomen bestehen. Diese Kette faltet sich normalerweise in der Zelle zu einer bestimmten dreidimensionalen Struktur zusammen. Nimmt man wie Levinthal in den 1960er-Jahren an, dass eine Aminosäure nur drei verschiedene dreidimensionale Anordnungen annehmen könnte, dann ergäbe sich für ein Protein von 100 Aminosäuren die astronomische Zahl von $3^{100} \approx {\sim}10^{46}$ möglichen Anordnungen. All diese zu untersuchen, ist auch mit den schnellsten Computern nicht möglich.

Doch das Problem ist nicht so schwierig, wie es scheint. In der Natur falten Proteine typischerweise innerhalb von Millisekunden (10^{-3} s) zu ihrer Struktur. Die schnellsten Proteinbewegungen finden in rund 100 Femtosekunden (10^{-13} s) statt. Das heisst, bis ein Protein den gefalteten Zustand findet, kann es nur etwa 10 Milliarden ($10^{10} = 10^{-3}/10^{-13}$) Möglichkeiten austesten. Deshalb müssen auf dem Weg – bis jetzt unbekannte – Wegweiser in die richtige Richtung vorhanden sein. Tatsächlich konnte die Gruppe von David Shaw im Jahr 2010 zum ersten Mal kleine Proteine aus ungeordneten Aminosäureketten mit einem sehr schnellen Computer zur richtigen Struktur falten. Dabei simuliert man die Atombewegungen in Milliarden von winzigen Zeitschritten und bekommt am Ende eines langen Weges nach etwa einer Millisekunde das richtige Resultat.

Natürlich ist die Genauigkeit der Simulation noch nicht perfekt, aber die Möglichkeit ist gezeigt. Gleichzeitig verhundertfacht sich die Leistung der schnellsten Supercomputer im Moment alle acht Jahre. Im Jahr 2016 betrug diese Leistung pro Sekunde 10^{17} Gleitkommarechnungen. Als Zahlen hintereinander ausgedruckt, entspricht das fast der Länge eines Lichtjahrs! Im Jahr 2040 sollte dies eine Million Mal mehr sein. Darum denke ich, dass die Biologie im Moment an einem ähnlichen Punkt steht wie die Chemie vor der Entdeckung des Periodensystems. Wir werden bald die noch unbekannten Gesetze in den biologischen Wechselwirkungen besser erkennen und diese mit viel grösserer Genauigkeit vorhersagen können.

Bernardo Gut

Die Knospenentfaltung der Rotbuche –
ein vielschichtiger Prozess

Im Jura bilden die Buchen *(Fagus sylvatica)* an Hängen des kollinen und submontanen Bereichs die Hauptbaumart. Und dies in doppelter Hinsicht: Sie sind bestandbildend auf mittleren Standorten, und sie bestimmen optisch-semantisch die Erscheinung während der Hauptvegetationszeit. Ihr massgebender Auftritt wird in mehreren phänomenologisch prägnanten Etappen vorbereitet und trägt alle Anzeichen einer sorgfältig ausgeklügelten *mise en scène.* – Auf einige auffallende Züge dieses Prozesses möchte ich hier den Blick lenken.

Nach herbstlichem Laubfall ruhen die künftigen Laubblätter eng gefaltet in den von einander, sich dicht überlappenden, vorwiegend mattbraunen Schuppen umhüllten Überwinterungsknospen. Folgt auf den Spätherbst ein trockener und kühler Winter, verharren die Kronen der Buchen grau-silbrig, mit gekämmten, im Sonnenschein bräunlich glänzenden Spitzen.

Im Spätwinter bzw. Vorfrühling werden die ersten Schritte für den grossen Auftritt eingeleitet: Die Kronenspitzen beginnen in rötlichen bis purpurnen Farbtönen zu glühen – ein Geschehen, das jedoch bei sehr trockener Witterung zeitweise wieder erlahmt. Jahre gibt es, in denen dieses versatile, zögerliche Aufleuchten und Verblassen sich während Wochen wiederholt. Das Phänomen beruht darauf, dass die Knospen anschwellen, die äussersten Schuppen abwerfen, wobei der aufsteigende Saft die inneren Schuppen erglänzen lässt (Abb. unten a–c). Doch dieser Prozess verläuft nicht kontinuierlich, sondern rhythmisch und erinnert an ein wehenähnliches Stoßen.

Ende März verbleicht im kollinen Bereich die karminrote Farbe der Knospen, und die Kronen erscheinen für kurze Zeit seltsam altgrau, ein sich rasch veränderndes Aussehen, in welchem zunächst leicht violette Farbtöne nachhallen, die jedoch bald von hellgelb-bräunlichen abgelöst werden. Dieses Intermezzo hängt damit zusammen, dass einerseits in den anschwellenden Knospen die proximalen Schuppenblätter auseinandergeschoben werden, wodurch deren grau-weissliche Spitzen pointiert in Erscheinung treten, und anderseits die bislang verborgenen, distalen, gelblichen Schuppenblätter deutlich hervortreten.

Wenig später brechen die Knospen auf, und die Kronenspitzen erstrahlen in prächtigem, frischem Grün, das vom glitzernden Weiß der feinen Zilien der Blattränder umflort wird.

Am Hollenberg bei Arlesheim, links die Rotbuchen in der Grau-Phase, während der Hang noch purpurrot glüht. Im Vordergrund, am Waldrand, Hagebuchen mit den grünen weiblichen Kätzchen.

Von links nach rechts vier Stadien der Knospenentfaltung
Fotos © Bernardo Gut

Die Strassentaube *(Columba livia)* ist eines der erfolgreichsten Stadttiere. Dank eines grossen Nahrungsangebots besiedelt sie erfolgreich weltweit alle grösseren Städte. Die hohen Populationsdichten sowie die räumliche Nähe zum Menschen begünstigen die Übertragungen von Krankheitserregern und Ektoparasiten. Besonders dramatisch kann dabei ein Befall mit der Taubenzecke *(Argas reflexus)* verlaufen. Etwa fünf Prozent der befallenen Menschen entwickeln nach wiederholten Bissen eine IgE-vermittelte Typ-I-Allergie vom Soforttyp, welche im schlimmsten Fall zu einem anaphylaktischen Schock führen kann.

Taubenzecken verstecken sich tagsüber in Spalten und Ritzen in Nestnähe, die sie während der Nacht verlassen, um ihre Wirte aufzusuchen. Diese verborgene Lebensweise macht ihren Nachweis und ihre Bekämpfung äusserst schwierig. Neben der grossen Verbreitung ihrer Hauptwirte liegt der ausschlaggebende Grund für den ökologischen Erfolg der Taubenzecke in ihrer langen Lebenszeit sowie verschiedenen morphologischen, physiologischen und ethologischen Eigenschaften, die es ihr ermöglichen, zwischen den Blutmahlzeiten Energie zu sparen. Nymphen und adulte Zecken können mehrere Jahre ohne Nahrung überleben. Ihre Lebenserwartung liegt bei sieben bis elf Jahren.

In Basel ist die Taubenzecke weit verbreitet und führt immer wieder zu Problemen. So wurde zum Beispiel ein junger Mann von Zecken befallen. Sie waren vermutlich von einem Taubenschlafplatz an der Hausfassade in seine Wohnung eingewandert. Nach wiederholten Bissen entwickelte er neben anderen allergischen Symptomen eine umgangssprachlich als «Blutvergiftung» bezeichnete Lymphangitis und musste seine Wohnung verlassen.

Obwohl die Taubenzecke als Nestparasit der Strassentaube sehr häufig vorkommt, war lange nicht bekannt, aufgrund welcher Reize sie ihre Wirte findet. Dieses Wissen ist aber für ihren Nachweis und ihre Bekämpfung sehr wichtig. In einer Studie untersuchten wir deshalb das Wirtsfindungsverhalten der Taubenzecke.

In einem Versuchsaufbau, einer Arena ähnlich, untersuchten wir den Einfluss verschiedener Reize (Temperatur, Geruch, Bettelrufe von Taubennestlingen, CO_2, Taubenkot) auf hungrige Taubenzeckenlarven. Von diesen experimentell angebotenen Reizen zeigte sich Wärme als ausschlaggebend. Auf sie reagierten die Zecken positiv. Daraufhin testeten wir im Taubenschlag unter natürlichen Bedingungen, wie genau Wärme als Reiz wirkt. Dazu bauten wir einen Wärmeapparat, der einen warmen Wirt imitierte und die Zecken anlockte. Wir konnten zeigen, dass die Larven ihren Wirt nur über kurze Distanzen von wenigen Zentimetern orten können. Taubenzecken dürften also durch zufällige Bewegungen auf ihre Wirte treffen und dann erst in unmittelbarer Nähe auf Wärmereize reagieren. Unsere Resultate können praktisch umgesetzt werden. Mit dem von uns entwickelten Wärmeapparat kann man z.B. nach Bekämpfungsmassnahmen kontrollieren, ob sich noch Taubenzecken anlocken lassen, und so den Erfolg der Aktion kontrollieren.

Larve der Taubenzecke *(Argas reflexus)*
Foto © Zentrum für Mikroskopie (ZMB), Universität Basel

Während Sie diesen Satz lesen, entstehen in Ihrem Körper mehrere Millionen neue Zellen, die alte ersetzen. Was aber passiert mit den Unmengen ausgedienter Zellen – pro Tag viele Milliarden? Sicher, einen Teil verlieren wir als Hautschuppen oder scheiden sie aus. Der Grossteil der Altzellen stirbt aber kontrolliert durch den Prozess der Apoptose nach exaktem Programm ab. Die Apoptose unterscheidet sich damit fundamental von der Nekrose, bei der schädliche Einflüsse wie Bakterien und gefährliche Strahlungen zum völlig unkontrollierten Untergang von Zellen führen.

Anders die Apoptose, ein Zellsuizid nach Programm. Sie wird von aussen durch Immunzellen angeregt, oder Schäden der Erbsubstanz lösen sie in der Zelle selbst aus. Genau überwacht wird der Vorgang durch Signalstoffe des Immunsystems oder andere Kontrolleiweisse. Einmal ausgelöst, leiten zelleigene Eiweisse die Apoptose unumkehrbar ein. Sie spalten weitere Eiweisse, was zu einer Kettenreaktion in der Zielzelle führt. Bei diesem zellinternen Schneeballeffekt entsteht eine immer grössere Menge zersetzender Stoffe. Diese durchlöchern die eigenen Mitochondrien, die zuvor als innere Kraftwerke dienten, und die Zelle stellt wegen Energiemangel rasch den regulären Stoffwechsel ein. Zudem kommt es zur Auflösung der Zellorganellen, des Kerns mit dem Erbmaterial und der übrigen Bestandteile.

Bemerkenswert ist, dass bei diesem Zerlegungsprozess etwas ganz bleibt: die Hülle der absterbenden Zelle. Nur so können keine Schadstoffe aus der 'Todeszelle' unkontrolliert ins Nachbargewebe treten. Am Schluss schnürt die innerlich zersetzte Zelle kleine, umhüllte Bläschen ab. Aufgenommen werden diese Mikrokügelchen von Nachbarzellen und von Riesenfresszellen des Immunsystems, deren Spezialität auch die Einverleibung von Abfällen jeglicher Art ist. Schliesslich deutet nichts mehr darauf hin, dass sich da eben erst eine Zelle verabschiedet hat. Der programmierte Zellsuizid gewährleistet also, dass ausschliesslich die Zielzelle kontrolliert abstirbt und dass deren Reste vollständig für neue Aufgaben eingesetzt werden können.

Die Apoptose begleitet uns lebenslang vom Embryo bis ins Alter. Als etwa fünfzig Tage alter Embryo ha-

ben wir alle Schwimmhäute im Bereich der Finger und Zehen. Diese Zellen werden etwas später über das Todesprogramm wieder abgebaut. Nahezu die Hälfte unserer embryonal angelegten Nervenzellen im Gehirn werden vor unserer Geburt durch Apoptose wieder abgetötet. Warum nur? Es handelte sich um Zellen, die keine Kontakte zu anderen Nervenzellen bilden konnten. Dieser eigenartige Prozess dient somit der korrekten Verkabelung unseres Gehirns. Auch bei der Entwicklung unseres Auges sind apoptotische Vorgänge im Spiel. Die Lichtdurchlässigkeit von Linse und Glaskörper wird durch den gezielten Tod der trübenden, für den Aufbau dieser Teile aber notwendigen Zellen, erreicht.

Nach der Geburt werden Teile unseres Blutkreislaufes via Apoptose abgebaut, Verbindungen, die zur Umgehung der funktionslosen Lunge angelegt werden und den embryonalen Kreislauf entlasten. Später als Kind werden während der Prägung unseres Immunsystems die nicht benötigten oder möglicherweise schädlichen Immunzellen durch den gezielten Zelltod eliminiert. So verringert sich die Wahrscheinlichkeit für das Auftreten von Autoimmunerkrankungen, bei denen eigene Zellen gesundes Gewebe angreifen.

Via Apoptose und Zellteilung wird in uns lebenslang die Zellzahl und Grösse von Geweben kontrolliert und gegebenenfalls korrigiert. Mit dem Älterwerden treten dann zunehmend gefährliche Zellvarianten mit verändertem Erbgut auf. Fast immer werden diese krebsartigen Zellen in uns gezielt apoptotisch zur Strecke gebracht. Eine Ungewissheit bleibt, denn die Erfolgsquote ist nicht hundertprozentig, und Krebserkrankungen können ausbrechen.

Eines ist aber sicher: Unser bisheriges Leben war nur dank Apoptose möglich, dem sorgfältig überwachten, abermilliardenfachen Suizid von Zellen nach genau festgelegtem Drehbuch.

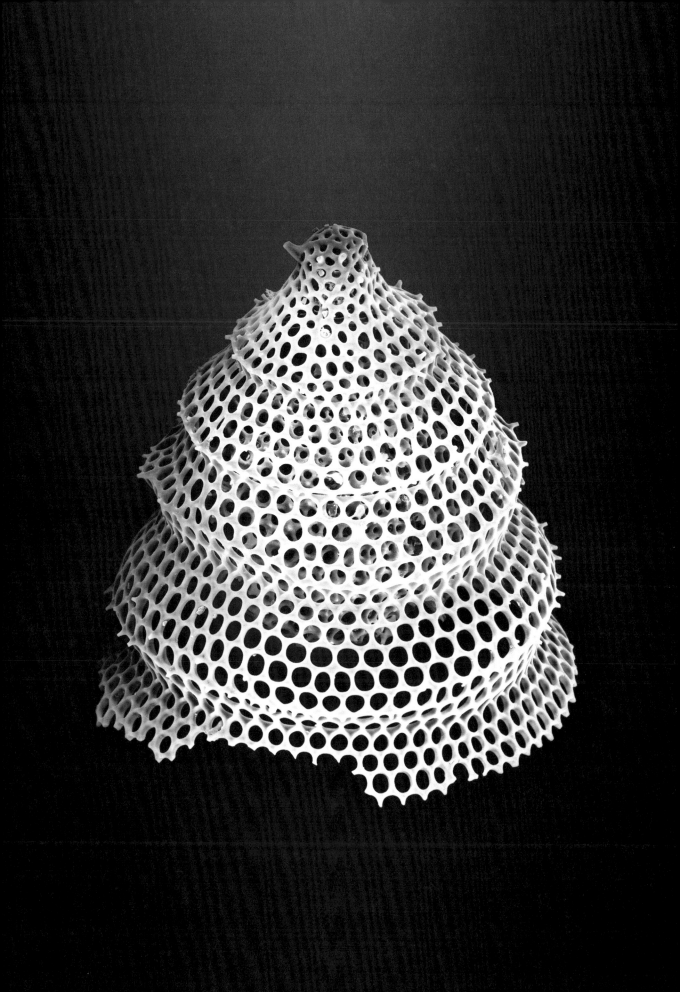

Flavio Häner

Burgen aus Fischeiern? Der Wartenberg und seine geologische Erforschung

Südöstlich der Stadt Basel, oberhalb der Gemeinde Muttenz, ragt der Wartenberg markant aus der Landschaft. Bekannt ist der Wartenberg vor allem als Ausflugsziel wegen seiner drei beeindruckenden Burgruinen. Doch im Boden und selbst in den Mauern der Ruinen stösst man auf ein Naturphänomen, das Forscher über Jahrhunderte beschäftigt hatte. Ein grosser Teil des Gesteins, das heute den Wartenberg bildet, entstand nämlich vor 45 bis 40 Millionen Jahren, als dieser Ort noch von einem nicht allzu tiefen Meer überflutet war. Daher sind sowohl der Boden als auch die Steine, die ab dem 12. Jahrhundert zur Errichtung der Burg verbaut wurden, gefüllt mit den fossilen Überresten von urzeitlichen Meerestieren. Neben versteinerten Muscheln, Austern und Schnecken findet sich auch eine Versteinerung, die auf den ersten Blick vielleicht nicht so spektakulär wirkt, deren Erforschung in der Region Basel aber eine umso spannendere Geschichte in sich trägt: Die Rede ist vom Rogenstein. Dabei handelt es sich um eine ganze Gesteinsschicht aus kleinen aneinanderhaftenden mineralischen Kügelchen, sogenannte Ooiden. Bereits in der Antike erhielt das Gestein aufgrund seiner Ähnlichkeit mit Fischrogen seinen Namen Oolith, also Ei-Stein. Im 18. Jahrhundert, dem Jahrhundert in dem sich die Erforschung der festen Erdkruste unter dem Namen Geognosie zu einer Wissenschaft entwickelte, waren die Oolithen von Wartenberg Thema zahlreicher Spekulationen und Forschungsarbeiten. Während die biblische Schöpfungsgeschichte für viele Menschen zu jener Zeit noch eine Tatsache war, glaubten jedoch manche Naturforscher, dass irgendeine Kraft die Tiere aus Samen in der Erde entstehen liesse. Wiederum andere sahen irdische Revolutionen am Werk, die in einer noch unbestimmten Urzeit zur Entstehung der Versteinerungen geführt hätten. Kurz, man war sich alles andere als einig darüber, wie Versteinerungen entstanden waren. Eine Person, die sich intensiv mit dem Sammeln von Fossilien in der Gegend um den Wartenberg beschäftigte, war der damalige Pfarrer von Muttenz Hieronymus d'Annone (1697–1770). Trotz seiner theologischen Grundbildung glaubte er, dass die Rogensteine ursprünglich Pflanzensamen gewesen sein könnten.

Der Rogenstein fand auch Erwähnung in Daniel Bruckners (1707–1781) *Versuch einer Beschreibung historischer und natürlicher Merkwürdigkeiten der Landschaft Basel,* den er zwischen 1748 und 1763 in 23 Bänden herausgab. Der Autor des Texts über die Oolithen war der als Mineralienhändler weit über die Kantonsgrenze bekannte Johann Jacob Bavier (1710–1772). Bavier selbst zweifelte an der Meinung, dass es sich bei der Gesteinsart tatsächlich um versteinerte Fischeier handelte. Eine ähnliche Meinung vertrat auch der aus Bern stammende Universalgelehrte und damalige Professor für Altertumskunde an der Universität Basel, Friedrich Samuel Schmidt (1737–1796). In seinem *Mémoire sur les Oolithes* aus dem Jahr 1762 beschrieb Schmidt, wie er dank chemischer Experimenten feststellen konnte, dass die Oolithen keine Fischeier sein können. Nur ein Jahr später führte eine weitere renommierte Person ebenfalls Experimente mit den Rogensteinen vom Wartenberg durch. Es war der Hannoveraner Johann Gerhard Reinhard Andreae (1724–1793), Apotheker am Hof Georg III., Kurfürst von Hannover und König von Grossbritannien. Andreae verglich den Rogenstein vom Wartenberg mit ähnlichen Formationen und bestätigte die bis heute gültige Meinung, dass es sich beim Rogenstein bei Muttenz in Wahrheit um kleine Mineralkügelchen handelt, die durch ein kalkiges Bindemittel verkittet sind. All diesen Naturforschenden folgten noch zahleiche Geologen und Paläontologen, die durch den Rogenstein vom Wartenberg die Geschichte der Erde besser zu verstehen suchten.

Wenn Sie das nächste Mal einen Ausflug auf den Wartenberg bei Muttenz unternehmen, schenken Sie den unscheinbaren Kügelchen im Gestein ihre Aufmerksamkeit und versuchen Sie sich vorzustellen, wie die Landschaft hier einst von einer tropischen Lagune bedeckt war.

Als Naturwissenschaftler geht man immer mit wachen Sinnen durch die Welt, und dennoch fliessen die persönlichen Erlebnisse in der Natur nur selten direkt in Forschungsarbeiten ein. In einem Fall war es aber möglich, eine Erfahrung bei meinen beliebten winterlichen Sonntagsspaziergngen auf dem Kretenweg einer Jurahöhe bei Nunningen für eine Fragestellung mit Spinnen umzusetzen. An schönen, sonnigen Januartagen fühlt man nur knapp auf der Südseite des Kammes einen warmen, aufsteigenden Wind. Ganz anders auf der Nordseite, hier ist es nahe der Krete noch kalt, und teilweise gibt es auch noch Altschnee. Welchen Einfluss hat wohl dieser Unterschied auf kleinem Raum auf die Entwicklung der kleinen Spinnen in der Streuschicht?

Im Rahmen einer Masterarbeit konnte dieser Frage nachgegangen werden, und die Ergebnisse waren nicht wirklich überraschend: Tiere der gleichen Art sind auf der Südseite in nur fünf Meter Distanz zu jenen auf der Nordseite schon viel früher im Jahr aktiv und haben dadurch einen Entwicklungsvorsprung gegenüber ihren Artgenossen auf der Nordseite.

Aber wirklich faszinierend ist ein anderes Phänomen. Die Temperatur in der Streuschicht, also dort, wo die Spinnen leben, wurde mit Dataloggern gemessen. Als Erstes wurden die Tagesmittelwerte verglichen. Doch wie frustierend, die Werte waren im Winter auf der Südseite zum Teil sogar niedriger als jene auf der Nordseite. Dies stand der gefühlten Temperatur bei den Winterspaziergängen diametral entgegen. – Da musste wohl bei den Dataloggern eine Panne passiert sein.

Wir wären wohl keine Naturwissenschaftler, wenn wir so schnell aufgeben würden und bei unerwarteten Ergebnisse einfach ein technisches Versagen unterstellen würden. Die Analyse der Temperaturmessungen im Dreistundenintervall zeigte, dass mitten im Januar die Temperatur auf der Südseite kurz nach Mittag bis ber 20°C ansteigen konnte, während sie auf der Nordseite bei nur circa 5°C verharrte. Soweit bestätigte sich das Erlebte bei den mittäglichen Spaziergängen. In der Nacht aber kühlte sich die von blattlosen Laubbäumen bestandene Südseite im Gegensatz zur

teilweise mit Nadelbäumen bestandenen Nordseite deutlich stärker ab. Die Nächte (Abstrahlungsphase) sind im Winter länger als die Tage, was auf der Südseite zu einer geringeren Durchschnittstemperatur führt.

Für die Spinnen entscheidend sind die zwei, drei Stunden mit erhöhter Temperatur: Hier können sie aktiv werden, können Nahrung suchen und haben so einen Entwicklungsvorteil. Nicht irgendeine Durchschnittstemperatur (wie etwa gerne in *Climate Change*-Diskussionen verwendet) ist also entscheidend, sondern die lokal und aktuell, 'hier und jetzt' vorherrschende Temperatur.

Wolfspinnen wie diese *Pardosa saltans* mit Jungtieren haben einen Entwicklungsvorteil, wenn sie schon im Winter dank Wärme aktiv sein und Nahrung aufnehmen können.
Foto © Marco Kunz

Im Erdinneren ist es heiss, sehr heiss. Bis zu 6000 °C werden gemäss neuesten geophysikalischen Modellen im inneren Erdkern erreicht. Das ist so heiss wie die Photosphäre der Sonne. Die grosse Hitze bewirkt, dass Gesteine im Erdinneren fliessfähig sind. Erst dies ermöglicht es, dass die Erde wie ein grosser Dynamo ein starkes Magnetfeld erzeugt, das uns vor gefährlicher kosmischer Strahlung schützt. Die Kontinente schwimmen quasi auf dem fliessfähigen Erdmantel; durch ihre Bewegungen (Plattentektonik) verändert sich das Gesicht der Erde laufend.

Doch was nährt eigentlich das Feuer im Erdinneren? Lange Zeit gingen die Geologen und Physiker davon aus, dass die Hitze im Erdinneren Resthitze aus der Entstehung unseres Planeten sei und die Erde seither abkühle. Tatsächlich zeigen verschiedene Berechnungen, dass sich die Erde seit ihrer Entstehung vor 4,6 Milliarden Jahren um mehrere 100 °C abgekühlt hat; die Modelle dazu sind aber kompliziert und erst wenig verstanden. Doch gemessen an der Wärme, die die Erde abstrahlt, und an ihrem Alter hätte sie gemäss diesen Vorstellungen längst erkalten müssen, wie zum Beispiel der Mars. Aber eine weitere Energiequelle im Erdinnern hält die Erde heiss: Radioaktivität.

Bei der Bildung der Planeten begann sich Materie durch die Anziehungskraft zusammenzuballen. Es entstanden Protoplaneten, die miteinander kollidierten und dabei nach und nach unser heutiges Sonnensystem zu formen begannen. Geheizt wurden diese frühen Planeten durch die Gravitationsenergie aus der Akkretion der Materie, durch Gravitationsenergie durch Differentiation der Elemente im Innern, Gezeitenreibung und eben auch radiogene Wärme. Durch die Erwärmung wurde bei der Entstehung der Erde die Schmelztemperatur von Eisen erreicht, das darauf in den Erdkern absank und weitere schwere Elemente mitriss; die Verbindungen leichterer Elemente (wie Silikate) schwammen obenauf. Deshalb präsentiert sich die Erde heute wie eine gigantische Zwiebel mit verschiedenen Schalen, bestehend aus:
– Erdkruste (bildet Kontinente und Ozeanböden)
– Erdmantel (unterteilt in Oberen und Unteren Erdmantel)

– Erdkern (unterteilt in Äusseren und Inneren Kern)

Im Erdkern findet sich nebst Eisen auch Uran. Uran ist das schwerste natürlich vorkommende Element und fast doppelt so schwer wie Blei. Und: Uran ist nicht stabil, sondern zerfällt unter Abstrahlung von Energie (Alpha- und Gammastrahlung) in leichtere, chemisch stabilere Elemente. Diese Eigenschaft nennt man Radioaktivität. Die dabei freigesetzte Strahlungsenergie heizt die Erde. Neben Uran tragen vor allem auch die radioaktiven Isotope der Elemente Thorium und Kalium ihren Teil zur Erwärmung bei. Neueste Messungen zeigen, dass etwa die Hälfte der Wärme im Erdinneren auf radioaktive Zerfälle zurückzuführen ist.

Die radioaktiven Energiequellen der Erde sind noch lange nicht erschöpft, denn der Zerfall ist sehr langsam: Das häufigste Uran-Isotop U-238 (bestehend aus 92 Protonen und 146 Neutronen im Atomkern) hat eine Halbwertszeit von 4,468 Milliarden Jahren; auch das zweithäufigste Uran-Isotop U-235 hat eine Halbwertszeit von immerhin noch 703,8 Millionen Jahren. Unter Halbwertszeit versteht man jene Zeitspanne, in der die Menge eines radioaktiven Isotops (Radionuklid) durch den Zerfall auf die Hälfte gesunken ist. Bei U-238 ist also heute noch rund die Hälfte der ursprünglichen Menge vorhanden – genug, um den Motor im Erdinneren noch für viele 100 Millionen Jahre am Laufen zu halten.

So dürfte den Menschen noch genügend Zeit bleiben, sichere Methoden zu finden, diese schier unerschöpfliche Energiequelle vermehrt zu nutzen. Das Basler Geothermie-Projekt hat trotz seines Scheiterns einen zukunftsorientierten Weg dazu aufgezeigt. Und ganz nebenbei sind sich die Naturwissenschaftler heute einig, dass die Plattentektonik und der damit verbundene Vulkanismus einen wichtigen Beitrag zur Entstehung und Entwicklung des Lebens auf unserem Planeten geleistet hat – nicht zuletzt durch die Radioaktivität.

«Wie diese RNA-Moleküle von der Mutter im hinteren Ende des Eis abgelegt werden und wie sie die ersten Zellen im Fliegen Embryo instruieren, Keimzellen zu werden, weiss heute noch niemand und sollte erforscht werden!» Diese Aussage von Prof. Walter Gehring in der Einführungsvorlesung «Entwicklungsbiologie» im Herbstsemester 1977 war der Beginn meiner akademischen Karriere. Walter Gehring gelang es in diesem Satz ein faszinierendes Problem – wie wird das Schicksal der einzelnen Zellen während der Entwicklung bestimmt? – an einem konkreten Beispiel mit einer Aufforderung zur Lösung zu verbinden. In dieser Sekunde hat mich die Konkretheit des Problems – RNA bestimmt Zellschicksal – fasziniert und ich entschloss mich, meine Diplomarbeit auf diesem Gebiet machen.

Nach einer ersten Absage von Prof. Gehring erhielt ich eine Stelle als Doktorand dann doch aufgrund meiner Hartnäckigkeit. Er erklärte mir, dass in seinem Labor ein Postdoktorand versuchen werde, die keimzellbestimmende RNA aus Fliegeneiern zu isolieren und zu klonieren. Es brauche eine Technik, mit der man RNAs aufgrund ihrer spezifischen RNA-Sequenz in Gewebeschnitten von Embryonen per Hybridisierung mit einer radioaktiven DNA-Sonde lokalisieren könne. Ich stürzte mich mit naiver Begeisterung in die Entwicklung der entsprechenden Methode. Dreieinhalb frustrierende Jahre später, gegen Ende meiner Doktorarbeit, hatte ich endlich die Methode der in-situ-Hybridisierung entwickelt. Mehrmals wollte ich aufgeben und mich als Biologie-Laborant bei Roche oder der damaligen Ciba-Geigy bewerben.

Der Durchbruch gelang schliesslich wegen der stimulierenden Zusammenarbeit mit Michael Levine, einem amerikanischen Postdoktoranden, der 1982 zur Gehring-Gruppe gestossen war. Levine zeigte in seiner geistigen Brillanz, in Witz und Neurosen gewisse Ähnlichkeiten mit Woody Allen. Er bewies mir, einem unsicheren und etwas frustrierten Schweizer Doktoranden, wie Wissenschaft zum Lebensinhalt – und die Nacht zum Tag werden kann.

Nun hatten wir 1983 die Methode zwar etabliert, doch die Keimzell-RNA war immer noch nicht gefunden. Es sollte noch weitere zwanzig Jahre dauern, bis andere Gruppen zeigen konnten, dass es sich nicht um eine, sondern um mehrere verschiedene RNAs handelt. In der Gruppe von Walter Gehring wurde in dieser Zeit ein anderes Gen kloniert, das die Anzahl der Körpersegmente bestimmt. Die Frage wo, in welchen Zellen und zu welchem Zeitpunkt in der Entwicklung dieses Gen angeschaltet wird, würde erste Hinweise auf den Mechanismus liefern, mit dem dieses Gen die Entwicklung steuert.

Mit der von Levine und mir entwickelten In-situ-Hybridisierungstechnik konnten wir diese Frage beantworten. Nach fast drei Jahren Frustrationen und wenig Erfolgen folgten neun Monate des grössten Forschungs-Highs, das ich je erlebt habe. Wir waren die Ersten, die sahen, dass dieses Gen in sieben Streifen von Zellen im Embryo angeschaltet ist und auf diese Weise das Segmentierungsmuster mitbestimmen. «Ein Bild sagt mehr als tausend Worte», heisst es, und so war es in der Tat (siehe Abbildung). Die Funktion eines abstrakten Gens wurde in einem einzigen Bild erkennbar. Wir arbeiteten fast Tag und Nacht und waren, wie man heute sagen würde, im Flow.

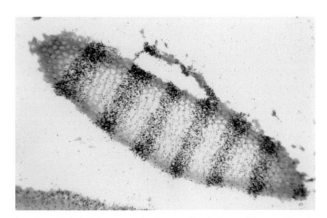

In-situ-Hybridisierung mit einer radioaktiv markierten Sonde zeigt die Expression des Segmentierungsgens *fushi tarazu* in alternierenden Segmentprimordien im Blastodermstadium des *Drosophila*-Embryos.
Foto © Ernst Hafen

Drei Dinge braucht der Chemiker zum Leben: Luft, Liebe und Curry. Für meine lukullischen Synthesen in der Küche ist das indische Gewürz unerlässlich. Ein hervorragender Curry ist eine Mischung von bis zu zwanzig verschiedenen Gewürzen. Ein einfacher, milder Curry besteht nur aus etwa einem halben Dutzend pflanzlichen Komponenten, Hauptbestandteil ist immer Kurkuma. Es ist das getrocknete und fein pulverisierte Rhizom der Gelbwurz *(Curcuma longa)*. Kurkuma lässt sich trefflich zum Färben vieler Speisen verwenden. Mein Curry-Konsum liegt bei etwa einem Pfund pro Semester. Curry passt schlicht zu allem: zu Suppen, Salaten, Fleischgerichten, Stärkebeilagen jeglicher Art, zu Brot, Käse und Früchten, ja selbst im Kaffee kann ich ihn empfehlen. Doch was steckt in diesem würzigen Gold, was spielt sich auf atomarer Ebene im Kopf und im Kochtopf ab?

Die Geruchs- und Geschmacksrezeptorsignale vermählen sich im Gehirn zu wiedererkennungsfähigen Sinneseindrücken. Die spektroskopische Untersuchung fördert atomare Strukturen zu Tage, deren Enthüllung jeden Naturstoffchemiker erquickt. Dazu wird eine Spatelspitze des gelben, feinen Pulvers in einem Milliliter deuteriertem Chloroform aufgeschlämmt, über Watte abfiltriert und in einem Präzisionsglasröhrchen der magnetischen Kernresonanz unterworfen. Was spielt sich da ab?

In einem sehr starken Magnetfeld eines supraleitenden Magneten von über 14 Tesla richten sich die Achsen der rotierenden Protonen eines Moleküls parallel bzw. antiparallel zu den Feldlinien aus. Nun werden die Wasserstoffatomkerne mit einem hochfrequenten Radiopuls vom einen in den anderen Zustand befördert. Innert weniger Sekunden geben diese angeregten Atomkerne die aufgenommene Resonanzenergie in ganz spezifischen Frequenzen wieder ab. Diese können mit dem mathematischen Verfahren der Fourier-Transformation als Spektrum dargestellt werden – das eigentliche Resultat der Untersuchung. Die dem menschlichen Auge völlig verborgenen Eigenschaften der Atomkerne werden mit der Erzeugung eines Spektrums unseren Sinnen zugänglich. Also, was sehen wir nun im Protonen-Kernresonanzspektrum von Curry?

Mit der NMR-Spektroskopie *(Nuclear Magnetic Resonance)* kann die dreidimensionale Anordnung der Atome in einem Molekül eindeutig festgelegt werden. In der Tat erkennt der scharfe Blick des NMR-Spektroskopikers im ^{1}H-NMR-Spektrum des $CDCl_3$-Extraktes von mildem Curry viele Signale von charakteristischen Strukturelementen, welche schliesslich die chemische Struktur von Curcumin definieren: *trans*-Doppelbindungen, aromatische Wasserstoffe mit typischen Signalaufspaltungen und Methoxygruppen. Untersucht man diesen Extrakt mittels UPLC-Massenspektroskopie *(Ultra Performance Liquid Chromatography,* eine Hochleistungs-Trenntechnik), so beobachtet man ausser der Hauptkomponente mit der Molmasse 368 g/mol für das Curcumin auch dessen Desmethoxy- und Bisdesmethoxy-Analoga als Nebenkomponenten mit kleineren Molmassen.

Die Kernresonanzspektroskopie kann also nicht nur auf im Labor synthetisierte Moleküle angewendet werden, sondern mit Erfolg auch in der Küche, wo ein ganzer Strauss von Naturstoffen in pflanzlichen Präparaten zum Einsatz kommt. Dass ein starkes Magnetfeld und Radiopulse Licht in die obskure Welt der Atomkerne bringen können und damit die ästhetische Betrachtung chemischer Strukturen erst ermöglichen, ist auch für spektrochemisch Angehauchte und ausgekochte Küchenfüchse ein Faszinosum erster Güte.

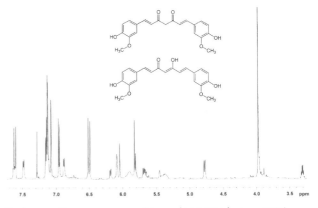

Protonen-Kernresonanzspektrum (600 MHz) eines $CDCl_3$-Extraktes von mildem Curry. Hauptbestandteil ist Curcumin (Keto- und Enol-Form).

I still remember the "Blockkurs" lecture by Walter Gehring for us Bio2 students when he discussed the still mysterious phenomenon of regeneration. Most memorable to me was a series of experiments conducted in salamanders in the 1950s. Remarkably, salamanders can regenerate a fully formed and functional limb in about three weeks after a limb is amputated. In this process, differentiated cells at the tip of the severed limb revert to an embryonic-like state forming a blastema that then grows, and its cells differentiate to form a new limb. What is remarkable about this is that the regeneration process produces exactly the missing structures such that a correctly patterned limb is rebuilt, no matter where the limb has been severed. This means that regenerating cells somehow sense which piece is missing and then respond accordingly. This observation beautifully illustrates the power of the internally driven self-organization inherent to living beings.

A similar process appears to operate during normal development. Although most animals have limited regeneration as adults, they can often repair defects during embryonic development. For example, early stage mouse embryos in which about half of the precursor cells are experimentally ablated still produce normal sized pups. Thus, after the ablation, the remaining cells proliferate more than they normally would in order to make up for the lost cells and to produce an organism of the correct size. Such "regulative development" is a fundamental feature of the development of most animals and for me a hallmark of living organisms.

But how does it work? How do cells decide when to proliferate and when to stop proliferation? And how do regenerating cells 'know' which piece they need to regenerate? Because cells change their behavior after part of a tissue has been ablated, the decision of when to proliferate and when to stop proliferation must involve some kind of communication between cells. It seems that a growing organ senses its own size and then uses this information to instruct cells to proliferate until the organ reaches its correct size. However, even though many animal genomes have been sequenced and much has been learned about the molecules that pattern embryos and specify its different cell types, the signals that determine organ size and control regeneration remain a profound mystery.

There is another fascinating observation first made in salamanders but later also in *Drosophila*. In these experiments, the effect of manipulating cell size on overall organ and body size was tested. The size of cells was manipulated by changing their ploidy, that is the number of genome copies they contain. Because the size of a cell is proportional to the amount of its DNA, lower-ploidy cells are smaller than higher-ploidy cells. Thus, when salamanders of various ploidy were generated, haploid animals had cells that were about half the size of normal diploid cells, whereas pentaploid animals had cells that were about two times larger. Amazingly, however, animals with larger cells did not have larger bodies. Instead, haploid, diploid, and pentaploid salamanders ended up being the same size even though their cells had dramatically different sizes. Polyploid salamanders had larger but fewer cells and haploid animals had smaller but more cells compared to normal diploid salamanders. Thus the large cell size was compensated for by fewer cells and vice versa. We can conclude that the size of an organ is not regulated so that it contains a certain number of cells. Instead, there must be a regulatory mechanism that stops growth when the total mass of an organ reaches the appropriate value. Again, how this works is not known, but hopefully molecular insights into these intriguing mechanisms will come to light soon as they may also revolutionize approaches for regenerative medicine.

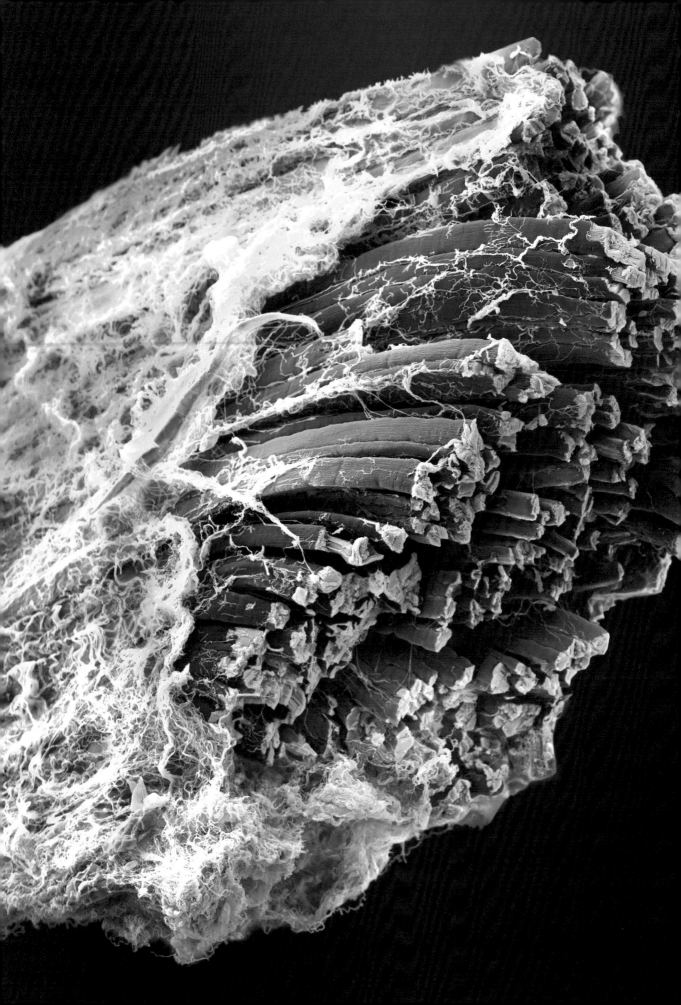

«Functional Fitness», «Virtual Reality Workouts» und «Activity Trackers» – das Geschäft mit der Fitness boomt: «Strong is the new skinny». Trotz diesem starken Trend, nicht nur gesund zu sein, sondern auch so aussehen zu müssen, nimmt paradoxerweise die körperliche Aktivität und Bewegung in unserer Gesellschaft laufend ab, bedingt durch Automatisierung, motorisierten Individualverkehr und andere moderne Annehmlichkeiten. Ein sesshafter Lebensstil ist aber ein starker Risikofaktor für die Entwicklung einer ganzen Reihe von «Zivilisationskrankheiten» wie Fettleibigkeit, Diabetes, Arteriosklerose und anderer Herz-Kreislauf-Krankheiten oder der Sarkopenie, dem Muskelschwund im Alter. Entsprechend wurde Inaktivität von der WHO auch im Jahre 2016 wiederum zum globalen Problem für die öffentliche Gesundheit deklariert.

Während bei vielen Krankheitsbildern der Bezug zu Muskeln mehr oder weniger intuitiv erscheint, erstaunt das erhöhte Risiko von Inaktivität sowie die präventive und therapeutische Wirkung von Training bei anderen: so ist zum Beispiel ein positiver Effekt von körperlicher Aktivität auf neurodegenerative Erkrankung, Depression oder Demenz nachgewiesen worden. Andererseits besteht ein Zusammenhang zwischen Inaktivität und dem Risiko zur Erkrankung an Brust-, Prostata-, Dickdarm- und anderen Krebsarten. Momentan ist nicht klar, warum das so ist – generell wissen wir eigentlich überraschend wenig über den Muskel. Die Forschung der letzten Jahre hat sich deshalb intensiv mit diesem Organ auseinandergesetzt und erstaunliche Eigenschaften entdeckt.

Der Skelettmuskel zeigt eine enorme Plastizität als Reaktion auf verschiedene Stimuli wie Training, Inaktivität, Umgebungstemperatur, relativen Sauerstoffgehalt oder Nahrung. Der Muskel ist zudem eines der wenigen Organe, deren Funktion wir willentlich steuern können. Gleichzeitig sind aber viele Abläufe automatisiert – wir müssen uns nicht laufend Gedanken machen, um die Atmung aufrechtzuerhalten, beim Stehen nicht umzufallen oder die hochkomplexe Koordination verschiedener Muskeln beim Werfen eines Balles zu steuern.

Die Aktivierung des Muskels hat Auswirkungen über die Muskelzelle hinaus, der Trainingseffekt hängt zum Beispiel stark von einem engen Zusammenspiel zwischen Muskelfasern und Immunzellen in diesem Gewebe ab. Der Skelettmuskel kann aber auch Signale über längere Distanzen aussenden und unter anderem das Fettgewebe und die Leber so kontrollieren, dass diese zwei Organe Energiesubstrate freisetzen und damit dem Muskel für Kontraktionen zur Verfügung stellen. Wenigstens zum Teil können diese Beobachtungen durch Botenstoffe erklärt werden, die vom Muskel gebildet und ausgeschüttet werden. Der Muskel kann durch diese sogenannten Myokine entsprechend auch die Funktion einer Hormondrüse übernehmen.

Relativ neu ist die Erkenntnis, dass der Muskel, ähnlich wie die Leber, auch als entgiftendes Organ wirken kann. Während die Leber aber körpereigene und -fremde Stoffe umwandelt und so die Ausscheidung fördert, sind es vor allem Stoffwechselprodukte, die im Muskel abgebaut werden. L-Kynurein trägt zur Entstehung von Depression bei. Im trainierten Muskel wird L-Kynurein vermehrt zu Kynureinsäure umgewandelt, welche die Blut-Hirn-Schranke nicht durchdringen kann. So können durch Training hervorgerufene Anpassungen im Muskel zur Reduktion von Depression beitragen. Der erhöhte Abbau von Ketonkörpern im trainierten Muskel könnte ebenfalls eine therapeutische Wirkung bei Krankheiten wie Typ-1-Diabetes entfalten, bei denen ein Überschuss solcher Metaboliten gebildet wird, im schlimmsten Fall mit tödlichem Ausgang.

Hormondrüse, Entgiftungsorgan, Energiespeicher, Heizung zur Aufrechterhaltung der Körpertemperatur – die Aufgaben des Muskels gehen weit über die traditionelle Vorstellung des 'einfachen' Krafterzeugers hinaus. Auch wenn wir die Komplexität dieses Organs immer noch nur rudimentär verstehen, lohnt sich ein regelmässiges Training nicht nur, um in der Badi eine gute Figur zu machen.

Während Basel 200 Jahre NGiB feiert, freuen sich die Geowissenschaften weltweit über 50 Jahre Plattentektonik. Ende der Sechzigerjahre erschien in Fachzeitschriften eine Serie von Artikeln, welche den Paradigmenwechsel herbeiführte. Mit einem Schlag konnten eine ganze Reihe von ungelösten Problemen geklärt werden. Zum Beispiel die Frage, was denn der Grund für die enormen Krustenverkürzungen sei, welche zur Bildung hoher Gebirgszüge führten, ein Problem, welches die ältere Kontinentaldrift-Hypothese nicht wirklich erklären konnte.

Hanspeter Laubscher, damals Leiter des Geologisch-Paläontologischen Institutes, war ein Plattentektoniker der ersten Stunde, sodass in Basel schon die Erstsemestrigen über Hot Spots, Ocean Floor Spreading und Subduktionszonen diskutierten, während andernorts noch immer über die Geosynklinale debattiert wurde. Heute ist die Plattentektonik Mainstream geworden. Schon in der Schule lernen die Kinder, dass die äusserste Schale der Erde, die Lithosphäre, in etwa zwanzig grosse Platten unterteilt ist. An mittelozeanischen Rücken driften sie auseinander, an Subduktionszonen stossen sie zusammen, und an Transformbrüchen gleiten sie aneinander vorbei. Treibende Kraft sind die Konvektionsströme des heissen Erdmantels, auf welchen die steifen Lithosphärenplatten passiv, wie auf Förderbändern, transportiert werden. Siebzig Prozent der Platten sind aus dichtem Mantelmaterial und liegen unter der Meeresoberfläche, dreissig Prozent bestehen aus leichterem Gestein und bilden die Landmasse der Kontinente, auf denen wir leben.

Das Bewegungsmuster der tektonischen Platten ändert sich im Lauf der Jahrmillionen. Wo es zu kontinentalen Kollisionen kommt, entstehen Gebirge, die Platten werden aneinandergeschweisst, Superkontinente entstehen. Diese brechen wieder auseinander, aus den Brüchen werden mittelozeanische Rücken, und Fragmente des Superkontinents driften in verschiedene Richtungen davon ... um nach ungefähr 500 Millionen Jahren an einem anderen Ort auf der Erdkugel wieder zu einem neuen Superkontinent zusammenzufinden.

Basel liegt auf der Eurasischen Platte in Fahrtrichtung hinten rechts. Die Reise führt weg von der Nordamerikanischen Platte, d.h. weg vom mittelozeanischen Rücken, welcher uns trennt. Im Osten überfahren wir die Ochotsk-, die Philippinische und die Australischen Platte. Diese werden an Subduktionszonen in den Erdmantel zurückgeschoben, was zur bekannten intensiven Erdbeben- und Vulkantätigkeit, von Japan bis Indonesien, führt. Im Süden treffen wir auf die Kontinentalmassen der Indischen, Arabischen und Afrikanischen Platte. Dass die plattentektonischen Bewegungen in den Gebirgen, vom Himalaya bis in die Westalpen, noch nicht abgeklungen sind, äussert sich in den vielen Erdbeben von Tibet bis Italien.

Vor etwa 250 Millionen Jahren brach der letzte Superkontinent, Pangäa, auseinander. Geodynamische Szenarien sagen voraus, dass das Mittelmeer zwischen Eurasia und Afrika verschwinden und der Atlantik sich nach einer maximalen Öffnung wieder schliessen wird, sodass wir pünktlich zum 250-millionsten Geburtstag der NGiB mit Pangäa Ultima, dem nächsten Superkontinent, rechnen dürfen.

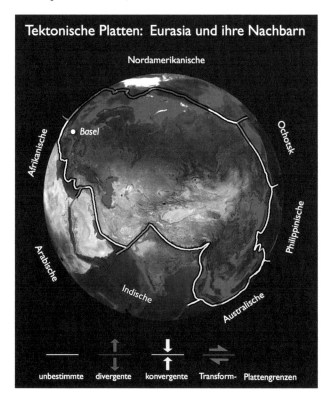

Matthias Hempel

Alles Quark im Neutronenstern?

Neutronensterne sind zwar keine Objekte der uns unmittelbar umgebenden Natur, aber durch moderne Teleskope in vielfältiger Weise beobachtbar. Sie erscheinen als regelmässig blinkende Pulsare, in explosionsartiger Form oder als winzig kleine, aber äusserst heisse Punktquellen von Röntgenstrahlung. Aus der Analyse solcher Beobachtungen können Informationen über die Eigenschaften von Neutronensternen gewonnen werden. Sie haben zum Beispiel eine Masse zwischen dem Ein- und Zweifachen unserer Sonne. Das klingt an sich nicht besonders spektakulär. In den Beobachtungen zeigt sich aber auch ein Durchmesser von nur zwanzig Kilometern, was ungefähr der Distanz von Basel nach Rheinfelden entspricht. Und das ist für diese Masse *unglaublich* klein. In Neutronensternen existiert in der Tat die am stärksten komprimierte, aber gerade noch stabile Form von Materie, die wir kennen. Die Dichten in Neutronensternen überschreiten 10^{15} g/cm^3, das ist eine Billiarde Mal dichter als Wasser. Um dies zu verdeutlichen: ein einziger Teelöffel von Neutronensternmaterie hätte die Masse von ungefähr einer Million Fernverkehrszügen!

Wenn so viel Materie auf so kleinem Raum zusammengepresst wird, kommt es zu gigantischen Gravitationskräften. Aus Einsteins allgemeiner Relativitätstheorie ergibt sich, dass Neutronensterne nicht beliebig schwer sein können: Oberhalb einer gewissen Masse, der sogenannten Maximalmasse, gewinnt immer die Gravitation, da die Materie ihr nicht mehr standhalten kann. Wird die Maximalmasse überschritten, so kollabiert der Neutronenstern unter seinem eigenen Gewicht zu einem schwarzen Loch. Da bereits Neutronensterne mit einer Masse von ungefähr zwei Sonnenmassen gefunden wurden, weiss man, dass die Maximalmasse grösser sein muss, der tatsächliche Wert ist aber noch unbekannt.

Dies erlaubt interessante Untersuchungen im theoretischen Bereich. Zunächst bleibt festzustellen, dass es der Druck der Materie ist, der der Gravitation entgegenwirkt. Um eine hohe Maximalmasse zu erreichen, muss die Materie dazu in der Lage sein, einen hohen Gegendruck aufzubauen. Wie viel Druck die Materie liefert, wird durch die sogenannte Zustandsgleichung beschrieben, die wiederum von den Wechselwirkungen und dem Zustand der Materie abhängt. Es ist offensichtlich, dass sich dieser aufgrund der gigantischen Dichten stark von dem unterscheiden wird, was man in der Natur auf der Erde findet. Aber was genau passiert mit Materie unter solchen Bedingungen?

Je tiefer man in den Neutronenstern vordringt, desto grösser werden die Dichten, und die Materie wird dabei nach und nach in ihre Bestandteile zerlegt: Zuerst werden aus Atomen Atomkerne und Elektronen, dann aus Atomkernen Neutronen und Protonen. Zusätzlich können exotische Teilchen, wie zum Beispiel Hyperonen, auftauchen, die bei uns auf der Erde gar nicht, oder, wenn überhaupt, nur kurzzeitig im Labor existieren. Es besteht die Möglichkeit, dass sogar die Neutronen und Protonen in ihre elementaren Bausteine, die Quarks, aufgelöst werden. Über die äusseren Schichten des Neutronensterns weiss man mittlerweile recht gut Bescheid, in Bezug auf den innersten Kern existieren aber noch viele Fragezeichen. So ist zum Beispiel bis heute unklar, ob Quarks im Neutronenstern auftauchen.

Die astronomischen Teleskope, kernphysikalischen Experimente und theoretischen Modelle werden kontinuierlich weiterentwickelt. Besonders spannend ist der Ausblick für Gravitationswellendetektoren: In 2015 wurden Gravitationswellen das erste Mal direkt gemessen, die in diesem Fall von der Verschmelzung zweier schwarzer Löcher ausgestrahlt wurden. Für die kommenden Jahre erwartet man, auch die Verschmelzung von Neutronensternpaaren zu beobachten. Das dadurch emittierte Gravitationswellensignal erlaubt, die Radien und Maximalmasse von Neutronensternen einzuschränken. Dies wird neue Rückschlüsse auf den Zustand und die Eigenschaften von Materie bei extremsten Bedingungen erlauben und so zu unserem grundlegenden Verständnis der Natur beitragen.

Foto © Walter Etter, Naturhistorisches Museum Basel

Fossile Seelilien aus dem Baselbiet sind schon seit Langem bekannt. Man kann sie gleichsam als Wappentier bezeichnen, kommen sie doch fast ausschliesslich im Kantonsgebiet vor, eng verknüpft mit einem hellen Kalkstein aus kleinen Kügelchen. Dieser Hauptrogenstein kommt aus der Sissacherfluh und ist vielerorts in Steinbrüchen aufgeschlossen.

Im Jahre 1761 beschrieb Daniel Bruckner in seinen «Merkwürdigkeiten der Landschaft Basel» ein Plättchen als «Meer-Lilien-Steine»; die Zeichnung auf Tafel 20, No. 37, zeigt Teile von Stielen und Armen. Das Plättchen stammt aus der Gegend von Arisdorf. Desor benannte es 1845 als «Isocrinus andreae» zu Ehren von J. G. R. Andreae, der 1763 in «Briefe aus der Schweiz nach Hannover geschrieben» ein Plättchen, das vorwiegend Stielfragmente abgebildet hatte. Weiter bekannt wurden die Seelilien durch Franz Leuthardt, Naturfreund, Lehrer und Mitgründer der Naturforschenden Gesellschaft Baselland. Er erwähnte in «Die Crinoidenbänke im Dogger der Umgebung von Liestal» (1902–1904) mehrere Fundstellen mit gut erhaltenen Fossilien und glaubte bei Lausen eine zweite Art, *C. major,* zu erkennen. Ich gab 1972 der zierlichen Seelilie den Gattungsnamen *Chariocrinus* und verneinte die Berechtigung zweier Arten.

Seelilien oder *Crinoiden* sind Stachelhäuter und mit Seesternen, Schlangensternen und Seeigeln verwandt. Reste dieser Tiere sind im Jura der Umgebung von Basel dank ihrer Schönheit beliebte Sammelobjekte. Seit meiner Schulzeit haben mich die Seelilien der Umgebung von Basel fasziniert. Mit meinem Schulfreund Hans Holenweg habe ich seit Ende der 1940er-Jahre die bis dahin bekannten Fundstellen aufgesucht, zahlreiche weitere entdeckt und reiches Material geborgen. Die Fundstellen, Linsen begrenzter Ausdehnung über der Basis des Hauptrogensteins, sind über den ganzen Kanton verstreut; besonders schön erhalten sind die Fossilien im Gebiet um Liestal. Man findet sie dort in mehreren durch Mergel getrennten Bänken, die ganz aus Resten der Seelilien bestehen. Der Hauptrogenstein wurde vor etwa 170 Millionen Jahren in bewegtem Flachwasser abgelagert, zeitweise in Form von Unterwasserdünen, die mehrheitlich aus Kügelchen bestehen. Funde ganzer Seelilien in solchen Ablagerungen sind weltweit einzigartig und überraschend. Vom Steinbruch beim Bahnhof Lausen stammt die von Christian Meyer in seiner Doktorarbeit abgebildete Platte. Die blaue Mergelschicht enthält organisches Material, was auf eine reiche Planktonzufuhr hindeutet. Dies ermöglichte den Seelilien in ruhigeren Zeitabschnitten die Bildung dichter Kolonien am Fuss der Dünen. Die Kolonien wurden durch wiederholte, stärkere Ablagerungen von Tonschlamm oder Mergel rasch zudeckt und so vollständig erhalten. Damit war eine weitere Ansiedlung möglich. Wiedereinsetzende Dünenbildung beendete kurzfristige Besiedlung.

Adrian Heuss

Warum wir ständig verjüngt werden und trotzdem sterben

Sie wissen, wie alt Sie sind. Aber wissen Sie auch, wie alt Ihr Körper ist? Unterschiedlich alt – je nach Körperteil. Und vieles an Ihrem Körper ist jünger als Sie denken: Das Meiste ist jünger als zehn Jahre. Sie können Ihren Geburtstag also getrost vergessen.

Unser Körper regeneriert sich ständig, weil viele Zellen in unserem Körper eine begrenzte Lebensdauer haben. Vor allem Zellen in Geweben, die stark beansprucht werden, müssen rasch und regelmässig ersetzt werden. Dazu gehören etwa Blut-, Leber-, Darm- und Hautzellen.

Rote Blutkörperchen z.B. leben im Durchschnitt drei Monate, sterben ab und neue Blutkörperchen, die täglich millionenfach im Knochenmark produziert werden, übernehmen an ihrer Stelle. Weisse Blutkörperchen leben gar nur einige Tage. Das Blut in unserem Körper ist also nur Tage oder maximal einige Monate alt. Der Nachteil dieser ständigen Verjüngung: In sehr seltenen Fällen entsteht ein krankhaftes Blutkörperchen, eines, das sich unkontrolliert zu teilen beginnt. Daraus kann Blutkrebs (Leukämie) entstehen. Die ständige Regeneration hält uns am Leben, sie kann uns aber auch das Leben kosten.

Auch die Zellen der Darmwand werden stark beansprucht und daher jeweils innert Tagen ersetzt. Das restliche Darmgewebe hingegen ist durchschnittlich 16 Jahre alt. Die Haut wird ebenfalls stark abgenützt. Vor allem die äusserste Hautschicht, die erste Schutzschicht des Körpers. Diese Hautzellen werden circa alle zwei Wochen erneuert. Die alten Zellen sterben ab und fallen zu Boden. Jeden Tag verliert ein Mensch schätzungsweise etwa 300 Millionen tote Hautzellen. Ein beträchtlicher Teil des Staubes in unseren Wohnungen besteht aus abgestorbenen Hautzellen.

Einige Zellen allerdings begleiten uns seit der Geburt. So z. B. die Zellen der Augenlinse und viele Hirnzellen. Lange Zeit glaubten Wissenschaftler, dass der Mensch mit einer vorbestimmten Anzahl Hirnzellen auf die Welt kommt und diese im Verlauf des Lebens kontinuierlich absterben. Heute weiss man, dass es auch im Gehirn Stammzellen gibt, die neue Hirnzellen produzieren können. Allerdings existieren solche Stammzellen nur in bestimmten Regionen des Hirns, im Hippocampus und im oberen Teil der Nase, und die Produktionsrate ist sehr gering. Das zeigt sich bei neurodegenerativen Erkrankungen wie Parkinson. Es sterben mehr alte Hirnzellen ab, als durch die Stammzellen neu produziert werden können.

Man mag sich nun fragen: Aber wenn so vieles in unserem Körper ständig erneuert wird, warum müssen wir überhaupt sterben? Die Experten kennen die genaue Antwort auf diese Frage noch nicht. Es gibt Hinweise, dass der Erneuerungsprozess der Stammzellen nur begrenzt ablaufen kann und irgendwann stoppt. Vermutlich ist das Altern der Stammzellen in unserem Körper schuld. Stammzellen sind der Ursprung der menschlichen Erneuerung. Wenn die Kraft der Stammzellen mit steigendem Alter versiegt, dann schwinden auch die Selbstheilungskräfte des Körpers – er stirbt.

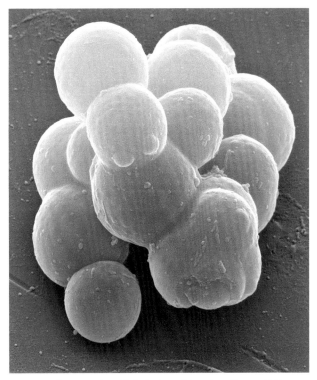

Stammzellen aus dem Nabelschnurblut. Aus diesen Zellen entstehen alle Zellen des Blutsystems.
Quelle: Science Photo Library

Verhaltensänderungen durch den Befall mit Parasiten ist ein erstaunliches Phänomen, ergibt aber evolutionär durchaus Sinn, wenn es der Verbreitung des Erregers dient. Menschen, die mit dem Erreger der Schlafkrankheit befallen sind, siechen oft lange dahin und bieten so dem Überträger des Erregers, der Tsetsefliege, ein leichtes Ziel. Mit Toxoplasmen infizierte Mäuse verlieren ihre natürliche Scheu vor Katzen, werden bevorzugt gefressen und übertragen den in ihrem Muskelfleisch versteckten Parasiten. Ein kleiner, parasitischer Saugwurm schiesst aber, in Bezug auf Verhaltensänderungen des Wirtes, im wahrsten Sinne des Wortes, den Vogel ab! Die Larve des kleinen Saugwurms nistet sich zunächst in den Augen seines Zwischenwirtes, einer Bernsteinschnecke ein und möchte von dort gerne in seinen Hauptwirt, einen Singvogel, gelangen. Wie kann er also am besten einen Vogel, der Schnecken als Beute eigentlich verschmäht, auf sich aufmerksam machen? Wer jemals einer Schnecke in die Augen geschaut hat, weiss, dass sie auf Stielen sitzen und damit wunderbar exponiert sind. Wenn die Larve sich auch noch hübsch bunt macht und sich dann zusätzlich noch bewegt, gibt das, in den fast durchsichtigen Stielaugen der Schnecke, einen wunderbaren Vogelköder ab.

Leider leben Schnecken aber nun mal eher in feuchten, dunklen Orten am Boden und entziehen sich damit gierigen Vogelblicken. Deshalb greift der kleine Wurmparasit zu einem weiteren Trick und veranlasst die Schnecke, ihr Verhalten zu ändern und auf einem Pflanzenblatt in exponierter Lage ein Sonnenbad zu nehmen. Jetzt kann der Vogel die blinkende Wurmlarve im Auge der Schnecke leicht erkennen und sie herauspicken. Im Verdauungstrakt des Vogels entwickeln sich dann die erwachsenen Würmer, deren Eier mit dem Kot des Vogels ausgeschieden werden.

Bleibt die Frage wie diese Eier zurück zur Schnecke gelangen, um den Lebenskreislauf des Parasiten zu schliessen. Vogelkot enthält noch viele verwertbare Nahrungsbestandteile und steht auf der Speisekarte der kleinen Bernsteinschnecken ganz oben. Übrigens überlebt die Schnecke den Angriff des Vogels, allerdings blind und mit Sonnenbrand ...

Wer jetzt neugierig geworden ist und mehr über diesen Parasiten erfahren möchte: sein Name ist *Leucochloridium.* Zu einem Trivialnamen hat es dieses possierliche Tierchen noch nicht gebracht, dazu ist er als Singvogelparasit ökonomisch zu unbedeutend. Aber was nicht ist, kann ja noch werden und ein netter Vorschlag wäre vielleicht: Weissgrünchen, was in etwa die Übersetzung des lateinischen Gattungsnamens wäre. Ein Zoologe würde unseren Saugwurm wohl eher als kleinen Darmegel bezeichnen, in Anlehnung an seine veterinärmedizinisch wesentlich bedeutenderen Verwandten, die grossen und kleinen Leberegel, die auch bei uns in der Schweiz noch weit verbreitet sind.

Übrigens befällt der anfangs erwähnte Parasit *Toxoplasma,* der Mäusen die Angst vor Katzen nimmt, sehr erfolgreich auch den Menschen. Weltweit sind etwa ein Drittel der Menschen mit diesem Parasiten befallen. Bleibt zu klären, ob infizierte Personen bevorzugt Löwenbändiger oder Zoodirektoren werden. Hinweise, dass Toxoplasma-positive Menschen risikobereiter sind, werden tatsächlich intensiv diskutiert.

Bernsteinschnecke, die mit dem Parasiten *Leucochloridium paradoxon* befallen ist. Die weissgrüne Parasitenlarven sind sehr gut in den Stielaugen der Schnecke zu erkennen.
Foto © Adri van Groot, Benthuizen (NL)

In der ehrwürdigen Allgemeinen Lesegesellschaft am Basler Münsterplatz mit ihrer grossen Bibliothek und ihren ganzjährig offenen, (noch) mit druckfrischen Zeitungen aus aller Welt bestückten Lesesälen samt Blick auf den Rhein, steht bei den alten Büchern auch dieser in das grüne Leder des Hauses gebundene Band mit der Signatur F2040, vom eifrigen Gebrauch seit seiner Aufstellung an einem 3. März in 157 Jahren abgegriffen und glänzend geworden. Die eingebogenen Ecken künden von grosser Nachfrage nach diesem Buch und die feinen Bleistiftstriche am Rand von der aufregenden Auseinandersetzung mit dessen Thema, das im benachbarten stolzen Münster über Jahrhunderte noch als ganz andere Geschichte verkündet worden war. Es ist die erste deutsche Ausgabe von Charles Darwins *Über die Entstehung der Arten durch natürliche Zuchtwahl oder die Erhaltung der begünstigten Rassen im Kampfe um's Dasein* (Stuttgart 1860). Trotz rekordverdächtig langem Titel bekanntlich ein Bestseller geworden. Ehrfürchtig nehme ich das Buch in die Hand und stelle mir vor, wer vor mir auch noch darin geblättert haben könnte. Jakob Burckhardt (1818–1897) vielleicht, den man auf einer berühmten Fotografie über das nasse Pflaster des Münsterplatzes vermutlich Richtung Lesegesellschaft eilen sieht. Oder mit ihm möglicherweise Uni-Kollege Ludwig Rütimeyer (1825–1895), Theologe, Mediziner, Anatom, Zoologe, Geologe und Paläontologe, der als Vorsteher der naturwissenschaftlichen Anstalten und der naturkundlichen Sammlungen sich unter vielem anderen mit der Entwicklungsgeschichte des Rindviehs beschäftigte und deswegen mit Darwin in Kontakt gestanden ist. Rütimeyer war 1860 bis 1862 Präsident der Naturforschenden Gesellschaft und hielt allein dort – allen Epigonen ein Stachel im Fleisch – stolze 66 Vorträge. Charles Darwin bezog sich auf seine Arbeiten, korrespondierte mit ihm und traf ihn persönlich in London, auch wenn Rütimeyer mit dem Aspekt der Selektion eher Mühe hatte, wie noch in den Nachrufen betont wird. Er mag hier stellvertretend genannt sein für andere Grössen, die in der damals noch rauchgeschwängerten Lesegesellschaft debattierten und den Band in

ihren Händen gehalten haben könnten. Ein bisschen Gänsehaut darf schon sein.

Das Buch hat die Sicht auf die real existierende Natur, die lebende und die versteinert überlieferte, total verändert und seine späte Wirkung sieht man auch in dieser Publikation, *natura obscura,* in manchen Beiträgen. Es hat eine praktische Erklärung geliefert, wie die Natur uns vom Ameisenbär bis zum Zebra und von der Ackerschmalwand bis zur Zeder eine berauschende Vielfalt von Gefährten auf dem blauen Planeten bescheren konnte und immer noch neue Überraschungen offenbart.

Wenn ich so über Natur schreibe, so bleibe ich mir bewusst, wie sehr ich von anderen profitiere und in anderen Worten weitererzähle, was Vorgängerinnen und Vorgänger erarbeitet und publiziert haben. In alten gedruckten und neuen digitalen Welten. «Auf den Schultern von Riesen» heisst es unter dem Suchfenster von Scholar Google, wo sich so leicht nach von Peers geprüftem Material für neue Geschichten forschen lässt. Isaac Newton hatte den alten Spruch in einem Brief an seinen genialen Konkurrenten Robert Hooke verwendet und seinen Weitblick damit begründet, dass er sozusagen als Cedalion auf den Schultern eines Riesen stehe. Denn in der Sage trägt der in den Sternenhimmel versetzte blinde Riese Orion seinen sogenannten Diener, um mit geliehenen jüngeren Augen die verlorene Weitsicht zurückzugewinnen. Auch wenn Newton damit – wie vermutet – nur seinem von einer Kyphose (Buckel) geplagten Widersacher einen Seitenhieb hätte verpassen wollen, so rufe man sich den alten Isaac in Erinnerung, wenn man eine Geschichte – auch über und aus der Natur – erzählt. Und zwingend dazu die in anderen Zusammenhängen formulierte Mahnung der nigerianischen Schriftstellerin Chimamanda Ngozi Adichie, dass es gefährlich sein kann, nur eine Geschichte von etwas zu kennen und keine weitere zu suchen.

Zellen, die Grundeinheiten allen Lebens, sind durch eine Membran von ihrer äusseren Umgebung abgegrenzt. Diese Membran besteht im Allgemeinen aus einer Doppelschicht verschiedener Lipidmoleküle und enthält ausserdem darin eingebettete Membranproteine. Je nach Typ der Membran haben diese Membranproteine eine bestimmte Architekturklasse. Die Membranproteine der eukaryotischen und der prokaryotischen inneren Membran haben eine helikale Architektur, während die äussere Membran von gramnegativen Bakterien, sowie diejenige von menschlichen Mitochondrien, fassartige Strukturen besitzen, wie in Figur A am Beispiel des bakteriellen Proteins OmpX zu sehen ist. Aufgrund der Bedeutung bakterieller Infektionen und der zentralen Rolle der Mitochondrien für die Energieversorgung der eukaryotischen Zelle ist die Erforschung der Biogenese dieser Membranproteine von besonderer Wichtigkeit.

Die fassartigen Proteine der äusseren Membran gramnegativer Bakterien werden an einem Ort in der Zelle hergestellt, der weit entfernt von der äusseren Membran ist. Sie müssen daher nach ihrer Herstellung zur Zielmembran gebracht werden. Für diesen Transport durch das wässrige Medium der Zelle stellt sich das Problem, dass sich das Membranprotein zum einen in der Abwesenheit einer Membran nicht falten kann und zum anderen in einer ungefalteten Struktur nicht wasserlöslich ist. Die Natur löst dieses Problem, indem sie spezielle Transportchaperone entwickelt hat, die das ungefaltete Membranprotein binden und zu seinem Zielort eskortieren.

Eines dieser Transportchaperone ist das Protein Skp, welches aus drei identischen Untereinheiten besteht (Figur B). Um genau zu verstehen, wie Skp seine Passagiere transportiert, haben wir diesen Proteinkomplex mit Hilfe der Kernspinresonanztechnik (NMR) bei atomarer Auflösung sichtbar gemacht. In dieser Methode werden die Proteine in ein starkes Magnetfeld eingebracht, wodurch sich die Kernspins der Atomkerne ausrichten. Mittels elektromagnetischer Signale kann man dann mit den Kernspins interagieren und so etwas über ihre räumliche Umgebung erfahren. Mittels einer geeigneten Reihe von Experimenten entsteht so ein Bild der Struktur und Dynamik bei atomarer Auflösung.

Im Fall des Chaperons Skp konnten wir so zum ersten Mal die Struktur eines Chaperons mit gebundenem Substrat komplett auflösen. Dabei zeigte sich, dass das Membranprotein sich im Innern des Chaperons in einem hochdynamischen Zustand befindet und seine Faltung ständig ändert (Figur C). Messungen der Proteindynamik zeigten, dass keiner der Zustände langzeitig stabil ist und dass das ungefaltete Protein seinen Bewegungsraum im Sub-Millisekundenbereich durchprobiert, wohingegen der ganze Komplex mehrere Stunden lang stabil ist.

Die einzelnen Kontakte zwischen den beiden Proteinen sind somit sehr schwach und nur vorübergehend ausgebildet. Die starke Affinität zwischen den Proteinen setzt sich aus vielen schwachen Affinitäten zusammen, die sich dazu ständig ändern. Weiterführende Studien haben gezeigt, dass die Membranproteine aus diesem dynamischen Zustand heraus in die Membran hineinfalten können. Der dynamische Zustand verhindert so eine Fehlfaltung vor Erreichen des Zielorts und ermöglicht gleichzeitig die Suche nach dem richtigen Faltungsweg.

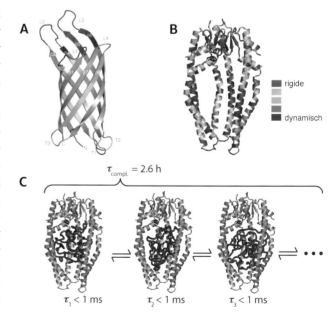

Naturphänomene begeistern, erstaunen und stacheln an, mehr zu wissen. Wiederholt taucht bei Projekteingaben der Begriff «Nützlichkeit» auf und gesellt sich zu Forschungsvorhaben wie ein ungebetener Gast zum Bankett. Forschungsresultate sollen nützlich und anwendbar sein. Viele Errungenschaften in den Naturwissenschaften wurden nicht wegen ihrer Nützlichkeit erreicht, sondern aus purer Neugierde und Freude am Wissenwollen. Aber davon soll hier nicht die Rede sein, sondern, dass auch das umgekehrte Phänomen vorkommt, nämlich, dass direkt Betroffene Wissenschaftler kontaktieren, um auf Veränderungen in ihrer Umgebung aufmerksam zu machen.

Heute vor zehn Jahren wurde mir von der lokalen Bevölkerung das Phänomen Verbuschung des Alpenraumes durch die Grünerle *(Alnus viridis)* zugetragen: Ich sei doch so eine Forscherin, und ob ich nicht etwas «Sinnvolles» untersuchen könne, was hier das ganze Tal betreffe (mit «Tal» war das Urserental gemeint).

Die Grünerle, ein heimischer Strauch, ist ein unheimlich potentes Gewächs. Rasant wächst das Grasland in den Bergen durch die Grünerle zu und jahrhundertealtes Kulturland geht verloren. Das geschieht nicht nur in der Schweiz, sondern im ganzen Alpenbogen. Wie ist es möglich, dass eine Art nach wenigen Jahren so überhandnehmen kann? Die Grünerle lebt in Symbiose mit dem Bakterium *(Frankia alni)*. Nach einem unbekannten Erkennungsmechanismus besiedelt das Bakterium die Grünerlenwurzel und veranlasst die Pflanze, korallenähnliche Strukturen zu bauen, in welchen das Bakterium gedeiht und – dank spezieller Fette in den Zellmembranen abgeschirmt von Sauerstoff – den Luftstickstoff N_2 in Ammonium überführt (N_2-Fixierung). Das Bakterium vollführt diese Fixierung sehr effizient, egal, ob die Erle auf 1100 Metern oder an der Baumgrenze auf 2200 Metern über Meer wächst, und es wandelt dabei mehr Luftstickstoff in pflanzenverfügbaren Stickstoff um, als die Erle braucht. Die Grünerle geht zudem nicht sehr haushälterisch mit Stickstoff um. Sie wirft ihr stickstoffreiches Laub spät im Herbst ab, ohne dass sie vorher den Stickstoff aus den Blättern zurückzieht. Nachbarpflanzen von Grünerlen haben so Zugang zu Unmengen von Stickstoff. In der Folge verdrängen schnellwüchsige, stickstoffliebende Pflanzen die langsam wachsenden Graslandarten. Nach rund zwei Jahrzehnten hat sich das Grasland in ein dichtes Grünerlengebüsch mit typisch grossblättrigem Unterwuchs verwandelt. Stickstoff, der nicht von Pflanzen und Mikroorganismen aufgenommen wird und mobil ist, wie das Nitrat, wird leicht aus dem Boden ausgewaschen. Mikrobielle Prozesse in den feuchten Böden führen zu gasförmigen Stickstoffverlusten. Lachgas, ein sehr langlebiges Treibhausgas, wird in beachtlichen Mengen vom Grünerlenboden an die Atmosphäre abgegeben.

Wenn früher das Brennholz aus dem Wald fehlte, lieferten Grünerlengebüsche das für die langen Winter benötigte Brennholz. Und die Ziegen knabberten an der Rinde und frassen das Laub. Dank der Nutzung konnte das Grünland offen gehalten werden, und die Erlen wurden auf Lawinenrunsen und feuchte Bachläufe zurückgedrängt. Doch wird nicht mehr genutzt, ist die Grünerle kaum aufzuhalten. Sie wird sozusagen zu einer invasiven Pest. Unzählige, winzige Samen laufen auf, liegen gebliebene Äste bewurzeln sich schnell, und schneidet man die Äste, treiben am Strauch alle Knospen aus – ähnlich einer Hydra. Bedecken Grünerlen ganze Talflanken, werden sie auch nicht mehr von Waldbäumen abgelöst, weil den Waldbäumen zum Wachsen das Licht fehlt. Nur eine erneute Nutzung kann die Grünerle aufhalten. Aber heute fehlen vielerorts die Bauern und ihre Ziegen. Hier können alte Schafrassen wie das Engadiner Schaf helfen, denn sie fressen und ringeln die Erlen wie Ziegen, sind aber einfacher als diese zu halten. Wenn es gelänge, Fleischprodukte dieser speziellen Schafrasse auch nicht direkt Betroffenen schmackhaft zu machen, wäre dies eine geeignete Massnahme gegen die Verbuschung im Alpenraum. Dann wäre diese Forschung auch kulinarisch nützlich.

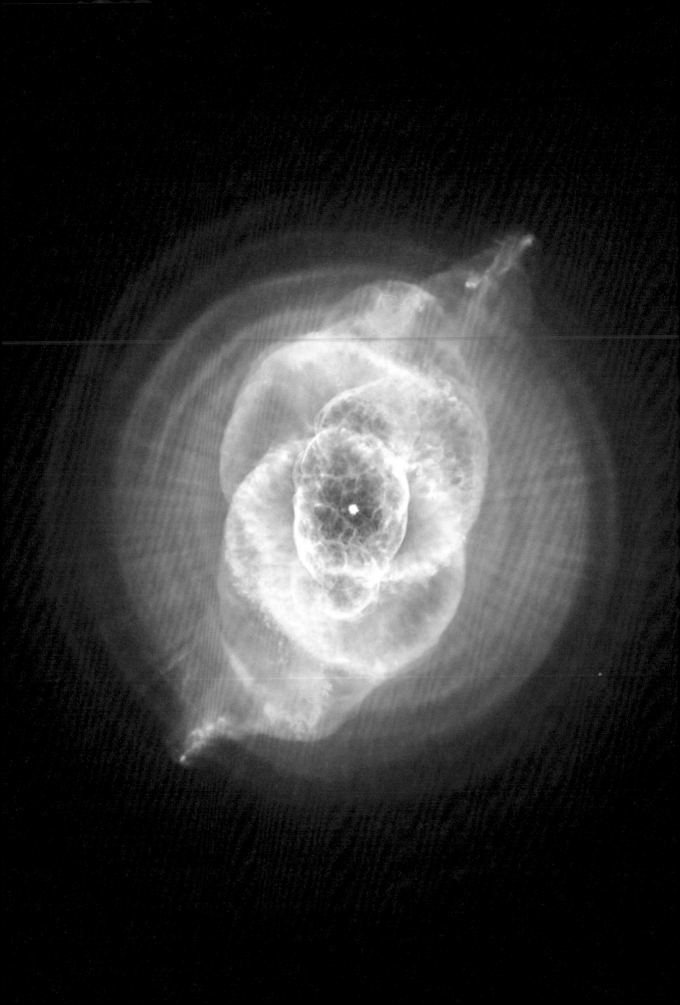

Zehn Uhr vormittags – schnaufend lasse ich die letzten Treppenstufen hinter mir. Endlich bin ich oben. Aus meinem Rucksack zücke ich meine Wasserflasche und lösche den aufgekommenen Durst. Ich fahre das Stativ aus, klinke darauf das Fernrohr ein und hänge den Feldstecher um meinen Hals. Ich bin bereit.

Bereit, einen weiteren Tag lang den Vogelzug über dem Baselbiet vom Aussichtsturm in Liestal aus zu verfolgen. Auf 630 Metern über Meer lässt sich ein gewaltiges Panorama überblicken – an guten Tagen vom Titlis bis zu den Vogesen. Es ist Ende August und bereits seit mehreren Tagen bei schwachem Nordostwind sommerlich warm. Zu dieser Jahreszeit treten Wespenbussarde die Reise in ihre Winterquartiere im südlichen Afrika an. Die auf Wespen- und Bienenwaben spezialisierte Art brütet in ungestörten Wäldern und hält sich während der Brutzeit versteckt. Deshalb lässt sie sich am besten zur Zugzeit beobachten. Mit gerade einmal 400 bis 600 Brutpaaren in der Schweiz und geschätzten 150 000 in Europa zählt dieser Greifvogel zu den eher spärlich vorkommenden Brutvogelarten.

Zwischen dem 20. und dem 30. August durchqueren viele Wespenbussarde die Nordwestschweiz. Der Rhein wirkt dabei wie eine von Westen nach Osten verlaufende Leitbahn. Viele Zugvögel biegen in der Nordwestschweiz nach Südwesten ab, um entweder durch den Jura oder aber nordwestlich davon weiterzuziehen. Daher kann es in der Region zu dieser Jahreszeit bei optimalen Bedingungen zu grossen Ansammlungen und bei einigen Vogelarten zu Tausenden von Durchzüglern kommen. Bei den Wespenbussarden liegt der regionale Rekord bei über tausend Tieren an einem Tag. Dieser Wert stellt aber eine absolute Ausnahme dar: Es gibt nicht jedes Jahr Tage, an denen über 250 Individuen durchziehen. Seit drei Tagen verfolge ich heuer das Geschehen am Himmel, seit drei Tagen herrschen praktisch dieselben Bedingungen, seit drei Tagen halten sich die Durchzugszahlen aber in Grenzen.

In der Ferne erkenne ich bereits wenige Minuten nach meiner Ankunft drei kreisende Greife. Die Sonne hat schon am Vormittag genügend Kraft, die Luft zu erwärmen. Daraus entstehen thermische Aufwinde, die von den ziehenden Greifvögeln genutzt werden. Langsam gewinnen die Greife an Höhe, ziehen dann plötzlich in Richtung Südwesten ab, ehe sie einen neuen Aufwind finden. Ohne grosse Mühe lassen sich die Tiere als Wespenbussarde bestimmen, die ersten des Tages. Sie ziehen ab, ich notiere sie. Den Feldstecher in der Hand, suche ich den Horizont nach neuen Zugvögeln ab, den ganzen Tagen lang. Ein rufender Baumpieper, eine Singvogelart, die ebenfalls bereits zu dieser Jahreszeit ihr Brutgebiet verlässt, veranlasst mich dazu, das Suchgerät für einen kurzen Moment abzusetzen und nach dem Kleinvogel zu suchen – erfolglos.

Mittlerweile kann ich in regelmässigen Abständen ziehende Greife entdecken. Grösstenteils handelt es sich um Wespenbussarde, ab und an sind aber auch Fischadler und Rohrweihen darunter. Bald stelle ich fest, dass heute besonders viele Zugvögel unterwegs sind. Kurz schweife ich ab und frage mich, was die Vögel dazu bewegt, ausgerechnet heute zu kommen, war doch das Wetter in den letzten Tagen eigentlich immer gleich gut. Passt heute der Wind für sie? Habe ich die letzten drei Tage schlecht gespäht? Da entdecke ich am Horizont zwei grosse schwarze Bretter. Relativ schnell lassen sie sich als Schwarzstörche bestimmen, ein weiteres Highlight des Tages.

Den ganzen Nachmittag schaue ich dem Treiben in luftiger Höhe zu. Um 18 Uhr packe ich meine Sachen zusammen, kontrolliere die Tagesliste und zähle glücklich 344 Wespenbussarde, 16 Rohrweihen, 5 Fischadler, die das Baselbiet heute passierten – für schweizerische Verhältnisse sehr hohe Tagessummen!

Trotzdem lässt mich beim Abstieg eine Frage nicht los: Warum nur heute?

Barbara Hohn   **Gene in Bewegung**

Tumor an einem Baum im Fjordland National Park, Neuseeland
Foto © Thomas Hohn

Alle höheren Organismen enthalten das genetische Material DNS. Diese genetische Information wird als Sequenz bei Zellteilung und bei Reproduktion an Tochterzellen und an Nachkommen weitergegeben. Kleine Fehler bei der Vermehrung der DNA sind ein Motor der Evolution. Es gibt mehrere Mechanismen, die der genetischen Veränderung, das heisst der Mutation, zugrunde liegen und damit eine Basis für die Evolution bilden: Manchmal werden nur kleine Teile der genetischen Information verändert, manchmal aber auch grössere. Es kommt auch vor, dass Teile einer DNA-Sequenz von einem Ort zum anderen in den Chromosomen 'transponiert' werden.

Sequenzanalysen von vielen Organismen haben aber auch ein anderes, sehr interessantes Phänomen der genetischen Veränderung zu Tage gebracht, den horizontalen Gentransfer. Dieser bewirkt, dass verschiedene Lebewesen Gene von anderen, unverwandten Organismen in sich tragen. Hier einige Beispiele: Übertragung von Erbmaterial von Bakterien zu bestimmten Algen führten zu einem verbessertem Stoffwechsel dieser Algen unter extremen Bedingungen; Gene eines anderen Bakteriums könnten die Pathogenität des berüchtigten Kartoffelschädlings *Phytophthora infestans,* der für die Grosse Hungersnot in Irland (1845–1852) verantwortlich gemacht wird, verstärkt haben; bei manchen Quallen wurden bakterielle Gene gefunden, die bei der Entladung der giftigen Nesselzellen eine Rolle spielen; horizontaler Gentransfer von Bakterien könnte auch dem Kaffeebohrer-Käfer die Werkzeuge zur Verdauung der Kaffeebohnenstärke zur Verfügung gestellt haben; genetische Information von Algen, die ja Photosynthese betreiben können, führten zu grün gefärbten Seeschnecken (!); Läuse haben sich ein Farbgen von einem Pilz 'gestohlen', worauf sie sich rot färbten und damit bestimmten Fressfeinden entkommen können.

In allen beschriebenen Fällen fehlt der Nachweis, wie DNA-Sequenzen vor vielleicht Millionen von Jahren übertragen worden sein könnten. Die Theorie beruht nur auf Sequenz-Vergleich. Auch ist es unwahrscheinlich, dass die Übertragungen der genetischen Informationen 'absichtlich' geschehen sind. Selektion hat wohl dazu beigetragen, dass von möglicherweise grösseren DNA-Stücken nur solche übrig geblieben sind, die dem Empfänger nützen.

Es gibt aber auch horizontalen Gentransfer, dessen Nützlichkeit – für den Überträger oder den Empfänger – erwiesen ist und der einen speziellen Mechanismus anwendet: bakterielle Konjugation und Gentransfer von Bodenbakterien zu Pflanzen. Bakterielle Genübertragung ist bekannt, zum Beispiel als Ursprung der gefürchteten Antibiotikum-Resistenz, die von einem zum anderen Bakterium übertragen werden kann. Bei der Interaktion von den *Agrobacterium tumefaciens* genannten Bodenbakterien mit Pflanzen wird ein DNA-Segment vom Bakterium zur Pflanze übertragen, wo es sich in die Chromosomen integriert. Dies führt zum Ablesen der genetischen Information, der Synthese von tumorbildenden Substanzen und zum sichtbaren Tumor (siehe Abbildung). Dieser Mechanismus wird von Genforschern verwendet, um wichtige Substanzen wie Vitamine oder Impfstoffe in Pflanzen zu produzieren oder um Nutzpflanzen gegen Schädlinge resistent zu machen.

Nicht weit von Aesch, am Wegesrand,
einst ein schönes Pflänzchen stand.
Es hatte Blüten, lang UND rund,
doch die Genetik nahm uns wund'.
Hat dies nun wirklich einen Grund?

Die Genetik dieser Pflanze ist tatsächlich wunderlich. Die verschiedenen Formen der Blüten der *Linaria vulgaris* wurden schon vor mehr als 250 Jahren von Carl Linnaeus beschrieben, die Grundlage der Veränderung der Blütenform wurde aber erst vor nicht einmal 20 Jahren erkannt. Es handelt sich nicht um eine genetische, sondern eine epigenetische Mutation (Epimutation).

Die Epigenetik, erforscht auf molekularem Niveau, ist eine relativ junge Wissenschaft. Epigenetische Mutationen sind nicht Folge einer Änderung in der Sequenz der Basenpaare der Desoxyribonukleinsäure (DNA). Vielmehr kann das Anfügen kleiner chemischer Bausteine an die DNA oder an die sie umgebenden Proteine ihre Funktion verändern. Dadurch kann also das Ablesen der genetischen Information variiert werden. In dem speziellen Fall der unteren Blüte der abgebildeten *Linaria vulgaris* (Echtes Leinkraut) wird ein Gen, das für die zweiseitige Symmetrie der Blüte verantwortlich ist, abgeschaltet. Die Blüte ist radialsymmetrisch, im Unterschied zu der normalen zweiseitig symmetrischen Blüte. Die DNA-Sequenzen des Blütengens sind identisch, aber seine Verwendung ist verändert. Unter bestimmten Umweltbedingungen oder nach Einwirken bestimmter Chemikalien kann das Gen wieder aktiviert werden, indem die kleinen chemischen Veränderungen an DNA oder daran gebundenen Proteinen wieder abgehängt werden, sodass die normale, zweiseitig symmetrische Blütenform hergestellt wird.

Epigenetische Veränderungen gibt es bei allen höheren Organismen. Sie spielen bei der Entwicklung, der Reaktion auf die Umwelt und bei der Vererbung eine lebensnotwendige Rolle. Wir können zum Beispiel beobachten, wie Gene bei der Vererbung an- oder abgeschaltet werden, so etwa bei der beliebten Calico-Katze. Diese immer weibliche Katze hat ein gescheckstes Fell. Das Weibchen trägt, wie Frauen, zwei X-Chromosomen, während der Kater ein X- und ein

Y-Chromosom besitzt. In der frühen Embryogenese wird eines der beiden X-Chromosomen durch eine epigenetische Veränderung abgeschaltet, und zwar in verschiedenen Teilen des Embryos zu unterschiedlichen Zeiten. Wenn die für die dunkle Farbe verantwortlichen Gene auf nur einem der beiden X-Chromosomen sitzen, können sie in einem Fall abgeschaltet werden, in einem anderen Fall bleiben sie aktiv.

Epigenetische Veränderungen können aber auch Ursache gefährlicher Krankheiten sein. Ein böses Beispiel ist das fragile X-Syndrom: Betroffene leiden an einer manchmal schwerwiegenden Intelligenzminderung. Das funktionierende Gen ist wichtig für die Nervenzellen im Gehirn und deren Funktion im Gedächtnis. In der Wachstumsphase kranker Menschen wird dieses Gen epigenetisch abgeschaltet. In diesem speziellen Fall bewirken Vermehrungen einer kurzen DNA-Sequenz ausserhalb des kodierenden Teils des Gens dessen Funktionsausfall.

Es gibt noch viele weitere Beispiele für epigenetische Veränderungen von Mensch, Tier und Pflanze, aber in nur wenigen Fällen ist die genaue molekulargenetische Ursache bekannt.

Die schönen Blüten, die bunte Katze, aber auch behinderte Menschen – die Epigenetik mischt mit.

Calico-Katze. Findeltier beim Tierschutz beider Basel.
Linaria vulgaris mit normalen und radialsymmetrischen Blüten.
Fotos © Laura Leuenberger

Rot, feucht, glänzend – so erscheinen die Kiemen eines frischen Fisches! Das stimmt für die allermeisten Fische, nicht jedoch für die Eisfische oder Weissblutfische. Dieser zweite Populärname weist bereits auf das Phänomen hin, von dem hier die Rede sein soll: diese Fische haben weisses Blut, genauer gesagt fehlt ihnen der Blutfarbstoff Hämoglobin. Dieses eisenhaltige Protein sorgt bei vielen Tieren für die Bindung und den Transport des Sauerstoffs im Körper. Ohne dieses Pigment ist das Blut fast farblos, entsprechend sind die Kiemen weiss. Beim Eröffnen der Leibeshöhle erscheinen auch die inneren, blutreichen Organe wie Leber, Milz und Darm weisslich. Selbst die Muskulatur ist ganz hell, denn hier fehlt das Myoglobin, ein weiteres sauerstoffbindendes Pigment. Daher stellt sich den Biologen und Naturforscherinnen folgende Frage: Was sind das für sonderbare Fische und wie funktionieren sie, ohne diese Hilfsmittel für die Bindung und den Transport des lebensnotwendigen Sauerstoffs?

Hier kommen physiologische und morphologische Anpassungen und Besonderheiten des Lebensraumes zusammen: Eisfische leben in den antarktischen Gewässern, deren Wassertemperatur unter 6°C bleibt. Die physikalische Löslichkeit von Gasen ist temperaturabhängig und bei 0°C ist der Sauerstoffgehalt von Meerwasser fast doppelt so hoch wie bei 30°C. Sauerstoff steht also in den Tiefen des antarktischen Ozeans reichlicher zur Verfügung als in niederen Breitengraden. Zusätzlich verfügen die Eisfische über zahlreiche Anpassungen. Sie haben einen sehr niedrigen Standardstoffwechsel, ihr Sauerstoffbedarf beträgt etwa ein Sechstel des Bedarfs einer ökologisch vergleichbaren Art aus 30°C warmen tropischen Gewässern. Sie haben bis zu vier Mal mehr Blut als andere Knochenfischarten. Selbstverständlich muss das Herz 'mitmachen' – es ist sehr gross und pumpt mit einem Herzschlag bis zu 15 Mal mehr Blut als das Herz von vergleichbar grossen anderen Fischarten. Auch die Blutgefässe haben grössere Durchmesser, um den Blutdurchfluss zu gewährleisten.

Da die roten Blutkörperchen ebenfalls fehlen oder nur in sehr geringer Zahl vorhanden sind, ist die Viskosität des Blutes niedrig, was diesen hohen Blut-durchfluss erleichtert. Darüber hinaus hilft die Haut bei der Versorgung mit Sauerstoff mit: sie ist dünn und ohne Schuppen und reich mit Gefässen versehen, sodass der Austausch von Gasen durch die Haut und der Gas-Transport erleichtert werden; die Fische atmen also auch über die Haut.

Ebenso sind die Eisfische in ihrer Lebensweise gut an diese besonderen Bedingungen angepasst, denn sie sind sparsam mit energieaufwendigem Schwimmen. Einige Arten liegen als Lauerjäger auf dem Meeresgrund, andere machen Vertikalwanderungen und folgen ihrer begehrten Beute, den Krillschwärmen, in die oberflächennahen Schichten. Um den Aufstieg möglichst energiesparend zu bewältigen, haben sie auf die Schwimmblase verzichtet, sie haben viel Fett im Körper eingelagert und ihr Skelett ist sehr leicht. Ihre hervorragende Anpassung an die antarktischen Bedingungen schützen sie jedoch nicht vor Stress: Der Klimaerwärmung und den über die Atmosphäre eingetragenen Schadstoffen werden sie wohl nicht viel entgegenzusetzen haben. Eigene Forschungen zeigen, dass ihre Fähigkeit, Schadstoffe abzubauen, niedriger ist als bei unseren einheimischen Arten und dass sie ihre Anpassungsfähigkeit an erhöhte Temperaturen sehr begrenzt ist.

Blick in die Kiemenhöhle eines Weissblutfisches, RV-Polarstern, ANT 28/4, April 2012

Anlässlich einer Estrich-Entrümpelung im Botanischen Institut an der Basler Schönbeinstrasse habe ich 1973 aus einem bereits befüllten Kehrichtsack ein Couvert mit Zeichnungen herausgezogen, welche der zwanzigjährige Gustav Senn 1895 im Botanik-Praktikum bei Prof. Georg Klebs, damals Direktor des Botanischen Instituts, gemacht hatte. Im Blättchen eines Lebermooses beobachtete Senn im Mikroskop die Teilung der Chlorophyllkörner, in Blattzellen einer Wasserschraube *(Vallisneria)* deren Bewegung; es handelt sich um eine geordnete Bewegung in einer Richtung, ähnlich wie im Strassenverkehr. Akribisch zeichnete Senn dieses Phänomen auf und gab die Bewegungsrichtung mit Pfeilen an. 13 Jahre später (1908) publizierte er ein bahnbrechendes wissenschaftliches Werk mit dem Titel «Die Gestalts- und Lageveränderung der Pflanzen-Chromatophoren». Senn wies nach, dass sich die (meistens) linsenförmigen Chloroplasten bei Schwachlicht optimal exponieren, um möglichst viel Sonnenenergie einzufangen, bei Starklicht aber innerhalb der Blattzelle zur Seite driften und ihre Schmalseite exponieren, um sich vor Verbrennung zu schützen.

Was aber wusste Senn damals über den biologischen Hintergrund der Chloroplastenteilung? Möglicherweise wurde er darauf hingewiesen, dass die Teilung bei den ebenfalls photosynthetisch aktiven Cyanobakterien (sie wurden damals noch als Blaualgen bezeichnet) gleich verläuft. Senn zeichnete Teilungsstadien im Filament der koloniebildenden Cyanobakterie *Nostoc vulgaris* («Schtärneschnuder»), welches er aus seiner dicken Schleimhülle befreit hatte. Am Ende des 19. Jahrhunderts ging ein Raunen durch die naturwissenschaftliche Fachwelt: wäre es möglich, dass Chloroplasten Cyanobakterien sind, welche in den Zellen der Pflanzen als Endo- (innere) Symbionten leben und dort Photosynthese betreiben?

Andreas Franz Wilhelm Schimper aus Strassburg, ab 1898 Klebs' Nachfolger in Basel, hatte 1883 die Ähnlichkeit von Cyanobakterien und Chloroplasten beobachtet und die Möglichkeit eines symbiotischen Ursprungs der Chlorophyllkörner postuliert; gleiches tat 1905 der Russe Constantin Mereschkowsky. Dass genetisch unterschiedliche Organismen eng beisammen leben können, ohne sich gegenseitig zu schaden, hatte 1867 erstmals Simon Schwendener, damals Professor am Botanischen Institut und 1869 Rektor der Universität Basel am Beispiel der Flechtensymbiose gezeigt. Seine Entdeckung hatte Signalcharakter: danach wurden viele weitere sogenannte Mutualistische Symbiosen entdeckt (z.B. Wurzelknöllchen, Mykorrhizen, Algensymbionten vieler wirbelloser Tiere etc.), bei denen für beide beteiligte Partner eine positive Bilanz resultiert.

Beweisen liess sich die Endosymbiontentheorie anfangs des 20. Jahrhunderts allerdings nicht. Mit elektronenmikroskopischen, aber insbesondere mit molekulargenetischen Untersuchungsmethoden wurde erst in der zweiten Jahrhunderthälfte gezeigt, dass Chloroplasten tatsächlich cyanobakterielle Endosymbionten sind. Sie bilden keine Zellwand mehr aus und haben einen Teil ihres Erbgutes an den Zellkern der Pflanzenzelle abgegeben. Dort wurde es integriert und von dort aus wird es gesteuert. Deshalb findet in der Pflanzenzelle Chloroplastenteilung nicht beliebig, sondern kerngesteuert im Zuge des Pflanzenzellwachstums statt.

Wie wird die von Senn beobachtete Bewegung der Chloroplasten innerhalb der Pflanzenzelle ermöglicht? Kadota und Kollegen haben 2009 gezeigt, dass es Aktin-Filmente sind, welche die Chloroplasten bewegen, die gleichen Proteine also, dank denen wir unsere Muskeln bewegen können.

Der einzellige Urahn der heutigen Pflanzen wollte Cyanobakterienzellen fressen; dann hat er gespürt, dass es profitabler ist, sie leben zu lassen, ihnen gute Lebensbedingungen zu bieten und dafür laufend Photosyntheseprodukte geliefert zu bekommen. Mutualistische Symbiosen nach dem Prinzip «Leben und leben lassen» unter Ausnutzung unterschiedlicher metabolischer Fähigkeiten: ein zentral wichtiger Motor der Evolution.

Wir leben in einer Zeit wachsender Urbanisierung. Schon heute wohnt die Hälfte der Weltbevölkerung in Städten, Tendenz steigend. Dies bedeutet auch eine tiefgreifende Veränderung der umliegenden Landschaft. Naturräume werden in Agrarflächen umgewandelt zulasten der Biodiversität. Vor allem Waldbewohner haben damit zu kämpfen, dass ihr Lebensraum stetig schrumpft. Dennoch hat der Habicht es geschafft in der Stadt (z.B. in Hamburg, Berlin, Köln) stabile Populationen zu gründen.

Ursprünglich ist der Habicht *(Accipiter gentilis)* ein Waldbewohner par excellence. Er ist angepasst an das Jagen und Manövrieren in dichtem Bewuchs, trotz einer beachtlichen Flügelspannweite von einem Meter (bei Männchen, bei Weibchen sogar bis zu 1,15 Meter). Alte Bäume werden von ihm als Nistplätze bevorzugt und zusätzlich bietet der Wald ausreichend Deckung beim Spähen nach Beute. Dem Menschen gegenüber verhält er sich äusserst scheu, was der Zoologe Oskar Heinroth (1871–1945) so beschrieb: «Den Habicht erkennt man daran, dass man ihn nicht sieht.» Diese Eigenschaft macht es sehr schwierig, entscheidende Parameter der Habitatnutzung (zum Beispiel die Grösse des Territoriums, Streifgebiets oder den Jagderfolg) zu bestimmen.

Trotz der Anpassung an den Wald haben Habichte Grossstädte als Lebensraum für sich entdeckt. Der Grund dafür ist allerdings nicht bekannt, es wird vermutet, dass das gute Nahrungsangebot ein ausschlaggebender Faktor ist. Der neue Lebensraum unterscheidet sich in grundlegenden Eigenschaften vom natürlichen Habitat. Allen voran durch die Bebauung und die Verkehrsinfrastruktur. Dazu kommt Verkehrslärm, Smog und künstliche Beleuchtung. (Sogar die Temperatur ist etwas höher in der Stadt als im Umland.) Dies beinhaltet auch Gefahren, denen die Vögel im natürlichen Habitat nicht begegnen. Spiegelnde Fassaden werden nicht als Barriere wahrgenommen und angeflogen, mit oftmals fatalen Folgen. Auch das Blenden durch direkte oder gespiegelte Lichtquellen kann nachteilig sein, zum Beispiel bei der Jagd. Dazu kommt die Präsenz des Menschen, über Jahrhunderte der ärgste Feind des Habichts. Dennoch sind Städte keine lebensfeindlichen Wüsten. Friedhöfe, Parks und Grünanlagen wirken wie grüne, stille Oasen, in denen eine beeindruckende Artenvielfalt gedeiht. Doch die Tiere müssen sich anpassen. Der Habicht nistet in Parks, zuweilen sogar auf einzelnen Bäumen in Hinterhöfen. Die Jagdstreifgebiete sind (mit ca. 900 ha) sehr viel kleiner als im Wald (mit bis zu 5000 ha; das entspricht etwa der doppelten Grösse von Basel-Stadt). Beinahe die Hälfte der Jagd findet sogar in stark bebauten Gebieten statt. Hauptbeutetiere im urbanen Raum sind Tauben und Ratten. Studien legen nahe, dass der Jagderfolg in Städten deutlich höher ist (16 Prozent in der Stadt gegenüber 5 Prozent im Wald), was für ein reiches Nahrungsangebot spricht. Sogar seine Jagdtechnik und das Flugverhalten scheint der Vogel an diesen Lebensraum angepasst zu haben. Allerdings gibt es dazu kaum eindeutige Belege, da der Habicht im natürlichen Habitat extrem schwer zu beobachten ist, ganz im Gegensatz zu den «Stadt-Habichten», die dem Menschen gegenüber deutlich weniger scheu sind. Die Hauptflugzeiten in der Stadt sind die Morgen- bzw. Abenddämmerung, doch dank der Strassenbeleuchtung wird zum Teil auch nachts gejagt. Dieses Verhalten steht im krassen Gegensatz zu jenem von im Wald lebenden Populationen.

Der Habicht hat sich inzwischen zu einem echten Stadtbewohner *(urban dweller)* gemausert. Dafür hat er sich an die städtischen Anforderungen angepasst, die denen des Waldlebens teilweise entgegenstehen. Dies ist bemerkenswert, da einige Studien belegen, dass Habichte suburbane Gegenden meiden. Das bedeutet, dass einige Populationen besiedelte Gebiete meiden, während andere gerade dort den passenden Lebensraum finden.

Bisher ist weitgehend unerforscht, ob es sich dabei um phänotypische Plastizität (im Spielraum der möglichen Ausprägung eines Merkmals) oder um eine echte Evolution durch veränderten Selektionsdruck handelt.

Seit über 35 Jahren betreibe ich Lichtfang und habe viele Erfahrungen auf diesem Gebiet gesammelt. Sowohl in der Literatur als auch Berichten von Kollegen zufolge gelten schwülwarme Nächte als die besten für den Lichtfang von Nachtinsekten, wobei Vollmond oder jegliches Fremdlicht in der Umgebung des Leuchtplatzes unerwünscht sind.

Ich erinnere mich genau an einen bestimmten Abend. Es war der 30. September 2013, und die Wetterlage war unbeständig. An diesem Tag beschloss ich, meinen beliebten Leuchtplatz auf der Südseite des Chambersbergs im Bölchengebiet aufzusuchen. Von meinem Wohnort Zunzgen aus ist dieser Ort in etwa einer Viertelstunde mit dem Auto zu erreichen. Kaum war ich im Nachbarsdorf angelangt, begann es wieder zu regnen, und die Hoffnung auf einen erfolgreichen Abend begann zu schwinden. Bei Diegten wurde es wieder klar, doch in der Ferne kam der vollkommen mit Wolken verhangene Horizont des Bölchen ins Blickfeld. Allen negativen Vorzeichen zum Trotz fuhr ich weiter und erreichte den Zielort am Chambersberg, in dichten Nebel gehüllt. Aufstellen oder heimfahren?

Ein Lichtfang, wie ich ihn betreibe, erfordert jedes Mal eine gewisse Vorarbeit, mit dem Beladen des Autos mit all dem Material, das ich dafür brauche. Da gilt es an alles zu denken, was mitmuss: Generator, Benzin, diverse Lampen, meinen bewährten, mit einem grossen Leintuch bespannten «Wäsche-Stewi», Fangnetz und Plastikgläser zum Einsammeln der Falter. In Anbetracht dieser Vorarbeit entschied ich mich für die optimistische Variante und stellte meine Anlage auf.

Kaum hatte ich die beiden grell leuchtenden Lampen an meinem Leuchttuch eingeschaltet, da flogen zu meiner Überraschung schon die ersten Falter aus dem gespenstischen Nichts an das schneeweisse Tuch. Eine Art nach der anderen flatterte wie besessen umher, und ich hatte alle Hände voll zu tun, um die vielen Tiere in den Sammelröhrchen zu versorgen. Plötzlich war ein tieferer Flatterton zu vernehmen, und es trudelte ein richtiger Brummer aus dem stockdicken Nebel ans Tuch.

Herzklopfen total! – Was ist das wohl? Tatsächlich – ein Blaues Ordensband! Mein zweites in meiner über

dreissigjährigen Tätigkeit. Gab es doch aus der Region Basel im dreissig Kilometer-Umkreis während dieser Zeitspanne nur gerade vier Nachweise: einen aus Carspach (Elsass) von 1982, einen aus Magden von 1989, einen aus Kleinlützel von 2001 und einen aus Crèmines (Mont Raimeux) von 2002. Das Blaue Ordensband ist ein kräftiger Flieger und das grösste der in unserer Region bekannten Ordensbänder.

Wie bei vielen Eulenfaltern kann man das Geschlecht beim Blauen Ordensband nicht so einfach ohne Genitaluntersuchung ermitteln. In der Hoffnung, dass es sich um ein Weibchen handeln könnte, habe ich den Falter mit Honigwasser gefüttert, um davon Eier zu bekommen. Leider verstarb das Tier nach einer Woche, ohne Eier zu legen. Es ist noch immer nicht klar, ob er wirklich ein Weibchen ist bzw. war. Dazu müsste ich den Hinterleib teilweise abtrennen, was mich für das Präparat schade dünkt. So habe ich den toten Falter gespannt und den Fund selbstverständlich in Neuenburg im Centre Suisse de Cartographie de la Faune gemeldet.

Foto © Werner Huber

Peter Huggenberger

Das Reich der Steine: Momente aus dem Untergrund von Basel

Kiesgrubenwand Rheinschotter mit charakteristischen Sedimentstrukturen (M ~ 1,5 m)

In einer Zeit, in der täglich über neue Bahn- und Autotunnelvarianten unter dem Boden Basels nachgedacht und geschrieben wird, bilden die Strukturen der Rheinschotter im Untergrund von Basel ein Archiv der Dynamik der Ablagerungs- und Erosionsprozesse des Rheins und seiner Zuflüsse. Auf der Oberfläche einzelner Gesteinskomponenten finden sich Spuren von Ablagerungsmilieus des damaligen Flusssystems, beziehungsweise der Gestein-Wasser-Interaktionen, die noch nicht erklärt werden können, aber den Betrachter aufgrund der faszinierenden Muster und Regelmässigkeiten in der Anordnung zum Denken anregen ('Ringlistein').

Das Reich der Steine unter Basel hat jedoch noch eine viel wichtigere Bedeutung. Das Steinreich, das heisst die Schotter des Untergrundes von Basel, bilden die Grundwasserträger, aus denen die Region weitgehend mit Trink- und Brauchwasser versorgt wird. Die Flüsse als Sediment-Sortiermaschinen erzeugen ein Fachwerk an Strukturen und charakteristischen Gefügen, mit teilweise sehr hohen Porositäten und Durchlässigkeiten, die dem zirkulierenden Grundwasser den Weg weisen. Unterhalb einer ungesättigten Zone (Rheinschotter) mit unterschiedlichem, vom jeweiligen Schottergefüge abhängigen Wassergehalt, der die farblichen Unterschiede mitprägt, existiert der Bereich, wo Grundwasser den Porenraum vollständig ausfüllt. Pro Kubikmeter Schotter können somit in der Grössen-

ordnung von 150 bis 300 Liter Wasser gespeichert werden. Das Grundwasser unter der Stadt stammt vorwiegend aus den Oberflächengewässern, dem Rhein und seiner seitlichen Zuflüsse, und den unterirdischen Zuflüssen aus den peripher gelegenen Hügelregionen. Die menschlichen Aktivitäten hinterliessen nicht nur in der Vergangenheit Spuren der industriellen Entwicklung, die fortschreitende Urbanisierung hinterlässt auch deutliche Spuren in der Gegenwart. Die Stadt wächst nicht nur in die Höhe, sondern auch in die Tiefe. Während früher vor allem Schadstoffe die Wasserqualität des Grundwassers beeinträchtigten, bewirken dies heute Spurenstoffe, die über die Oberflächengewässer diffus ins Grundwasser eingetragen werden, oder die erhöhten Temperaturen des Grundwassers aufgrund der Gebäudeabwärme und der Nutzung des Grundwassers zur Kühlung sowie die Veränderungen der Speicherfähigkeit und Wasserwege durch die immer tiefer in den Untergrund reichenden Gebäude. Um die Ressourcen des Untergrundes nachhaltig zu bewirtschaften, wird in Zukunft die Raumplanung, insbesondere bei der Planung neuer Quartiere und der Verkehrsinfrastruktur, auch die Entwicklungen der Quantität und Qualität der Ressourcen des Untergrundes miteinbeziehen müssen.

Karbonatgeröll aus den Rheinschottern, 'Ringlistein' (Durchmesser ca. 5 cm) mit charakteristischen Ringen, eine Seite jeweils dunkler als die gegenüberliegende.
Fotos © Peter Huggenberger

Matthias Hunziker

Flächenberechnung am Hang – ein statistisches Phänomen mit Folgen!

Wie wir alle gelernt haben, beträgt die Gesamtfläche der Schweiz ungefähr 41 300 km². Dies trifft aber nur zu, wenn wir uns die Schweiz als Ebene im zweidimensionalen Raum vorstellen und das Gebiet zum Beispiel durch 1 033 106 Quadrate mit einer Seitenlänge von 200 Metern ausfüllen lassen. Heute sind wir technisch aber bereits in der Lage, die Oberfläche der Schweiz oder anderer Ausschnitte auf der Erde mit Hilfe von Geographischen Informationssystemen (GIS) in der dritten Dimension abzuschätzen. Dazu werden Digitale Höhenmodelle (DHM) verwendet. Sie liegen vorwiegend als Rasterdateien vor und jeder Zellenwert repräsentiert die Höheninformation (Z-Wert) für den Ort, an dem die Zelle im geographischen Raum (X- und Y-Koordinaten) liegt. Folglich ist die Oberfläche der Schweiz, mit Jura und Alpen als markanten Rauigkeitselementen, grösser als ihre planare Fläche. In Zahlen ausgedrückt, beträgt dieser Unterschied schon bei einem DHM mit einer groben Rasterauflösung von 200 Metern 3864 km² (+9 %).

Auf Basis eines mit einem 25-Meter-Raster arbeitenden Höhenmodells beträgt die abgeschätzte Oberfläche des südlich von Andermatt gelegenen Unteralptals (<2400 m.ü.M.) 42 km² (+19 % im Vergleich zur planar errechneten Fläche). Davon waren 2007 zwei Quadratkilometer (+23 %) durch Grünerlen bewachsen. Landbedeckungsklassen wie stehende Gewässer, das Flussbett der Unteralp-Reuss oder die Schotterstrasse weisen aufgrund ihren weniger starken Hangneigungen geringe Unterschiede in der Fläche auf – 1, 3 und 7 %. Auf der anderen Seite werden typische Landschaftselemente des alpinen Raums wie Fels-

wände oder Schuttflächen in diesem Beispiel mit dem planaren Ansatz um 40 resp. 11 % unterschätzt.

Die Analyse bestätigt somit die zu Beginn gemachten Herleitungen. Das Bespiel zeigt auch, dass die heutige Methode Flächen an Hängen im Vergleich zu jenen in ebenen Lagen unterschätzen und diese Unterschätzung mit zunehmender Hangneigung grösser wird. Will man die langjährige Statistik einheitlich weiterführen, mag es zu einem gewissen Grad berechtigt sein, den planaren Ansatz beizubehalten. Doch schon bei einem nationalen Waldforstinventar impliziert die Unterteilung der Waldfläche in Hangneigungsklassen eine verzerrte Darstellung der realen Waldfläche. Aus landschaftsökologischer Sicht gibt es weitere Punkte, die gegen den planaren Ansatz sprechen.

Die von Erika Hiltbrunner in diesem Buch eindrücklich geschilderten ökologischen Folgen der Verbuschung durch die Grünerle *(Alnus viridis)* können mit diesem Denkansatz noch stärker ausfallen. Bezieht man die Stoffflüsse allein auf die Fläche, unterschätzt man die absolut zwischen den einzelnen Systemen fliessenden Mengen: In unserem Beispiel gelangen 23 % mehr Nitrat von Böden unter Grünerlen in das aquatische System als bisher angenommen.

Durch die Anwendung verbesserter Methoden können in Zukunft Naturphänomene realitätsgetreuer beschrieben, Erosions- bis hin zu Schadensereignissen besser quantifiziert und im Artenschutz genauer auf die Anforderungen von Flora und Fauna eingegangen werden. Was bedeutet das wohl für die Berggorillas und die von ihnen beanspruchte Fläche?

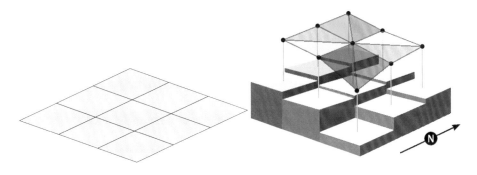

Flächenberechnung im planaren System durch Quadrieren der Seitenlänge einer Zelle (links) und Abschätzung der Oberfläche einer Zelle (Summe der Dreiecksflächen pro Zelle) auf Basis der Höheninformation der Zelle und seiner acht Nachbarzellen (rechts).
© Jeff Jenness

Peter Itin

Fehlende Fingerabdrücke – ein echtes Reisehindernis

Der Mensch ist ein einzigartiges Wesen, und die Identifikation eines jeden Individuums ist heute durch verschiedene Methoden möglich. Neben der aufwendigen molekulargenetischen Analyse, die auch als genetischer Fingerabdruck bezeichnet wird, sind die individuellen Muster der Fingerleisten bei jedem Menschen anders. Aus diesem Grund führte Scotland Yard im Jahr 1901 die Fingerabdruck-Klassifikation zur Überführung von Tätern in die Kriminologie ein. Sogar eineiige Zwillinge können mit diesem Muster der sogenannten Dermatoglyphen unterschieden werden. Heute werden zum Beispiel bei der Einreise in die USA regelmässig Fingerabdrücke abgenommen. Individuen, bei denen die Fingerabdrücke nicht zur Darstellung kommen, haben jedes Mal erhebliche Probleme bei der Einreise. Ein Fehlen der Fingerabdrücke kann zum Beispiel die Folge einer Verbrennungsnarbe sein. Fehlen die Fingerabdrücke bereits bei der Geburt, ist dies meist Anzeichen einer sehr seltenen genetischen Veranlagung. Kinder mit angeborener Neigung zu Blasenbildung können ebenfalls die Veranlagung fehlender Fingerabdrücke aufweisen.

Wir hatten die Gelegenheit, eine Familie zu untersuchen, bei der über vier Generationen das Fehlen von Fingerabdrücken bekannt war. Von 16 Familienmitgliedern hatten neun seit der Geburt keine Fingerabdrücke. Das Merkmal wird autosomal dominant vererbt, das heisst, die Übertragungswahrscheinlichkeit beträgt fünfzig Prozent. Das Fehlen von Fingerabdrücken nennt man in der Wissenschaft Adermatoglyphie. Die betroffenen Familienmitglieder hatten ansonsten keine medizinischen Probleme. Die Indexpatientin wurde jedes Mal bei der Einreise in die USA stundenlang zurückgehalten, weshalb sie unsere Klinik aufsuchte. Dadurch erhielten wir die Möglichkeit, dieses Familienmerkmal klinisch und molekulargenetisch aufzuarbeiten und schufen den Begriff «Einwanderungskrankheit», da die Familienmitglieder keine medizinischen Probleme hatten, jedoch stereotyp bei der Einreise ein Problem hatten. Die Suche nach Veränderungen in der Erbsubstanz in Kooperation mit der Genetikabteilung des Sourasky Medical Center in Tel Aviv, Israel, ergab bei allen Betroffenen

eine Mutation im sogenannten Smarcad-Gen. Dieses Gen scheint bereits beim Embryo eine wichtige Bedeutung für die Entwicklung der Fingerleisten, der sogenannten Dermatoglphen, zu spielen.

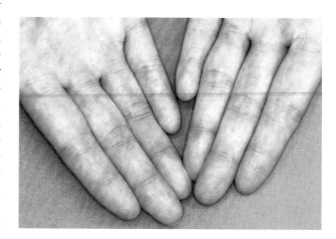

Links die Kontrolle und rechts die Adermatoglyphie
Fotos © Peter Itin

Urs Jenal

Wie Bakterien zählen und miteinander kommunizieren

Als Kind lernt der Mensch, sich sprachlich zu verständigen und sich im Zahlenraum zu bewegen. Bakterien, einfache einzellige Lebewesen, haben ähnliche Mittel entwickelt, um miteinander zu kommunizieren und sogar einfache Rechenaufgaben zu lösen. Die Entdeckung der «bakteriellen Sprachen» ist eng verbunden mit dem Studium des Leuchtorgans von *Euprymna scolopes*. Dieser nachtaktive Zwergtintenfisch trägt an seiner Körperunterseite ein ungewöhnliches Organ, welches Licht aussendet, um im Mondlicht durch die Produktion eines Gegenschattens nicht als Beute erkannt zu werden. Verantwortlich für die Lichterzeugung sind *Vibrio*-Bakterien, welche das Leuchtorgan besiedeln und sich, vom Tintenfisch gut gefüttert, jede Nacht von neuem millionenfach vermehren.

Da einzelne Bakterien keine ausreichend starke Lichtquelle ergeben, wird der Lichtschalter erst dann angestellt, wenn die Bakterien durch Wachstum im Leuchtorgan des Tintenfisches sehr hohe Zelldichten erreichen. Die Bakterien zählen also erst ihr eigenes «Quorum» und koppeln das Ergebnis dann direkt an den Lichtschalter. Ganz ähnlich wie in der Politik, wo oft ein nötiges Quorum erreicht sein muss, damit eine Abstimmung gültig ist, fällen Bakterien gewisse Entscheidungen im Kollektiv und erzielen so eine stärkere Wirkung. Bakterien wählen diesen Weg immer dann, wenn ein bestimmtes Verhalten für die Einzelzelle wenig effizient, für das Kollektiv jedoch höchst effektiv ist.

Neben der Biolumineszenz, der biologischen Erzeugung von Licht, wird «Quorum Sensing» (Messen des Quorums) von Bakterien bei einer Vielzahl weiterer Funktionen eingesetzt, unter anderem von Krankheitskeimen, um den Angriff auf den menschlichen oder tierischen Wirt zu optimieren. Dabei werden bestimmte Zellgifte erst dann hergestellt und ausgeschieden, wenn die Zahl der Bakterien genügend hoch ist und ein wirksamer Angriff auf den Wirt erfolgversprechend ist. Die Sprache, mit welcher sich einzelne Bakterien dabei untereinander verständigen und abstimmen, ist eine chemische. Es werden hierbei bestimmte Substanzen, sogenannte Autoinduktoren, von den Bakterien hergestellt und in die Umgebung

entlassen. Gleichzeitig enthalten alle Bakterien einen Sensor, der die Konzentration dieser Substanz misst und, nach Erreichen eines Schwellenwertes, z.B. den Lichtschalter oder andere zelluläre Schalter anstellt. Während die Konzentration des Autoinduktors bei tiefen Zelldichten unter dem nötigen Schwellenwert bleibt, steigt sie bei Erreichen des «Quorums» über diesen kritischen Wert an und stellt so den Schalter an.

Ähnlich wie beim Menschen hat sich auch bei Bakterien eine riesige Vielfalt von (chemischen) Sprachen entwickelt. Einige werden verwendet, um das Verhalten artverwandter Zellen zu koordinieren, während andere, in einer Esperanto-ähnlichen Art und Weise, Kommunikation über die Artgrenze hinweg ermöglichen. Neuere Studien legen nahe, dass die Kommunikation zwischen Bakterien auch bei der bakteriellen Besiedelung des menschlichen Körpers und der Zusammensetzung des persönlichen Mikrobioms eine wichtige Rolle spielt. Mit bis zu 1 000 000 000 000 Bakterien pro Gramm Darminhalt erreichen Bakterien im Dickdarm des Menschen eine enorme Dichte und Vielfalt. Entsprechend komplex muss man sich Kommunikation und Rechenleistungen des Mikrobioms vorstellen.

Was mit einfachen Studien zum Leuchtorgan eines kleinen Tintenfisches begann, könnte sich zu einer starken therapeutischen Waffe im Kampf gegen bakterielle Infektionen entwickeln. Falls es gelingt, die Kommunikation zwischen Bakterien zum Verstummen zu bringen, könnten bakterielle Infektionen wirkungsvoll bekämpft werden. Auch hier ist die Natur Vorbild: Rivalisierende Mikroorganismen versuchen nämlich, die Sprache ihrer direkten Konkurrenz zu zerstören. Weitreichende pharmakologische Studien sind deshalb im Gange, um Substanzen zu entwickeln, welche die Herstellung, Verbreitung oder das Lesen bakterieller Sprachen unterbindet.

Ein spannendes Phänomen wurde bei Felduntersuchungen der geheimnisvollen menschlichen Afrikanischen Schlafkrankheit beobachtet. Sie wird durch einzellige Parasiten (Trypanosomen) verursacht und von Tsetsefliegen übertragen. Heute geht man davon aus, dass etwa 20 000 Menschen zwischen südlicher Sahara und Sambesi von der Krankheit betroffen sind. Noch vor zwanzig Jahren sprach man von 300 000! Die Krankheit ist schon immer wellenartig aufgetreten. Nach grossen Epidemien am Anfang des 20. Jahrhunderts schafften es die Kolonialmächte, die Schlafkrankheit zu kontrollieren und fast zum Verschwinden zu bringen. Nach der Unabhängigkeit der afrikanischen Staaten stiegen die Patientenzahlen wieder an und gehen seit dem Jahrhundertwechsel dank intensivierter Kontrolle stetig zurück. Behandelt man sie nicht, verläuft die Krankheit tödlich.

Die Erreger der Schlafkrankheit werden durch beide Geschlechter der Tsetsefliege übertragen. Da die Tsetsefliege nur in Afrika vorkommt, bleibt die Schlafkrankheit auf diesen Kontinent beschränkt. Der Lebenszyklus der für die Schlafkrankheit verantwortlichen Trypanosomen in Fliege und Mensch ist sehr komplex. Die Schlafkrankheitserreger sind virtuos und haben viele Gesichter – sie veranstalten eine Art Mummenschanz.

Bei der Untersuchung der Tsetsefliege als Überträgerin der menschlichen Schlafkrankheit zeigte es sich, dass der grösste Teil einer Fliegenpopulation relativ resistent gegen diese Trypanosomen ist. Im Feld liegt die Zahl der infektiösen, Trypanosomen übertragenden Fliegen im Bereich von einem bis fünf Promille.

Wie aber lässt sich nun, trotz der äusserst niedrigen Infektionsrate der Fliegen das plötzliche Ausbrechen einer Schlafkrankheitsepidemie in gewissen Ländern Ostafrikas erklären, bei der innerhalb von Monaten Tausende von Menschen erkranken können? Rudolf Geigy hatte 1975 berichtet, dass in Gruppen von Menschen gleich mehrere Personen krank werden können, die vermutlich zum selben Zeitpunkt im Busch infiziert worden sind.

Eine Studie mit infizierten Tsetsefliegen im Labor des Schweizerischen Tropeninstituts, heute Swiss TPH, konnte dann 1980 zeigen, dass sich infizierte von uninfizierten Fliegen in Bezug auf ihr Stechverhalten grundsätzlich unterscheiden. Infizierte Fliegen stechen mehrmals an verschiedenen Stellen in die Haut des Warmblüters ein, bevor sie schliesslich Blut aufnehmen. Bei jedem Einstich werden infektiöse Trypanosomen injiziert. Findet zwischen den Einstichen ein Wirtswechsel statt, so können innerhalb von Minuten mehrere Menschen infiziert werden. Das unterschiedliche Verhalten der Fliegen beruht darauf, dass bei infizierten Fliegen das Anheften der Trypanosomen an Mechano-Rezeptoren im Stechrüssel die Funktion dieser Sensillen für eine normale, rasche Blutaufnahme beim ersten Einstich stören. Die Fliege ist gezwungen, in rascher Folge mehrere Male einzustechen, um mit Speichel die Rezeptoren zu ‘reinigen’. Die Parasiten beeinflussen so das Stechverhalten ihrer Überträger und ermöglichen ihre eigene raschere Verbreitung, mit dem Resultat eines möglichen lokalen Ausbruchs. Dabei konnte eine überraschende Beobachtung gemacht werden: Infizierte Tsetsefliegen leben im vergleichenden Laborversuch signifikant länger als uninfizierte. Eigentlich würde man genau das Gegenteil erwarten, da infizierte Fliegen mehr Energie verbrauchen. Handelt es sich dabei um eine weitere Manipulation des Wirtes durch den Parasiten, der so seine Weiterverbreitung optimieren will?

Tsetsefliege
Foto © Leo Jenni

Es ist zwar heute Allgemeinwissen, aber immer noch erstaunlich, dass es bei uns Brutvögel gibt, die im Herbst bis nach Afrika südlich der Sahara fliegen und im Frühling wieder zurück. Zu ihnen gehören der Weissstorch, aber auch kleine Singvögel, die nur acht bis zwanzig Gramm schwer sind.

Diese Langstreckenzieher überqueren Meer und Wüste, Gebiete, in denen sie keine Nahrung finden. Auf dem Meer können sie nicht einmal landen. Manche überfliegen die Sahara nonstop in etwa vierzig Stunden, die meisten fliegen aber nur nachts und rasten am Tag in der Wüste, wenn möglich im Schatten.

Zugvögel fliegen also lange Strecken nonstop. Wie bewältigen sie einen solchen Mehrfachmarathon? Langstreckenläufer (ein Hundert-Kilometer-Lauf dauert über sechs Stunden) nehmen laufend Flüssigkeit und Nährstoffe zu sich, die sie nicht selbst tragen müssen, sondern unterwegs bekommen. Zugvögel hingegen werden nicht versorgt. Sie müssen auf ihren langen Nonstop-Flügen, bei der vierzig Stunden dauernden Überquerung der Sahara oder dem achteinhalbtägigen Flug der Pfuhlschnepfe von Alaska nach Neuseeland über den Pazifischen Ozean allen Proviant dabeihaben. Es kommt also sehr auf die Menge, aber auch die Art des Proviants an. Welches ist der beste Proviant? Es ist Fett. Fett ist sehr energiedicht, es beinhaltet pro Gramm siebenmal so viel Energie wie Protein. Extreme Nonstop-Flieger bestehen am Start denn auch zu 50 Prozent aus Fett. Aber können Zugvögel über Tage nur Fett verbrennen? Der Stoffwechsel von Langstreckenläufern erlaubt das nicht. Sie nehmen während des Laufs vor allem Kohlehydrate zu sich, die leicht resorbiert werden können. Nur zu maximal 56 Prozent verbrennen sie Fett. Zugvögel können aber bis zu 95 Prozent der Energie aus Fett gewinnen. Die restlichen fünf stammen aus dem Abbau von Protein, also aus dem Abbau von Muskeln und Organen. Der Stoffwechsel der Langstreckenzieher ist also ganz extrem auf Fettverbrennung ausgerichtet.

Bei der Überquerung der Sahara droht ein weiteres Problem: Wasserverlust. Die Temperaturen in der Luft betragen auch nachts über 30°C bei 27 Prozent Luftfeuchtigkeit und am Boden übersteigen sie 40°C. Wie

Wie überquert ein kleiner Singvogel wie dieser Gartenrotschwanz die Sahara? Untersuchungen der Schweizerischen Vogelwarte Sempach haben etwas Licht ins Dunkel gebracht − vieles bleibt aber immer noch ein Rätsel. Foto © Felix Liechti und Marcel Burkhardt

Vögel unter solchen Bedingungen fliegen und rasten können, ohne auszutrocknen, weiss man auch heute noch nicht genau. Fest steht, sie können es. Sie gewinnen Wasser bei der Verbrennung von Fett und Protein − das muss irgendwie reichen.

Haben die Langstreckenzieher diese Anpassungen ihres Stoffwechsels im Verlauf der Evolution neu entwickelt? Nein, den Vögeln ist extreme Fettverbrennung und extremes Wassersparen quasi ins Ei gelegt. Die Eier der Vögel (im Gegensatz zu den Eiern von Fischen, Amphibien und zum Teil Reptilien) entwickeln sich an Land im Trockenen und können nur Gase austauschen. Sie nehmen Sauerstoff auf und geben Kohlendioxid und Wasser ab. Alle Vogel-Embryonen sind darauf angewiesen, extrem Wasser zu sparen und ihren Energiebedarf für den Unterhalt (nicht das Wachstum) über Fett aus dem Dotter zu decken. Wasser sparen sie, indem sie den Stickstoff als praktisch wasserlose Harnsäurekristalle im Ei deponieren und nicht als Harnstoff mit Wasser ausschwemmen, wie wir das tun. Die Vögel sind also seit ihre Vorfahren, die Dinosaurier, Eier auf dem trockenen Land legten, an Wassersparen und Fettverbrennen angepasst.

Foto © Thomas Jermann

Die Wasserstände an der nordbretonischen Küste können gut und gerne um zwölf Meter schwanken und die Landschaft dramatisch verändern. Zwischen den Felsen in der Gezeitenzone knackt und rülpst es bisweilen bei Ebbe. Hier auf dem Trockenen, meist in Felsspalten oder unter Steinen, leben Fische, die sich bequem zu Fuss studieren lassen. Und sie erzeugen auch die seltsamen Geräusche.

Schleimfische oder Blennien sind wahre Überlebenskünstler. Sie bewohnen die Felsen der Brandungs- und Küstenzone, einen der unwirtlichsten Lebensräume des Meeres. Hier sind sie praktisch die einzigen Fische, die überleben können, denn für die anderen, weniger robusten Meeresbewohner, ist es hier zu garstig: Die täglichen Schwankungen des pH-Wertes, der Temperatur oder des Sauerstoffgehalts sind für Meeresfische schier unerträglich, und der Wellengang ist meist zu stark. Mehrere Blennienarten haben sich hier ein Stück weit vom Wasser emanzipiert und verbringen die meiste Zeit des Tages an der Luft. Schleimfische sind echte 'Sondermodelle' unter den Fischen. Aber wie überlebt ein Fisch in dieser rauen Welt zwischen den Tiden? Und wie orientiert er sich ausserhalb des Wassers? Viele Anpassungen sind dafür notwendig.

Mit winzigen aber sehr stabilen Haken an Brust- und Afterflossen können sich die Blennien am rauen Untergrund der Felsküste verankern und verhindern so, dass sie von der Wucht der Wellen fortgespült oder verletzt werden. Dicht an den Fels geschmiegt, warten sie auf Beute: Vielleicht ist es eine Seepocke, die sich kurz öffnet, um Nahrung aus dem Wasser zu sieben, vielleicht erwischen sie auch eine Garnele, die von der Brandung an die Felsen geworfen wurde, oder sie knabbern mit ihren scharfen Zähnen an Algenbüscheln.

Das Männchen des Grünen Schleimfisches *(Lipophrys pholis)* etwa besitzt in der Regel ein Revier in Form einer engen Höhle oder Felsspalte und lockt bei Flut mit akrobatischen 'Balzsprüngen' laichbereite Weibchen in seine Wohnung. Die Weibchen kleben nun portionenweise bis zu 200 Eier an die Innenwände der Höhle. Nur das Männchen kümmert sich um das Gelege, allerdings reicht ihm die Pflege des Nachwuchses allein nicht aus; es hört nicht auf, noch weitere Weibchen zu einem Schäferstündchen 'zu überreden'. Auf diese Art entstehen riesige Gelege, deren Eier von vielen verschiedenen Weibchen stammen. Das Männchen ist während der ganzen Fortpflanzungsperiode zwischen März und August vollauf mit Gelegepflege und Balzen beschäftigt. Das Gelege kann sich täglich mehrere Stunden an der Luft befinden. Der Schleimfischmann benetzt es mit seinem namensgebenden Hautsekret.

Wir sind ohne Taucherbrille unter Wasser fast blind, der Schleimfisch hingegen hat die 'Luft-Brille' gleich eingebaut: Die Hornhaut seiner Augen ist nicht sphärisch geformt, sondern nach vorne hin abgeplattet. So kann der *Lipophrys* sowohl unter Wasser als auch an Luft gleichzeitig ein scharfes Bild sehen. Sauerstoff kann er über seine Haut aufnehmen, wobei sie sich wegen verstärkter Durchblutung rot verfärbt: So bekommt er auch rote Flossen und rote 'Bäckchen'! Reicht die Hautatmung nicht aus, zieht er seinen letzten 'Joker'. Er schluckt Luft in seine Speiseröhre und bläst sie gross auf. Dort wird der Sauerstoff aufgenommen. Die veratmete Luft wird kurz darauf deutlich hörbar ausgerülpst!

Atome und Moleküle sind die Bausteine der Welt. Wir haben alle schon zusehen dürfen, wie sie miteinander reagieren. Sei es, beim nachdenklich ins Kaminfeuer Schauen oder beim Zusehen, wie aus schmelzendem Zucker langsam Karamell wird, ein Polymer oder Kettenmolekül aus vielen Zuckermolekülen.

Die einen Moleküle – es gibt unendlich viele verschiedene – sind die Bausteine des Lebens, die anderen sind vielleicht gerade als Pharmawirkstoff oder als neues Material entdeckt worden. Wir wissen sehr viel über Moleküle, obwohl sie nanometerklein sind und wir sie bis vor wenigen Jahren kaum abbilden konnten. Dabei sind Moleküle und deren Reaktionen zentral für die Prozesse in der Natur und von entscheidender Bedeutung für sehr viele Anwendungen.

Moleküle sind zu klein, um sie im Lichtmikroskop abzubilden – einige Exemplare sind 500 bis 1000 Mal kleiner als die Wellenlänge des Lichts. Sie sind auch zu klein um einzeln im Elektronmikroskop abgebildet zu werden. So ist denn das meiste Wissen über Moleküle aus Experimenten mit einer unvorstellbar grossen Anzahl von gleichen Molekülen, z.B. im Reagenzglas, entstanden. Wir erforschen das Weltall ohne Planeten und Sonnengestirne in anderen Galaxien zu besuchen; es ist aber eine enorme Bereicherung, wenn neue bildgebende Verfahren oder Raumsonden genutzt werden können.

Es gibt also keine Licht- oder Elektronenstrahlen um Moleküle einzeln abzubilden; mechanisch können sie aber abgetastet werden, wie das Heini Rohrer, Gerd Binnig und Christoph Gerber mit den ersten von ihnen erfundenen Rastersondenmikroskopen gezeigt haben. Das 'Unmögliche' wurde so möglich, und Atome und Moleküle können heute einzeln abgebildet werden. Sie lieben es nicht, stillzuhalten, sodass es oft schwierig oder unmöglich ist, sie abzubilden. Die Gestalt von Molekülen kann in diesem 'Tastmikroskop' studiert werden, aber auch Veränderungen, zum Beispiel in chemischen Reaktionen. Ein Teil dieser Reaktionen – das war die zweite Überraschung – läuft an Oberflächen völlig anders ab als die üblicherweise beobachtete Reaktion der gleichen Reaktionspartner, zum Beispiel in einer Lösung in einem Reaktionsglas. So entstehen andere oder anders miteinander verbundene Kettenmoleküle oder Polymere. Gerade diese Netzwerke und Ketten, welche ganze Oberflächen bedecken können, haben jüngst für Aufmerksamkeit gesorgt: Sie können Elektronen in Quantenzuständen einsperren, und ganz neue elektronische oder auch spintronische Eigenschaften entstehen lassen. Auch können Atome und Moleküle in 'Käfigen' einzeln oder in Gruppen ganz genau studiert werden, um herauszufinden, welche Kräfte solche Gruppen – 'kondensierte Materie' sagen die Physiker – 'im Innersten' zusammenhalten. So wurden Edelgasatome einzeln aufgegriffen, um die Kräfte zwischen zwei jeweils verschiedenen oder gleichen Edelgasatomen genau zu messen.

Um Moleküle zu begreifen, brauchen wir sie nicht zu greifen, aber wenn wir sie denn ergreifen können, verstehen wir noch viel mehr.

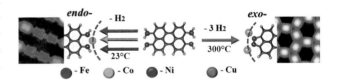

Polymere im Tunnelmikroskop: Nur auf Oberflächen reagieren diese Perylenmoleküle mit Kupferatomen zu Polymernetzwerken und mit Fe-, Co- und Ni-Atomen zu Ketten. Die Anordnung der Perylenbausteine ist im Rastersonden-Mikroskopiebild gut erkennbar.

Obskur ist die Natur für uns Menschen in der Nacht. Ganz besonders undurchschaubar und geheimnisvoll ist sie nachts im üppigen dreidimensionalen tropischen Tieflandregenwald. Davon will ich hier berichten.

In den Tropen erfolgt der abendliche Schichtwechsel in der Tierwelt fast schlagartig um etwa 18 Uhr. Schon eine Dreiviertelstunde nach Sonnenuntergang herrscht rabenschwarze Dunkelheit. In dieser kurzen Zeit ziehen sich die Tagtiere mitsamt dem Menschen eilig zurück, und die Nachttiere übernehmen.

So sehr mich der abrupte tropische Tag-Nacht-Wechsel und die tropische Schwärze der Nacht anfangs irritiert hatten, so war ich doch nach anderthalb Jahren des zoologischen Forscherlebens im westjavanischen Ujung-Kulon-Nationalpark überzeugt, die mittelgrosse bis grosse Säugetierwelt, der mein Augenmerk galt, vollständig zu kennen, also einschliesslich der nachtaktiven Arten. Vom weltweit kleinsten aller Paarhufer, dem Kleinkantschil *(Tragulus javanicus),* bis zum weltweit grössten aller Fledertiere, dem Kalong *(Pteropus vampyrus),* und vom bizarren Sunda-Gleitflieger *(Galeopterus variegatus)* bis zum skurrilen Binturong *(Arctictis binturong)* meinte ich sie allesamt in der einen oder anderen Form kennengelernt zu haben.

Ein Irrtum, der mich zwei Jahre später bei einem neuerlichen halbjährigen Aufenthalt auf Java meine altbewährten Palladium-Tropenstiefel kostete und mir klar vor Augen führte, wie einseitig doch die Wahrnehmung des Tierreichs – und seine Erforschung – durch uns tagaktive, nachtblinde Primaten ist. Die Nachtnatur ist und bleibt uns fremd.

Damals führte ich in den letzten verbliebenen Regenwaldstücken Javas einen Zensus der Bestände der Silbergibbons *(Hylobates moloch)* anhand ihrer territorialen Gesänge bei Sonnenaufgang durch und musste jeweils früh vor Ort sein. Als ich am 10. April 1978 lange vor Tagesanbruch mit dem Landrover einen kurvenreichen Waldweg am Nordhang des westjavanischen Vulkans Halimun entlangfuhr, stand unvermittelt ein schwarzfelliger katzengrosser rätselhafter Vierbeiner im Scheinwerferlicht des Wagens – und

blieb selbst dann stehen, als ich angehalten hatte und ausgestiegen war, um ihn genauer zu betrachten. Weshalb hatte ich dieses Säugetier bisher übersehen? Und weshalb musterte es mich so ruhig und selbstsicher?

Um es kurz zu machen: Es handelte sich um einen «Teledu», einen Sunda-Stinkdachs *(Mydaus javanensis).* Eine plötzliche Kehrtwendung seinerseits, ein kurzer, gut gezielter Sekretspritzer aus seinen Analdrüsen in Richtung meiner Schuhe und eine damit einhergehende unsäglich stinkende Duftwolke genügten, um mich zum sofortigen Abbruch meines Inspektionsvorhabens zu bewegen – während der kleine Dachs ruhig ins Dickicht des Wegrands eintauchte und in der Dunkelheit verschwand. Von meinen Tropenstiefeln musste ich mich drei Wochen und zahlreiche Geruchsentfernungsversuche später schweren Herzens trennen. Sie stanken weiterhin zum Himmel. Kein Zweifel: Der Sunda-Stinkdachs konnte sich auf eine phänomenale Feindabwehrstrategie verlassen. Wehe dem jungen, unerfahrenen Leoparden, der ihm zu nahekam! Er würde eine Lehre fürs Leben erhalten.

Andererseits Zweifel an mir: Weshalb hatte sich der bis fünfzig Zentimeter lange Säuger so lange im Dunkel der Nacht vor mir verbergen können? – Ich weiss es wirklich nicht. Bezeichnend ist aber die Meldung «Villagers mystified by strange animal» auf «Borneo Post online» vom 15. November 2012: Das ganze Dorf Pahon Gahat in Sarawak auf Borneo, einschliesslich der erfahrensten Dschungelgänger, vermochte das stinkende Tier nicht zu identifizieren, das dem 75-jährigen Farmer Aris Kuna einen Schock fürs Leben zugefügt hatte und das er glücklicherweise mit einem kräftigen Hieb seines Buschmessers erlegen konnte. Ja, es war ein Stinkdachs.

Übrigens wissen wir seit Kurzem, dass der Sunda-Stinkdachs keineswegs zur Gruppe der Dachse (Melinae) gehört, denen er von alters her zugeordnet worden ist. Aber das ist eine andere undurchsichtige Geschichte.

Many biologists are convinced that the DNA double helix lies at the origin of life itself. But they might be wrong. Indeed, not a few contemporary molecular biologists could convincingly argue that DNA may have been invented surprisingly late in the history of life on earth. I have a particular idea about how this happened that owes a good deal to my time in Basel.

My story begins at Harvard University in 1980, where I did my PhD work in the laboratory of Mark Ptashne, who had elucidated the molecular mechanisms of gene regulation in prokaryotes through his studies on the bacteriophage lambda repressors. Now the time had come to unravel the mechanisms of gene control in higher cells. I chose to work on budding yeast. I cloned the *gal4* gene – encoding a regulatory protein – and demonstrated that DNA-binding and target gene activation are two separate functions of the Gal4 protein. This finding became a basis for understanding such DNA-binding proteins in general. Meanwhile, my colleague in the lab, John Anderson, had made co-crystals of a repressor protein bound to DNA and I will never forget how, on a late Saturday night, we both were the first to see how a repressor protein actually recognizes the DNA major groove.

In 1990, I came as a postdoc to the laboratory of Walter Gehring at the Biocenter in Basel, continuing my work on DNA-binding proteins. Gehring and others had shown that many of the key genes controlling *Drosophila* development also encode DNA-binding proteins. In fact, one of the types of DNA-binding domain in these proteins, the homeodomain, is evolutionarily related to the bacteriophage lambda repressors. In the mid-1980s, this was an extraordinary example of deep evolutionary conservation between bacteria and eukaryotes!

Another key part of the story came about through my wife Mary O'Connell, who worked with Walter Keller in the Biocenter at the same time. Mary studied RNA editing enzymes called ADARs (Adenosine deaminases acting on RNA), that deaminate adenosine to inosine in double stranded RNA. In 1997 we moved to the MRC Human Genetics Unit in Edinburg, where I also began to study ADARs.

Now we return to the question of the origin of the DNA molecule itself. It is clear that the first cellular genomes were mainly dsRNA. At the heart of the evolutionary RNA to DNA genome transition problem is the question of how the first DNA bases could be introduced in a dsRNA genome – in a highly controlled and sequence-targeted way – thereby avoiding a complete disruption of gene function. There is no explanation for how this could have been done by RNA replication enzymes, introducing DNA bases at random. This is why I proposed that the first DNA bases were actually synthesized *in situ* in the dsRNA genome, through a process of direct enzymatic modification. Converting individual targeted RNA bases to DNA will block RNase cleavage at the targeted base. As such, the first DNA bases are likely to have been introduced as part of an ancient restriction-modification system, distinguishing host RNA from foreign RNA.

Later in evolution, when more RNA bases were converted to DNA, an important change occurred in the structure of the double helix. In contrast to RNA, DNA lacks ribose 2'OH moieties, allowing it to form a more relaxed helical structure in which the major groove opens out. Patches of DNA in dsRNA genomes first opened the major groove, a pre-requisite for binding of the modern gene regulatory proteins. In fact, evolutionary comparisons of bacterial repressor proteins and homeodomains indicate that specific DNA sequence recognition by proteins was not fixed but only beginning to evolve when the bacterial and eukaryotic lines separated. Particular eukaryotic proteins cannot be traced back to particular bacterial proteins as might be expected if these DNA-binding proteins – and DNA itself – went back to the origin of life and the DNA-binding proteins had diversified in bacteria long before the evolution of eukaryotes.

Georg Keller
Sandra Ziegler

Wie Erwartungen die Wahrnehmung gestalten

Jedem von uns ist es schon passiert: Wir übersahen die neue Brille des Freundes, den frischen Haarschnitt der Partnerin oder den Schreibfehler im Titel eines Vortrags. Wir sahen einfach nicht, was sich genau vor uns befand.

In diesen Situationen wird uns vor Augen geführt, dass visuelle Wahrnehmung eine viel komplexere Rolle übernimmt als das bildgetreue Abbilden der Welt. Über komplizierte Nerven-Netzwerke, die etwa ein Viertel des Gehirns beschäftigen, nehmen wir unsere Aussenwelt visuell wahr und integrieren unter anderem den Kontext, Bewegungen, Sinneseindrücke und Gefühle.

Besonders interessant finde ich in diesem Zusammenhang, dass auch unsere Erwartungen einen Einfluss darauf haben, was wir sehen. Von klein auf lernen wir bestimmte visuelle Eindrücke einzuordnen. Wenn wir einen Acker, ein Pferd und einen Stall – eine Landwirtschaftsszene – sehen, dann nehmen wir in diesem Kontext den Traktor einfacher wahr als das Karussell. Wenn ein Tier sich bellend von hinter dem Haus nähert, dann erwarten wir, dass das Tier, das um die Ecke biegt, ein Hund ist. Und wenn wir beispielsweise eine Person tagein-tagaus sehen, dann wissen wir, wie sie aussieht. Wir haben ein «internes Bild» von ihr angefertigt – und sehen dann den frischen Haarschnitt nicht.

Von der Netzhaut im Auge, über den Sehnerv bis zum visuellen Cortex in der Hirnrinde werden die visuellen Daten immer wieder umgewandelt, analysiert und bewertet. Erst wenn die visuellen Informationen mit allen anderen Aspekten und vorhandenem Wissen verknüpft werden, nehmen wir wahr und das Gesehene erlangt Bedeutung.

Wie Erwartungen diese Prozesse auf der Ebene der einzelnen Nervenzellen beeinflussen, zeigen Studien im visuellen Cortex der Maus. Dort gibt es definierte Nervenzellen, die in einer bekannten Situation, unmittelbar bevor ein visueller Reiz erscheint, aktiv werden. Die Aktivität dieser Zellen sagt also voraus, was die Maus zu sehen erwartet. Darüber hinaus gibt es andere Neuronen, die verstärkt aktiv werden, wenn ein erwarteter visueller Input ausbleibt. In beiden Fällen wird daraufhin das Signal dieser Zellen im visuellen Cortex mit dem Signal aus der Netzhaut integriert. So beeinflussen auch bei uns unsere Erwartungen unsere Wahrnehmung.

Kürzlich zeigte sich ausserdem, dass Erwartungen auch in einer weiteren wichtigen Situation eine entscheidende Rolle spielen: Nämlich dann, wenn wir uns bewegen und ein anderes bewegliches Objekt wahrnehmen sollten. Wie trickreich diese Situation ist, zeigen selbstfahrende Autos. In diese müssen verschiedenste Techniken und Sensoren eingebaut werden, damit sie die anderen Verkehrsteilnehmer erfassen können.

Diese technische Lösung im Autobereich wird aber durch das visuelle System der Säugetiere bei weitem überflügelt. Im visuellen Cortex der Maus gibt es beispielsweise Neuronen, die eintreffende Informationen aus der Netzhaut mit bewegungsabhängigen Informationen abgleichen. Sie reagieren auf eine Diskrepanz zwischen den aktuellen visuellen und den erwarteten Informationen. Wir lernen nämlich schnell, einen bestimmten Fluss an visueller Information zu erwarten, wenn wir in Bewegung sind. Die Häuser und die Bäume an der Strasse nehmen wir so nur bedingt wahr. Erst eine Störung in diesem Fluss, zum Beispiel der Fussgänger, der auf die Strasse tritt, erhält unsere volle Aufmerksamkeit. Ausserdem zeigte sich, dass die einzelnen Neuronen einen klar definierten Bereich des Gesichtsfelds abdecken und nur dann reagieren, wenn genau dort etwas geschieht. So erhalten wir auch eine Information zum Ort der Diskrepanz.

Diese Resultate reihen sich ein in eine Fülle von anderen Daten zum Sehen; der Sehsinn ist das bestuntersuchte Sinnesorgan. Sie geben Anhaltspunkte wie das visuelle System Zusammenhänge herstellt, Erwartungen, Emotionen und Wissen integriert. Und trotzdem bleibt noch vieles im Dunkeln. Am Schluss bleibt die philosophische Frage: Was können wir wissen über die Welt, wenn unsere Erwartungen das, was wir sehen, so massgeblich beeinflussen.

Eine Fliege, der Beine aus dem Kopf wachsen, beschäftigt die Wissenschaft schon seit Jahrzehnten und bringt auch heute noch interessante Forschungsergebnisse ans Licht.

Diese spontane Veränderung der Taufliege *(Drosophila melanogaster),* die anstelle von Antennen Beine am Kopf trägt, wurde 1965 vom damaligen Studenten Walter J. Gehring entdeckt und begleitete seine ganze wissenschaftliche Karriere als Professor für Genetik und Entwicklungsbiologie am Biozentrum der Universität Basel bis zu seinem Tod 2014. Er benannte seine Mutante Nasobemia, nach einem Gedicht von Christian Morgenstern, in dem ein Fabelwesen – «das Nasobem» – auf seinen Nasen einherschreitet.

Fliegen-Genetiker können an den veränderten Strukturen erkennen, dass es sich bei diesen Beinen am Kopf um Mittelbeine handelt. Von 1982–2009 durfte ich selber als Laborant im Gehring-Team mitarbeiten. Bei meinem Eintritt ins Biozentrum stand die Isolierung des 100 000 Basenpaare grossen Antennapedia-Gens aus dem Erbgut der Fliege in der Endphase. Mit der damaligen Technik «walking along the chromosome» eine enorme Arbeit, die mehr als drei Jahre in Anspruch nahm.

Heute weiss man, dass Nasobemia (Ns) keine eigenständige Mutante, sondern ein Allel von Antennapedia (Antp) ist, verursacht durch eine grosse DNA-Duplikation innerhalb des Gens. Mit einer 1983 von Ernst Hafen und Michael Levine in unserem Labor entwickelten Methode, der «in situ Hybridisierung an RNA», wurde es uns möglich, die Boten-RNA von Antp direkt in *Drosophila*-Embryonen in dem Segment zu lokalisieren, das später in der Entwicklung für die korrekte Bildung des mittleren Thorax, also auch der Mittelbeine und Flügel, verantwortlich ist. Antp musste demzufolge ein Kontroll-Gen sein, das in der Segmentierung der Fliege eine wichtige Rolle spielt. Diese Erkenntnis wurde von einem Team um William McGinnis in unserem Labor beim genaueren Analysieren des Antennapedia-Gens bestätigt, als er in einem benachbarten Gen im selben Genkomplex, ein DNA-Stück von 180 Basenpaaren fand, welches auch in hoher Homologie im Antp-Gen vorkam. Man gab dem DNA-Stück

den Namen «Homeobox». Wie sich herausstellte, eine bahnbrechende Entdeckung.

McGinnis fand in der *Drosophila*-Erbsubstanz noch ein Dutzend weitere solcher Homeoboxen. Fünf davon im Antp-Genkomplex und drei im sogenannten Bithorax-Complex. Diese acht Homeoboxen gehören zu acht Genen, die auf dem dritten Chromosom linear angeordnet sind und von vorne bis hinten die Segmentierung und Bildung der anatomischen Strukturen der ganzen Fliege steuern, indem sie die verantwortlichen Strukturgene ein- und ausschalten.

Solche Homeobox-Gene isolierte man nun auch aus dem Erbgut verschiedener anderer Organismen und konnte zeigen, dass der Mechanismus der Gen-Steuerung vom Wurm bis zum Menschen universell ist. Erstaunlich ist auch die Konservierung der Homeobox während der Evolution. Beträgt doch die Übereinstimmung einer Homeobox zwischen Fliege und Mensch, bis zu 98 Prozent, obwohl der letzte gemeinsame Vorfahre in der Evolutionsgeschichte schon mehr als eine Milliarde Jahre zurückliegt.

Foto © Urs Kloter

All this happened on a hot Sunday afternoon in the summer of 1993. I was strolling around at the Zoo in Basel and had been visiting the cages of the snow leopard, the leopard, and the cheetah, but wasn't charmed by their feline grace. I had only eyes for their spotted coat pattern, gleaming in the late afternoon sun. Likewise, I had been carefully studying the zebra's stripes and the intricate skin motifs of a giraffe. But all to no good: I had not found what I was searching for and I started to head for the exit. Nevertheless, on my way out I decided to enter the Vivarium – whether out of interest or simply to escape from the heat, I cannot remember. What I vividly remember, however, is the excitement I felt when I first saw the emperor angelfish. His striped pattern showed exactly the motif I had been desperately searching for and what I had come to describe as a "living wave".

I had decided to come to Switzerland to join the team of Prof. Walter Gehring at the Biocenter in Basel. About two years before I had come across a publication entitled "The Chemical Basis of Morphogenesis", written by the brilliant mathematician and theoretical biologist Alan Turing (1912–1954), in which he presents a theoretical framework for pattern formation. Through developing a mathematical model, Turing demonstrated that a combination of chemical reaction and diffusion – two diffusible substances interacting with each other – can generate a wide variety of spatial motifs, such as stripes, spots and spirals. He proposed that such reaction-diffusion mechanism can serve as the basis for pattern formation during morphogenesis, as it offered a biochemical explanation for generating positional information without the existence of any pre-pattern. Such a hypothesis was nothing short of amazing and indeed many biologists were skeptical about its in vivo relevance: waves determining biological patterns? Nevertheless, after meticulously re-reading Turing's paper, I had decided to find proof of Turing waves in a living organism. And now, gazing at the emperor angelfish *Pomacanthus imperator,* I got a strong feeling I had found them: the evenly spaced stripes suggested a dynamic pattern that was still evolving, unlike the zebra's stripes or the leopard's spots, which had long been frozen into a static "dead wave".

One year later I returned to Japan and – through developing an algorithm that recapitulates the dynamic changes in the skin pattern of the emperor angelfish – could demonstrate that a "reaction-diffusion"-like mechanism controls stripe formation in *Pomacanthus imperator*: exactly as predicted by Turing, half a century earlier. And every now and then, I look back upon this period and ask myself how my life would look like if I had not entered the Vivarium on that Sunday afternoon in the summer of 1993.

In 1995, the work of Shigeru Kondo on Turing patterns was published in *Nature*.

Das Pflanzenwachstum ist die Basis des höheren Lebens auf der Erde. Zu meiner Studienzeit galt die Photosynthese als Treiber des Wachstums. Heute ist klar, dass das in der Regel so nicht stimmt. Wie kann über so lange Zeit ein so fundamentales Naturphänomen derart missverstanden werden? Warum stellte niemand die kritischen Fragen? Wie konnten Generationen von Biologen annehmen, Pflanzenwachstum sei davon bestimmt, wie viel Kohlenstoff eine Pflanze über ihre grünen Blätter aufzunehmen vermag, obwohl sie zum Wachsen eine grosse Zahl anderer chemischer Elemente braucht, von denen die meisten in freier Natur fast immer nur begrenzt verfügbar sind?

In Wirklichkeit bestimmt eben die Verfügbarkeit dieser Elemente, wie Phosphor, Kalium, Mangan, wie viel Kohlenstoff eine Pflanze beim Wachsen in ihren Körper einbauen kann. Nur wenn alle anderen chemischen Elemente in sättigender Menge zur Verfügung stehen, wird Kohlenstoff zur Mangelware und die CO_2-Assimilation durch das Blatt zum Wachstum limitierenden Faktor.

Die pflanzliche Photosynthese ist zwar unabdingbar für das Pflanzenwachstum, sie erfüllt aber einen Bedarf, der vor allem durch Wachstumsprozesse ausgelöst wird, die ihrerseits von Temperatur, Wasserangebot und der Nährstoffverfügbarkeit im Boden bestimmt werden. Nur wenn das Photosyntheseprodukt Zucker auch gebraucht wird, kann die Photosynthese aufrechterhalten werden. Ohne die Nachfrage würde der Zucker im Blatt sich akkumulieren und den Photosyntheseprozess zum Erliegen bringen. Wir sprechen biochemisch von Endprodukt-Inhibierung. In gewissen Grenzen kann ein Bedarfsstau zwar durch Umwandlung von Zucker in osmotisch unwirksame Speicherstärke abgefangen werden. Längerfristig muss jedoch ohne «Bautätigkeit» der Pflanze die Kapazität des Photosyntheseapparates reduziert werden. Ausser wenn alle nötigen Ressourcen für das Pflanzenwachstum künstlich bereitgestellt werden, etwa in Form von Dünger, ist die Photosynthese allein massgeblich. Sonst steuert das Wachstum die Photosynthese, und nicht umgekehrt.

Eigentlich ist dies ein Prozess wie in der Marktwirtschaft, wo der Konsum die Produktion von Gütern steuert, und nicht umgekehrt. Zusätzlich zum Wachstum, das bei Pflanzen an Bildungsgewebe wie das Kambium oder Spitzenmeristeme gebunden ist, entsteht auch durch die Zellatmung, die aktive Nährstoffaufnahme durch die Wurzel und die Versorgung der Mykorrhizapilze mit Zucker ein Bedarf an Photosyntheseleistung. Diese Prozesse sind aber zu einem grossen Teil selbst an das Wachstum gebunden. Pflanzen treiben auch nicht 'zum Spass' Zellatmung, sondern folgen darin einem Bedarf an energiereichem ATP. Er steigt mit zunehmender Lebensaktivität und fällt bei sinkendem Bedarf. Somit stellt sich der Prozess der Gewebebildung als der eigentliche Motor des Wachstums dar. Wir sprechen von Zellteilung, Zellstreckung und Zelldifferenzierung, Prozesse die viel empfindlicher auf niedrige Temperatur, Wasser- oder Nährstoffmangel reagieren als die Blattphotosynthese, die schon aus Gründen ihrer Selbsterhaltung möglichst lange die eingestrahlte Lichtenergie biochemisch umsetzt, um sich nicht selbst zu zerstören (Phototoxizität).

Die Antwort darauf, warum diese einfachen Zusammenhänge nicht zum selbstverständlichen Wissen wurden, liegt in der Psychologie des Menschen, auch des forschenden. Die CO_2-Aufnahme kann man seit ihrer Entdeckung gut messen; was man messen kann, ist einem wichtig, weil man sich selbst wichtig ist; was nicht gemessen werden kann, wird ausgeblendet.

Wachstum von Geweben lässt sich nicht per Knopfdruck messen. Moderne agronomische Labors erklären heute den Ertrag von Feldfrüchten durch Wachstumsvorgänge. Photosynthese ist dort kein Thema, denn sie folgt dem Bedarf der Gewebe. – Wann wird dieses Wissen den Weg in unsere Lehr- und Schulbücher finden?

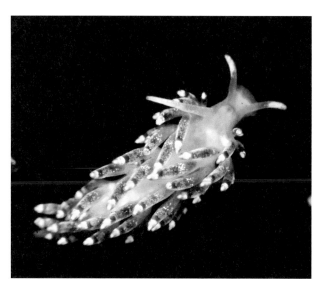

Cuthona coerulea, 13 mm. Muster auf den Rückenkolben zwecks Tarnung, im Inneren der Kolben Darmenden mit Nesselzellen. Foto © Annetrudi Kress

Finden Sie Schnecken attraktiv? Nein? Dann kennen Sie die marinen Nudibranchier nicht! Sie gehören zu den Hinterkiemerschnecken, einer Gruppe mit nahezu 6000 Arten, die weltweit in allen Meeren zu finden sind. Viele leben vorwiegend in küstennahen Gebieten, auf Polypen, Schwämmen oder Algen, und oft raffiniert getarnt.

Im Laufe der Evolution sind diese Schnecken sozusagen aus dem Häuschen geraten: sie besitzen eine reduzierte Schale, teilweise fehlt sie sogar komplett. Das hat ihre Rückenfläche frei gemacht und die Entwicklung seltsamer Hautstrukturen, prächtiger Farben und Muster erlaubt.

Der Verlust der Schale musste andererseits durch neue Schutzfunktionen kompensiert werden; dies hat zur Entstehung unterschiedlicher Abwehrstrategien geführt. Viele davon beruhen auf Waffen, die mit dem Futter aufgenommen werden. Je nach Art besteht die Nahrung aus Algen, Nesseltieren oder Schwämmen; bei Letzteren ist oft unklar, ob der Appetit dem Schwamm oder eher seinen Mitbewohnern, den Bakterien, gilt. Einige Arten entwickeln sich zu Kannibalen, verschonen also selbst ihre Artgenossen nicht.

Eine Möglichkeit, sich trickreich vor Feinden zu schützen, besteht darin, die Nesselkapseln der gefressenen Hydroiden in den Enden der verzweigten Mitteldarmdrüse zu horten; diese liegen in den oft skurril geformten und gefärbten Rückenkolben. Die noch unreifen Nesselzellen werden bei Bedarf durch pH-Veränderungen aktiviert und durch eine Pore an der Kolbenspitze nach aussen geschleudert, wo sie sich entladen. Die angreifenden Fische lernen schnell!

Andere Nudibranchier nehmen die Gifte unbeschadet aus dem Körper ihrer Beute auf und machen sich die chemischen Eigenschaften und Abwehrmechanismen ihrer Futtertiere zunutze. Die Färbung und Musterbildung mit Hilfe der Pigmente und Gifte aus der Beute wird als 'chemische Kriegsführung' bezeichnet.

Eine Möglichkeit der Abwehr mit Farben kann darin bestehen, unsichtbar zu werden. Durch die aufgenommenen Substanzen nimmt der Organismus die Farbe und Textur der Unterlage an, und dies führt zur Tarnung oder Camouflage.

Während die einen versuchen, unbemerkt zu bleiben, zeigen andere ihre Präsenz mit auffälligen und spektakulären Farben und Mustern. Sie signalisieren dem Angreifer, dass sie voller giftiger Substanzen und nicht für den Verzehr geeignet sind. Der farblichen Abschreckung bedienen sich auch ungiftige Arten, Giftigkeit wird also nur vorgetäuscht. – 'Lügen' mit Farben!

Kürzlich ist auch bei Nudibranchiern die Fähigkeit zu Fluoreszenz und Biolumineszenz entdeckt worden, eine zusätzliche Anpassung an ihre Umwelt. Dies obwohl sie selber nur hell/dunkel sehen können.

Wie nehmen Fische und Krebse, die häufigsten Fressfeinde, diese Farbenpracht der Schnecken wahr? Im Gegensatz zum Menschen verfügen sie oft über mehr Farbkanäle im Auge, sie vermögen auch UV und polarisiertes Licht zu sehen. Die Farbmuster der Schnecken erscheinen daher für mögliche Aggressoren sehr verschieden. Wie können die Nudibranchier ihrerseits das Sehvermögen der Fische analysieren, um den Erfolg ihrer eigenen Musterbildung einzuschätzen? Die Entschlüsselung dieser faszinierenden Farbsprache steht erst ganz am Anfang.

Am sterbenden Steingletscher im Kanton Bern lässt sich eine Kernaufgabe der modernen Geographie vorführen. Denn er symbolisiert im weiteren Sinne vom Menschen gestaltete, aber nicht verstandene Landschaft. Eine Exkursion in diese hochalpine Landschaft birgt Risiken, beispielsweise Gefahren durch verborgene Gletscherspalten oder Steinschlag. Naturgefahren sind nicht auf Personen auf dem Gletscher beschränkt, sondern betreffen auch dessen Umfeld.

Die Passstrasse über den Sustenpass verläuft in einigen weiten Bögen am dem Steingletscher gegenüberliegenden Hang, aus heutiger Sicht eine unnötig aufwendige Konstruktion. Als die Strasse, etwa ihrem derzeitigen Verlauf folgend, zu Beginn des 19. Jahrhunderts gebaut wurde, war dies jedoch die einzige Möglichkeit, denn die Zunge des Steingletschers war am Ende der kleinen Eiszeit mehr als einen Kilometer länger als heute und erreichte die gegenüberliegende Seite des Tals. Der Rückzug des Gletschers ab den 1940er-Jahren erregte zunächst keine Besorgnis, im Gegenteil, das Wasser des neu entstandenen Steinsees sollte zur Produktion von Elektrizität genutzt werden.

Starke Regenfälle während der Bauarbeiten an einem Wehr im Sommer 1956 führten jedoch zu einem unkontrollierten Wasserausbruch aus dem Steinsee, zerstörten die im Bau befindliche Anlage und schnitten sich fünf Meter tief in die den See begrenzende Endmoräne ein. Im Tal entstanden ausserdem Schäden durch Überflutungen. Der Plan, das Schmelzwasser des Gletschers zu nutzen, wurde aufgegeben. Im August 1998 lösten starke Niederschläge wiederum einen Ausbruch des Steinsees aus, mit Schäden durch Überflutungen entlang des Steinwassers.

Schmelzwasserausbrüche werden am Steinsee in wenigen Jahrzehnten der Vergangenheit angehören, denn als Folge globaler Erwärmung zieht sich die Zunge jedes Jahr zurück. 2016 gab sie eine Felsschwelle frei, die wohl seit der Zeit von Hannibals Überquerung der Alpen mit Eis bedeckt war. Die Zunge des Steingletschers wird verschwinden und ein zwar von Eis geprägtes, aber eisfreies Tal zurücklassen.

Diese sogenannten paraglazialen Landschaften bergen neue Naturgefahren, besonders instabile Hänge und Seen, die zu Schuttströmen und bei Seeausbrüchen zu Überschwemmungen talabwärts führen können. Die bedrohliche Natur des Eises wird durch das unvorhersehbare Verhalten einer neuen Landschaft ersetzt. Allerdings bieten sich auch Möglichkeiten: dem Tourismus öffnen sich neue Räume, ausserdem werden Überlegungen zum Bau von klimafreundlichen Wasserkraftwerken angestellt.

Der Landschaftswandel am Steingletscher verdeutlicht die Aufgabe der Geographie im 21. Jahrhundert: das Studienobjekt bleibt die Erdoberfläche, aber neben deren Beschreibung und Erklärung ist ein Blick auf deren zukünftige Entwicklung und die damit verbundenen Risiken ein wesentlicher Bestandteil geographischer Arbeit.

Studierende der Geographie und Geowissenschaften der Universität Basel an einer von der Forschungsgruppe Physiogeographie und Umweltwandel 2015 durchgeführten Exkursion auf den Steingletscher. Foto © Nikolaus Kuhn

Foto © Andreas Hartl

Auf dem Dinkelberg, südlich der Stadt Schopfheim, liegt in einer kleinen Senke das seit 1983 geschützte Naturdenkmal Eichener See. Wer den Ort besucht, findet fast über das ganze Jahr kein Gewässer, sondern eine ausgedehnte Wiese. In manchen Jahren tritt in der Senke jedoch Wasser aus und bildet einen bis zu drei Meter tiefen See, der maximal zweieinhalb Hektaren bedeckt. Nach wenigen Wochen nimmt der Wasserstand deutlich ab, und vom Gewässer ist nichts mehr zu sehen. Der See erscheint in unregelmässigen Abständen und unvorhersehbar. Seine Entstehung verdankt er der Lage in einer Doline, die nach langanhaltenden Niederschlägen über ein kompliziertes System von unterirdischen Hohlräumen mit Karstwasser gefüllt wird. Alte Chroniken erwähnen den sporadisch auftretenden See, weil darin immer wieder Menschen ertrunken sind. So zeigte sich der See zwischen 1799 und 1802 insgesamt neun Mal. Er drohte überzulaufen und das nahe gelegene Dörfchen Eichen zu überschwemmen.

Einen Lebensraum mit derart extremen Bedingungen – langer Trockenheit und kurzen Überschwemmungsphasen – können nur wenige Organismen auf Dauer besiedeln. Zu diesen gehören die Grossen Kiemenfusskrebse, die auch «Urzeitkrebse» genannt werden. Im Eichener See hat der Basler Zoologe Eduard Graeter 1911 den zu den Feenkrebsen gehörenden *Tanymastix stagnalis* entdeckt. Der weissliche Krebs

wird etwa zwei Zentimeter lang und verfügt zur Fortbewegung über elf Beinpaare. Am Kopf befinden sich ein Paar langer Antennen und grosse, dunkle Komplexaugen. Er kann sich sehr rasch entwickeln und fortpflanzen. Ein Weibchen trägt zwischen 15 und 30 Eier in einem Sack am hinteren Ende des Körpers. Nach der Eiablage reifen bald wieder neue heran, sodass ein Weibchen in seinem 30 bis 60 Tage dauernden Leben über 17 000 Eier produziert. Diese können nicht nur jahrelange Trockenperioden überdauern, eine minimale Trockenphase ist sogar Bedingung für ihre erfolgreiche Entwicklung. Die Eier liegen in der bodennahen, leicht feuchten Moosschicht. Aus ihnen schlüpfen etwa einen Viertelmillimeter grosse Larven, die nach zahlreichen Häutungen rasch erwachsen werden.

Die kleinen Krebse schwimmen auf dem Rücken unablässig umher und filtrieren mit speziell ausgebildeten Beinen Plankton, Mikroorganismen und organische Schwebstoffe aus dem Wasser. In den nur zeitweise Wasser führenden Gewässern profitieren die Krebse vom Fehlen von Fressfeinden wie Insektenlarven.

Tanymastix stagnalis kommt in ganz Europa vor. Allerdings sind nur etwa zwei Dutzend und weit verstreute Vorkommen bekannt. In der Schweiz fand man ihn früher bei Les Verrières im Val de Travers (NE). Ob die Art in der Schweiz noch vorkommt, ist ungewiss. Neuere Beobachtungen liegen nicht vor, und die seit den 1940er-Jahren geförderten Drainagen auf landwirtschaftlich genutzten Flächen lassen nur wenig Hoffnung, dass noch geeignete Biotope existieren. In Baden-Württemberg gilt der kleine Krebs als vom Aussterben bedroht.

Auf dem Weg zu einem Chalet im Ort Tschiertschen, einer Bündner Berggemeinde auf 1400 Meter über dem Meer im Schanfigg, bemerke ich eine fliegende Biene, die meinen Pfad kreuzt und in den Spalt einer alten Gartenstützmauer verschwindet. Meine Neugier ist sogleich geweckt, denn an diesem warmen Julitag ist das Tier offensichtlich mit Vorbereitungen für seinen Nachwuchs beschäftigt.

Bei genauerer Betrachtung fällt auf, dass ein Teil des etwa zehn Zentimeter langen Spaltes zugemauert ist. Dahinter liegen geschützt und unsichtbar wohl schon einige fertiggestellte Brutzellen mitsamt jeweils einer Eizelle und einem Nahrungsvorrat für die künftige Larve. Die Biene muss eine Vertreterin der Mauerbienen mit über vierzig Arten in der Schweiz sein. Aber welchen Namen trägt diese Biene? Da kommt mir das Taschenbuch *Bienen – Mitteleuropäische Gattungen, Lebensweise, Beobachtung* von 1997 zu Hilfe. Ein eindeutiges farbliches Kennzeichen dieser Biene mit dem lateinischen Namen *Osmia villosa* (zottig behaarte Mauerbiene) ist die rostrote Bauchbürste auf der Unterseite des Hinterleibs, mit der Blütenstaub als Larvenproviant in die Brutzelle eingetragen wird. Die hier beschriebene Art kommt hauptsächlich in den höheren Lagen vor und wird als selten eingestuft.

Doch inzwischen hat die Biene weiteren Mörtel herbeigetragen und kittet die letzten Stellen auf der schon weitgehend vollendeten Brutzelle zu. Als ich vier Stunden später den Brutort an der Mauer ein weiteres Mal aufsuche, überrascht mich der Anblick einer neuen Zelle im Bau, die in der Mauerspalte rotviolett geradezu hervorleuchtet. Eine dekorativ wirkende, mehrschichtige Tapete aus Blütenteilen ummantelt die zukünftige 'Kinderstube'. Mitunter im Abstand von wenigen Minuten fliegt die Biene mit weiteren Blütenschnipseln zwischen den Mundgliedmassen herbei. Woher das Blütenmaterial stammt, verrät mein hilfreiches Taschenbuch. Beliebt ist unter anderen der Wald-Storchschnabel, der tatsächlich in Nachbars Garten in Vollblüte steht. Doch zur Dekoration kann die Tapete nicht dienen. Forscher haben herausgefunden, dass mit den Blütenteilen die Brut und der Pollenvorrat vor eindringender Feuchtigkeit und damit vor

Bakterien- und Pilzbefall geschützt werden. Manche Mauerbienen unterstützen diese Wirkung zusätzlich mit der Ausscheidung körpereigener Abwehrstoffe. Und tatsächlich ist die Biene manchmal mit dem Hinterleib rückwärts in die Zelle hineingeschlüpft, um einige Minuten wie ruhend zu verharren (oberes Bild). Ob die von mir beobachtete Mauerbiene diese Behandlung ebenso vorgenommen hat, bleibt offen. Wie das Foto zeigt, ist die Biene ab und zu mit dem Hinterleib voran in die Zelle geschlüpft, um minutenlang zu verharren. Möglich, dass sie in dieser ruhenden Stellung aus Hinterleibsdrüsen die Blütenblätter mit einem Schutzsekret versehen hat.

Fotos © Alex Labhardt

Jose Lachat
Daniel Haag-Wackernagel

Fische gegen Monsterwürmer

Ein Bobbit hat einen Fisch der Art *Scolopsis affinis* erbeutet und in seine Wohnröhre gezogen. Artgenossen mobben den Räuber, indem sie scharfe Wasserstösse auf den Bobbit richten und so seinen Standort anzeigen.

Der bis zu drei Meter lange Riesenborstenwurm (*Eunice aphroditois* oder Bobbit) lebt in Riffen und Sandböden des Indopazifiks. Während der nächtlichen Jagd ragt sein Kopf mit den mächtigen Kiefern aus seiner Wohnhöhle heraus, um vorbeischwimmende Fische zu erbeuten. Während des Tages hingegen liegen die Kiefer wie ein Fangeisen direkt unter der Oberfläche im Sand verborgen. Mit seinen fünf wurmförmigen, beweglichen Tentakeln lockt er seine Beute an. Kommt ein Fisch oder ein anderes Beutetier zu nahe, schnellt er blitzschnell aus seiner Deckung hervor, packt sein ahnungsloses Opfer mit seinen rasiermesserscharfen Kiefern und zieht es in sein Versteck.

In der Lembeh Strait (Indonesien) konnten wir erstmals untersuchen, wie Fische der Art *Scolopsis affinis* den Kampf mit dem Monsterwurm aufnehmen. Entdeckt ein Fisch dieser Art einen Bobbit oder wird er gar Zeuge, wie ein Artgenosse erbeutet wird, zeigt er ein Verhalten, das in der Biologie als «Mobbing» bezeichnet wird. Dabei greifen die an sich wehrlosen Beutetiere den Räuber an.

Im Fall von *Scolopsis* schwimmt der Fisch zum Eingang der Wohnröhre des Wurms, richtet sich fast senkrecht nach unten und bläst scharfe Wasserstösse in Richtung des Bobbits (siehe Abbildung). Artgenossen, die dieses Verhalten beobachten, kommen hinzu und decken den Lauerjäger gemeinsam mit einer ganzen Batterie von Wasserstössen ein, bis sich der Bobbit in seine Wohnhöhle zurückzieht. Nachdem der Jäger einmal erkannt und lokalisiert ist, hat er keine Chance mehr, Beute zu machen.

Rund drei Viertel der Mobbinggruppen bestanden aus zwei bis vier Individuen. Das Mobbingverhalten wurde durch Beobachtung eines Raubes eines Artgenossen ausgelöst oder weil sich ein versteckter Bobbit durch seine aus dem Sand ragenden Antennen verriet. Der Fisch, der den Räuber zuerst entdeckte, erzeugte deutlich mehr Wasserstösse als nachfolgende Fische.

Wir erklären uns dieses Verhalten mit den Überlebensvorteilen, die mit dem Aufdecken des standorttreuen Bobbits für die Fische verbunden sind. Nicht nur die mobbenden Fische kennen nun den Aufenthaltsort des Feindes und können diesen in Zukunft meiden, sie machen den Standort des Wurms auch für andere Arten sichtbar. Dies ist in einem sich ständig verändernden Lebensraum, wie ihn Sandböden mit sich häufig verändernden Strömungsverhältnissen darstellen, ein Überlebensvorteil. Erstaunlicherweise konnten wir noch eine weitere, nah verwandte Fischart (z.B. *Scolopsis monogramma*) beobachten, die das gleiche Mobbingverhalten zeigt.

Fische werden bezüglich ihrer mentalen Fähigkeiten meist völlig unterschätzt. Die Erforschung ihres Verhaltens in ihrem natürlichen Lebensraum führt deshalb immer wieder zu grossen Überraschungen.

Landläufig verstehen wir unter «Sand» ein mehr oder weniger feinkörniges Gemisch aus verschiedenen Mineralen, mal abgeschliffen und gerundet von Wind und Wellen, mal scharfkantig und rau. Das Stichwort «lebendig» kommt uns bei Sand eher selten in den Sinn. An den Stränden vieler tropischer Meere lohnt es sich aber, genauer hinzusehen. Dann entdeckt man zwischen den Gesteinskörnchen kleine Sterne, Spiralen, Kugeln oder münzförmige Gehäuse. Es handelt sich um die Schalen von Foraminiferen, einer Gruppe von zumeist kalkschaligen Meeresorganismen, die an zahlreichen tropischen Stränden der Erde gewaltige Massenablagerungen bilden. Sie präsentieren sich als wahrhaft lebende Sande.

Foraminiferen sind einzellige Lebewesen, die ihre zumeist kalkigen Gehäuse aus einer oder mehreren Kammern aufbauen. Sie gehören zu den ältesten und erfolgreichsten Organismen der Erdgeschichte, haben eine enorme Formen- und Artenvielfalt entwickelt und bevölkern seit etwa einer Milliarde Jahren die Ozeane der Weltmeere. Die Schalen abgestorbener Foraminiferen akkumulieren auf dem Meeresgrund und bilden in geologischen Zeiträumen mächtige Sedimentgesteine. So bauen sich die Gesteine der Pyramiden von Kairo zu grossen Teilen aus den Kalkschalen dieser einstmals lebenden Sande auf.

Mit einer Grösse von über zehn Zentimetern erreichen einige dieser Einzeller wahrlich gigantische Dimensionen. Das Geheimnis ihres Riesenwachstums liegt in ihrer Lebensweise mit endosymbiontischen, photosynthetisch aktiven Algen, die sie zu einer ungeheuren Kalkproduktion anregen. Mit Hilfe des Sonnenlichtes können so bis zu zwei Kilogramm Karbonat pro Quadratmeter und Jahr produziert werden. Foraminiferen sind damit, nach den Korallen, die wichtigsten Sedimentproduzenten in tropischen Riffregionen. Mit einer jährlichen Produktionsrate von weit über einer Milliarde Tonnen sind sie nicht nur für über zwanzig Prozent der globalen Karbonatproduktion verantwortlich, sondern auch wichtige Ökosystemingenieure der Weltmeere.

Anders als bei Korallen, die ihre Skelette aus Aragonit aufbauen, bestehen die Gehäuse der meisten Foraminiferen aus Calcit, einer säureresistenteren Variante der Karbonatminerale. Zahlreiche am Boden lebende Foraminiferen können auch bei anhaltender Versauerung der Ozeane bei pH-Werten von 7,8 und bei Wassertemperaturen bis zu 40°C überleben. Dank dieser Fähigkeiten haben sie in den wärmsten Phasen der Erdgeschichte und zu Zeiten versauerter Ozeane die Korallen als primäre Karbonatproduzenten in Riffen wiederholt abgelöst.

Foraminiferen verfügen als eine der wenigen Gruppen von Mikrofossilien über einen exzellent dokumentierten Fossilbericht, der als einmaliges Archiv grosse Teile der Erdgeschichte hochauflösend abdeckt. In der industriellen Mikropaläontologie gehören sie bis heute zu den wichtigsten Werkzeugen bei der Suche nach fossilen Kohlenwasserstoffen und als Indikatoren für das Biomonitoring. Durch die Funktion der Foraminiferen als wichtige Karbonatproduzenten der Ozeane eröffnen sich neue Forschungsfelder, die bei der Entwicklung prognostischer Szenarien zu den Themen Klimawandel, Versauerung der Ozeane und Korallenbleiche an Bedeutung gewinnen werden.

Sternchensande: Kalkschalige Foraminiferen von Lizard Island, Grosses Barriereriff (Australien).
Foto © Martin Langer

One can only guess which emotions took hold of the chemistry professor in his laboratory at the USSR Ministry of Health in Moscow, on that cold and misty October morning in 1951. Relief maybe, or reassurance, definitely reassurance and probably still a sense of wonder, but not incredulity. Not anymore. Boris Pavlovich Belousov was past this stage. How many months had he been studying this chemical reaction now? When did he first jump up in bewilderment and utter disbelief, realizing that his solution of citric acid, acidified bromate and ceric salt – in an attempt to model the Krebs cycle *in vitro* – did not proceed to equilibrium but oscillated with astonishing regularity between yellow and colorless? The letter on his desk was a silent witness of the extraordinary phenomenon he had discovered. It was a rejection letter from the editor-in-chief of a chemistry journal. As a matter of fact, he had not even troubled to repeat the experiment which Belousov had meticulously described in his manuscript – along with a tentative scheme for the complex reaction mechanism and sequential photographs showing details of the time course – being convinced that this was simply impossible, belying the second law of thermodynamics.

A decade later, the Russian biochemist Anatoly Zhabotinsky would first learn from Belousov's experiments through an abstract in the 1959 proceedings of an obscure symposium (despite years of research and comprehensive analysis, Belousov – facing insurmountable skepticism if not ridicule from colleagues – never succeeded in publishing his scientific work in a peer reviewed journal). He improved the recipe by substituting citric acid for malonic acid and showed that alternating oxidation-reductions in which cerium periodically changes its oxidation state from Ce^{III} to Ce^{IV} caused the rhythmically changing colour patterns. Moreover, Zhabotinsky could demonstrate that when a thin, homogenous layer of solution is left undisturbed, the oscillations would occur both in *time* and *space,* spreading out as concentric waves of vivid magenta (Ce^{III}) on a background of blue (Ce^{IV}) in the presence of an appropriate redox indicator.

Like all western scientists, Russian born Belgian physical chemist Ilya Prigogine would first hear of this chemical oscillator in 1968, through Zhabotinsky's presentation at an international conference in Prague. Having profound insight in thermodynamics, Ilya Prigogine probably immediately understood the far-reaching scientific consequences of a chemical reaction maintaining itself in a state of non-equilibrium. The "Belousov-Zhabotinsky reaction" as it soon became known, would become a model system and one of the cornerstones of his theory on the origin and the evolution of biological life: an adaptive condition far from equilibrium, demonstrating dynamic behavior and transforming "chaos into order" whilst apparently mocking the second law of thermodynamics.

The Nobel Prize for Chemistry 1977, awarded to Ilya Prigogine, marked the beginning of a paradigm shift in our understanding of the phenomenon "life". Other fundamental insights can be expected from a successful marriage between Biology and non-equilibrium thermodynamics. At the beginning of the 21st century, exciting times are awaiting us.

Belousov–Zhabotinsky reaction: oscillations occur in time and space, spreading out as concentric waves (colours are dependent on the reagents used).

Manfred Reichel (1896–1984) war von 1940 bis 1966 Professor für Paläontologie an der Universität Basel. Ein Schwerpunkt seiner Forschung war die Untersuchung der oft sehr komplex gebauten Schalen der Foraminiferen (vorwiegend marine Einzeller). Um diese verstehen und erklären zu können, stellte er sie in einzigartigen Zeichnungen und Modellen dar. Dabei kam ihm seine Ausbildung an der *École des Beaux Arts* in Genf (1916–1918) zugute. Die hohe Qualität der Zeichnungen von Reichel verstärkt ohne Zweifel den Wert seiner wissenschaftlichen Arbeiten.

Als Hochschullehrer unterstützte er seine Schüler bei der Veröffentlichung ihrer Forschungsergebnisse und besonders bei der Vorbereitung der begleitenden Abbildungen. Er verwendete viel Zeit und Geduld darauf, ihnen die grundlegende Zeichentechnik wie Perspektive und Schattierung zu vermitteln. Dabei benutzte er auch vertraute Alltagsgegenstände wie etwa ein Ei oder die wellige Krempe eines Hutes.

Ein Beispiel dafür findet sich im Archiv des Naturhistorischen Museums Basel. Unter verschiedenen Originalzeichnungen von Reichel gibt es eine Darstellung der Struktur einer etwa 0,3 Millimeter grossen rotaliden Foraminifere, die der ehemaligen Doktorandin Edith Müller-Merz gewidmet ist. Diese Bleistiftzeichnung auf Papier ist, obwohl nicht für eine Publikation bestimmt, bis ins Detail ausgearbeitet.

Reichels Zeichnungen waren möglichst naturgetreu. Er ging von einer einfachen, aber wohl proportionierten Struktur aus, bei der er die Gesetze der Perspektive anwandte und die zentrale Achse senkrecht und die äquatoriale Ebene horizontal anlegte. Die Oberfläche mit ihren Poren ist sehr detailliert mit einer schwachen Schattierung mit hohen Hell-Dunkel-Kontrasten oder -Werten, also bei starkem Lichteinfall dargestellt. Mit festem Bleistift-Druck werden Umrisse, Falten und Schnitte in Schwarz hervorgehoben. Das von links oben kommende Licht wirft sanfte Schatten, welche der Zeichnung starke Plastizität verleihen.

In den von Reichel am Bildrand notierten Anmerkungen manifestiert sich auch sein Sinn für Humor. Natürlich gibt es keine Foraminiferengattung namens «Gugelhopfina», aber das abgebildete etwa 0,3 Millimeter grosse Exemplar erinnert sehr stark an einen elsässischen *Gugelhopf*.

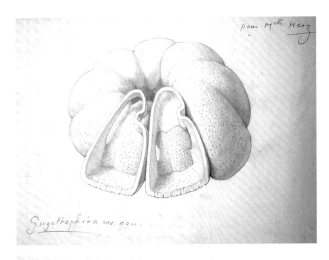

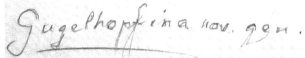

Unpublizierte Bleistiftzeichnung von Manfred Reichel (Archiv des Naturhistorischen Museums Basel)

Urs B. Leu

Die Erstbeschreibung der botanischen Höhenstufen 1555

Der Zürcher Arzt, Naturforscher und Universalgelehrte Conrad Gessner (1516–1565) begründete nicht nur die moderne Bibliographie und Zoologie, sondern ging auch als einer der Väter der Botanik in die Wissenschaftsgeschichte ein. Leider starb er über seinem riesigen Material und konnte seine *Historia plantarum*, an der er jahrzehntelang gearbeitet hatte, nicht mehr vollenden. Ein anderes, weit dünneres Werk sicherte ihm aber trotzdem einen Platz in der Geschichte seiner Lieblingsdisziplin; es handelt sich um seine Beschreibung einer Pilatus-Besteigung von 1555, die er unter dem Titel *Descriptio montis fracti* im gleichen Jahr publizierte.

Am 20. August erklomm er zusammen mit dem Zürcher Chirurgen Peter Hafner, dem Apotheker Pierre Boutin aus Avignon und dem Maler Johann Thoma den Pilatus. Gessners Pilatusbeschreibung enthält die ersten publizierten Beobachtungen über die alpinen Höhenstufen, weshalb er auch als Gründer der Pflanzengeographie bezeichnet wird. Vielleicht machte der Veroneser Apotheker Francesco Calzolari (1522–1609) bereits vor dem Zürcher Universalgelehrten die gleiche Entdeckung bei seinen seit 1551 wiederholten Besteigungen des norditalienischen Monte Baldo, doch veröffentlichte er seine Erkenntnisse erst 1566.

Gessner fiel auf, dass sich die Vegetation mit zunehmender Höhe veränderte: «Man kann nämlich sagen, dass auf den Gipfeln der höchsten Berge ewiger Winter herrscht, ein wenig weiter unten noch Frühlingszeit, um die Mitte des Sommers oder später. In dieser Gegend sieht man nämlich mitten im Sommer oder sogar im Herbst Blumen, welche auf der Ebene im Frühling blühen, wie *violae* (Veilchen), *flores bechii* (Huflattichblumen) und *flores petasitidis* (Pestwurz; *Petasites albus; Petasites hybridus*). Früchte aber hat es keine, ausser vielleicht *fraga* (Erdbeeren) und *vitis idaea* (Preiselbeere; *Vaccinium vitis-idaea*). Weiter unten aber hat auch der Herbst seinen Ort beim Hervorbringen von Obst gewisser Bäume, am ehesten *cerasa* (Kirschen), welche jedoch spät reifen, da ja die Sonne nicht wie im Sommer, sondern eher wie im Frühling scheint. Zuunterst nun ist die Sonne wärmer und der Widerschein ihrer Strahlen bewirkt auch wirklich den Sommer. Deshalb würde ich bei derartigen Bergen die höchste Zone, welche sich in der Gipfelregion befindet, winterlich nennen, da sich dort immer Winter und Schnee behaupten oder, wenn der Schnee an einigen niedrigeren Stellen einmal schmilzt (wie auf dem Berg, worüber wir schreiben), Kälte und Wind vorherrschend sind. Die zweite Zone, welche unterhalb des Gipfels sich abwärts ausdehnt, frühlingshaft: in ihr könnte der Winter gar nicht länger sein, der Frühling aber ist kurz. Die dritte herbstlich, weil sie neben dem Frühling oder Winter auch etwas vom Herbst hat. Die unterste sommerlich. So dass man zuoberst eine Jahreszeit, unterhalb des Gipfels zwei, am dritten Ort drei und zuunterst vier Jahreszeiten erkennen kann.»

Gessner beendet seine Schrift mit der Besprechung der Flora des Pilatus, war er doch einer der ersten, der sich auch um die systematische Erschliessung der Alpenpflanzen bemühte. Das naturwissenschaftliche Schrifttum der Griechen und Römer behandelte lediglich die Flora des Mittelmeerraumes, von den Gewächsen in anderen Weltgegenden oder auf den Bergen fehlten fundierte botanische Kenntnisse. Seine Beobachtung der Höhenstufen scheint sich in der gelehrten Welt bald herumgesprochen zu haben, denn Johannes Fabricius Montanus listete in einem Brief vom 26. Juni 1559 an Gessner 19 Pflanzen auf, die er in Begleitung des Arztes Belinus und des Schulrektors Pontisella auf dem Piz Calanda gefunden hatte, und bemerkte, dass 18 von der Mitte und eine vom Gipfel des Berges stammten.

Jeden Herbst ziehen Tausende von Vögeln über unser Land und werden von vielen Menschen zufällig beobachtet. In grossen und kleinen Schwärmen ziehen Finken, Stare und Tauben vorbei, und besonders beeindrucken uns die grössten unter ihnen, die Greifvögel, Störche und Kraniche. Seit Jahrzehnten werden an ausgewählten Orten die vorbeiziehenden Zugvögel beobachtet und von interessierten Ornithologen systematisch gezählt. Schon bald zeigte sich, dass die Zählresultate sehr stark vom Wetterverlauf abhängen und von Jahr zu Jahr erheblichen Schwankungen unterliegen. Zu verstehen, welche Faktoren das Zugverhalten der einzelnen Vogelarten bestimmen und wie sich die grossen Schwankungen erklären lassen, beschäftigt mich in meinem Forscherleben nun seit 35 Jahren. Als meine grösste Herausforderung stellte sich dabei heraus, das Unsichtbare sichtbar und messbar zu machen.

Wie wir heute wissen, lassen sich wohl kaum fünf Prozent des Vogelzuges mit blossem Auge und optischen Hilfsmitteln beobachten. Viele Vögel entziehen sich unseren Blicken, da sie meist in über hundert und oft in tausend Metern Höhe fliegen. Was noch viel mehr zu Buche schlägt, ist aber, dass die Mehrheit der Vögel nachts unterwegs ist. Erste Hinweise zum nächtlichen Zug gab es von Mondbeobachtern, die während der Zugsaison ab und zu einen Vogel vorbeifliegen sahen. Das tatsächliche Ausmass des nächtlichen Zuges wurde aber erst mit der Erfindung des Radars wirklich greifbar. Was wir mit unseren Augen sehen können, ist nur die Spitze des Eisberges, die moderne Technik erlaubt uns, das für uns Unsichtbare sichtbar zu machen.

Mit Radar lassen sich heute auch kleinste Vögel, wie das nur fünf Gramm schwere Sommergoldhähnchen, auf eine Distanz von mehreren Kilometern detektieren, sei es nun am Tag oder bei Nacht, bei guter Sicht oder dichtem Nebel. Einzig bei Regen überdecken die starken Signale von Regentropfen die von allfälligen Vögeln reflektierten elektromagnetischen Wellen. Diese Technik hat uns in den vergangenen Jahrzehnten erlaubt zu erkennen, dass die grosse Masse der Zugvögel, nämlich kleine Singvögel von weniger

als zwanzig Gramm, unser Land in breiter Front überfliegen. Dabei beeinflussen Windbedingungen im Zusammenspiel mit Wolkendecke und Topographie regionale und lokale Konzentrationen von Zugvögeln. Die Idee von wohldefinierten Zugstrassen gilt es definitiv über Bord zu werfen. Noch immer wissen wir nicht, wie viele Zugvögel insgesamt durch unser Land oder Europa ziehen. Für die Schweiz schätzen wir die Zahlen auf 50 bis 200 Millionen, während es für ganz Europa mehrere Milliarden sein dürften.

Im Verlauf meiner Forschungstätigkeit konnte ich erkennen, dass Vogelzug ein fast alltägliches Phänomen ist. Wenn wir uns im Herbst oder Frühling nach Sonnenuntergang ins Haus zurückziehen oder ins Theater oder Kino gehen, begeben sich die Zugvögel auf Ihre Reise und fliegen zu Tausenden unbemerkt direkt über unsere Köpfe hinweg. Aber wie uns das seit kurzem in Betrieb genommene Dauerbeobachtungs-Radar an der Vogelwarte zeigt, ist auch ausserhalb der sogenannten Zugsaison der Luftraum über uns bevölkert. Ein kurzer Blick auf das Radar zeigt mir, dass heute, am 29. Dezember 2016, immerhin sechzig Vögel in den letzten 24 Stunden über den Garten der Vogelwarte geflogen sind, und das in Höhen von zum Teil über tausend Metern über dem Boden. Dazu muss man wissen, dass die bodennahen Flugbewegungen der lokalen Vögel nicht registriert werden. Folglich waren in dieser Nacht schätzungsweise 4000 Vögel im Raum zwischen Luzern und Basel unterwegs. Das klingt bereits nach viel, aber in einer guten Zugnacht können das auch mal drei Millionen Vögel sein.

Ähnlich wie die offene See ist der freie Luftraum über uns ein Lebensraum für viele Lebewesen, für Tausende von Fledermäusen, Millionen von Vögeln und Billionen von Insekten. Sie verbinden Länder und Kontinente und spielen eine wichtige Rolle im Netzwerk der Natur. Wir haben gerade erst angefangen, diesen Lebensraum zu erforschen.

Nur wenige Tiere ertragen klirrende Kälte so gut wie der Eisbär *(Ursus maritimus)*. Dabei ist sein Pelz nur wenige Zentimeter dick. Eisbären leben am Nordpol unter Extrembedingungen; meist herrschen dort Temperaturen weit unter der Nullgradgrenze. Mehrere physikalische Tricks sorgen für den nötigen Kälteschutz.

Das dichte Fell des Eisbären kann viel Luft aufnehmen, vor allem auch, weil seine Haare hohl sind. Da Luft Wärme schlecht leitet, wirkt das Fell als geradezu ideale Isolationsschicht. Die verblüffenderweise dunkle Haut des Bären nimmt zudem viel Wärme auf. Zusätzlich sorgt eine dicke Fettschicht unter der Haut für eine gute Wärmedämmung. Die eigentlich transparenten Eisbärhaare erscheinen weiss, weil darin Luft eingeschlossen ist. Für den Bären hat diese Farbe den angenehmen Nebeneffekt, dass er im ewigen Eis gut getarnt ist. Eine Theorie aus den 1980er-Jahren besagt, dass die Eisbärhaare nicht nur wegen der eingeschlossenen Luft isolierend wirken, sondern auch wie lichtleitende «Glasfasern» funktionieren und den Eisbären zusätzlich wärmen. Scheint die Sonne, so dringen ihre Strahlen in den Hohlraum der einzelnen Haare ein. Das Licht wird in diesem runden Hohlkörper von allen Seiten reflektiert und die Lichtstrahlen gelangen so an die Haarbasis. Dort werden sie, laut dieser Theorie, von der dunklen Haut absorbiert und in Wärme umgewandelt. Diese Hypothese wird wegen aktueller Forschungsergebnisse allerdings angezweifelt: Studien haben ergeben, dass die Eisbärhaare eher schlechte Lichtleiter sind.

Die einzelnen Haare sind übrigens mit einer öligen, wasserabstossenden Schicht versehen. So macht dem Eisbären auch ein Bad im eiskalten Wasser nichts aus. Steigt er aus dem Wasser, schüttelt er die Wassertropfen einfach aus seinem Fell. Dies verhindert, dass Wasser oder nasser Schnee am Fell anfriert.

In den Sammlungen des Museum.BL in Liestal befindet sich ein altes Eisbärpräparat. Es ist fast 150 Jahre alt und machte bis vor kurzem einen etwas schäbigen Eindruck. Denn die hohlen Haare hatten sich mit Staub gefüllt und das Fell wirkte aschgrau. Für eine Ausstellung musste der Eisbär von einem Präparator

aufgefrischt werden. Es war nicht einfach, den Staub aus den «Röhrchenhaaren» herauszubekommen. Zudem waren der Unterkiefer falsch montiert und die Glasaugen beschädigt. Fachgerecht wurde der Eisbär zuerst gereinigt und danach der Unterkiefer herausmontiert. Der Bär erhielt eine neu modellierte Zunge, Gaumen und Lippen wurden neu koloriert und die losen Eckzähne im Kiefer fixiert. Nach einer Nasenkorrektur aus Wachs wurden auch seine Haare rückgefettet. Alles in allem ein äusserst aufwendiger Prozess, aber es hat sich gelohnt: Die Dermoplastik ist so lebensecht geworden, dass sie heute von vielen Museen ausgeliehen wird und ein grosses Publikum erfreut.

Foto © Andreas Zimmermann, Museum.BL

Bei der Befruchtung einer Eizelle fängt das Leben neu an, und im glücklichen Normalfall lebt dieses neue Lebewesen länger als seine Eltern. Zudem kann auch das Neugeborene klar von den Eltern unterschieden werden, und es ist für uns selbstverständlich, dass Lebewesen älter werden, an Fitness verlieren, eventuell ab einem bestimmten Alter sich nicht mehr fortpflanzen können und schliesslich sterben. Das sehen wir täglich rund um uns herum, bei Menschen und Tieren.

Aber wie sieht es aus bei den unsichtbaren Mikroorganismen, welche um uns herum und in grossen Mengen auch in uns wohnen? Bei einem meiner Lieblingsorganismen – für die Forschung und für den Gaumen –, der Bäckerhefe *(Saccharomyces cerevisiae)*, sieht man (dank der Knospung) ganz klar den Unterschied zwischen der kleineren Tochter und der grösseren Mutterzelle. Zudem trägt die Mutterzelle eine «Geburtsnarbe», anhand welcher man zählen kann, wie viele Tochterzellen sie schon geboren hat. Je nach Literaturangabe schwankt diese Zahl, liegt aber so etwa in der Grössenordnung von 25 bis 30.

Bei Bakterien gibt es ebenso solche, die sich ungleich (asymmetrisch) zweiteilen und solche, bei denen die Mutter- von der Tochter-Zelle unterschieden werden kann. So z.B. bei einem gestielten Bakterium, *(Caulobacter crescentus)*, welches im Wasser vorkommt und bei dem die Mutterzelle sich mit einem Stiel am Boden festhält. Die Tochterzelle hat keinen Stiel, sondern einen Propeller (Flagellum), mit dem das neugeborene Bakterium in 'jugendlichem Übermut' fortschwimmen kann. Erst nach der 'Pubertät', also wenn das Bakterium mit dem Flagellum sich in eine gestielte und fortpflanzungsfähige Zelle verwandelt hat, kann der Teilungszyklus neu beginnen. Auch in diesem wunderbaren Modellsystem kann man ein Altern feststellen.

Bis vor wenigen Jahren war das bei Bakterien, die sich symmetrisch teilen, noch ganz anders. So z.B. bei der berühmten *Escherichia coli* oder dem berüchtigten *Staphylococcus aureus*. Schaut man diese Bakterien unter dem Mikroskop oder sogar im Elektronenmikroskop an, sind beide Zellen identisch und es lässt sich kein Unterschied zwischen Mutter und Tochter ausmachen. Lange Zeit stellte man sich daher vor, dass diese beiden Tochterzellen identisch sind, da sie schliesslich die gleiche genetische Information tragen – es sei denn es wäre da bei der Replikation des Erbgutes ein Unfall passiert. Angehäufte toxische Substanzen würden gleichmässig verteilt und ausverdünnt. Bakterien wären also sozusagen 'unsterblich', bis da plötzlich ein Katastrophenfall einträte und ein Bakterium, aus welchen Gründen auch immer, plötzlich abstirbt, so etwa wie Aldous Huxleys galoppierende Seneszenz.

Schön. Aber so ist es vielleicht doch nicht. Eine Arbeit, in welcher Forscher das Wachstum von *E. coli* per Video verfolgten, zeigte, dass je älter das eine Ende der Zelle (Zellpol) ist, desto länger dauert es schliesslich bis zur nächsten Zellteilung. Wenn auch nicht enorm, sind die Unterschiede doch messbar, obschon diese Arbeit in der wissenschaftlichen Literatur angefochten wurde. Das Modell besagt, dass ungute Substanzen und ältere Eiweisse, die nicht erneuert werden können, am alten Zellpol akkumulieren, um damit der neuen Zelle eine unbeschwerte und fruchtbare Zeit zu gewähren.

Altern gehört somit zum Leben, auch bei Bakterien, und trägt dazu bei, das neue Leben unbeschwerlicher zu machen. *Vivent nos enfants et petits enfants!*

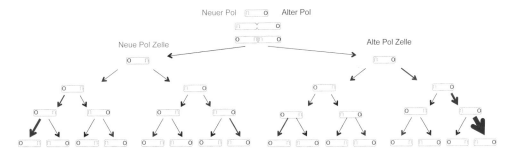

Lassen Sie uns eine Zeitreise in die Rheinebene vor 200 Jahren unternehmen. Die Landschaft war von der Dynamik des Rheins geprägt – und heute brauchen wir von der Mittleren Brücke nur acht Kilometer nach Norden zu gehen, um uns in diese Zeit zurückversetzt zu fühlen.

Die Rheininsel bei Kembs ist Schauplatz des wahrscheinlich grössten Renaturierungsprojektes Mitteleuropas. Die französischen Stromfirmen gestalten die Insel um, als Beitrag zum Umweltschutz, damit sie im Gegenzug das Rheinwasser weiterhin zur Stromerzeugung nutzen dürfen. Die Zeitreise führt in eine Landschaft, die aussieht, als sei sie vom Rhein gestaltet worden, als seien mit jedem Hochwasser wieder neue Kiesbänke geschaffen worden.

Ein Maisfeld von einem Quadratkilometer Grösse wurde von Baumaschinen neu gestaltet. Gut 400 000 Kubikmeter Erde und Kies wurden umgegraben, um dem überdüngten Boden eine Chance zu geben, wieder eine vielfältigere Pflanzenwelt zu tragen. Neue Rheinarme von insgesamt sieben Kilometern Länge verlaufen nun über die Insel, die Teil des Naturschutzgebietes Petite Camargue Alsacienne ist.

Würden die neuen Kiesflächen zumindest teilweise erhalten bleiben, um Tieren und Pflanzen Lebensraum zu bieten, die an offene und steinige Lebensräume angepasst sind?

Im Jahr 2014 glich das Gelände einer Mondlandschaft. Die ersten Vögel, die sich ansiedelten, waren Flussregenpfeifer. Etwa sechs Paare dieses auf Kiesflächen spezialisierten Watvogels brüteten im Jahr nach Ende der Renaturierungen. Gelbbauchunken und Kreuzkröten laichten in den Pfützen auf dem Kies.

Bereits im ersten Jahr wurden 18 Schmetterlingsarten und 80 Vogelarten festgestellt – nicht schlecht für eine ehemalige Mais-Monokultur. Im frischen Gras auf dem Kiesuntergrund singen nun bis zu acht Feldlerchen. Rehe und Wildschweine kommen aus dem angrenzenden Wald, und wie mit Fotofallen gezeigt werden konnte, patrouillieren Wildkatzen am Waldrand. Die meisten der einheimischen Entenarten schwimmen auf den neuen Rheinarmen, Haubentaucher brüten, Kiebitze rufen.

Wer aber geglaubt hatte, wenigstens einige kaum bewachsene Pionierstandorte könnten längerfristig erhalten bleiben, unterschätzte offenbar den Gestaltungswillen der Natur. Schon im ersten Sommer waren fast alle freien Flächen von Gräsern besiedelt. Zwar ist die natürliche Sukzession hier nicht nur natürlich; auf der Hälfte des Gebietes wurden regionale Pflanzenarten gesetzt, um der einheimischen Flora einen Vorsprung gegenüber invasiven Arten wie der Goldrute zu geben. Die gebietsfremden Arten breiten sich allerdings trotzdem aus und müssen durch regelmässige Mahd bekämpft werden.

Was hat die Natur mit ihrem neuen Spielfeld vor? Klar ist, dass in wenigen Jahren Weidengebüsch und in wenigen Jahrzehnten Auwald die offenen Flächen überwachsen haben werden. Vielleicht nicht die schlechteste Zukunft für ehemals intensiv bewirtschaftetes Landwirtschaftsgebiet. Wenn aber ein Mosaik aus Trockenwiesen, Schilfflächen, Gebüsch und Auwald erhalten werden soll, muss der Mensch eingreifen und alle paar Jahrzehnte mit Baggern neue Pionierflächen schaffen. Als Alternative könnten sogenannte Megaherbivoren die Landschaft gestalten: robuste Rinderrassen, wilde Pferde, Hirsche – vielleicht Wisente. Dann wäre ein Besuch auf der Rheininsel tatsächlich eine Reise in frühere Jahrhunderte.

Wildkatze auf der Rheininsel, eingefangen durch eine Fotofalle. Foto © Forschungsstation Petite Camargue

In der Entomologie nehmen die Laufkäfer *(Carabidae)*, eine Käferfamilie mit 523 Arten in der Schweiz, eine wichtige Stellung ein. Die Vielfalt dieser Käfer, ihre Nützlichkeit als Schädlingsvertilger und ihre Empfindlichkeit auf Umweltveränderungen wecken grosse Aufmerksamkeit unter diversen Fachleuten. Ihr schlanker, aber kräftig gebauter Körper und die langen Beine machen diese Käfer zu guten Läufern. Gewisse Arten sind in der Lage, ganze 60 Zentimeter in einer Sekunde zurücklegen!

Die Laufkäfer sind in nahezu allen Landlebensräumen zu finden und leben sowohl im Larval- als auch im Adultstadium entweder hauptsächlich (wie die Mehrheit) oder teilweise räuberisch. Sie vertilgen grosse Mengen von Insekten und Schnecken (nämlich bis zum Dreifachen des eigenen Körpergewichtes pro Tag), weshalb sie als wichtige Nützlinge angesehen werden. Die Beute wird mit den kräftigen Kiefern zerquetscht, mit herausgewürgtem Darmsaft bespritzt (und so vorverdaut) und schliesslich in verflüssigtem Zustand aufgeschlürft.

Die Vielfalt der Käfer wurde durch die natürliche Evolution, aber in den letzten Jahrhunderten auch stark durch den Menschen beeinflusst. In einer intensiv genutzten Kulturlandschaft ist die ursprüngliche Laufkäferfauna nur in verbliebenen Refugialräumen oder in wiederhergestellten und neu geschaffenen Lebensräumen zu erhalten.

Mehr Aufmerksamkeit wird schon seit mehreren Jahren Nutzflächen wie zum Beispiel Wasserversorgungsanlagen geschenkt. Weil Wasserversorgungsanlagen als Grundwasserschutzgebiete eingestuft sind, besteht kein direkter Nutzungskonflikt zwischen Naturschutz und Landwirtschaft. Die für die Wasserversorgung 'geopferten' Flächen können ein Bestandteil des ökologischen Ausgleichs in der Agrarlandschaft sein.

Solche industriell genutzte Flächen, wie zum Beispiel die Areale um Pumpwerke der Wasserversorgung, Grundwasserbrunnen und Anreicherungsanlagen sowie Wasserreservoire, werden als Magerwiesen, Brachen, Weiheranlagen oder Wässermatten genutzt. Diese Flächen bilden für viele Laufkäferarten wichtige Lebensräume.

In einer Studie in der Region Basel wurden von 1996 bis 1998 insgesamt 130 Laufkäfer-Arten nachgewiesen. Davon traten 18 Arten ausschliesslich in den Wasserversorgungsanlagen auf.

Zwei Laufkäfer-Arten konnten als Neufunde für die Schweiz gemeldet werden, davon erwies sich eine Art, *Agonum nigrum,* als häufiger Bewohner der Grundwasseranreicherungsanlagen in den Langen Erlen (Riehen, BS). Diese bewaldeten Wässermatten scheinen dem natürlichen Lebensraum dieser Art weitreichend zu entsprechen. Literaturangaben zur Ökologie der Art sind aber nicht sehr zahlreich. Es werden sumpfige Ufer stehender Gewässer und Sumpfgebiete erwähnt.

Es liegen nur wenige belegte Fundorte in Europa vor. Es handelt sich um eine zirkummediterrane (rings um das Mittelmeer verbreitete) Art, die nach Norden ausstrahlt.

Der Fund war in faunistischer Hinsicht sehr bemerkenswert, weil er detaillierte Angaben über die Fundumstände erlaubte. Die meisten Individuen traten in den Monaten August und Mai auf, und alle hatten voll ausgebildete Hinterflügel und waren daher mit grosser Wahrscheinlichkeit flugfähig. Somit konnten sie den periodischen Überschwemmungen (alle drei Wochen) der Wässermatte ausweichen. Die Art wurde aber nur auf den Überschwemmungsflächen der Wasseranreicherungsanlage gefunden, obwohl auf der umliegenden Brache in dreissig bis fünfzig Metern Entfernung noch weitere Fänge durchgeführt worden waren. Diese ausgeprägte Bindung an Gebiete mit hoher Feuchtigkeit könnte eine der Ursachen dafür sein, dass die Art in Mitteleuropa selten gefunden wird.

Sehr selten, aber immer wieder einmal 'taucht' sie auf: 2015 habe ich einen Laufkäfer zum Überprüfen bekommen. Die Artbestimmung ergab *A. nigrum* aus einem trocken-warmen Weinberg im Kanton Genf! Die Frage nach dem bevorzugten Lebensraum des Laufkäfers ist offensichtlich noch nicht abschliessend beantwortet.

Wie Foraminiferen von einer weltweiten Katastrophe künden

Das zweitgrösste der fünf grossen Aussterbe-Ereignisse der letzten 600 Millionen Jahre in der Geschichte des Lebens fand vor 66 Millionen Jahren an der Kreide/Tertiär (K/T)-Grenze statt. Weil es damals den grossen Dinosauriern an den Kragen ging, ist es sehr populär. Auch hat es die Diskussion, ob die Evolution kontinuierlich oder durch Katastrophen punktiert abläuft («Darwin contra Cuvier»), befruchtet. In der Diskussion der Ursachen und des Ablaufs des Massensterbens an der K/T-Grenze spielen die planktonischen Foraminiferen, ein Schwerpunkt der Basler Mikropaläontologie, eine wichtige Rolle. Das abrupte Verschwinden der grosswüchsigen und stark differenzierten Arten der Oberen Kreide und ihr Ersatz durch sehr kleine einfache Arten wurde erstmals 1936 von Otto Renz und 1952 von Manfred Reichel in der Gola del Bottaccione bei Gubbio (Umbrien) dokumentiert. Dort wird die helle oberste Kalkbank mit Kreide-Formen von den dunkelroten Kalken des basalen Tertiärs durch eine etwa einen Zentimeter mächtige Fuge mit an ihrer Basis grünen dunkelroten Mergeln getrennt. Es ist in diesen Mergeln, dass Alvarez et al. 1980 sehr hohe Werte von Iridium gefunden haben, für welche nur eine ausserirdische Herkunft in Frage kam. Ähnliche und sogar noch höhere Iridium-Werte an der K/T-Grenze wurden in der Folge an zahlreichen Lokalitäten gefunden. Die Annahme, dass das grosse Sterben durch den Einschlag eines Asteroiden verursacht worden sei, führte zu heftigen und nicht immer sachlichen Diskussionen. Das entscheidende Argument für einen ausserirdischen Verursacher war der Fund eines 180 Kilometer weiten und bis zu 1000 Meter tiefen Kraters mit Zentrum bei Chicxulub im Norden von Yucatán, dessen Alter mit demjenigen der K/T-Grenze übereinstimmt. An seiner Basis finden sich bis zu 500 Meter andesitischer Gläser und Brekzien. Vor allem um den Golf von Mexico sind zahlreiche Lokalitäten mit Spuren dieses Asteroiden-Einschlages – (Tsunami-Ablagerungen, geschockte Quarze etc.) bekannt.

Während der Einschlag des Chicxulub-Asteroiden eine katastrophale Auswirkung auf die kalkschaligen planktonischen Foraminiferen und Nanoplankton

hatte, kamen die am Meeresboden lebenden Foraminiferen und der Plankton mit kieseligen oder organischen Schalen und Zysten relativ ungeschoren davon. Grund dafür ist vermutlich eine rasche Versäuerung der obersten Wasserschichten durch einen 'Sauren Regen', verursacht von den durch den Einschlag in anhydritreiche Schichten gebildeten nitritischen und sulfidischen Gasen.

Die planktonischen Foraminiferen erholten sich rasch. Schon nach wenigen Zehntausend Jahren finden sich mehrere sehr kleinwüchsige neue Gattungen; nach zehn Millionen Jahren sind ihre Diversität, Grösse und Morphologie wieder mit denjenigen vor der Katastrophe vergleichbar.

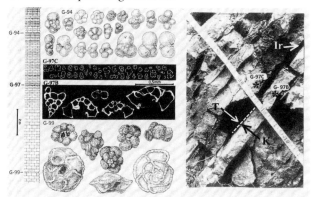

Kreide/Tertiär–Grenze bei Gubbio (Umbrien)

Viele Muscheln leben schwebend im Wasser. Andere sind sesshaft und haben im Laufe der Evolution einen raffinierten Apparat entwickelt, damit sie nicht von der Meeresströmung mitgerissen werden. Sie verankern sich mit dem Faserbart, auch Byssus genannt, an festen Unterlagen. Wir kennen diesen Bart von der Miesmuschel, kurze, grobe Fäden, die vor der Zubereitung entfernt werden. Diese Muschelfäden haben in den letzten Jahren in der biologischen Forschung grosse Bedeutung erhalten. Ihre Hafteigenschaften im feuchten Umfeld sind unübertroffen, weshalb zum Beispiel ihr Einsatz in der Mundchirurgie erforscht wird.

Eine dieser sesshaften Muscheln hat es mir besonders angetan: die Edle Steckmuschel, die *Pinna nobilis.* Sie ist mit über einem Meter die grösste Mittelmeermuschel, dort endemisch und steht seit 1992 unter Schutz. Ihr Byssus ist der Grundstoff für ein kostbares, sehr seltenes Textilmaterial, die goldene Muschelseide.

Der Byssus der Edlen Steckmuschel besteht aus Tausenden sehr feiner, reissfester Fasern. An deren Bildung ist der Fuss beteiligt, der normalerweise innerhalb der Muschel liegt. An der Basis des Fusses liegen Drüsen, welche für die Bildung eines Eiweiss-Sekrets zuständig sind. Wenn die Muschel einen neuen Faden bilden möchte, tritt der Fuss aus einer Mantelöffnung, dehnt sich und wird zu einem rund neun Zentimeter langen, sehr beweglichen Organ, welches eine Art Kanal bildet. Das in den Byssus-Drüsen gebildete Eiweiss-Sekret fliesst durch diesen Kanal. Mit der Fussspitze wird das Sekret auf eine geeignete Unterlage – Wurzeln, Sand, Steine – aufgebracht und bildet dort eine fächerförmige Kontaktstelle. Im Kontakt mit dem Wasser verhärtet sich das Sekret zur Byssusfaser. Nach Abschluss der Faserbildung löst sich der Fuss, und der Prozess beginnt erneut. Oder der Fuss zieht sich in das Innere der Muschel zurück.

Die Byssusfaser hat – im Gegensatz zu Woll- oder Leinenfasern – eine sehr glatte Oberfläche, was ihren Glanz erklärt. Der Durchmesser der einzelnen Fasern variiert zwischen zehn und fünfzig Mikrometern und entspricht damit anderen Naturfasern. Ungewöhnlich ist jedoch der Querschnitt, im Gegensatz zu allen anderen Naturfasern ist er elliptisch-mandelförmig und vollständig strukturlos.

Der von der Muschel abgetrennte Byssus ist noch voll von Sand, kleinen Muscheln und weiteren Rückständen. Es folgt ein mehrtägiger Waschprozess in Meer- und in Süsswasser. Mit einer Pinzette werden die letzten Verunreinigungen entfernt, anschliessend wird der Byssus zwischen den Händen gerieben, um die Fasern weicher zu machen, und schliesslich mit verschieden feinen Kämmen kardiert. Die Byssusfasern können nun noch in Zitronensaft gelegt werden, was die bronzefarbene Faser aufhellt. So ist aus dem Byssus Muschelseide entstanden.

Diese war zu allen Zeiten ein überaus seltenes Textilmaterial. Dass daraus tatsächlich einmal ganze Kleider hergestellt wurden, dürfte zu den unzähligen Mythen und Legenden gehören, die seit je um diese 'Wolle aus dem Meer' gestrickt wurden. Dazu gehört auch die Meinung, es handle sich dabei um zarte, durchsichtige Schleier. Nein – die bis heute in europäischen und US-amerikanischen Museen gefundenen Textilien sind Accessoires, Mützen, Krawatten, Schals, Kragen und Manschetten, ein Muff – und viele Handschuhe. Diese haben nichts Schleierhaftes an sich. Auch in der Bibel finden wir den Begriff «Byssus». Dabei handelt es sich jedoch nicht um Muschelseide, sondern um feines Leinen. Erst im 16. Jahrhundert wurde der Faserbart von Muscheln, in Analogie zum feinen antiken Leinenbyssus, so genannt.

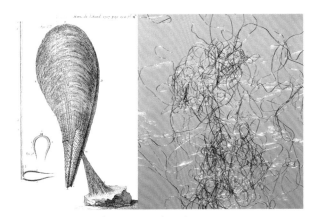

Pinna nobilis (aus: Réaumur, 1717) und Byssus

M. C. Escher: Bildergalerie (1956). Sie möchten da nicht rein?
Zu spät, wir alle sind schon drinnen!
© 2016 The M.C. Escher Company-The Netherlands.
Alle Rechte vorbehalten. www.mcescher.com

Der Barbier von Sevilla rasiert alle Männer, die sich nicht selber rasieren. Ein scheinbar unverfänglicher Satz entpuppt sich bei genauerem Hinsehen als tückisch: Denn wer rasiert unseren Barbier? Rasiert er sich nun selbst oder nicht? Diese Art Paradoxon, auch Lügner-Paradoxon genannt – nach Epimenides von Kreta, der schrieb *Alle Kreter sind Lügner* – werden auf den Punkt gebracht durch die Aussage *Dieser Satz ist falsch*. Sie beruhen auf Selbstbezug. Lässt ein System Aussagen über sich selbst zu, so führt das unweigerlich zu Paradoxa. Dies ist mehr als eine sprachliche Spielerei und hat schon manchem Wissenschaftler den Schlaf geraubt.

Dem Mathematiker ist Selbstbezug ein Fluch. Mathematische Disziplinen wie zum Beispiel die Mengenlehre sollten doch widerspruchsfrei sein. Aber sobald wir erlauben, dass Mengen andere Mengen enthalten können (und somit auch sich selbst; wie etwa die Menge aller Mengen mit mehr als 100 Elementen),

stellt sich die Frage: *Enthält sich die Menge aller Mengen, welche sich nicht selbst als Element enthalten, selbst als Element?* Bertrand Russell versuchte den Anspruch auf widerspruchsfreie Mathematik wiederherzustellen, indem er hierarchische Ebenen einführte und Aussagen einer Ebene über sich selbst schlicht verbot. Dieser Versuch wurde von Kurt Gödel unterminiert, der bewies, dass es in einem widerspruchsfreien System immer unbeweisbare Aussagen geben wird.

Dem Biologen ist Selbstbezug ein Segen. Er bildet den Ursprung des Lebens, wahrscheinlich waren RNA-Stränge die ersten selbstreplizierenden Moleküle. Unsere Zellen haben die Selbstbezüglichkeit als molekulare Basis beibehalten. Die Erbsubstanz DNA kodiert alle Proteine einer Zelle, auch diejenigen für das korrekte Ablesen der DNA und für die Proteinsynthese. – Kann das gut gehen? Wie konnten die ersten Proteine überhaupt hergestellt werden? Eine interessante Frage an die experimentelle Molekularbiologie wäre, ob sich gentechnologisch ein selbstbezüglicher Regelkreis konstruieren lässt, der zu einem Paradoxon führt. Oder ist solche Forschung eventuell sogar gefährlich? Beruht nicht die Toxizität der Prionen auf ihrer Selbstbezüglichkeit respektive der Eigenschaft, dass Prionen ihre eigene Faltung katalysieren?

Fluch oder Segen? Paradoxa können der Wissenschaft Grenzen aufzeigen, ihre Auflösung wissenschaftliches Neuland erschliessen. So, wie Leibniz' Infinitesimalrechnung das Paradoxon von Achilles und der Schildkröte entzauberte, indem sie aufzeigte, dass eine unendlich lange Reihe von Summanden sehr wohl eine endliche Summe ergeben kann, wird vielleicht auch ein tieferes Verständnis des Phänomens «Selbstbezug in der Natur» zu einer Horizonterweiterung der Molekularbiologie führen.

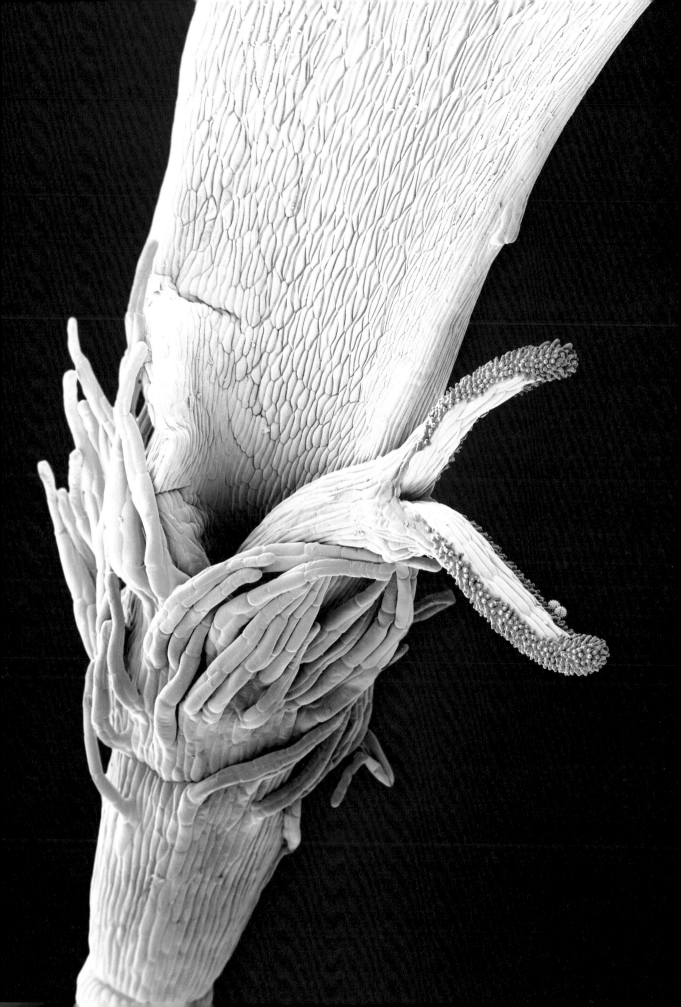

Alle Lebewesen bauen komplexe Strukturen aus einfachen Grundbausteinen auf und zerlegen sie bei Bedarf wieder in ihre Bestandteile. Dazu sind viele chemische Reaktionen nötig, die unter den Bedingungen des Lebens – in wässriger Lösung und bei gemässigten Temperaturen – nicht spontan ablaufen. Erst biologische Katalysatoren, die Enzyme, ermöglichen den Stoffumsatz, indem sie die nötige Aktivierungsenergie senken. Diese Enzyme nutzen wir auch in unserem Alltag: In Waschmitteln bauen sie bei niedrigen Temperaturen Fette ab oder sie dienen der Konservierung von Käse.

Unabhängig von ihrer biologischen Funktion und davon, ob sie diese in einem Einzeller oder einem Elefanten erfüllen, folgen Enzyme den gleichen Bauprinzipien. Sie sind Eiweisse, die aus gefalteten Ketten verknüpfter Grundbausteine, den Aminosäuren, bestehen.

Die Kombination von wenigstens zwanzig verschiedenen Aminosäuren zu Ketten mit mehr als hundert Gliedern ermöglicht eine enorme Vielfalt verschiedener Eiweissketten, die jeweils eine für ihre Funktion spezifische Struktur besitzen. Jedes Enzym erkennt mit seiner Struktur Merkmale der Ausgangsstoffe, ermöglicht einen Reaktionsweg zu einem bestimmten Produkt und entlässt dieses wieder.

Doch wie können mit solchen Enzymen komplizierte Moleküle erzeugt werden, für deren Herstellung eine strikte Abfolge vieler Herstellungsschritte nötig ist?

In der industriellen Produktion kennen wir für solche Probleme seit über hundert Jahren eine Lösung: An verschiedenen Stationen eines Fliessbandes oder einer Fertigungsstrasse wird aus Einzelteilen nach und nach ein Produkt, zum Beispiel ein Auto, aufgebaut.

Erst seit ungefähr dreissig Jahren wissen wir, dass auch die Natur regelrechte Fertigungsstrassen einsetzt. Diese sind kleiner als ein Tausendstel des Durchmessers eines Haares und bestehen aus besonders langen Eiweissketten, die mehrere Enzym- und Trägereinheiten enthalten. Die Trägereinheiten liefern die Zwischenprodukte zu den Enzymeinheiten und verhindern ein Entweichen aus dem Fertigungsprozess.

Der Aufbau eines solchen Eiweisses ist in der Abbildung gezeigt; jede Kugel steht für eine Aminosäure, Enzymregionen sind farbig und Trägereinheiten in schwarz gezeigt. Die einzelnen Reaktionsschritte sind im Schema dargestellt. Für besonders komplexe Aufgaben können mehrere solcher Fertigungseinheiten zu noch grösseren Fertigungsstrassen und molekularen Fabriken verbunden werden.

Die Produkte, die durch biologische Fertigungsstrassen in Mikroorganismen erzeugt werden, besitzen grosse pharmakologische Bedeutung, zum Beispiel als Antibiotika zur Bekämpfung bakterieller Infektionen.

Unser eingeschränktes Verständnis der Funktion molekularer Fabriken erlaubt es uns noch nicht, diese «Multienzyme» ebenso effizient zu verändern und zu nutzen wie einfache Enzyme im Waschmittel. Immer ausgefeiltere Untersuchungstechniken, wie die höchstauflösende Mikroskopie, bringen uns aber dem Ziel näher, molekulare Fabriken zu begreifen, indem wir sie bei Ihrer Arbeit filmen. Biologische Fliessbandarbeit wird so für die Herstellung massgeschneiderter Wirkstoffe nutzbar.

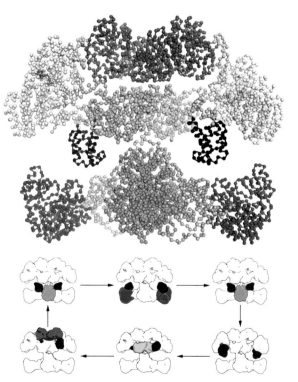

Abbildung © Dominik Herbst, Timm Maier

Wir alle haben es als Kind schon selbst erlebt: Eine kurze Unaufmerksamkeit, man stolpert und findet sich mit aufgeschlagenen Händen oder Knien wieder. Nach dem Versiegen der Tränen ist der Schaden jedoch meist gering, denn zu unserem Glück hat der Körper die Fähigkeit, die entstandenen oberflächlichen Wunden innert kurzer Zeit selbst zu reparieren. Dieser Prozess, Regeneration genannt, läuft aber nicht nur im Schadensfall ab, sondern stetig in unseren Organen und Geweben, um sie im Schuss zu halten. Pro Sekunde werden im menschlichen Körper mehr als zehn Millionen Körperzellen durch neue ersetzt. Allerdings sind uns Grenzen gesetzt. Wer bei einem Unfall ein Glied verliert, dem wächst ja kein neues nach.

Ganz anders sieht es bei bestimmten Tieren aus. Eine angegriffene Eidechse kann einfach ihren Schwanz abwerfen, in der Hoffnung, dass sich der Räuber zuerst um den heftig zappelnden Schwanzstummel kümmert und ihn verspeist. Dies gibt der Eidechse gerade genügend Zeit, sich in Sicherheit zu bringen. Sie muss nun aber nicht für den Rest ihres Lebens ohne den für die Fortbewegung wichtigen Schwanz auskommen, sondern ihr wächst ein neuer nach. Nicht ganz so schön wie der ursprüngliche, aber immerhin!

Auch Vogelspinnen können verlorene Beine ersetzen. Während das bei Jungtieren innert einer einzigen Häutung geschehen kann, sind bei erwachsenen Tieren oft bis zu drei Häutungen nötig, um die Gliedmasse wieder vollständig zu regenerieren. Allerdings ist sie deutlich dünner als die ursprüngliche.

Die wahren Meister der Selbstheilung findet man aber unter den Würmern. Zwar ist der verbreitete Volksglaube falsch, dass sich aus einem zweigeteilten Regenwurm zwei neue bilden. Der hintere Teil, da ihm ja der Mund fehlt, geht meistens an Nahrungsmangel zugrunde. Aber der vordere Teil, sofern er nicht an einer Infektion stirbt, kann sich tatsächlich erholen und wieder zu einem vollständigen Regenwurm heranwachsen.

Unübertroffen sind aber in dieser Hinsicht die Planarien. Diese im Wasser lebenden Strudelwürmer werden bis zu 1,5 Zentimeter gross und sind wahre Überlebens- und Regenerationskünstler. Rund dreissig Prozent der Zellen ausgewachsener Planarien sind sogenannte Stammzellen. Solche Zellen haben die Fähigkeit, jedes beliebige Körpergewebe neu zu bilden, weshalb sie für die Forschung von grossem Interesse sind. Wenn man nun eine Planarie, gleich ob quer oder der Länge nach, entzweischneidet, entsteht aus jedem Einzelstück ein neuer Wurm. Die Stammzellen wandern dabei zur Wunde hin, wo sie sich rasch zu teilen beginnen und die fehlenden Organe und Gewebe nachbilden. Es ist sogar möglich, einen Strudelwurm mit einer tödlichen Dosis Radioaktivität zu bestrahlen. Setzt man nun diesem Individuum eine einzelne Stammzelle ein, kommt es in rund fünf Prozent der Fälle zur kompletten Regeneration. Der Wurm selber profitiert auch in Hungerzeiten von dieser unglaublichen Fähigkeit. Bei akutem Nahrungsmangel kann er sein eigenes Gewebe verdauen und auf einen Bruchteil seiner Grösse schrumpfen, um sich bei entsprechendem Nahrungsangebot zu regenerieren und wieder auf seine ursprüngliche Grösse zu wachsen.

Dieses Vermögen zur vollständigen Selbstheilung hat natürlich auch in starkem Masse das Interesse der Wissenschaft geweckt. Wie könnte man erreichen, dass nach einem Herzinfarkt abgestorbene Muskelzellen wieder ersetzt werden? Das Heilungsvermögen ist beim Herzen, im Gegensatz etwa zur Leber, sehr gering.

Untersuchungen mit molekularen Methoden und Computeranalysen an Eidechsen haben gezeigt, dass beim Prozess der Schwanzregeneration mehr als 300 Gene beteiligt sind. Interessanterweise finden sich die meisten Gene, die das Nachwachsen des Schwanzes steuern, auch beim Menschen. Die Frage liegt auf der Hand, ob es irgendwann in der Zukunft möglich sein wird, durch die Verabreichung entsprechender Botenstoffe auch bei uns die vollständige Heilung geschädigter Organe oder gar die Regeneration einzelner Gliedmassen zu erreichen.

Jürg Meier

Vom Nutzen der Schönheit des Giftschlangenzahnes

Foto © Martin Oeggerli

Viele Tierarten benützen giftige Sekrete zur Verteidigung oder zum Beuteerwerb. Werden diese «Gifte» in spezialisierten Giftdrüsen gebildet, die wiederum über einen Giftkanal mit giftapplizierenden Strukturen (etwa Giftstacheln, Giftzähnen) vergesellschaftet sind, sprechen wir von einem eigentlichen «Giftapparat».

Bei den Schuppenkriechtieren sind innerhalb der Unterordnung der Schlangen Giftapparate unterschiedlicher Komplexität verwirklicht. Ebenso kommen verschieden ausgeprägte Giftzähne vor. Die vollkommensten Giftzähne finden sich bei der Familie *Elapidae* (Giftnattern: z.B. Kobras, Mambas und Seeschlangen) und *Viperidae* (Vipern sowie Grubenottern; darunter etwa die Juraviper, die Kreuzotter und alle Klapperschlangen).

Es überrascht immer wieder, dass ein Schlangenbiss vergleichsweise geringe Verwundungen hinterlässt. Oftmals sind Bissmarken kaum sichtbar. Um ein

Verstopfen der Giftzähne zu verhindern, befindet sich die Giftaustrittsöffnung auf der Zahnvorderseite, von der Zahnspitze zurückversetzt. Bemerkenswert ist, wie weich die Giftzahnspitze und die Giftaustrittsöffnung strukturell modelliert sind (siehe Abbildung). Dies dürfte dafür verantwortlich sein, dass die durch derartige 'Nadeln' hervorgerufenen Bisswunden nur vergleichsweise geringe Gewebeschäden verursachen.

In der Neurologie (bei Lumbalpunktionen) und in der Anästhesie (bei Spinalanästhesien) werden mit einer speziellen Punktionskanüle im Lendenwirbelbereich die Haut, die Bänder der Wirbelsäule, die harte Hirnhaut *(Dura mater)* und die Spinnengewebshaut *(Arachnoidea)* durchstochen. Bei der Lumbalpunktion wird für diagnostische Zwecke Hirnwasser *(Liquor)* entnommen. Bei der Spinalanästhesie werden Narkosemittel eingespritzt, die schmerzfreie Operationen im unteren Körperbereich bei vollem Bewusstsein ermöglichen.

Weil die harte Hirnhaut durch den Einstich geschädigt wird, kann es zu einem mehr oder weniger grossen Verlust an Hirnwasser aus dem an sich geschlossenen Liquorsystem kommen. Besonders bei jüngeren Menschen kann ein solcher Hirnwasserverlust wegen des höheren Liquordruckes grösser sein. Setzt sich der Patient auf, kommt es zu einem Unterdruck im Gehirn, der sofort zu Kopfschmerzen führt. Legt sich der Patient wieder hin, verschwindet der Kopfschmerz ebenso schnell, wie er gekommen ist.

Je kleiner die durch den Einstich verursachte Öffnung, desto geringer der Liquorverlust und desto weniger wahrscheinlich tritt dieser «postpunktionelle Kopfschmerz» auf.

Betrachtet man herkömmliche Injektionskanülen unter dem Mikroskop, erkennt man scharfkantige Werkzeuge, die – so klein sie auch sind – zu ordentlichen Perforationen in den Hirnhäuten führen müssen.

Schlangengiftzähne dienten als Vorbild für strukturell 'weich' modellierte Injektionskanülen (siehe Abbildung c), deren Kanal nicht in der Spitze mündet und deren Verwendung bei Lumbalpunktionen und Spinalanästhesien das Risiko des postpunktionellen Kopfschmerzes stark mindern.

Das Wehr bei Buisdorf an der Sieg ist eigentlich nur eines von vielen Fisch-Wanderhindernissen in Mitteleuropa: Etwa achtzig Zentimeter fällt das Wasser an diesem Ort die Sieg herunter – eine Barriere für alle Fische, die hier vom Rhein kommend in die Sieg schwimmen wollen. Bis auf eine Fischart: den Lachs.

Jahrzehntelang war der 'König der Fische' aus dem Rhein verschwunden. Doch nach langjährigen Bemühungen glückte in den 1990er-Jahren die Wiedereinbürgerung der Lachse im Rhein und seinen Zuflüssen im Raum Köln–Bonn. Jetzt springen die wackeren Tiere zur Freude zahlreicher Schaulustiger wieder über das Buisdorfer Wehr – und der Amateurfotograf Gerd Stöcker drückte im perfekten Augenblick auf den Auslöser seiner Kamera (siehe Abbildung).

Doch wie hoch können Lachse eigentlich maximal springen? Sicher sind sie Weltrekordhalter im Fisch-Hochsprung. Nach längerer Recherche in der Literatur wurde ich in Schottland fündig: Der 3,65 Meter hohe Orrin-Wasserfall ist der höchste Wasserfall, den Lachse mit einem einzigen Sprung überwinden können. Ein Foto aus dem Jahr 1971 zeigt klar, dass es sich hier diesmal nicht um eine urbane Legende handelt, wie die angeblich des Lachses überdrüssigen Dienstboten.

Die Lachse sind tatsächlich den Orrin Fall hochgesprungen und die wissenschaftlich interessante Frage ist, wie sie diese enorme Höhe überwunden haben. Früher dachte man, dass die Lachse sich zusammenkrümmen und sprungfederartig von einem grossen Stein unter Wasser hochschnellen. Beide Annahmen sind falsch. Die benötigte Absprunggeschwindigkeit beträgt rechnerisch 8,46 m/s – dies ist deutlich mehr als die Sprintgeschwindigkeit, die ein Lachs während kurzer Zeit aufrechterhalten kann. Die Sprintgeschwindigkeit nimmt mit steigender Wassertemperatur zu und grössere Fische sind schneller als kleinere. Meterlange Prachtlachse springen deutlich höher als ihre kleineren Kollegen und aufsteigende Lachse können im Sommer höhere Hindernisse überspringen als im Winter.

Schnell ist jedoch klar, dass selbst grosse Lachse die geforderte Geschwindigkeit auch bei günstigen Wassertemperaturen (20°C) nicht erreichen können.

Also müssen noch andere Faktoren im Spiel sein: Zunächst einmal ist es unbedingt erforderlich, dass unterhalb des Wasserfalls ein tiefer Pool liegt, sodass die Lachse Anlauf nehmen können. Dazu kommt die Wasserwalze unterhalb des Wasserfalls. Die liegt an den Orrin Falls, die fast senkrecht in ein tiefes Loch fallen, genau an der richtigen Stelle: Das in die Tiefe fallende Wasser treibt die Wasserwalze an und deren aufsteigendes Wasser gibt den abspringenden Lachsen den entscheidenden zusätzlichen Schwung für ihre Weltrekordleistung.

Zur Rückkehr der Lachse nach Basel fehlen nur noch 101 Flusskilometer, denn die Fischtreppe bei Strasbourg wurde im Mai 2016 eröffnet. Jetzt schwimmen die Lachse schon bis Gerstheim. Doch für die letzten vier Kraftwerke bis Basel muss die *Electricité de France* noch Aufstiegshilfen bauen. In den bereits bestehenden Fischtreppen des Rheins mutet man den Fischen indes keine Höchstleistungen à la Orrin Fall zu: Jedes Becken der Fischtreppe Iffezheim ist dreissig Zentimeter höher als das vorherige und in Gambsheim etwas weiter rheinaufwärts sind es sogar nur fünfundzwanzig. So finden auch weniger sportliche Fische den Weg zu ihren Laichgründen und Fressplätzen stromaufwärts.

Foto © Gerd Stöcker

«Werthester Herr Professor,
Ich benütze die Musse, welche mir das regnerische Wetter auferlegt, Ihnen aus meinem Tagebuch von 1854–1855 folgende Noticen über den Lias u. Keuper von Schönthal u. die dortigen Funde niederzuschreiben. Mögen selbe Ihnen etwas langweilig vorkommen, so glaube ich doch, Ihnen dieselben so mittheilen zu müssen, wie ich sie an Ort u. Stelle niederschrieb.»

Dieses Zitat stammt aus einem Brief, den Amanz Gressly am 30. September 1856 an den damaligen Basler Museumsdirektor Prof. Ludwig Rütimeyer schrieb. Der bekannte Jurageologe beschreibt und skizziert darin die Gesteinsabfolge des Keuperton von Nieder-Schönthal bei Liestal (heute Füllinsdorf). In einer der Schichteinheiten, in grünlich und gräulichen Tonmergeln, findet er «gigantische Knochen von Mastodonsaurus?, alle von Ost nach West liegend». Und weiter «Mein lieber Herr Professor, ich wünsche u. hoffe, daß dem ungeschlachteten Vieh noch mehr abgetrotzt werde.»

Rütimeyers Skizzen im Archiv belegen, dass er dieses «ungeschlachtete Vieh» nicht als *Mastodonsaurus,* eine typische Amphibienart aus der Triaszeit, betrachtete: Zuerst als *Belodon* angesprochen, dies zeigt die Bleistiftnotiz, hielt er die Knochen für Reste eines Phytosauriers (Pflanzenechse). Erst später dann schreibt Rütimeyer mit Tusche *Gresslyosaurus* darüber, er benannte die Echse *G. ingens,* und verglich sie mit Mantells Iguanodon aus England.

In einem Brief an Pfarrer Schmidlin vom 9. April 1857 schreibt Gressly Folgendes: «Gestern erhielt ich einen Brief von Prof. Rüttimeier in Basel worin er mir erstlich anzeigt, dass der *Gresslyosaurus ingens* zu einem bekannten Belodon Plieningeri umgestaltete, wovon um Stuttgart zwei Skelette bis auf den Kopf gefunden wurden und zwar in den gleichen Schichten des oberen Keupers. Also *nil novi sub sole!* Auch im Felde der Geologie.» Interessanterweise findet sich aber bereits am 25. Januar desselben Jahres ein Sitzungsbericht von Gressly, der allerdings erst 1858 im *Bulletin de la Société des sciences naturelles de Neuchâtel* erschien. Dort deutet er bereits an, dass: «Ces caractères, d'accord avec la présence d'ongles puissants, in-

diquent une organisation supérieure, comme celles des iguanodons et des megalosaures. C'étaient probablement des animaux terrestres ou du moins amphibies.» Ob nun Rütimeyer diese Idee von Gressly einfach später übernommen hat, lässt sich leider nicht schlüssig nachweisen.

Was sich aber klar belegen lässt, ist Gresslys Geldmangel. In einem Brief an Peter Merian, dem Mäzen und Gründer des Museums, lesen wir Folgendes: «Sie fragten mich unterwegs über den Preis der Belorosaurus-Knochen. Ich weiss selber pecuniär nicht zu schätzen. Da ich diese Stücke für ihr Museum besonders interessant haltend (dieselben sozusagen demselben schon vermachte) denselben kaum anschlagen. War es ein Glücksfall, dass ich nach vielen Suchen nach Keuperbonebed auf einmal etwas vorzügliches fand, so kann derselbe auch nicht nach gewöhnlichem Ertrage des Petrefaktensammlers berechnet werden. … Da ich indessen kaum an der Annehmbarkeit des Vorschlags zweifeln darf, und ich nun gerade einer kleinen Summe bedarf um einige Sachen im Laufenthale zu berichtigen, so bitte ich Sie, mir 150frcs in Abschlag zu bringen».

Damit gelangten die Funde in die Sammlung des Naturhistorischen Museums, wo sie heute noch aufbewahrt werden. Erst viel später, zu Beginn des 20. Jahrhunderts, erkannte der Tübinger Paläontologe Friedrich von Huene, dass es sich um die Reste eines Dinosauriers, nämlich um *Plateosaurus engelhardti* handelt.

In den 1990er-Jahren wurde die Eigenständigkeit der Gattung *Gresslyosaurus* strikte abgelehnt. Die zahlreichen Funde aus der Tongrube in Frick zeigen aber, dass es sich nicht um die gleiche Art handeln kann. Heute vermuten wir, dass es sich um eine wesentlich grössere, eigenständige Dinosaurierart handelt.

Ernst Meyer

Reibung ist ein Phänomen, das die Menschheit schon seit langer Zeit beschäftigt. Oftmals wird es als lästig empfunden, weil die Reibungskräfte uns Mühe machen und die Fortbewegung erschweren. Sind die Reibungskräfte zu gering, kann das unangenehm sein, beispielsweise wenn wir auf Glatteis zu laufen versuchen. Die bekannten Reibungsgesetze gehen auf Leonardo da Vinci zurück. Die Reibung hängt von der Normalkraft oder Last (engl.: *load*) ab, ist unabhängig von der Grösse der Kontaktfläche und auch unabhängig von der Geschwindigkeit. Diese empirischen Gesetze sind durch makroskopische Beobachtungen gewonnen worden. So kann ein Klotz auf einer schiefen Ebene beobachtet werden. Es zeigt sich, dass die Reibungskräfte weitgehend unabhängig von der gewählten Fläche des Klotzes sind. Die Reibung hängt aber sehr wohl von der Materialwahl ab und kann von der Rauigkeit der Oberflächen beeinflusst sein. Wird ein Schmierstoff zwischen die Kontaktflächen gebracht, kann sich die Reibung wesentlich verringern. Es gibt Firmen, welche auf die Herstellung von Schmierstoffen spezialisiert sind. Der richtige Cocktail, welcher aus vielen Komponenten besteht, ist dann ein Firmengeheimnis. In den letzten Jahren wurde der Begriff der «Superlubrizität» eingeführt. In diesem Zusammenhang werden die Reibungskoeffizienten von <0,001 beobachtet. Es wird sogar theoretisch postuliert, dass Bewegung ohne Reibungskräfte möglich ist. Eine wesentliche experimentelle Methode basiert auf dem Rasterkraftmikroskop. Hierbei wird eine feine Spitze über die Oberfläche bewegt und die wirkenden Kräfte werden mittels eines empfindlichen Sensors nachgewiesen. Werden die Kräfte reduziert, so kann beobachtet werden, dass die Reibungskräfte unmessbar klein werden. Entsprechend wird es möglich, Bewegung ohne Energieverluste zu erreichen. Wichtig ist auch, dass der Verschleiss oder Abrieb der Oberflächen ebenso stark reduziert wird. Somit können Maschinenelemente konstruiert werden, welche nachhaltig eingesetzt werden können und keine oder nur sehr geringe Feinstoff-Emissionen zeigen. Diese Pionierarbeiten wurden mit Geräten durchgeführt, die nur sehr kleine Dimensionen von wenigen Nanometern aufweisen. Es wurden Zweifel geäussert, dass dieses Konzept auch auf der Makro-Skala realisierbar sein könnte. Vor wenigen Jahren konnten aber makroskopische Experimente mit Graphen-Schichten durchgeführt werden, welche die «Superlubrizität» nachweisen konnten. Somit erscheint es möglich, dass in Zukunft auch Maschinenelemente in Autos oder anderen mechanischen Antriebssystemen mit deutlich verringerten Reibungsverlusten und geringerem Abrieb eingesetzt werden können. Das erwähnte Graphen ist ein modernes Material, welches nur aus einer oder wenigen atomaren Lagen von Kohlenstoff besteht. Wie in der Abbildung gezeigt, können aus Graphen kleine Bänder hergestellt werden, welche mit geringsten Reibungskräften über Oberflächen bewegt werden können. Diese Art von Experimenten werden am Departement Physik der Universität Basel durchgeführt und mit theoretischen Modellen verglichen. Es zeigt sich, dass Graphen einen sehr grossen Elastizitätsmodul hat, welcher sich positiv auf den Reibungsmechanismus auswirkt. Es entsteht ein sogenannter inkommensurabler Kontakt, welcher Voraussetzung für die Reduktion der Reibungskräfte ist.

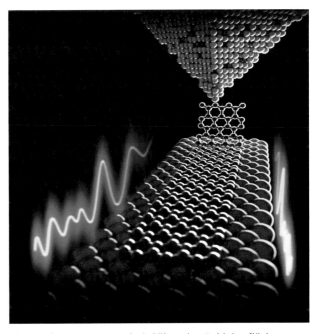

Ein Graphen–Nano-Band wird über eine Goldoberfläche gezogen, um Reibungseigenschaften zu untersuchen. © Uni Basel

Eine Gruppe von Insekten, die besonders faszinieren, sind die Schwebfliegen. Diese Fliegenarten haben oft gelbschwarze Muster am Hinterleib, die sie auf den ersten Blick wie eine Biene, Wespe, Hornisse oder Hummel aussehen lassen. Diese Mimikry ist bei gewissen Arten stärker ausgeprägt als bei anderen, aber gemeinsam haben sie mit den Nachgeahmten, dass sie wichtige Bestäuberinnen von Wildblumen und blühenden Kulturpflanzen sind. Bevor sie zu Bestäuberinnen werden, müssen sie sich zuerst als Larve behaupten. Und dafür haben die Schwebfliegen für interessante Habitate einige raffinierte Anpassungen entwickelt. Genannt seien da zum Beispiel die Microdon-Schwebfliegenarten, die als gepanzerte Larven ungestört zwei Jahre lang die Brut von Ameisen auffressen.

Ähnlich geht auch die Hornissenschwebfliege *(Volucella zonaria)* vor, die als erwachsene Schwebfliege einer Hornisse nicht nur ähnelt, sondern auch noch als Larve in Hornissen- oder Wespennestern einen wichtigen Beitrag zur Nesthygiene leistet, indem sie die Abfälle (Überreste der toten Insekten) verspeist. Viele Schwebfliegenarten sind feste Bestandteile unserer Agrarlandschaft und vollbringen wichtige Ökosystemleistungen. So entwickeln sich zum Beispiel die Larven der Schwebfliegenart *(Eristalis tenax)* in Habi-

taten, in denen Vegetation abgebaut wird, wie etwa in Kompost, Silage und kleinen Pfützen. Dort ernähren sich die Larven von den Mikroorganismen, die das Pflanzenmaterial abbauen. Weil die Schwebfliegenlarven in nassen Habitaten leben, verfügen sie über einen langen Schnorchel, den man als «Rattenschwanz» bezeichnet. Er ist interessanterweise länger als ihr Körper. Wegen ihres positiven Effekts auf den Recyclingprozess werden die Larven von *Eristalis tenax* auch eingesetzt, um den organischen Abfall in Kaffeeplantagen oder Schweinedünger aufzuräumen. Die Mehrheit der Schwebfliegenarten ist in ihrem Larvenleben räuberisch und verspeist Schädlinge wie zum Beispiel Blattläuse, Fransenflügler und Rüsselkäfer. Gewisse Arten wie *Episyrphus balteatus* haben sich gut an unsere überwiegend dominierende Agrarlandschaft angepasst. Sie verfügen über eine hohe Fortpflanzungsfähigkeit (ein Weibchen kann bis zu 4500 Eier legen) und Gefrässigkeit (jede Larve kann bis zu 500 Blattläuse auffressen). So sind diese Schwebfliegenarten zu wichtigen natürlichen Schädlingsbekämpfern in unseren Ökosystemen geworden.

Fotos © Sandro Meyer

Seit 22 Jahren hat sich in der Welt der Wildtiere und der Menschen etwas fundamental verändert: Die Wölfe sind wieder im Land – seit 1995 natürlich eingewandert aus Italien und Frankreich. Wurde noch im Mai 1990 ein Wolf bei Hägendorf im Kanton Solothurn diskussionslos als Bestie erlegt, schütteln wir inzwischen mehrheitlich den Kopf über viele sture Walliser, die heute jeden Wolf, wenn es irgendwie geht, eliminieren.

In seiner erstaunlich präzisen Eidgenossen-Chronik beschrieb Johannes Stumpf 1548, dass die Schweizer die Wölfe nie mochten: «Wiebald man eines Wolffs gewar wirt / Schlacht man Sturm über ihn als denn empöret sich ein ganze Landschafft zum gejägt / bis er umbracht oder vertriben wirdt.» Diese Doktrin wurde konsequent fortgesetzt, bis man es schliesslich um 1900 geschafft hatte, *Canis lupus* auf Schweizer Boden auszurotten. Und noch 1990 applaudierte man im ganzen Land dem wackeren Jäger von Hägendorf zum geglückten Abschuss.

Doch heute, nach über zwanzig Jahren natürlicher Wolfspräsenz in der Schweiz wird langsam deutlich, welch zentrale Rolle Prädatoren oder Beutegreifer in der Natur tatsächlich spielen. Neue Studien aus Amerika zeigen, dass wir die ökologischen Effekte von Prädatoren im System noch lange nicht vollständig verstanden haben, und sie gehen auch hierzulande weit über simple «Auslese der Schwachen» nach Darwin hinaus. Das zeigt das Beispiel des Rehs.

Rehe entkommen dem Wolf, indem sie nach kurzem Sprint behände in dichteste Vegetation schlüpfen, wo sie dem Verfolger überlegen sind. Dazu brauchen sie dichtes Unterholz. Das Reh ist ursprünglich ein Tier der niederen Lagen, wo es dichte Laubwälder mit Waldrändern mit viel Unterholz und Brombeer-Gesträuppen gibt, die ihm Versteck und Nahrung bieten – selbst im Winter. Auch dass Rehe mit Sumpflandschaften zurechtkommen, ist ein Hinweis auf ihre Anpassung ans Flachland. Sobald sich in zunehmender Höhe die Wälder lichten – zu Hallenwäldern aus Buchen oder zu Fichtenwäldern ohne Unterholz – fehlen den Rehen Fluchtmöglichkeiten, die ihrer Natur entsprechen. Auch wo hoher Schnee

Wolf, erlegt in Hägendorf (SO) am 15. Mai 1990.
Foto © Kurt M. Füglister

liegt, haben sie Mühe und überleben harte Winter oft nicht.

Im 19. Jahrhundert wurden in der Schweiz Wolf und Luchs ganz und das Reh nahezu ausgerottet. Die Rehe waren aber bald zurück und wurden als Jagdwild gehegt – mit Winterfütterungen für das hungernde Wild bis weit hinauf in die Jurahöhen und Alpen, wo heute das Reh in bis über 2000 Höhenmetern vorkommt. Dass dies nur dank menschlicher Hilfe (und dahinterstehender Jagdinteressen) möglich ist, lehren heute Wolf und Luchs, die mit ihrer Rückkehr die Huftierarten in ihre biologisch angestammten Naturräume verweisen: Die Gämsen als Kletterkünstler in Gebiete mit Felsen, den Rothirsch als ausdauernden Läufer in offene Wälder und Wiesenlandschaften und das Reh als Schlüpfer eben in tiefe Lagen mit Unterholz oder Schilf.

Dass dabei die Wölfe selbst nicht überhandnehmen, dafür sorgt ihr soziales Territorialsystem: Nach dem, was wir bis heute von italienischen Wölfen wissen, besetzt eine Wolfsfamilie von zwei bis sieben Erwachsenen plus Jungtiere des Jahres ein Territorium von 100 bis 250 qkm, das sie militant verteidigt und keine fremden Wölfe darin duldet. Die soziale Selbstregulierung funktioniert, sofern man sie gewähren lässt und ihre natürlichen Sozialstrukturen nicht durch politisch motivierte Regulationsmassnahmen zerstört.

Wir alle kennen die wunderbare Farbenpracht und atemberaubende Schönheit der Fische, die sich in den tropischen Lagunen tummeln – ein Paradies für Taucher. Leider jedoch nicht in der Schweiz – es sei denn, man würde eine Reise ganz spezieller Natur buchen, eine Zeitreise.

Im Jura, vor 150 Millionen Jahren, lag die Schweiz nämlich am Rande eines riesigen Meeres, der Tethys. Ein kleines Überbleibsel dieser mächtigen See ist uns sogar geblieben: heute nennt man es Mittelmeer. Die Schweiz war damals von idyllischen flachen Lagunen durchzogen. Zu jener Zeit waren auch die Grundstückspreise ziemlich günstig (Privatstrand inklusive) – allerdings mit dem Nachteil, ab und zu einen Brachiosaurier durchs geliebte Blumenbeet trampeln zu sehen.

Zum Schwimmen hätten diese Lagunen wohl auch nicht besonders eingeladen: In ihnen gab es nebst Krokodilen, Haien und anderen grossen Raubfischen, auch eine Vielzahl anderer, harmloser und wahrscheinlich sehr farbenprächtiger Fischarten. Diese Farbenpracht ist aber leider für immer verloren gegangen, denn Farbmuster sind in fossilen Fischen nicht erhalten geblieben. Ausserdem waren viele der Fische, die damals im Gebiet der zukünftigen Schweiz herumtollten, nicht mit den heutigen Fischen verwandt, und man kann darum nicht einfach annehmen, dass sie gleich gefärbt waren wie die heutigen. Einen Hinweis gibt allerdings ihr Körperbau und ihre Lebensweise, denn sowohl Farbgebung wie auch Farbmuster sind damit eng verbunden.

Einige der am besten erhaltenen Fossilien stammen aus einem Steinbruch nahe Solnhofen in Deutschland. Die voll artikulierten Versteinerungen sind zwar bis ins kleinste Detail erhalten, die lebensfeindlichen Bedingungen in der Lagune waren aber kein normales Habitat für diese Fische. Ein solches findet man besser in Solothurn. Seine Lagune strotzte nur so von Leben – Aas wurde jedoch sofort vertilgt, und die versteinerten Überreste sind darum alle nur fragmentarisch erhalten. Zusammengesetzt wie in einem Puzzle, lassen sie dagegen Rückschlüsse auf Artenvielfalt, Lebensraum und Lebensweise dieser Fische zu. So kann

ein Vergleich mit modernen Fischen, die ähnlich aussehen und leben, eine Vorstellung der verlorenen Farben und Muster vermitteln.

Eines ist jedenfalls sicher: die Fische der Tethys standen denen der heutigen Meere in Farbenpracht keineswegs nach.

† *Belenostmus sp.,* nach dem heutigen Hornhecht benannt (nicht verwandt, aber ähnlich aussehend).

† *Proscinetes sp.,* ein Kugelzahn– oder Reifenfisch. Kugelzahnfische sind vollständig ausgestorben.
Abbildungen © Moyna K. Müller, Dunedin (Neuseeland)

Über achtzig Jahre ist es her, dass der Schweizer Astronom Fritz Zwicky die Idee von Dunkler Materie hervorbrachte. Dunkle Materie ist eine Masse im Universum, die gravitationell nach den Gesetzen von Newton und allgemeiner von Einstein wirkt, jedoch unserem Auge und jedem von uns konstruierten Detektor verschlossen bleibt. Sie ist der Grund dafür, dass sich aus der Ursuppe von Staub und Gas die ersten Galaxien bildeten, welche sich in Gruppen und grösseren Strukturen zusammentaten, um das heutige filamentäre Universum zu erschaffen. Heute können wir den Anteil von Dunkler Materie im Universum sehr genau bestimmen: Sie macht das Fünffache der sichtbaren Materie aus. Doch die essentielle Frage, was Dunkle Materie sei, stellt uns noch immer vor riesige Probleme. Wir können nach etlichen Experimenten ausschliessen, dass es sich um uns bekannte Objekte wie Sterne oder Schwarze Löcher handelt. Auch liegt sie nicht in Gasform von uns bekannten Elementen oder Molekülen vor. Es muss etwas Exotisches sein, das abseits unserer bekannten Physik beheimatet ist.

Wir können zwar nicht sagen, was sie ist, dennoch können wir ihr Wirken beobachten und studieren. Da sind die Einsteinringe, die durch massereiche Galaxienhaufen entstehen und weit entfernte Objekte wie mit einer Linse vergrössern und sichtbar machen. Das wäre ohne die nicht sichtbare Dunkle Materie nicht möglich. Da ist der kosmische Mikrowellenhintergrund, der als das Nachhallen des Urknalls verstanden werden kann, welcher exzellente Übereinstimmungen mit unseren Modellen hat.

Obwohl die Dunkle Materie noch nie jemand gesehen hat, sind Tausende von Forschern der festen Überzeugung, dass sie existiert. Es gibt in den letzten Jahren aber immer mehr Stimmen, die diesen Glauben hinterfragen. Nicht überall treffen die Vorhersagen der Modelle ein. Einige Forschende behaupten sogar, dass mit den heutigen Widersprüchen die Dunkle Materie der moderne Äther sei. Auf kleinen Skalen, das heisst in der Astronomie in der Grössenkategorie von wenigen Galaxien, häufen sich tatsächlich die Ungereimtheiten zwischen Beobachtung und Theorie. So sollten sich Satellitengalaxien, die sich im Umfeld unserer Milchstrasse befinden, gleichförmig verteilen. Dass sich diese Satellitengalaxien aber in einer extrem dünnen Scheibe anordnen, widerspricht dieser Vorhersage. Man könnte nun behaupten, dass das Milchstrassensystem nur ein zufälliger Ausreisser im Meer von Galaxiensystemen ist. Betrachtet man unsere nächsten Galaxiennachbarn, die Andromeda-Galaxie Centaurus A oder M81, findet man eine ähnliche Ebenenstruktur. Bei Andromeda ist dies am deutlichsten, das Problem ist dort sogar noch verschärft: Die Satellitengalaxien sind nicht nur in einer Ebene angeordnet, sie haben alle noch den gleichen Drehsinn. Auch das spricht gegen jegliche Vorhersagen des Dunkle-Materie-Modells.

Wir haben somit ein Modell, das extrem gute Vorhersagen auf grossen Skalen macht, aber bei den kleinskaligen Phänomenen versagt. Müssen wir nun unsere Theorie begraben und eine Alternative suchen? Es gibt tatsächlich Alternativen, die prominenteste davon ist die Modifizierte Newton Dynamik, kurz MOND, welche auf Dunkle Materie verzichtet, dafür die Formel der Gravitation mit einer neuen Naturkonstante ergänzt. Mit dieser Theorie lassen sich die Phänomene der kleinen Skala, bei der die Dunkle Materie versagt, gut beschreiben. Der Haken ist jedoch, dass MOND wiederum auf grossen Skalen an ihre Grenzen stösst. Welcher Theorie schenken wir nun mehr Glauben? Es gibt keine Möglichkeit, zu sagen, welches Phänomen höher zu gewichten sei. So haben beide Lager ihre Argumente und ihre Probleme. Und auch nach achtzig Jahren ist es schliesslich doch nur die Überzeugungssache eines jeden einzelnen Forschenden, ob sie oder er an die Existenz der unsichtbaren Dunklen Materie glaubt oder nicht. Einen endgültigen Beweis gibt es bis heute nicht.

Wandbild aus Knossos, Archaeological Museum Heraklion
© Guido Helmig

Die Erforschung der Natur in der Antike umfasst erstaunliche, zum Teil noch heute anerkannte Beobachtungen – aber auch skurril anmutende Beschreibungen. So findet sich bei Plinius dem Älteren (23/24–79 n. Chr.) in seiner 37 Bücher umfassenden *Naturalis Historia* folgende Schilderung des Fressverhaltens von Delphinen: «die Delphine können nur auf dem Rücken liegend und zur Seite gewendet ihre Beute schnappen». Doch woher hat er das nur? Auf der Suche nach möglichen Quellen werden wir fündig bei Aristoteles (384–322 v. Chr.). In seiner Abhandlung über Teile der Tiere *(Peri zoon morion)* beschreibt er im Kapitel über den Mund *(stoma)* der Tiere, dass es auch bei den Fischen Unterschiede gäbe, dort, wo sich die Mundöffnung befinde. Dieser befinde sich unter anderem bei den Delphinen «bauchunter», weshalb sie sich zur Nahrungsaufnahme auf den Rücken drehen müssten. Der Philosoph Aristoteles sucht nach Erklärungen für dieses Phänomen: «Es scheint, dass die Natur [*physis* im Original; Anm. R. M.] dies eingerichtet hat, einerseits damit andere Tiere geschützt werden, denn sie jagen Lebendes, und während sie Zeit verlieren beim Drehen auf den Rücken, können die anderen fliehen.» Andererseits aber werde so verhindert, dass die Delphine mehr fressen, als ihnen gut täte, da sie dank ihrer Schnelligkeit mühelos Beute im Übermass fangen könnten. Dem Logiker scheinen jedoch beide Erklärungen nicht

ganz einzuleuchten, weshalb er anfügt, dass im Übrigen die Schnauze der Delphine zu schmal sei für eine Mundöffnung. Aristoteles, der übrigens wusste, dass Delphine (und auch Wale) ihre Jungen lebend gebären und sie säugen, verzichtet in seiner später erschienenen umfassenden *Historia animalium* auf jegliche weitere Erklärungen hierzu.

Warum selbst noch Plinius, gut 300 Jahre später, auf einer Drehung besteht, entzieht sich unserer Kenntnis. Eine weitere Eigenheit der Delphine erwähnt Seneca (55 v. Chr. bis 40 n. Chr.) in seinen «Naturwissenschaftlichen Untersuchungen» *(Naturales quaestiones)*. Im Kapitel über den Nil (Buch 4, a, 2, 13ff.) berichtet er vom Augenzeugen eines Kampfes zwischen Krokodilen und Delphinen, wobei die Letzteren als Sieger hervorgegangen seien: «die Krokodile haben nämlich einen harten und auch für die Zähne grösserer Tiere undurchdringlichen Rücken, während die untere Körperseite weich und zart ist. Die Delphine nun tauchten unter, verwundeten die Krokodile dort mit den Stacheln, die auf ihrem Rücken hervorragen, und schlitzten sie im Begegnen auf.» Seneca wundert sich darüber, da die Delphine sonst doch friedlich seien und nur sanft zubeissen würden. Im Kontext will Seneca mit dieser Textstelle belegen, dass dem Nil besondere Kräfte innewohnen, welche bewirken können, dass Tiere ihr sonst übliches Verhalten ändern.

In der Antike galt der Delphin übrigens als heiliges Tier, das dem Menschen zugetan ist und Musik liebt. Heute ist er ein Sympathieträger wegen seiner Schnauze, die immer lächelnd aussieht ...

Edith Müller-Merz

Grossforaminiferen – einzellig, doch hochkomplex

Foraminiferen sind über weite Gebiete verbreitet und kommen häufig vor. Dennoch werden diese interessanten Organismen, die aus einer einzigen, jedoch hoch spezialisierten Zelle bestehen, kaum wahrgenommen. Mit wenigen Ausnahmen sind sie Meeresbewohner. Die meisten leben auf oder im Meeresboden, wo sie einen erheblichen Anteil der dort vorkommenden Lebewesen ausmachen. Einige wenige leben freischwebend als Plankton. Man schätzt, dass es etwa 3500 bis 4000 rezente und bis zu 40 000 fossile Arten gibt. Älteste Funde von Foraminiferen kennt man aus dem frühen Paläozoikum. Molekulare Untersuchungen deuten jedoch darauf hin, dass sie sogar bis zu 600 Millionen Jahre alt sein könnten.

Foraminiferen bilden eine gekammerte Schale, die entweder aus Kalzit oder einer Mischung aus Zement und Sandpartikeln besteht. Die Kammern sind durch Öffnungen miteinander verbunden. Die Vielfalt von Kammeranordnungen ist sehr gross. Durch die letzte Kammeröffnung stülpt sich Zellplasma in Form von Pseudopodien nach aussen. Diese dienen der Fortbewegung, dem Beutefang und der Bildung einer neuen Kammer. Foraminiferen können sich mit fadenartigen Fortsätzen an Sandkörner, Schalen oder Algen haften. Sie pflanzen sich sowohl asexuell wie sexuell fort.

Die meisten Foraminiferen sind nur zwischen einem Zehntelmillimeter und wenigen Millimetern klein. Doch es gibt Arten, die mehrere Zentimeter gross werden. Diese nennt man Grossforaminiferen. Zu ihnen gehören die Nummuliten, die dadurch bekannt wurden, dass man für den Bau ägyptischer Pyramiden Nummuliten führende Kalksteine verwendete.

Grossforaminiferen haben einen komplexen internen Schalenbau (siehe Abbildung). Sie leben im Flachwasserbereich, bilden Riffe und sind daher auch massgeblich an der Bildung von Kalksteinen beteiligt. Sie traten in Zeitabschnitten der Erdgeschichte gehäuft auf, in denen der Meeresspiegel hoch stand und das Klima warm war.

Die Lebensbedingungen in warmen, nährstoffarmen Schelfgebieten stellen spezielle Anforderungen an die dort lebenden Organismen. Wie haben sich Foraminiferen angepasst? Man beobachtet, dass sich un-

ter solchen Bedingungen immer wieder grundsätzlich ähnliche an das Milieu angepasste Formen herausbildeten und dass die Schalen dabei immer grösser und ihr interner Bau immer komplexer wurden. Auch zeigen Studien an rezenten Arten, dass sie Algen als Symbionten aufnehmen können.

Um die einzelnen Arten von Grossforaminiferen zu bestimmen, muss man ihre internen Strukturen untersuchen. Mit den Studien an paläozoischen Fusulinen begründete Manfred Reichel den Schwerpunkt der «Basler Mikropaläontologie-Schule» über die Morphologie der Grossforaminieren. Seine hier wiedergegebene Modellzeichnung zeigt eine Fusulinenschale, deren Form und inneren Bau er aufgrund von Schnitten und seinem guten dreidimensionalen Vorstellungsvermögen rekonstruierte.

Die Untersuchungen am internen Schalenbau der Grossforaminiferen liessen schon früh vermuten, dass sie Symbionten haben könnten. Die Unterteilung der Kammern mit Zwischenwänden festigt das Gehäuse und ermöglicht eine dünnere und somit lichtdurchlässigere Aussenwand. Die Symbiose mit Algen dürfte in nährstoffarmen Gewässern von energetischem Nutzen sein. Interessant ist, dass sich in Foraminiferen im Gegensatz zu Korallen verschiedene Typen von Symbionten wie einzellige Chlorophyten und Rhodophyten sowie Dinoflagellaten und Diatomeen finden. Dies erlaubt den Foraminiferen, sich je nach Symbionten an unterschiedliche Lichtverhältnisse anzupassen und daher verschiedene Nischen zu besetzen.

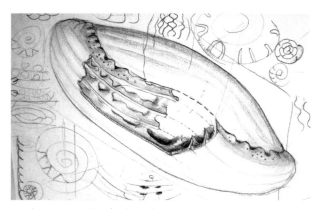

Zeichnung von Manfred Reichel

Zwei räuberische Ameisen packen den wehrlosen Käfer und schleppen ihn als Beute in ihr Nest. Eigentlich nichts Besonderes im Leben der Ameisen. Aber solche fremdartig aussehenden Käfer dürften nur wenigen von uns bekannt sein, sicher auch, weil sie vor allem in den Tropen vorkommen. Die Fühler sind merkwürdig verändert, daher der Name «Fühlerkäfer» *(Paussinae)*.

Mikroskopische Untersuchungen zeigen, dass die Fühler und andere Körperteile Drüsen enthalten, die über Poren Sekrete auf die Aussenseite absondern. Diese wirken auf Ameisen anziehend sowie aggressionshemmend und werden gierig aufgeleckt. Ich vergleiche das gerne mit köstlicher Schokolade, die nicht zum erforderlichen Teil unserer Nahrung gehört, aber als Genussmittel oft unwiderstehlich ist.

Was macht eine Ameisenarbeiterin als Teil eines Superorganismus bei der Begegnung mit solchen 'Genussmittelproduzenten'? Sie schleppt den Käfer wegen des vermeintlichen Vorteils für die gesamte Kolonie unverletzt in das Nest. Dort wird er zunächst beleckt, bald aber ignoriert oder als Nestgenosse akzeptiert. In diesem Schutzraum findet nun der Lebenszyklus der Paussinen vom Ei bis zum fertigen Käfer statt.

Larven und adulte Käfer ernähren sich von dem, was im Überfluss vorhanden ist: Ameisen in allen Lebensstadien. Mit ihren spitzen Kiefern stechen sie die Beutetiere an und fangen die herausquellende Körperflüssigkeit mit ihrer stark vergrösserten 'Zunge' auf. Selbst dabei werden sie von den Ameisen völlig ignoriert, und eine Beobachtung in einem künstlichen Nest belegt sogar, dass eine Arbeiterin bis zum endgültigen Kollaps anscheinend unberührt weiter Nahrung zu sich nahm, während ihr Hinterleib von einem Fühlerkäfer ausgelaugt wurde.

Welche Tricks ausser der 'Schokolade' als Eintrittskarte ins Nest haben die Fühlerkäfer noch auf Lager, um von den Ameisen nicht als Beute erkannt und verspeist zu werden, sondern ungefährdet selbst der Völlerei frönen zu können? Ameisen setzen Botenstoffe (Pheromone) ein, um als Nestgenossinnen erkannt zu werden. Auch die Paussinen tarnen sich durch Anhaftung eines solchen typischen Geruchs als nesteigene Ameise und sind somit durch chemische Mimikry geschützt.

Manche Ameisen nutzen auch Lautäusserungen zur Kommunikation. So besitzt die Gattung *Pheidole* am Hinterleib ein Schrillorgan, mit dem sie leise, niederfrequente Töne erzeugt (1–2,5 kHz). Zwar sind morphologisch ähnliche Schrillplatten und -leisten schon lange auch bei Paussinen bekannt, doch erst vor Kurzem konnten bei einer Art Tonfolgen nachgewiesen werden, die verblüffend der 'Sprache' von jeweils Arbeiterinnen, Soldaten und sogar der Königin gleichen. Die Käfer tarnen sich also auch durch akustische Mimikry.

Der Käfer ist der alleinige Profiteur in dieser Zweierbeziehung, also ein echter Parasit. Es fallen zwar einzelne Ameisen den sich räuberisch ernährenden Käfern zum Opfer, doch trägt die Kolonie als Ganzes keinen Schaden davon. Das Bild zeigt tatsächlich Räuber und Beute, aber mit umgekehrten Rollen im Vergleich mit den zunächst angenommenen, nämlich die 'überlistete' Ameise als Beute und den 'einfallsreichen' Parasiten als Räuber.

Afrikanischer Fühlerkäfer mit Ameisen
Illustration © Uli Heigl nach einem Foto von Peter Nagel

Ein Kind, vielleicht ein Jahr alt, auf dem Arm der Mutter, die mit einer Nachbarin redet: es blickt lebhaft um sich. Einmal greift es nach Mamas Mund, als wollte es das Gespräch unterbinden. Bis es plötzlich mit ausgestrecktem Zeigefinger irgendwohin weist: «Da!» Vielleicht sagt es auch «Das!» oder «Der!» In anderen Sprachen wird der Laut sich anders formen, die Vielfalt der Sprachwurzeln zu eruieren sei andern überlassen. Entscheidend ist, dass wir eben dieses Deuten mit dem Finger als Wurzel des Sprechens, der Sprache und damit der menschlichen Natur als einer Kultur-Natur verstehen müssen. Denn mit dem Hinweisen auf etwas, das ausserhalb seiner Reichweite liegt, betreten Kinder in allen Kulturen den Raum der Bedeutungen. Das eröffnet ihnen jenen Horizont, hinter dem die Dinge, wie sie *an sich* sind, in eine unendliche Ferne absinken, in der die Parallelen aller Deutungen – der alltäglichen wie der religiösen, der wissenschaftlichen wie der poetischen – sich schneiden.

Mit der Geste des Indexfingers, gesteuert durch den *Musculus extensor indicis,* setzt das Kind dazu an, zu 'begreifen', was sich nie unmittelbar greifen lässt. Statt plump zu packen, was dem Händchen sich darbietet, um es zum Mund zu führen, beginnt es mit dem zum Deuten gehörenden (und gehörten) Laut, den Mund für das Formen von Wörtern zu benutzen, die etwas *meinen.* Hundertfach hat es zuvor allerdings 'mitbekommen', dass es dies oder jenes nicht einfach nehmen, auch sonst allerlei *nicht tun* darf. Freundlich oder barsch ist ihm das «Nein» der Mutter nach und nach unter die Haut gegangen. Nun muss es lernen, durch deutendes Sprechen zu 'bestimmen', was es will, sieht, meint. Und genau diese Kombination aus *verneintem,* unterbundenem Handeln und deutendem Sprechen erzeugt jenen Spannungszustand, der *sich* Bewusstsein nennt.

Bewusstsein ist Fähigkeit und Fluch. Es heisst, sich umgeben zu wissen von mehr oder weniger fragwürdigen Dingen, die immer neu *ent*deckt – also *nicht* vom unmittelbaren Zugriff verdeckt, sondern freigegeben sind für eine Fernsicht, die Gemeintes aus wechselnden Perspektiven fokussieren kann.

Deutendes Sprechen heisst anerkennen, dass uns alles nur bedingt bewusst wird, nämlich durch Assoziation von Bedeutungen, die endlos auf ein vages Etwas verweisen, das jenseits des Bewusstseins bleibt. Bewusstsein erzeugt radikale Trennung. Die Sprache trennt, bevor und damit sie verbinden kann.

Daran ändert auch die Freude der Mutter nichts, wenn ihr Kind als erstes «Mama» sagt. Die Tragik der Idealvorstellung, die sich mit diesem Wort verbindet, gehört zu den Kernproblemen der Psychoanalyse. Selbst wenn das Kind also «Mama» sagt, und auch wenn seine Finger dabei ihren Mund oder die Brust ergreifen: auch und gerade «Mama» bezeichnet eines dieser letztlich unerreichbaren Wesen, die nur unsere Sprache hervorbringen kann. Denn sie ist es, die uns hinter allem, was uns in der Welt *erscheint,* etwas vermuten lässt, das sich unserem Blick und Zugriff entzieht, ob wir es «Natur», «Wirklichkeit» oder «Jenseits» nennen.

Mithilfe eines Werkzeugs herbeiziehen, was ausserhalb der Reichweite liegt, können bereits die Primaten. Und auch die Opponierbarkeit des Daumens als Basis des Greifens verbindet sie mit uns. Das genuine Merkmal der menschlichen Spezies ist der Zeigefinger als solcher. Die Frage nach ihrer Evolution muss als Frage nach dem Ursprung des Deutens gestellt werden. Und der Zeigefinger des Säuglings ist *das* Phänomen, an dem sich das Deuten in seiner Ursprünglichkeit manifestiert. Der Zeigefinger ist die Schwelle, über die Kinder den Raum des Vorgestellten betreten, das heisst: den Raum der *Phänomene,* in denen sich etwas Geheimnisvolles verbirgt und zugleich zum Vorschein kommt.

Erich Nigg

Klein, aber fein: über winzige Kügelchen und Antennen in unseren Zellen

Sie sind unscheinbar, mit blossem Auge bestenfalls zu erahnen. Und doch sind sie überall, in fast allen Zellen unseres Körpers – die kleinen Kügelchen und Antennen. Und wir brauchen sie für ein gesundes Leben! Die Erkenntnis, dass alle lebenden Organismen auf unserem Planeten aus Zellen aufgebaut sind, verdanken wir der Entwicklung von Mikroskopen im 17. Jahrhundert. Vor ungefähr einhundert Jahren waren diese Mikroskope dann so gut geworden, dass man auch Details erkennen konnte. So hat man im Innern von Zellen winzige Kügelchen entdeckt und an deren Oberfläche feinste Härchen. Die Kügelchen nannte man Zentrosomen (häufig im Zentrum), die Härchen Zilien (lateinisch für «Wimpern»). Diese Entdeckungen warfen sogleich die Frage auf, welche Rolle Zentrosomen und Zilien in unserem Körper spielen. Heute können wir erste Antworten geben, und diese Antworten sind überraschend. Wer hätte gedacht, dass Zentrosomen und Zilien etwas mit Krebs zu tun haben könnten? Und weshalb sollte eine Fehlfunktion von Zentrosomen zu Zwergwuchs oder einer Verkleinerung des Gehirns (Mikrozephalie) führen? Seit den 1990er-Jahren hat sich zudem die Erkenntnis durchgesetzt, dass fehlerhafte Zilien zum Teil schwere Krankheitssyndrome mit überlappenden Symptomen auslösen (Ziliopathien). Noch verstehen wir nicht im Detail, welches Krankheitsbild durch welche Fehlfunktion verursacht wird. In groben Zügen aber entsteht ein Bild, das die klinischen Befunde mit den Erkenntnissen der Grundlagenforschung, der Molekular- und Zellbiologie, zusammenführt.

Die einhundertjährige Geschichte der Erforschung von Zentrosomen und Zilien illustriert einmal mehr, dass sich wegweisende Entdeckungen nicht planen lassen. Jahrzehntelang wurden Zentrosomen vor allem im Hinblick auf ihre wahrscheinliche Rolle bei der Krebsentstehung erforscht. Die dabei gewonnenen Erkenntnisse sind nun aber auch von grosser Bedeutung für das Verständnis der Entstehung von Hirnerkrankungen beziehungsweise Zwergwuchs. Ebenso eindrücklich ist die Wandlung in der Wahrnehmung der Bedeutung von Zilien, für deren Bildung Zentrosomen unerlässlich sind. Schon lange war bekannt,

dass in unserem Körper verschiedene Arten von Zilien vorkommen. Beispielsweise verfügen die Zellen an der Oberfläche unserer Atemwege über Hunderte von Zilien. Indem diese sich schnell und simultan bewegen, treiben sie Flüssigkeit durch unsere Bronchien. Dass eine Fehlfunktion dieser beweglichen Zilien zu Erkrankungen führen kann, ist nachvollziehbar. Ebenso wurde schon früh erkannt, dass Störungen an hochspezialisierten Zilien in unseren Sinnesorganen, insbesondere im Auge, zu Krankheiten führen können. Auch die Tatsache, dass auf fast allen Zellen unseres Körpers ein einsames, unscheinbares Zilium vorkommt, war lange bekannt. Aber weil dieses Zilium unbeweglich ist, wurde ihm lange Zeit kaum Beachtung geschenkt! Aber diese Einschätzung war kurzsichtig. Wie wir heute wissen, wirken unbewegliche Zilien als Antennen. Sie empfangen vielfältige mechanische und chemische Signale und dienen als wichtige Plattformen für die Steuerung des Verhaltens unserer Zellen. Sobald diese Antennen nicht mehr empfangen, ist unsere Gesundheit akut gefährdet. – Kleine Ursache, grosse Wirkung.

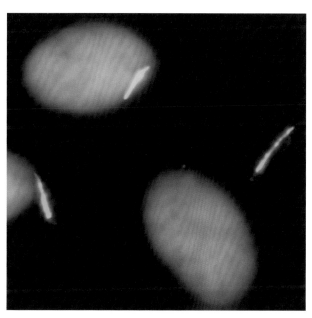

Zentrosomen (rot) und Zilien (grün) sowie Zellkerne (grau)
Foto © Petra Kovarikova, Lukas Cajanek, Masaryk Univ. (CZ)

Andreas Ochsenbein

Beobachtungen zur Rufplatzverteidigung und Standorttreue des Laubfrosches

Die erfolgreiche Wiederansiedlung des Laubfroschs *Hyla a. arborea* im Reservat Eisweiher-Wiesenmatten in Riehen wird wissenschaftlich begleitet. Dabei konnte festgestellt werden, dass Rufstandorte im Uferbereich ausserhalb des Gewässers besetzt werden und an diesen Stellen sogar Paarungen stattfinden. Dabei werden höher gelege Strukturen bevorzugt. Neben Erhöhungen im Gelände oder Gebüschen können sogar nicht natürliche Objekte wie ein Zaunpfahl die Wahl sein.

Bei den Beobachtungen zum Paarungsverhalten des Laubfroschs wurden immer wieder Männchen an Rufplätzen angetroffen, an denen sie schon einmal gesehen wurden. Um die Populationsentwicklung abzuschätzen, werden die rufenden Männchen ein- bis zweimal pro Saison gefangen, gewogen, vermessen und die Seitenlinie als ein individuelles Erkennungsmerkmal fotografisch erfasst. Da die Rufer nach der Datenerhebung nicht mehr ihrem ursprünglichen Rufplatz zugeordnet werden können, werden sie an einer zentralen Stelle im Gebiet wieder freigelassen. Schon am folgenden Abend sind die bekannten Rufplätze aber jeweils wieder besetzt.

Dies warf die Frage auf, ob die Männchen an ihren ursprünglichen Rufplatz zurückfinden oder ob die Plätze wegen ihrer Attraktivität wieder von einem beliebigen Männchen besetzt werden. Im Mai 2015 wurde nochmals ein Männchen gefangen und seine Seitenlinie als Merkmal fotografiert. Der Rufplatz dieses Männchens war ein dürrer schrägstehender Ast im Uferbereich eines Weihers, der gut beobachtet werden konnte.

Anschliessend wurde das Männchen zentral im Gebiet, etwa dreissig Meter von seinem Rufplatz entfernt, wieder freigelassen. Am folgenden Abend war das Männchen wieder an seinem Platz auf dem Ast. Diesen Platz verteidigte es in einer Rangelei mit einem zugewanderten Konkurrenten. Die Männchen versuchten dabei, sich mit Hilfe der Vorderextremitäten gegenseitig vom Ast zu stossen. Dabei war auch immer wieder ein knarrendes «Krrr ... Krrr ...» zu hören. Im Mai 2016 sass wieder ein rufendes Männchen auf demselben dürren Ast. Wie im Vorjahr vertrieb es an-

dere Männchen mit lautem Knarren. Beim Vergleich der Seitenlinie zeigte sich, dass es sich um das fotografierte Männchen vom Vorjahr handelte, das auch damals seinen Rufplatz vehement verteidigt hatte.

Wie schon erwähnt, verpaart sich *Hyla a. arborea* auch an Land. Daher kann es sich für ein Männchen lohnen, einen attraktiven Rufplatz zu verteidigen und im Folgejahr wieder zu besetzen. Bemerkenswert ist dabei das bisher unbekannte Orientierungs- und Erinnerungsvermögen des Laubfroschs, welches ihn befähigt, seinen Rufplatz nicht nur während der jeweiligen Saison, sondern auch in den Folgejahren zu finden und zu besetzen.

Markierte Seitenlinie des Männchens
Fotos © Andreas Ochsenbein

"Two roads diverged in a wood and I – I took the one less travelled by, and that has made all the difference." Robert Frost (1874–1963)

In retrospect, everything looks so simple. We see the major forks in our life that influence everything that came after. However, in the majority of cases the decisions were not taken with much consideration, more on a whim without deliberation.

It was a gloomy day in Basel when I went to speak with Prof. Walter Keller in the Biozentrum about the possibility of working as a postdoctoral fellow in his research team. He suggested a project that, as I later learnt, had been rejected by many others. It was to isolate an activity that converted adenosine into inosine in double-stranded RNA. This was 1990 and the initial papers had been published two years previously. What attracted me to the project was that this activity could convert adenosines in measles virus RNA, thus producing inactive measles proteins, which was hypothesized to result in measles encephalitis in the brain. Needless to say I was hooked and did not take a moment to consider.

So I began in the Biozentrum in 1990 in Walter's group, attempting to isolate this activity. It was recommended that I purify the enzyme from calf thymus, as it would be less expensive and easier to get large amounts. Initially, I managed to avoid visiting the slaughterhouse, invoking my lack of German as a solid excuse. But that did not last long: I would bike out with a Styrofoam box of ice, to return with a few kilos of fresh thymus, surprising the locals when the box and its contents ended up on the street.

The purification was something out of the witches' scene in Macbeth: blending the thymus in an industrial blender, followed by elution over a four-litre DEAE column. Unfortunately, once the extract entered the column the fat would sit on top, generating high backpressure, resulting in tubing bursting. Usually I ended up being covered in calf thymus extract. This was so common it was considered part of the procedure. Many times I prevented Walter from entering the cold room, as I was only too aware of the disaster that would greet him. I did not think it would boost his confidence in my abilities to purify this activity …

Starting with seven kilos of calf thymus, I obtained enough material to get a peptide sequence, enabling me to clone the gene *ADAR1*. Subsequently, after purification I also cloned *ADAR2*. Then the proteins lead us on a merry dance! Originally it was thought ADAR proteins were essential for a correctly functioning nervous system. This was a unique opportunity to learn neurobiology, not only in mammals but in invertebrates as well. However, having worked on something for more than twenty years you know when something is just not right, like your child who has kept a secret from you. Then we discovered that ADAR1 is a major player in innate immunity, another wonderful opportunity to learn immunology.

So now, many years later, these proteins, which I know like my children, too have come of age. Now they have generated many papers and are considered to be key players not only in immunity and neurobiology, but in cancer as well. But like a parent, I miss the time when they were mine, trying to convince the skeptics that they were special, just like my sons.

Seit mehr als einem Jahrzehnt vertiefe ich mich in den Mikrokosmos. Mich begeistern darin vor allem die kleinsten Lebewesen, und ich bewundere deren Gestalt, deren strukturelle Details, deren Vielfalt.

Bekanntlich existieren verschiedene Klischees über die angeblich so abscheulichen kleinen Krabbeltiere: Egal ob als verfluchtes Ungeziefer oder heimtückischer Krankheitserreger – sie sind die unsichtbaren Sündenböcke für Epidemien und verantwortlich für grosse Plagen der Menschheit. Unbekanntes – und dazu gehören Kleinstlebewesen mehrheitlich immer noch – macht uns Angst. Oft ist dies Grund genug, diese Lebewesen zu verteufeln, zu verurteilen und nach geltenden gesellschaftlichen Normen in Schubladen zu stecken.

Ich möchte dazu ermutigen, genau hinzusehen, sich Zeit zu nehmen, zu entdecken und das bisher Unsichtbare, Unbekannte auf sich als Betrachtende wirken zu lassen.

Ich konzentriere mich auf Lebewesen oder ihre Strukturen, die winzig klein sind. Viele von ihnen wurden bereits auf herkömmliche Weise fotografiert, dadurch festgehalten und scheinen uns daher bereits vertraut. Unsichtbare Schätze gibt es aber immer noch zuhauf, und es ist Teil meiner täglichen Arbeit, diese intakt zu bergen. Schon bei der Präparation muss mit grosser Sorgfalt gearbeitet werden. Meine Vorbereitungen erstrecken sich meist über mehrere Tage. Erst wenn der Winzling getrocknet und goldbedampft unter dem Rasterelektronenmikroskop betrachtet werden kann, wird deutlich, ob sich der Aufwand gelohnt hat. Kleinste Veränderungen, wie beispielsweise durch winzige Schmutzpartikel, Dellen oder Risse in der Oberfläche, werden unter 100- bis 100 000-facher Vergrösserung zu prominenten Störfaktoren, welche einen akzeptablen Bildaufbau von vornherein verunmöglichen.

Gelingt jedoch eine saubere Präparation, so kann ich meinen Blick über diese neue Welt schweifen lassen, ein mit der Aussicht aus einem Flugzeug im Landeanflug vergleichbares Erlebnis. Das Rasterelektronenmikroskop selber erlaubt keine farbigen Abbildungen, doch schon zu diesem frühen Zeitpunkt erspüre ich, wie durch die nachfolgende Kolorierung das graue Abbild durch Farbgebung dramaturgisch in Szene gesetzt werden kann ohne aufdringlich zu wirken. Meine Bilder veranschaulichen wissenschaftlich interessante Aspekte von Mikrostrukturen, überlassen das Erforschen dieser verrückten kleinen Welt jedoch dem Betrachter.

Ich wünsche mir, dass jeder sich beim Betrachten meiner Bilder seine eigene Meinung bildet und eine neue Form von Respekt für diese Kreaturen entwickelt.

Der Prozess des Kolorierens bringt viel Handarbeit mit sich, weil die Mikrostrukturen meist komplex gebaut sind und deren fotorealistische Darstellungen nur mittels präziser Masken und einem geschickt gewählten Farbkonzept gelingen.

Über zwei Jahre Arbeit sind in die neun Illustrationen dieses Buches geflossen. Bilder aus meinem Archiv wurden teils neu inszeniert, und von unbekannten Motiven wurden neue Präparate und Bilder angefertigt. Manches entstand in direkter Zusammenarbeit mit den Forschenden. Es ist ein von mir sehr geschätztes Privileg, direkt von den Experten erfahren zu dürfen, worin das Faszinierende ihres Forschungsgebietes gründet.

Human Microbiome, REM
Foto © Martin Oeggerli

Jürg Oetiker

Schnelles Altern ausnahmsweise erwünscht: die Fruchtreifung

Wir Menschen betrachten das Altern als die unangenehmere Seite des Lebens, und sie kommt für jeden unwiderruflich. Die Fruchtreifung weist einige Parallelen zum Altern auf.

Früchte sind eine bemerkenswerte botanische Innovation, die vor hunderten Millionen Jahren mit der Entwicklung der Bedecktsamer entstanden ist. Sie schützen nicht nur die sich entwickelnden Samen und unterstützen deren Ausbreitung bei Samenreife, sie sind auch zur Hauptquelle unserer Ernährung geworden. Es gibt sie in den unterschiedlichsten Formen, Farben und Grössen und sie beschäftigen, neben fast allen Landwirten der Erde, auch zahllose Biologen und – Geschäftsleute. Eine Frucht wird immer nach demselben Prinzip aufgebaut. Eine wechselnde Zahl von Fruchtblättern verwächst zu einer Fruchtwand, dem Perikarp, das die Samenanlagen umschliesst. Früchte, bei denen das Perikarp einen hohen Wassergehalt hat bezeichnet man als fleischig. Haben sie ihre volle Grösse erreicht, treten sie in den Prozess der Fruchtreifung ein, einen der schnellsten entwicklungsbiologischen Prozesse im Pflanzenreich. Die Früchte vieler Arten fallen bei Reife auf den Boden, verderben und geben die Samen in der Nähe der Mutterpflanze frei. Andere aber entwickeln Früchte, die Tieren als Nahrung dienen und deren Samen in der Folge über grosse Distanzen verbreitet werden.

Der am besten studierte Modellorganismus für Fruchtreifung ist die Tomate. Bei der Reifung wird sie weich, weil sich die Mittellamellen, welche die Zellwände zusammenhalten, auflösen. Ein Teil des Fruchtfleischs verflüssigt sich, Zucker, Geschmacks- und Duftstoffe reichern sich an, und die Farbe wechselt. Die Chloroplasten werden schnell und irreversibel zu Chromoplasten, verlieren ihre innere Struktur, die Thylakoidmembranen, bauen das grüne Chlorophyll ab und synthetisieren neu die roten Pigmente Lycopen und β-Carotinoide. Dies signalisiert, dass die Frucht zum Verzehr bereit ist.

Damit diese biochemischen Prozesse ablaufen können, muss die Expression von Tausenden von Genen verändert werden und Mutationen haben drastische Auswirkungen. So bewirkt zum Beispiel eine Mutation im STAY-GREEN-Gen, dass nur ein Teil der Chloroplasten zu Chromoplasten werden, was zu einer bräunlichen Farbe führt, eine Mutation, die öfter bei der Zucht neuer Sorten eingesetzt wird. Schon lange weiss man, dass bei vielen Früchten das gasförmige Pflanzenhormon Ethylen die Kaskade der Reifungsprozesse auslöst und dass diese ohne Ethylen nicht stattfinden können. Auf molekularer Ebene kennt man die Gene, welche zur Produktion von Ethylen und dessen Signalübertragung nötig sind. Aber was löst denn die Produktion von Ethylen aus? Neue Erkenntnisse stammen von Mutanten, deren Früchte nach Erreichen der vollen Grösse nicht reifen, kein Reifungsethylen produzieren und dann trotz Begasung mit Ethylen nicht reifen können. Sie weisen Mutationen in sogenannten MADS-box-Transkriptionsfaktoren auf. Solche MADS-box-Transkriptionsfaktoren gibt es nicht nur in Pflanzen, sondern auch in uns Menschen, wo sie manchmal auch in die Zellalterung involviert sind. Die Beteiligung dieser Transkriptionsfaktoren ist nur eine von vielen Parallelen zwischen dem Altern des Menschen und der Reifung von Früchten, doch etwas ist den beiden Prozessen bestimmt nicht gemeinsam: Was wir für uns selbst nicht wünschen, ersehnen wir bei der Fruchtreifung. – Im Grunde genommen einen schnellen Alterungsprozess.

Foto © Jürg Oetiker

Hans Rudolf Olpe

Es ist noch einiges im Dunkeln in den Ernährungswissenschaften

Als Kind hatte ich keine Probleme mit dem Essen. Geboren unter den Kokospalmen Ghanas, genauer in dem von der Basler Mission 1931 in Agogo eröffneten Spital, gewöhnte ich mich früh an eine variantenreiche, schon fast internationale Kost. Meine Lieblingsspeise war ein westafrikanisches Curry, angereichert mit köstlichen Tropenfrüchten, insbesondere mit dem Fruchtfleisch der Kokosnüsse. Dieses soll besonders gesund sein, weil es mittellange Fettsäuren enthält, die auch vom Gehirn als Energiequelle genutzt werden können. Glukose ist also nicht der einzige Brennstoff für unser Gehirn, wie man lange angenommen hat. Es gibt sogar Experten, die behaupten, dass das Fett respektive Öl der Kokosnüsse vor der Alzheimer-Krankheit schütze. Ein definitiver Beweis steht noch aus.

Meine Probleme mit dem Essen kamen viel später, als ich in fortgeschrittenem Alter Vater wurde. Ich begann, meinen beiden Kindern beim Verschlingen von Spaghetti und Pizza nachzueifern, und das hatte Folgen. Ich legte mehrere Kilo zu. Eines Morgens sagte mir mein Sohn – er war in der Zwischenzeit ein sportlicher Teenager geworden, ich würde einen Bauch bekommen, und das sei nicht 'cool'. Seine Mitteilung traf mich hart, nicht 'cool' zu sein, war nun wirklich das Hinterletzte. Also wurde Ernährung ein Thema für mich, und zwar ein fürchterlich ernsthaftes. Da ich meine Kinder nach bestem Wissen und Gewissen ernähren wollte, hatte ich auf Ratschläge von Ernährungsberatern gehört. Diese behaupteten, Fett und Eier seien zu meiden, da sie zu Fettablagerungen in den Blutgefässen führten. Dies könne in späteren Jahren zum Herzinfarkt führen, und selbst bei jungen Menschen sei es schon vorgekommen. Somit schienen Nahrungsmittel wie Spaghetti, Brot und Reis, die viele Kohlenhydrate enthielten, ein guter Ausweg zu sein, Fett zu meiden. Kohlenhydrate hatten jedoch bei mir einen Bauch entstehen lassen, so wenigstens schien es mir; was war da nur falsch gelaufen? Die Empfehlungen waren ja aus dem Mekka der Wissenschaften, den USA, gekommen und hatten sich von dort über den ganzen Planeten ausgebreitet. Längst vorbei die guten Zeiten, als ich zum Mittagessen bei meiner Stiefgrossmutter riesige Koteletts aufgetischt bekam; sie war lange Jahre Köchin im Restaurant «Gifthüttli» in Basel. Je mehr ich mich in die Ernährungswissenschaften vertiefte, desto klarer wurde mir, der Bauch musste auch deshalb weg, weil die Fettzellen im Bauch entzündungsfördernde Stoffe in den Körper absetzen und diese schädlich für den Körper und das Gehirn sind.

Wie ist es aber möglich, dass aus Kohlenhydraten Fettdepots entstehen? Ich stiess auf den Biochemiker Pete Ahrens, Professor an der Rockefeller University in Manhattan, der mich überzeugen konnte, denn er hatte als erster die richtigen Experimente ausgeführt. Er konnte vor sechzig Jahren zeigen, dass Kohlenhydrate die Synthese der Fettsäuren im menschlichen Körper erhöhen, indem er die analytischen Methoden dazu entwickelte und Messungen am Spital seiner Universität ausführte. Damit war bewiesen, dass Kohlenhydrate Fettleibigkeit begünstigen können. Er prophezeite der WHO eine Epidemie von Fettleibigkeit, falls sie Fett auf die schwarze Liste setzen würden. Die WHO hörte nicht auf ihn – und die Fettleibigkeit vervielfältigte sich. Sie und als Folge Diabetes vom Typ II sind zu einer Epidemie geworden. Der Mechanismus ist biochemisch nachvollziehbar: Kohlenhydrate bewirken eine Ausschüttung des Hormons Insulin aus der Bauchspeicheldrüse. Dies fördert den Fettaufbau und hemmt den Fettabbau.

Ich ass also weniger Kohlenhydrate und verlor in der Folge acht Kilo. Seitdem esse ich immer bis zum Gefühl der Sättigung, aber weniger Kohlenhydrate.

Wenn man in den Bergen unterwegs ist, kann man schon von Weitem eine ungefähr waagrechte Linie im Gelände erkennen, oberhalb derer es keine Bäume mehr gibt und die deshalb als Waldgrenze bezeichnet wird. Diese Grenze liegt in den Schweizer Alpen je nach Gebiet zwischen 1800 und 2400 Meter Höhe.

Möchte man herausfinden, warum die Bäume weiter oben fehlen, so stellen sich folgende Fragen:

Können die Bäume weiter oben nicht mehr wachsen, weil die Luft zu dünn ist, der Winter zu lang, oder weil es zu kalt ist?

Da wir wissen, dass zum Beispiel im Himalaya auf über 4000 Meter Höhe noch Wald steht, und auch in unseren Bergen Sträucher und Kräuter noch viel weiter oben vorkommen, kann es nicht an der Höhe an sich und auch nicht an zu dünner Luft liegen.

Auch die Winterkälte ist nicht entscheidend. Versuche in Klimakammern und mit Gefrierzellen haben gezeigt, dass man die Baumarten, die an der Waldgrenze vorkommen, mit tiefen Temperaturen nicht schädigen kann (Frost zur Vegetationszeit ist etwas anderes).

Die Länge der Vegetationsperiode bietet schon einen besseren Anhaltspunkt. Die Wachstumszeit wird mit der Höhe kürzer und kühler. Aber warum hören die Bäume auf geringerer Höhe auf zu wachsen als die Wiesen? Die Kräuter werden ja genauso eingeschneit.

Bei Bäumen ist das aktive Gewebe, also jenes, das wächst, durch den Stamm vom Boden abgehoben. Das bringt einen entscheidenden Konkurrenzvorteil, weil man die Blätter über den Nachbarn stellen und diesen in den Schatten stellen kann. Deshalb wäre bei uns die natürliche Vegetation, wenn es die Landnutzung nicht gäbe, fast überall Wald. Natürliche Wiesen gibt es in unserem Klima nur dort, wo der Boden zu schlecht ist (z.B. auf Felsköpfen oder in Mooren), oder wo die Bäume dauernd entfernt werden (etwa auf Flusskiesbänken oder in Lawinenzügen).

Oberhalb der klimatischen Waldgrenze hat ein Baum jedoch einen entscheidenden Nachteil gegenüber klein wüchsigen Pflanzen.

Den Grund hat jeder schon selbst erfahren, der bei windigem Wetter in den Bergen war. Man friert und ist dem Wind ausgesetzt, auch wenn die Sonne scheint. Hält man die Hand in ein Graspolster, dann spürt man, dass es zwischen den Trieben jedoch schön warm ist. Der Grund ist einfach: Die Sonne wärmt nicht die Luft, sondern den Boden.

Das ist der gleiche Effekt, der bewirkt, dass man im Sommer nicht barfuss auf einem Kanaldeckel aus Gusseisen stehen kann, weil dieser viel heisser wird als die Luft. Auch die Eidechse, die sich im Frühling auf einem Stein sonnt, nützt diesen Effekt aus.

Die Luft wiederum erwärmt sich indirekt an von der Sonne erwärmten Oberflächen, und diese Wärme wird vom Wind leicht fortgetragen. Für Baumkronen bedeutet dies, dass sie stets die gleiche Temperatur haben wie die Luft und nicht von der Erwärmung der bodennahen Schichten begünstigt werden. Dadurch werden sie kühl gehalten, denn Blätter und dünne Zweige können sich nicht wie ein Stein oder Gullydeckel nennenswert durch Sonnenstrahlung über die Lufttemperatur hinaus erwärmen. Die Bäume erreichen deshalb in geringerer Meereshöhe als Kräuter und Polsterpflanzen eine durch die niedrige Temperatur während der Wachstumszeit bedingte Grenze, die sie nicht nach oben überschreiten können. Dass nur die Wuchsform entscheidend ist, kann man leicht daran erkennen, dass weiter oben wohl noch Keimlinge und Jungpflanzen von Baumarten vorkommen, dass diese aber klein bleiben, weil nur in Bodennähe genug Wärme für das Überleben vorhanden ist.

Es ist übrigens nicht die Photosynthese, also die Bildung von Stärke aus Licht, Wasser und Kohlendioxid, die zuerst durch tiefe Temperaturen gehemmt wird. Es ist vielmehr die Zellteilung, die an bestimmte Mindesttemperaturen gebunden ist, um funktionieren zu können. Pflanzen, die in rauhem Klima wachsen, müssen deshalb ihr wachstumsaktives Gewebe nahe an der sich erwärmenden Erdoberfläche haben, also klein bleiben. Deshalb ist für Bäume früher 'Schluss' als für kleine Pflanzen. Das gilt für das Gebirge genauso wie für die Kältehalbwüsten der Arktis.

Werner Pauwels

Unerwartete Kooperation unter Bindenschweinen

Schon zu Beginn des letzten Jahrhunderts wurde von zwei Autoren erwähnt, dass in den tropischen Regenwäldern auf Sumatra und Java Bindenschweine *(Sus scrofa vittatus)* Nester bauen.

Solche Überreste von Nestern fielen auch mir während meiner Feldarbeit im Nationalpark Ujung Kulon in West-Java auf. Weibchen bauen sich zum Gebären ihrer Jungen Wurfnester.

Bald konnte ich feststellen, dass es für solche Nester bevorzugte Orte gab. Flache Orte mit vielen kleineren Bäumchen, wie sie an Orten vorkommen, an denen mal ein Urwaldriese zusammenfiel. An diesen Orten fand ich Spuren von mehreren Nestern aus bis zu etwa drei Saisons in unmittelbarer Nähe zueinander. Frische Nester fand ich zwischen November und März.

Über die ovale Mulde wölbte sich ein Kuppeldach aus 100 bis über 600 noch grünen, abgebissenen Bäumchen oder Palmblättern von bis zu zweieinhalb Metern Länge. Bei älteren Nestern waren die Bäumchen des schon zusammengebrochenen Kuppeldachs noch als Überreste vorhanden, bei noch älteren Nestern war nur noch die einfache Grube mit den Ein- und Ausgängen an der Schmalseite und einem kleinen Wall an der Längsseite zu sehen.

Irgendwann hatte ich das Glück, noch bewohnte Nester direkt zu beobachten. Erstaunlich war, dass während der zwei, drei Tage (nur so lange werden diese Nester benutzt) das darin liegende Weibchen immer wieder von anderen Weibchen (Töchter, Mutter, Schwestern?) besucht wurde. An der Schmalseite des Nestes stochert das besuchende Wildschwein mit der Schnauze unter die abgebissenen Bäumchen des Kuppeldaches und wirft diese mit einer ruckartigen Kopfbewegung nach oben, um sofort hineinzuschlüpfen. Das Verblüffende war, dass sich unmittelbar danach das Nest wieder verschloss und einfach ein bisschen voluminöser wurde. Frisch geborene Schweinchen scheinen für verwandte Weibchen äusserst attraktiv zu sein.

Der Höhepunkt meiner Beobachtung war aber der eigentliche Nestbau: Ein Weibchen hatte schon die Grube, wohl durch Hin- und Herschieben von Schnauze und Körper, gegraben und die ersten Bäumchen

mit den abgebissenen Enden am Grubenwall über die Grube gelegt. Das dauert nur einige Sekunden, und schon geht das Weibchen in eine andere Richtung weg, um weiteres Dachmaterial zu holen. Weil das Tier so die Bäumchen abwechselnd nach links oder nach rechts über die Grube zieht, wird das Dach regelrecht zu einem dichten Netz geknüpft. Es wird durch diese Bautechnik dermassen stabil, dass es selbst standhalten würde, wenn ein Mensch oder ein noch schwererer Beutegreifer daraufspringen würde.

Doch plötzlich erschien ein anderes Weibchen mit vier etwa zwei Monate alten Jungen von einer anderen Seite mit zwei, drei Bäumchen in der Schnauze. Ihre Jungen liefen ihr noch etwa zehn Minuten nach, um sich dann mit etwas anderem zu beschäftigen. Dass ein Weibchen unmittelbar vor dem Gebären sein Nest baut, ist nun ganz normal, dass ihm dabei ein anderes, das nicht hormonell gesteuert ist, hilft, ist jedoch sehr erstaunlich.

Das Tier mit den abgebissenen Bäumchen befindet sich im unteren rechten Viertel des Bildes.
Foto © Werner Pauwels

Antoine Peters

Die erstaunliche Formbarkeit von Zellschicksalen

Der menschliche Körper besteht aus mehr als zehn Billionen Zellen. Die meisten dieser Zellen übernehmen spezielle Aufgaben, zum Beispiel bei der Nahrungsaufnahme, dem Stoffwechsel, als Teil des Immunsystems oder um dem Körper Gestalt und Struktur zu verleihen. Andere Zellen tragen zur Gewebeerneuerung bei. Aus ihnen entstehen zum Beispiel neue Blut- oder Hautzellen, oder sie steuern zur Wundheilung bei. Diese Zellen nennt man adulte Stammzellen. Sie besitzen die Fähigkeit sich selbst zu erneuern und sind auch in der Lage, in einem Prozess namens Zelldifferenzierung, viele unterschiedliche, spezialisierte Zellen hervorzubringen.

Die Zelldifferenzierung verläuft üblicherweise in eine Richtung: Von der Stammzelle zur spezialisierten Zelle. Und sie spielt auch während der Entwicklung eines Organismus vom Embryo bis zum adulten Individuum eine wichtige Rolle.

Aus dem frühen Embryo kann ein ganz spezieller Typ Stammzelle, die embryonale Stammzelle (ES), isoliert werden. Diese ES-Zellen sind sehr interessant, da sie über viele Generationen hinweg in einer Gewebekulturschale gehalten werden können, ohne dass sie ihre Fähigkeit verlieren, zur Bildung des Embryos und des ausgewachsenen Organismus beizutragen. Andere Zellen verlieren während der Embryonalentwicklung dieses Potenzial zunehmend.

Erstaunlicherweise zeigten Untersuchungen von Sir John Gurdon, Nobelpreisträger in Medizin 2012, dass unter speziellen Laborbedingungen die Richtung der Differenzierung während der Entwicklung von Amphibien umgekehrt werden kann! Hierzu überführte er den Zellkern einer Körperzelle in das Zytoplasma einer entkernten, reifen Eizelle und erhielt lebensfähige Nachkommen. Viele Jahre später zeigten weitere Kerntransfer-Experimente, dass auch Eizellen von Säugern die Kerne ausdifferenzierter Zellen «umprogrammieren» können.

In jüngerer Vergangenheit entdeckte der zweite Medizin-Nobelpreisträger 2012, Shinya Yamanaka, dass ein Mix von klar definierten Proteinen ausreicht, um differenzierte Zellen direkt zu sogenannten induzierten pluripotenten Stammzellen (iPS) umzuprogrammieren. Wie ES-Zellen haben iPS-Zellen die Fähigkeit, sich in alle Zellarten zu differenzieren und lebensfähige Nachkommen zu erzeugen. Sie sind somit hervorragend als patientenspezifische Krankheitsmodelle, für das Screening von pharmazeutischen Wirkstoffen und möglicherweise für die Entwicklung neuartiger und sicherer Anwendungen in einer personalisierten regenerativen Medizin geeignet.

Das ist vielversprechend; und trotzdem bleibt für mich die Frage: Warum verläuft die Entwicklung natürlicherweise unidirektional? Warum tritt diese Umprogrammierung im Verlauf der normalen Entwicklung nicht auf?

Nun, die Zellidentität wird durch zwei Proteintypen definiert, durch Transkriptionsfaktoren und Chromatinproteine. Diese legen fest, welche Gene abgelesen werden und wie stark das Genom verpackt wird. Während der Zelldifferenzierung wird das Genom zunehmend stärker verpackt und auf die Chromatinproteine aufgewickelt, wodurch die Entwicklungsmöglichkeiten eingeschränkt werden.

Dieser «epigenetische» Zustand, der die Ablesbarkeit der Gene einschränkt und die Zelle so spezifiziert, muss bei den erwähnten Umprogrammierungsmethoden rückgängig gemacht werden. Tatsächlich sind aber bestimmte Chromatinzustände nur schwer umprogrammierbar, weshalb manche Genom-Segmente nur teilweise in den ursprünglichen Zustand zurückversetzt werden können.

Das ist auch relevant, wenn unreife männliche Keimzellen in der Reproduktionsmedizin zum Einsatz kommen. Es ist wahrscheinlich, dass bestimmte Fälle ungeklärter männlicher Unfruchtbarkeit auf Umprogrammierungsdefekten während der Spermatogenese oder der frühen Embryogenese beruhen. Wie sich diese epigenetischen Mechanismen auf die langfristige Gesundheit der Nachkommen auswirkt, ist weitgehend unklar und gibt darum Anlass zur Vorsicht beim Einsatz unreifer Keimzellen bei der Anwendung reproduktiver Techniken als Antwort auf Unfruchtbarkeit.

Mykobakterien – unsere heimlichen und unheimlichen Begleiter

Mykobakterielle Erkrankungen sind auch dem medizinischen Laien wohlbekannt. Bei der 'biblischen' Erkrankung Lepra zerstört das Leprabakterium Nervenzellen, Haut und Schleimhäute, was zu Verstümmelungen führt. Auch wenn Lepra in Mitteleuropa seit langem weitgehend ausgerottet ist, bleibt die Tatsache, dass Leprakranke oft geächtet und von der übrigen Gesellschaft isoliert worden sind, im kollektiven historischen Gedächtnis. So fungierte ein Siechenhaus bei Sankt Jakob an der Birs spätestens ab dem 13. Jahrhundert als eine Quarantänestation für an 'Aussatz' erkrankte Basler Bürger. Noch dramatischer als bei der Lepra stellt sich die Situation bei der Tuberkulose dar, einer Infektionskrankheit, bei der bevorzugt die Lunge, seltener auch andere Organe befallen werden. Etwa ein Drittel der Weltbevölkerung trägt Tuberkulosebakterien in schlafenden Herden, und jährlich sterben etwa zwei Millionen Menschen an dieser Krankheit. Erinnerungen an die Tuberkulose-Sanatorien in den Schweizer Bergen sind hier noch gegenwärtig.

Neben diesen häufigen mykobakteriellen Infektionen gibt es auch weitaus seltenere. So wird das durch *Mycobacterium ulcerans* hervorgerufene Buruli-Ulkus (BU) zu den vernachlässigten tropischen Infektionskrankheiten gezählt und erst intensiver erforscht, nachdem 1998 von der WHO eine «Globale BU-Initiative» ins Leben gerufen wurde. Die Erkrankung wurde global in mehr als dreissig tropischen und subtropischen Ländern beschrieben, doch sind vor allem Feuchtgebiete Westafrikas betroffen.

Tuberkulose- und Lepra-Erreger vermehren sich in unseren Körperzellen und entziehen sich so den im Blut zirkulierenden Abwehrmechanismen. So war es sehr überraschend, dass im infizierten Hautgewebe von BU-Patienten die Keime nicht innerhalb von Zellen, sondern frei im völlig zerstörten Unterhautfettgewebe vorlagen. Durch die Infektion werden zwar Abwehrzellen angelockt, aber in der Nähe der Erreger sind keine lebendigen Fresszellen zu finden. Das Rätsel löste sich mit dem Befund, dass *M. ulcerans* einen einzigartigen fettähnlichen Giftstoff, Mycolakton, produziert, der bei unseren Zellen ein 'Suizid-

programm' einleitet. Mycolakton ruft sowohl bei den Zellen des Unterhautgewebes als auch bei Abwehrzellen, die versuchen, zu den Bakterien vorzudringen, einen 'programmierten Zelltod' hervor. BU beginnt mit schmerzlosen Schwellungen in der Haut, aber ohne rechtzeitige Behandlung brechen Geschwüre auf. BU-Patienten in entlegenen Gebieten Afrikas leben oft über viele Monate mit solchen immer weiter wachsenden chronischen Geschwüren. Es wird vermutet, dass die langfristige Besiedlung solcher Wunden Teil der Überlebensstrategie der Bakterien ist. Dazu passen zwei ungewöhnliche Eigenschaften des Erregers: extrem langsames Wachstum und Wärmeempfindlichkeit. Dies verhindert einerseits ein sehr rasches grossflächiges Fortschreiten der Hautzerstörungen und andererseits die Zerstörung innerer Organe, die von den wärmeempfindlichen Keimen nicht befallen werden, wodurch ein rascher Tod des Wirtes verhindert wird.

Während lange die chirurgische Entfernung des befallenen Gewebes die einzige Therapiemöglichkeit für BU war, wird heute eine achtwöchige nebenwirkungsreiche Behandlung mit zwei Antibiotika empfohlen, von denen eines täglich injiziert werden muss. Leider gibt es in den entlegenen Feuchtgebieten Afrikas nur wenige Behandlungszentren, sodass BU-Patienten häufig erst mit grossen Wunden ärztliche Hilfe suchen, was lange Spitalaufenthalte zur Folge hat. Dies kann katastrophale Auswirkungen für die wirtschaftliche Situation der betroffenen Familien haben. Es konnte kürzlich gezeigt werden, dass die Wärmeempfindlichkeit der Erreger zur Therapie ausgenutzt werden kann. Mit Hilfe von billigen 'Wärmepacks', die grossen Handwärmern ähneln, kann innerhalb von vier Wochen durch regelmässiges Aufheizen der befallenen Hautareale auch ohne Antibiotika ein guter Therapieerfolg erzielt werden. Dies könnte es ermöglichen, die Behandlung vom Krankenhaus näher zu den Patienten zu bringen.

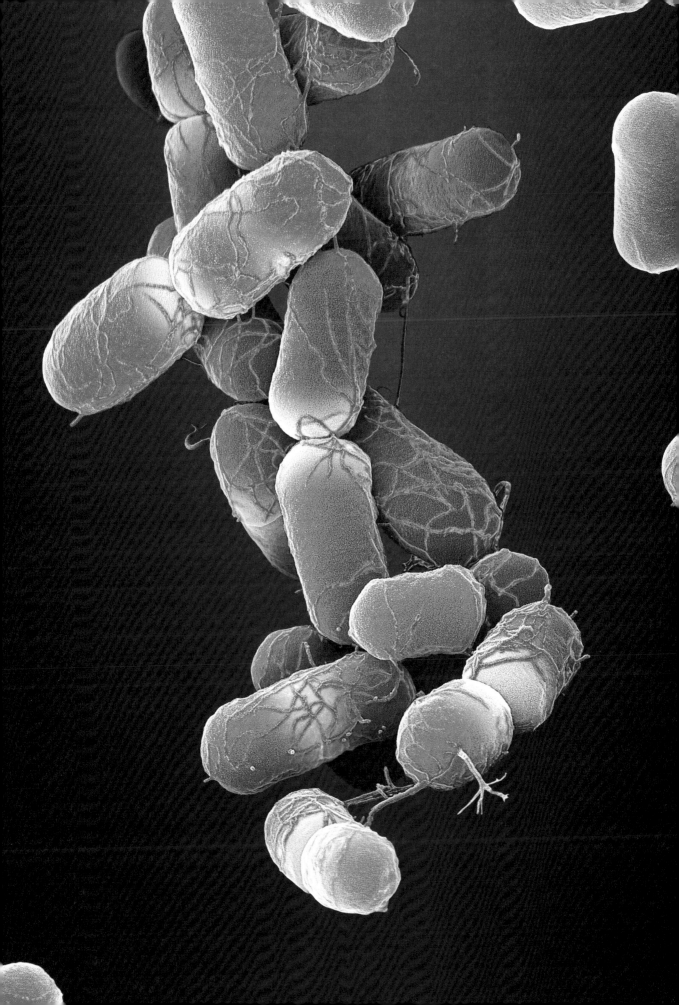

Ingo Potrykus

**Pflanzenzellen können weit mehr,
als wir denken**

Blütenpflanzen bestehen aus unterschiedlich spezialisierten Zellen. Da gibt es Zellen, die Sonnenlicht nutzen, um aus Wasser und CO_2 Zucker zu gewinnen, andere, die diesen Zucker in die vielen Bausteine für den Aufbau weiterer spezialisierter Zellen umwandeln, welche, die Fette, Eiweisse oder Vitamine speichern; oder solche, die der Pflanze Festigkeit verleihen, wieder andere, die den Ferntransport innerhalb der Pflanze besorgen; solche, die Wasser und Mineralien aus dem Boden aufnehmen und weitere, welche die sexuelle Fortpflanzung ermöglichen, etc.

All diese Zellen (es sind unvorstellbar viele – etwa zwei Millionen pro Gramm Gewebe) ordnen sich einem Entwicklungsplan unter, der schliesslich aus einer befruchteten Eizelle eine blühende Pflanze entstehen lässt. Die Wissenschaft war daran interessiert herauszufinden, wie diese Entwicklung gesteuert wird. Eine der ersten Fragen, die man sich stellte, war, ob die Differenzierung über den Verlust von Erbfaktoren erfolgt. Zu dieser Zeit, Ende des 19. Jahrhunderts, wusste man von Erbfaktoren nicht viel mehr, als dass es sie geben musste. Aber man hatte noch keine isoliert und schon gar nicht das gesamte Erbgut einer Pflanze sequenziert.

Eine erfolgreiche Idee zur Klärung der Frage war, einzelne Pflanzenzellen zu isolieren und zu versuchen, daraus vollständige Pflanzen zu regenerieren. Es begann mit Einzelzellen aus Zellkulturen, dann folgten Blattzellen, dann Sprosszellen, Zellen aus Wurzeln, etc. Schliesslich liessen sich Zellen aus allen Pflanzenorganen und den verschiedensten Pflanzenarten – vom Tabak bis zur Eiche – mit entsprechender Geduld und experimentellem Geschick zu vollständigen Pflanzen regenerieren.

Damit war die Ausgangsfrage beantwortet: die Entwicklung von Blütenpflanzen erfolgt offensichtlich nicht über den Verlust, sondern über die Regulierung von Erbfaktoren. Und differenzierte Pflanzenzellen sind offensichtlich «totipotent»: die Hunderte von Millionen von Zellen einer Pflanze haben weiterhin das Potenzial, selbst zu einer Pflanze zu werden. Damit stellt sich die Frage: Wer 'unterdrückt' dieses Potenzial im Interesse des Ganzen? Man kennt zwar

mittlerweile einige beteiligte Faktoren, ist aber noch weit entfernt von einem detaillierten Verständnis.

Als Wissenschaftler hat man auch ein Interesse, neue Erkenntnisse für die Menschheit nutzbar zu machen. Als intensiv an der ganzen Entwicklung Beteiligter hatte ich den Wunsch, dieses Phänomen der Totipotenz für die Pflanzenzüchtung nutzbar zu machen. Dabei stellte sich heraus, dass die wichtigste Pflanzengruppe – die Getreide – ihre Differenzierung irreversibel gestalten: differenzierte Getreidezellen sind (bisher) nicht totipotent. Trotz aller Anstrengungen war es über Jahrzehnte nicht möglich, differenzierte Getreidezellen zu Pflanzen zu regenerieren. Wir mussten schliesslich auf embryonale Zellen ausweichen, um auch bei Getreiden Pflanzenzüchtung auf Einzelzellbasis zu betreiben. Der sogenannte Goldene Reis, ein wirksames Mittel gegen Vitamin A-Mangel, ist auf diese Weise entstanden.

Goldener Reis
Foto © Internationales Reisforschungsinstitut (IRRI),
Los Baños (Philippinen)

Georges Preiswerk

Der Wanderfalke: Bedrohung nach Errettung der Art

Seit über fünfzig Jahren beobachte ich unsere Vogelwelt. Dabei habe ich dramatische Bestandesabnahmen bis zum lokalen Verschwinden gewisser Vogelarten miterlebt. Oft konnte man sich aber auch über positive Entwicklungen freuen. Sie waren meistens die Folge von gezielten Schutzmassnahmen.

Die Vergiftung der Greifvögel mit DDT und anderen Insektenschutzmitteln in den 1950er-Jahren war ein weltweites Problem. Am Beispiel des Wanderfalken möchte ich den Ablauf von Bedrohung und erfolgreichen Schutzmassnahmen der letzten Jahre schildern. Der Wanderfalke ernährt sich vor allem von Vögeln verschiedener Grösse, die er im Sturzflug erlegt. Seine Stärken beim Jagen sind die Überraschung und die Geschwindigkeit, die bis zu 300 km/h betragen kann. Dies gibt ihm sogar den Ruf, das schnellste Tier der Welt zu sein.

Bis in die 1950er-Jahre war der Wanderfalke in der ganzen Schweiz verbreitet. Doch dann wirkte sich der weltweite, grossflächige Einsatz von DDT derart katastrophal aus, dass er beinahe ausgerottet wurde. So brütete im Jahr 1971 nur noch ein einziges Paar in der ganzen Schweiz. Nach dem Verbot von DDT hat sich der Bestand erfreulich schnell erholt. Schon um 1995 zählte man wieder etwa 190 Paare. Auch in Grossstädten konnte er sich niederlassen, da mehrere Nistmöglichkeiten an hohen Bauwerken für ihn errichtet wurden.

Doch ab etwa 2009 kam erneut eine Wende: Verschiedene Brutplätze, besonders in städtischen Gegenden, bleiben verwaist, ohne dass man dafür einen triftigen Grund gefunden hätte. In der Folge gingen mehrere Meldungen von toten Wanderfalken bei der Polizei ein. Oft fand man daneben eine tote, mit Gift präparierte Taube. Dieser Umstand liess vermuten, dass es sich hier um eine gezielte Vergiftungsaktion handelte. Vermutlich von Taubenzüchtern, denn ab und zu fällt dem Wanderfalken auch eine sehr wertvolle Rassetaube zum Opfer.

Am 9. Mai 2011 der grosse Schock: Vor laufender Webcam stirbt ein Wanderfalke beim Verfüttern einer Haustaube an seinen Jungen am Hochkamin der Josefstrasse in Zürich. Das Genick der Taube war mit einem Pestizid durchtränkt. Beim Rupfen der Beute führte dies zum schnellen Tod des Falken. Bei den folgenden Nachforschungen stösst man im Internet auf einen Blog von in der Schweiz lebenden Taubenzüchtern, die vom «erfolgreichen» Aussetzen von sogenannten «Kamikaze-Tauben» berichten. Das Nackengefieder einer Taube wird mit einem giftigen Pestizid bestrichen. Die derart präparierte Taube wird in der Nähe eines jagenden Wanderfalken freigelassen, welchem sie normalerweise nach kurzer Zeit zum Opfer fällt. Weitere Aktionen bis zur «vollständigen Ausrottung» dieser Falkenart werden angekündigt. In der Tat werden in den folgenden Jahren weitere Vergiftungsfälle in der Schweiz und dem nahen Ausland bekannt.

August 2015: Nicht ein Wanderfalke, sondern ein Habicht (auch dieser Greifvogel ist ein geschickter Vogeljäger) erlegt eine «Kamikaze-Taube» und stirbt sogleich am Gift. Diesmal wird der Täter ausfindig gemacht und verhaftet. Es handelt sich um einen Züchter spezieller Rassetaubenzüchter. Er hat das hochgiftige Insektizid Carbofuran illegal eingeführt, das in der Schweiz wegen seiner hohen Toxizität seit einigen Jahren verboten ist.

Am 4. Juli 2016 wurde der Mann vom Bezirksgericht Dielsdorf wegen Verstössen gegen verschiedene Umwelt- und Tierschutzgesetzen zu elf Monaten Haft bedingt und zu einer Geldstrafe von 4000 Franken verurteilt. Im Moment sind mehrere Verfahren um vermutete Wanderfalkenvergiftungen in der Schweiz hängig. Es ist zu hoffen, dass harte Strafen die Vergifter abschrecken und dieser faszinierende Vogel bald wieder in die Städte zurückkehrt.

Quarz (Bergkristall) mit Dolomit (weiss) von Obergesteln (VS)
Foto © André R. Puschnig

Schon seit Jahrtausenden zieht Glitzerndes und Glänzendes die Menschen an. Dazu gehören auch in Hohlräumen frei stehende Kristalle. Diese geheimnisvollen Schätze aus dem Innern der Erde faszinieren dank ihrer ebenmässigen Schönheit, ihrer Formenvielfalt und ihrem Farbenreichtum.

Weltweit einzigartig sind die in der Schweiz und speziell in den Schweizer Alpen gefundenen Mineralien in Felshohlräumen. Die Grösse dieser Hohlräume reicht von wenigen Zentimetern bis zu wenigen Metern, die Grösse der Kristalle ebenfalls von wenigen Millimetern bis zu knapp einem Meter. Die Hohlräume haben eine geplättete Form, bei der ihre Längsrichtung gemeinhin senkrecht zur Schieferung des Umgebungsgesteins verläuft. In Gebieten, wo die Gesteine steil bis senkrecht stehen, liegen solche Klüfte horizontal. In Gebieten, wo die Gesteine horizontal liegen, stehen die Hohlräume meist vertikal. Die Kristalle ragen mit ihren Spitzen aus allen Richtungen und vom Rand nach innen in den Hohlraum. Bekannteste Kristallklüfte befinden sich an der Sandbalm (Göschenertal, Kt. Uri), am Zinggenstock (Grimsel, Kt. Bern) und bei Gärstenegg (Guttannen, Kt. Bern).

Woher kommt das Material für die unterschiedlichen Kristalle in einem Hohlraum? Seit Jahrmillionen zirkuliert Wasser durch die Gesteine – auf seinem Weg durch Spalten und Risse löst Wasser Stoffe aus dem Stein und nimmt sie mit. Meist legen die gelösten Stoffe keine grossen Distanzen zurück, sondern kristallisieren in einem nahegelegenen Hohlraum wieder aus. Je mehr verschiedene Stoffe aus einem Gestein gelöst werden, desto grösser ist die Mineralienvielfalt. Häufig ändert sich durch diesen Auslaugungsprozess auch die Farbe des Gesteins rund um eine Kluft; diese Zone ist meist gebleicht und gut zu erkennen. Hinweise auf die Zusammensetzung der Lösung findet man zum Teil heute noch als mikroskopisch kleine Flüssigkeitseinschlüsse in den Kluftkristallen. Sie dokumentieren die geologischen Bedingungen zur Zeit des Kristallwachstums. Die Zusammensetzung der Lösung mit Wasser, gelösten Salzen und gelösten Gasen lässt Rückschlüsse auf den Druck und die Temperatur bei der Kristallbildung und somit auch die damaligen Entstehungstiefen zu.

Wie entstanden die mit Kristallen gefüllten Klüfte? Während der Alpenbildung zerrten enorme Kräfte an den Gesteinen. Die heute sichtbaren Spalten und Hohlräume entstanden in den letzten zehn bis zwanzig Millionen Jahren und somit in einer späten Phase der alpinen Gebirgsbildung. Dies ist belegt durch geologische Feldbeobachtungen und radiometrische Altersdatierungen. Die Kluftkristalle brauchten ebenfalls Tausende von Jahren bis Jahrmillionen, um zu wachsen. Dieser Prozess der Gebirgsbildung ist noch nicht abgeschlossen. Neue Hohlräume werden daher weiterhin entstehen; ältere, offene Klüfte sind vergänglich und werden wieder zerstört werden, ebenso wie die sich darin befindenden Mineralien.

Noch sind nicht alle Klüfte in den Alpen entdeckt worden – andauernde Erosion, Felsstürze und der Gletscherschwund verändern die Oberfläche fortlaufend und geben neue, bisher unbekannte Hohlräume frei. Es warten daher weitere wunderschöne Kristalle im Dunkeln und Verborgenen darauf, von einem Finder ans Tageslicht gebracht zu werden.

Ende Dezember 2015 berichtete mir eine Freundin, an der Limmat bei Baden habe ein Kirschbaum geblüht. Sie berichtete es mit Sorge, denn Kirschbäume blühen sonst im Frühling, wenn auch die Bienen fliegen. Auch in Süddeutschland haben im Dezember 2015 Kirschbäume geblüht, wie man in der Presse lesen konnte. Man weiss zwar, dass es auch januarblühende Kirschbäume gibt, insofern darf man dem Phänomen nicht zu viel Bedeutung zuschreiben. Aber im Kontext unseres Wissens der Klimaerwärmung bekommen solche Phänomene eine andere Bedeutung. Der milde November und Dezember in diesem rekordwarmen Jahr könnte die innere Uhr von Lebewesen durcheinanderbringen. Klimawandel kann sich zeigen als ein unheilvolles Aus-dem-Takt-Fallen von Lebenszyklen.

Klima ist nicht nur das Aggregat von Durchschnittswerten wie Temperatur, Feuchtigkeit etc. über einen Zeitraum hinweg, worüber in Konferenzen verhandelt wird, sondern ein verstehbarer Sinnzusammenhang. Das Wetter ist nicht nur ein meteorologisches Geschehen, sondern wir sind mit Wetter und Klima fühlend verbunden.

Die Verbundenheit des menschlichen und auch des nichtmenschlichen Lebens mit dem Klima ist in der städtischen Lebensweise moderner Konsumgesellschaften kaum mehr wahrnehmbar. Die Abhängigkeit der Nahrung vom Klima ist mit dem Aufkommen der Supermärkte unsichtbar geworden. Viele Nahrungsmittel, die angeboten werden, sind in Gewächshäusern produziert, oder sie stammen von weit weg, wo gerade günstiges Klima herrscht. Zudem spielt sich das Leben in beheizten oder gekühlten Räumen ab, welche die Auswirkungen des Klimas neutralisieren. Dieselbe Lebensweise, deren Wohlstandsmodell eine Klimaerwärmung verursacht, hat auch zu einer kulturell erzeugten Klimavergessenheit geführt.

Eine phänomenologische Theorie des Klimas, welche die Bestimmtheit des menschlichen Daseins vom Klima expliziert, hat der japanische Philosoph Watsuji Tetsuro ausgearbeitet. Wie er das meint, führt er am Beispiel der Empfindung von Temperatur ein. Wärme gibt es nicht, ohne dass sie erfahren wird. Dass es jetzt draussen warm ist, ist nicht auf einen Temperatur-

wert reduzierbar, sondern wird leiblich empfunden. Wärme ist ein relativer Begriff, der sich auf den Ort bezieht, wo wir sind. Watsuji schreibt, die Empfindung sei diese ursprüngliche Beziehung des «Zwischen», als die wir uns selbst in der Wärme entdecken. Wir sind in der Empfindung von Temperatur zwischen dem Ort und dem Bewusstsein. Diese Beschreibungsweise lässt sich auf das Klima überhaupt übertragen – auch auf den Klimawandel. Die Empfindung eines für eine Landschaft typischen Wettermusters, der Jahreszeitenwechsel usw. ist eine Erfahrung, die eine ursprüngliche Beziehung darstellt, *als* die wir auf der Erde sind. Wir sind, so gesehen, nicht Wesen, die sich *in* einem Klima befinden und dieses gleichsam als Schauspiel ausserhalb ihrer *selbst* registrieren. Wir entdecken uns vielmehr selbst als das Zwischen, das die Klimaerfahrung darstellt. In der Erfahrung von Klima entfaltet sich unsere Existenz über unseren Körper hinaus.

Damit ist eine ethische Implikation verbunden: Wenn ein Teil der Menschheit das Klima so beeinflusst, dass es für andere zu klimatischen Bedrohungen und Beeinträchtigungen führt, finden sich diese leiblich und gesellschaftlich in einer Beziehung der Verantwortung mit den Betroffenen, die ebenso wie sie selbst klimatische Wesen sind.

Auf Hadrian's Wall in Northumberland, September 2015
Foto © Monica Buckland

Heinrich Reichert

Photosymbiose bei einem kleinen grünen Wurm

Symsagittifera mit Sandkörnern. Foto © Xavier Bailly

An der rauhen, stürmischen Nordküste der Bretagne, unweit der Marinebiologischen Station in Roscoff, gibt es einige Sandstrände, die vor den hohen Wellen und starken Strömungen des Meeres geschützt sind. An diesen Stränden sieht man tagsüber bei Ebbe ein bemerkenswertes Phänomen. Ein unauffälliger Teppich von algenähnlichem, grün schillerndem Schleim erstreckt sich dort in langen Streifen über den noch nassen Sand. – Es sind aber keine Algen. Wenn man sich diesem grünen Schleim nähert, stellt man fest, dass es sich um Millionen und Abermillionen von kleinen grünen Würmern handelt, die sich dem Betrachter diskret entziehen, indem sie sich langsam in den Sand eingraben. Bei diesen hellgrünen, etwa vier Millimeter langen Tieren handelt es sich um *Symsagittifera roscoffensis,* einen Vertreter der sogenannten acoelen, ohne Leibeshöhle lebenden Würmer.

Symsagittifera ist seit mehr als einem Jahrhundert bekannt und ein beliebtes Forschungsobjekt, weil der Wurm ein Beispiel für eine Photosymbiose darstellt. In seinem Körper beherbergt ein einzelner Wurm etwa 40 000 einzellige photosynthetisch aktive Algen der Gattung *Tetraselmis* als Symbionten. Diese Algen

sind nicht nur für die leuchtend grüne Farbe des Tieres verantwortlich, sie sind auch lebensnotwendig für den Wurm, denn sie erzeugen durch ihre Photosynthese wichtige energiereiche Substanzen für das Tier. Die grünen Würmer versammeln sich auf dem Strand, um ihren 'Mitbewohnern' den Zugang zum Sonnenlicht zu ermöglichen. Ohne diese symbiontisch bereitgestellte Solarenergie stirbt das Tier innerhalb von wenigen Tagen.

Wie *Symsagittifera* die lebenswichtigen photosynthetisch aktiven Algen im Meerwasser erkennt und aufnimmt, sind Geheimnisse, die aktuell intensiv erforscht werden. Dies sind aber nicht die einzigen Geheimnisse, die in dem kleinen grünen Wurm versteckt sind, ein noch grösseres wird ersichtlich, wenn man den erstaunlichen evolutionären Stammbaum von Symsagittifera betrachtet. Acoele Würmer wie *Symsagittifera* stellen nämlich einen ungewöhnlichen, isolierten Zweig im Stammbaum der Tiere dar, der tief in die evolutionäre Vergangenheit zurückreicht; ein phylogenetischer Ast, der vor mehr als 500 Millionen Jahren von dem 'Stamm', der zu den übrigen Tieren führt, abgezweigt ist. Dieser Zeitpunkt liegt so weit zurück, dass der letzte gemeinsame Vorfahre der acoelen Würmer und der übrigen Tiere das *Urbilateria* ist, das geheimnisvolle Urtier, das der letzte gemeinsame Vorfahre aller heute lebenden (bilateral-symmetrischen) Tiere ist.

Symsagittifera und andere acoele Würmer sind sehr einfache Tiere, die sich im Laufe der Evolution wenig verändert haben und damit vielleicht noch weitgehende Ähnlichkeiten mit ihrem (und unserem) urbilateren Vorfahren aufweisen. Ein Steckbrief von *Symsagittifera* und vielleicht vom Urtier lautet wie folgt: Das gesuchte (Ur-)Tier hat eine längliche, wurmförmige Gestalt, besitzt Muskelschichten in der Körperwand und bewegt sich, durch Wimpernschlag angetrieben, gleitend auf dem Boden. Es hat kein Atmungs- und kein Kreislaufsystem, keinen durchgehenden Darm und kein Skelett. Aber es hat ein Gehirn! Sein Gehirn ist sogar relativ komplex. Es besteht aus etwa tausend Nervenzellen und ist mit Augen und Gleichgewichtssinnesorgan ausgestattet.

Wie alle Lebewesen durchlaufen Bäume verschiedene Phasen, von der Keimung und Jugendphase über die Reifezeit bis zu den Phasen des Alterns und Zerfalls.

Gerade in der Alters- und Absterbephase weisen Bäume spezielle Merkmale auf, die sie im Ökosystem besonders wertvoll machen. Denn im Alter können Bäume, noch umfangreicher als zuvor, zur Lebensgrundlage für eine Reihe anderer Tiere und Pflanzen werden.

Primäre Höhlenbewohner wie etwa der Specht höhlen den Baum aus. Ein Grossteil der hohlen Bäume sind das Werk von Spechten. Danach nehmen sekundäre Höhlenbewohner vom Wohnraum Besitz. Dabei handelt es sich um Insekten, Spinnen und andere Wirbellose sowie um Vögel und Säugetiere. Spechte legen ihre Höhlen immer so an, dass sich der Brutraum unter dem Einflugsloch befindet. Verbunden mit einsetzenden Fäulnisprozessen vergrössert sich die Höhle und verändert auch Gestalt und Eigenschaften. Für Fledermäuse beispielsweise sind Baumhöhlen erst attraktiv, wenn diese nach oben erweitert sind.

Was mich bereits als Kind fasziniert hat, ist der Umstand, dass Bäume innen hohl sein und trotzdem noch viele Jahre – oder gar Jahrzehnte – weiterleben können. Dass dies trotz hohlem Stamm oder grosser Aushöhlungen möglich ist, liegt daran, dass Wasser und Nährstoffe im äusseren Teil des Baumstammes, im sogenannten Splintholz, transportiert werden. Das Innere des Holzkörpers ist das Kernholz, das aus abgestorbenen Holzzellen besteht und durch die Einlagerungen von Gerb- und Farbstoffen meist dunkel gefärbt ist. Verkernungsstoffe dienen als Schutzbarriere vor der Zersetzung des Holzes durch Bakterien und Pilze. Wenn Pilze, wie zum Beispiel der Schwefelporling, über Wunden trotzdem in das Holz eindringen, kann sogar das Kernholz zersetzt werden.

Bei den Bäumen, die weniger als hundert Jahre alt sind, gibt es nur einen kleinen Prozentsatz an Höhlenbäumen, bei denen die Höhlen bis weit in das Stamminnere reichen. In Städten, Dörfern oder in Wäldern, bei denen die Nutzholzproduktion nicht im Vordergrund steht, gibt es auch Bäume, die wesentlich älter sind. Über 100, bis 300 Jahre alt oder gar noch älter:

Diese Bäume, zum Teil schon zu wahren Methusalems geworden, entwickeln oft grosse Höhlen, entstanden durch Sturm- oder Blitzschäden, errichtet von Spechten oder verursacht durch Eingriffe des Menschen (starke Rückschnitte).

Auch wenn das Innere des Baumstamms zuweilen sogar vollkommen hohl geworden ist, lebt der Baum weiter und entfaltet jedes Jahr aufs Neue Blätter. Zuweilen leben die Bäume, oder korrekt ausgedrückt ihre Wurzelstöcke, Jahrtausende weiter. Wenn der hohle Baum eines Tages schliesslich doch zerfällt, können durchaus wieder neue Triebe aus den gleichen Wurzeln austreiben. Oder aus dem Stock, wie das bei Linden zu beobachten ist. So betrachtet gibt es nicht wenige Bäume auf unserer Erde, die mehr als tausend Jahre alt sind.

Sommerlinde an der Benkenstrasse in Therwil
Foto © Yvonne Reisner

Der Erdbockkäfer wirft beispielhaft Fragen auf, die wir an unseren Umgang mit der Natur richten. Er ist eine in der Schweiz geschützte Tierart und hat ein Vorkommen am Rheinbord St. Johann in der Stadt Basel, das völlig isoliert und heute wahrscheinlich erloschen ist. Und er hat beim Versuch, die Kolonie trotz der Neugestaltung des St. Johann-Parks zu retten, viel bewegt.

Beschrieben hat die Art schon Linné. Die Naturforschung steckte zu seiner Zeit in Basel noch im Stadium des Verzeichnens von «Merkwürdigkeiten» in Daniel Bruckners monumentalem Werk. Ludwig Imhoff, der in der Anfangszeit der Naturforschenden Gesellschaft prominenteste Insektenforscher, erwähnt 1856 den Erdbock in seiner *Einführung in das Studium der Koleopteren* nur beiläufig. Er berechnete im ersten Band unserer Zeitschrift (1835) die «wahrscheinliche Totalsumme aller die Erde bewohnenden Insekten» auf 560 000 Arten, ausgehend von gezählten 9771 Arten in England und geschätzten 14 000 in Deutschland. Wir sind um 1840 im Zeitalter der frühen Insektensystematik und -taxonomie.

In seinem Katalog *Die Käfer-Fauna der Schweiz* (1898) erwähnt Gustav Stierlin erstmals die Fundorte des Erdbockkäfers, darunter «Basel». Vom Jahr 1898 stammen auch die ersten datierten Belege mit Fundort «Basel». Über ein Jahrhundert hinweg blieb die Fundstelle am Rheinufer die Quelle für Belege in Sammlungen, ab 1956 war sie nur noch wenig ergiebig. Am Fundort wurde jedoch noch 1986 abgesammelt. Wir sind im Zeitalter der privaten Käfersammler.

Erstmals 1926 und fortan jährlich führt die Entomologische Gesellschaft die «Basler Tauschtage» für Insektensammler durch. Tausend und mehr Interessierte besuchen die Anlässe, an denen 1980 noch achtzig, 1990 bereits 110 Aussteller beteiligt sind. Den Vorstand plagen 1981 die ersten Zweifel, ob die «Insektenbörse» noch zeitgemäss sei. 1993 findet der Tauschtag zum letzten Mal statt: «Die EGB wollte sich von diesem traditionsreichen, vom Handel und Kommerz geprägten Anlass trennen.» Das Zeitalter von ethisch motiviertem Verhalten im Umgang mit der Natur ist angebrochen.

Und nun beginnt zur Fasnachtszeit 1985 der Erdbockkäfer, bis dahin nur Fachleuten bekannt, die Öffentlichkeit zu beschäftigen. Sein Fortpflanzungsbiotop wird abgebaggert. In improvisierten Rettungsaktionen der Entomologischen Gesellschaft werden von 1985 bis 1987 Larven und Imagines aus dem Erdreich isoliert und andernorts ausgesetzt sowie in Zuchtversuche eingebracht. Wir sind im Zeitalter eines punktuell sensibilisierten Umgangs mit der Natur.

Zucht- und Aussetzungsversuche verlaufen erfolglos. Der Bundesrat setzt am 16. Januar 1991 den Erdbockkäfer auf die Liste der geschützten Schweizer Tierarten. Der Regierungsrat erklärt am 25. Juni 1996 das Rheinbord St. Johann zum Naturschutzgebiet. Mitglieder der Entomologischen Gesellschaft überwachen den Bestand. Wir sind nun im Zeitalter des Anthropozäns.

Die Entomologische Gesellschaft widmet dem Erdbockkäfer 1997 ein Sonderheft. Systematische Nachforschung haben zur Entdeckung von überraschend zahlreichen, aber stets kleinen Einzelvorkommen im Dreiländereck geführt. Die Kolonie im Basler Schutzgebiet aber scheint seit 2009 erloschen.

Die Lehre daraus ist wohl, dass wir nicht die richtigen Fragen an die Natur stellen. Dies betrifft weniger die Fachwissenschaften als die Gegenwartsgesellschaft. Nach 200 Jahren Naturforschung ist zu bemängeln, dass das Fachwissen den gesamtgesellschaftlichen Umgang mit der Natur nicht nachhaltig anzuleiten vermag. Ein ermutigendes Beispiel in diesen 200 Jahren ist immerhin die neu eingeführte Praxis der nachhaltigen Waldwirtschaft; naturnahe Wälder sind heute ein Hort vieler Tier- und Pflanzenarten.

Eine Wertordnung unter widerstreitenden Willensimpulsen festzusetzen, ist der Auftrag der Politik. Lässt sie sich von wissenschaftlichem Fachwissen leiten, wie bei der Waldwirtschaft, so leistet sie Erstaunliches. Wann wir im Zeitalter verantwortungsvollen Umgangs mit Natur ankommen werden, ist schwer absehbar.

Vor der Strahlung aus natürlichen radioaktiven Quellen können wir uns nur in geringem Ausmass schützen. Doch ist dies überhaupt notwendig? Die Menschen wurden stets bestrahlt, wobei die Intensität der natürlichen radioaktiven Quellen im Laufe der Zeit teilweise zwar abnimmt, aber immer wieder neue Quellen produziert werden. Man geht davon aus, dass die Organismen gelernt haben, mit ionisierenden Strahlen umzugehen und diese für das Leben und die Entwicklung erforderlich sind. In den betroffenen Zellen wird denn auch ein grosser Teil der durch Strahlenexposition verursachten DNA-Brüche und Störungen repariert und rückgängig gemacht.

Die ionisierenden Strahlen in der Natur stammen aus vier verschiedenen Ursprungsorten. Je nach Aufenthaltsort (Untergrund, Höhe, Baumaterial) und Verhaltensweise (Nahrungsmittel, Lüftung) kann die Intensität der Strahlung, die unseren Körper trifft, stark variieren.

Der Ursprung der kosmischen Strahlenexposition liegt im Weltall. Beispielsweise entsteht bei den nuklearen Prozessen in der Sonne unter anderem ionisierende Strahlung. Diese wird auf dem Weg durch die Erdatmosphäre geschwächt. Mit zunehmender Höhe über Meer nimmt die kosmische Strahlung zu.

Die terrestrischen Strahlenquellen befinden sich im Untergrund und deshalb auch im Baumaterial unserer Häuser. Massgebend sind dabei vor allem das Uran und seine Folgeprodukte, die sich beispielsweise im Granitgestein befinden. Eine geringe Konzentration an Radioaktivität ist in Kalk und Sandstein vorhanden. Beim wesentlich älteren Juragestein ist die Strahlenexposition wegen des radioaktiven Zerfalls schon viel kleiner als in den Alpen (Tessin, Teile von Graubünden, Uri, Wallis).

Durch die Nahrungsmittel und das Wasser werden unserem Körper natürliche radioaktive Stoffe zugeführt. Diese inkorporierten Strahlenquellen werden vor allem im Muskelgewebe eingelagert und bestrahlen den Körper von innen. Dabei handelt es sich zum grössten Teil um radioaktives Kalium.

In den Zerfallsreihen des natürlichen Urans und Thoriums entstehen im Boden das radioaktive Edelgas Radon und Folgeprodukte. Da Radon chemisch nicht gebunden wird, gelangt es durch undichte Stellen (Ritzen, Wasser- und Abwasserrohre usw.) und ungünstige Luftdruckverhältnisse in die Häuser. Die Radonkonzentration kann sich im Gebäudeinnern je nach Luftdruck und Temperatur («Kamineffekt») stark ändern. Durch die Atmung gelangt das Radon in unsere Lungen und seine Zerfallsprodukte werden dort abgelagert. Dabei entstehen unter anderem Alphastrahlen, welche die oberflächlich gelegenen Lungenzellen sehr stark belasten. Im Freien ist die Radonkonzentration viel kleiner.

Die ersten drei genannten Strahlenquellen tragen in der Schweiz im Durchschnitt je etwa gleich viel zur Strahlenexposition eines Menschen bei. Beim Radon ist die Strahlenexposition aber mindestens fünfmal so hoch. Über die Nahrung und die Radonaufnahme durch Atmung enthält unser Körper radioaktive Stoffe, welche zu etwa 10 000 radioaktiven Zerfällen pro Sekunde führen. Dadurch entstehen ionisierende Strahlen, denen unser Körper von innen ausgesetzt ist. Grundsätzlich kann die Strahlenexposition infolge natürlicher Strahlung also nicht verhindert, aber etwas beeinflusst werden. Vor allem das Radon erhöht das Risiko für Lungenkrebs.

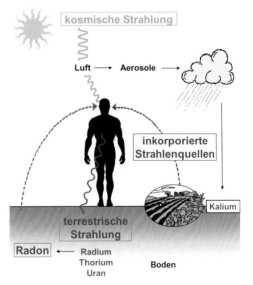

Natürliche Strahlenquellen und ihre Einwirkungspfade bis zu unserem Körper

Biological taxonomy is nearly 300 years old. You would think that by now taxonomists and museums would have learnt to pull together to get the job done.

Classical taxonomy relies on morphological characters, and its results are enshrined in the deposition of type specimens in a museum – individual specimens, which the taxonomist declares to be the bearer of the name of his or her new species or genus. Later researchers have to examine the type specimen to obtain details which may not have been noted in the original description, or to compare it with another specimen which is putatively of the same taxon.

Together with a Cameroonian colleague I recently started a revision of a genus of tropical forest grasshoppers from Central Africa, *Pterotiltus*. There are currently twelve described species, distributed from Ghana east through Cameroon and the Congo basin to Uganda and Rwanda. The genus was established in 1891 by Karsch, using insects collected by German naturalists in their colonies in Togo and Cameroon. His type specimens ended up in Berlin. Other species were described by Bolivar in 1905, using specimens from the Spanish colonies of Fernando Po and Rio Muni (now Equatorial Guinea), and his specimens are in Madrid. Later researchers deposited their types in Nantes, Paris, Tervuren (Belgium), London and again in Berlin, usually selecting a museum in their own country of origin.

The first task when revising a genus is to collect all the original descriptions. Next, one approaches the depositories and requests the loan of the type specimens. In the case of *Pterotiltus* this was necessary for two reasons: 1) the descriptions were of varying standard, some inadequate for recognition of the taxon, and 2) the different species of *Pterotiltus* are all very similar morphologically, differing only in size and colouration, both unreliable characters. The original descriptions were made before taxonomists had learnt to use the internal genitalia as characters – these often allow the recognition of different species even if similar in external morphology. It was clear that I must prepare the genitalia of the type specimens in order to define the species more precisely.

Museum specimens of pinned insects, often over one hundred years old, are very fragile, and difficult to send undamaged through the post. Museum curators are therefore understandably reluctant to send type specimens to taxonomists, and their reluctance is increased if one asks permission to soften the specimen (by placing it in high humidity) and to dissect out the genitalia. There is a real danger that ancient specimens will disintegrate under these conditions or be damaged beyond repair. But without knowledge of the genitalia, the species cannot be properly defined.

Fortunately, Berlin was extremely trusting and cooperative, and sent me all their specimens, comprising a majority of the known species. London and Tervuren were similarly obliging. These specimens allowed us to identify with certainty several described species in a collection of modern specimens from Cameroon and Uganda, to show that one of the described species was in fact an assemblage of at least two, possibly three, different taxa, previously unrecognized, and to identify three new species, which we are now in the process of describing. Sadly, the curators in Paris and Madrid refused us the loan of their specimens, and the Nantes museum simply ignored our letters.

So our revision is only partial – there are three taxa which we have not been able to examine, and until their curators accept that the types must be dissected and if necessary replaced by more modern specimens thereafter, no further progress can be made. It is ironic that the preservation of type specimens, one of the highest aims of a museum, can become a hindrance to taxonomy and our knowledge of biodiversity.

Haben Sie Sich auch schon gefragt, wieso Muskeln bei Nichtgebrauch (z.B. nach einem Beinbruch) so schnell an Masse verlieren und wieso Bodybuilder sich mit Gewichte-Stemmen grosse Muskeln antrainieren können? Die Zelleinheiten der Muskeln sind Muskelfasern, langgestreckte Zellen mit vielen Zellkernen. Jede Muskelfaser wird durch eine Nervenzelle kontrolliert. Signale werden von der Nervenzelle auf die Muskelfaser übertragen, indem die Nervenzelle an der neuromuskulären Synapse (Bild) Neurotransmitter ausschüttet. Um diese Übertragung effizient zu gestalten, hat die neuromuskuläre Synapse eine hochkomplexe Struktur (Bild). So ist zum Beispiel der Rezeptor für den Neurotransmitter (im Bild grün) stark konzentriert. Dies ermöglicht, dass wirklich jedes Mal, wenn der Neurotransmitter von der Nervenzelle ausgeschüttet wird, die Muskelfaser sich danach auch kontrahiert. Funktioniert diese Verbindung schlecht oder gar nicht, können die Muskeln nicht kontrahieren. Als Folge davon werden die Muskeln kleiner (sie atrophieren), das heisst sie verlieren Masse und somit Kraft.

Was sind die Gründe, dass die Muskelmasse bei Nichtgebrauch so schnell abnimmt (und im Umkehrschluss bei ständig hoher Belastung stark zunimmt)? Die Muskulatur ist das grösste Organ unseres Körpers (rund vierzig bis fünfzig Prozent des Gesamtgewichts bestehen aus Muskeln) und ist somit der grösste Proteinspeicher im Körper. Bei Nichtgebrauch der Muskeln werden die Proteine in ihre Bestandteile, die Aminosäuren, zerlegt. Diese Aminosäuren werden dann an das Blut abgegeben und von anderen Organen gebraucht. Bei einer starken Beanspruchung werden Muskelproteine neu produziert und die Muskeln werden grösser. Fasten bewirkt ebenfalls den Abbau von Muskeln, da Aminosäuren von anderen Organen benötigt werden. Ein solcher Muskelabbau kann selbst dann überwiegen, wenn Muskeln ständig belastet werden. Ein eindrückliches Beispiel dafür ist der Muskelverlust bei Extremsportlern (wie zum Beispiel den Teilnehmern des *Race Across America*). Obwohl diese Sportler während mehr als einer Woche bis zu zwanzig Stunden am Tag Rad fahren, verlieren sie mehrere Kilos an Muskelmasse, da sie nicht genügend Kalorien aufnehmen können (benötigt werden bis zu 17 000 kcal/Tag). Muskeln sind also plastisch und passen ihre Masse dynamisch den Bedürfnissen an.

Im Alter kommt es auch zu einem Muskelabbau. Dieses Phänomen nennt sich Sarkopenie und ist mitunter ein Grund für das vermehrte Stürzen älterer Menschen. Die molekularen Grundlagen der Sarkopenie sind nicht genau bekannt, aber es wird vermutet, dass die Balance zwischen Proteinsynthese und Proteinabbau eine wichtige Rolle spielt. Es gibt heute keine Medikamente, um Sarkopenie zu verzögern oder aufzuhalten. Das zunehmend bessere Verständnis der Prozesse hat jedoch gezeigt, dass eine ausgewogene Ernährung und Muskeltraining (regelmässiges, leichtes Gewichtheben und genügend Bewegung) den Verlust an Muskelmasse im Alter verlangsamen. So ist es auch bei einem Beinbruch heute klar, dass die Patienten möglichst schnell wieder mobilisiert werden müssen, damit der einhergehende Muskelverlust möglichst gering ist.

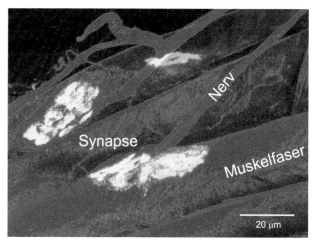

Neuromuskuläre Synapse. Die innervierenden Nerven und die Muskelfasern sind mit Antikörper gegen Laminin rot, die Azetylcholin-Rezeptoren an der Synapse mit α-Bungarotoxin grün gefärbt.
Foto © Markus Rüegg

Die Wahrnehmung der Umwelt mittels sogenannter Sinnesorgane ist für Tiere überlebenswichtig. Nur wer genügend Nahrung aufspürt, seine Fressfeinde rechtzeitig erkennt, potentiellen Gefahren aus dem Weg geht, den richtigen Unterschlupf findet und so fort, kann sich auch fortpflanzen – sofern dann auch noch ein passender Sexualpartner gefunden wird. Sinnesorgane stehen daher unter einem besonderen Selektionsdruck, was wiederum deren bisweilen extreme Anpassung an die jeweiligen Umweltbedingungen erklärt.

Bereits Aristoteles erkannte die Bedeutung der Sinneswahrnehmung und definierte – auf den Menschen bezogen – die fünf 'klassischen' Sinne: Sehen, Hören, Riechen, Schmecken und Tasten. Diese Sinne sind natürlich auch für Tiere von grosser Bedeutung, vor allem bei unseren näheren Verwandten im Tierreich, den Wirbeltieren. Wobei je nach Tiergruppe und Anpassung zusätzliche Sinne, wie die Wahrnehmung elektrischer Felder, hinzukommen können. Die Fähigkeit, akustische Signale wahrzunehmen, ist bei Wirbeltieren weit verbreitet und geht oft mit der Fähigkeit zur Lauterzeugung (etwa zur innerartlichen Kommunikation) einher. Wie sieht es jedoch bei den Fischen aus, die mit über 30 000 Arten die Hälfte aller Wirbeltierarten stellen und keine offensichtlichen (äusseren) Ohren aufweisen? Können Fische hören?

Fische haben tatsächlich einen bisweilen ausgeprägten Gehörsinn entwickelt. Das ergibt in ihrem Lebensraum auch sehr viel Sinn, denn Wasser ist ein hervorragendes Leitmedium für Schallwellen. Verantwortlich für das Hören bei Fischen sind die sogenannten Ohrsteine (Otolithen) im Innenohr, das sich unterhalb des Gehirns befindet. Die oft nur wenige Millimeter grossen Otolithen bestehen aus Kalziumkarbonat-Kristallen und Proteinen, die schichtförmig und zeitlebens eingelagert werden. Die dadurch entstehenden Wachstumsringe können daher, ähnlich den Jahresringen bei Bäumen, zur Altersbestimmung verwendet werden. Auf jeder Körperseite finden sich drei Otolithen, die jeweils in einer eigenen und mit Haarsinneszellen versehenen Kammer im sogenannten Labyrinth liegen. Wird ein Ohrsteinchen durch Schallwellen in Schwingung versetzt, übertragen die Haarsinneszellen diese Schwingungen in einen Nervenimpuls, und der Fisch nimmt das akustische Signal wahr. Eine Übertragung in einen Nervenimpuls findet übrigens auch statt, wenn die Position des Otolithen verändert wird, zum Beispiel durch Schräglage. Die Otolithen sind daher auch Gleichgewichtsorgan – eine Funktion, die sich bei allen Wirbeltieren erhalten hat.

Warum aber brauchen Fische keine äusseren Ohren zur Weiterleitung der Schallwellen? Das hat damit zu tun, dass die Dichte eines Fisches der des umgebenden Wassers gleicht. Damit ist ein Fisch im Wesentlichen 'transparent' für Schallwellen. Nur dichtere Strukturen, wie etwa die Ohrsteinchen, vibrieren anders und können so die Schallwellen wahrnehmen. Viele Fische verstärken die Schallwellen sogar. Die *Otophysi* – zu denen unter anderem die Karpfenartigen, Salmlerartigen und Welsartigen Fische gehören – verwenden hierzu den sogenannten Weberschen Apparat. Dieser besteht aus mehreren kleinen Knöchelchen und stellt eine Verbindung zwischen der gasgefüllten Schwimmblase und dem Labyrinth dar. Durch den Weberschen Apparat werden Vibrationen der Schwimmblase direkt ins Innenohr übertragen, was zu einer besseren Wahrnehmung von akustischen Signalen führt.

Im Übrigen sind Fische nicht generell stumm. Man weiss heute, dass Vertreter aus mindestens fünfzig verschiedenen Fischfamilien Laute erzeugen können und diese Fähigkeit zur Abschreckung, zur Kommunikation im Schwarm oder bei der Partnerwahl einsetzen. Fische benutzen zur Lauterzeugung unterschiedliche Strukturen, wie etwa Kiefer, Schwimmblase, Knochen oder Flossenstrahlen. Die Knurrhähne haben beispielsweise einen eigenen Muskel entwickelt, der die Schwimmblase in Schwingungen versetzt. Das so erzeugte namengebende Knurren ist auch für den Menschen hörbar.

Bis zur Erfindung und Industrialisierung der heute allgegenwärtigen flachen Flüssigkristallanzeigen im Jahre 1970 (*liquid crystal display* = LCD), existierte der Begriff «Flüssigkristall» nicht im öffentlichen Bewusstsein. Und dies, obwohl es an Beispielen aus der Natur nicht mangelte. So verbirgt der gefürchtete Rosenkäfer seine Fresslust unter prachvoll grün schimmernden Flügeln, deren faszinierende Interferenzoptik er cholesterischen Biopolymeren verdankt. Selbst unsere Existenz hängt von hochgeordneten Flüssigkristallmolekülen ab. Sie ermöglichen die Bildung von Zellmembranen und verhindern Kurzschlüsse unserer Nervenleitungen.

Flüssigkristalle (LCs) unterscheiden sich von gewöhnlichen Flüssigkeiten durch eine über makroskopische Distanzen wirkende Fernordnung ihrer Moleküllängsachsen (etwa 1,5 nm). Diese Skalierung aus dem Nano-Bereich bewirkt eine dramatische Verstärkung ihrer molekularen Eigenschaften, beispielsweise der optischen Doppelbrechung. Analog zu nematischen Flüssigkristallen bestehen auch cholesterische aus stäbchenförmigen Molekülen, plus einer zusätzlichen optisch aktiven (chiralen) Funktion. Dies führt im flüssigkristallinen Temperaturbereich zu wendeltreppenartigen Molekülebenen, die bei Abständen im sichtbaren Wellenlängenbereich farbige (Bragg-)Reflektion bewirken.

Die scheinbar widersprüchliche Bezeichnung «Flüssigkristall» geht auf Untersuchungen des Schmelzverhaltens von Cholesterinbenzoat durch Reinitzer im Jahr 1888 zurück. Er entdeckte, dass beim Phasenübergang fest–flüssig die flüssige Phase zwischen gekreuzten Polarisatoren nicht schwarz – sondern bis zum höher gelegenen isotropen Übergang – opak-farbig erschien. Die Polarisationseffekte erinnerten an optisch anisotrope Kristalle (Quarz). Erst nach Jahrzehnten erbitterter wissenschaftlicher Kontroversen darüber, ob es sich um suspendierte Mikrokristalle oder um einen neuen Aggregatzustand handelt, wurde Letzteres bewiesen.

Die makroskopische Fernordnung der Moleküllängsachsen in Flüssigkristallen und deren Wechselwirkung mit begrenzenden Oberflächen beruht auf zwischenmolekularer Kopplung. Die Richtung der LC-Ordnung kann durch Kontakt mit orientierenden Oberflächen beeinflusst werden. Als Konsequenz der Fernordnung werden sämtliche makroskopischen LC-Materialeigenschaften anisotrop und können in interdisziplinärer Zusammenarbeit durch gezieltes Moleküldesign der jeweiligen Anwendung angepasst werden.

Nach der Erfindung des Transistors bei Bell Labs und der darauf folgenden Entwicklung der Halbleitertechnologie, machten sich einige Physiker in den USA und Europa Ende der 1960er-Jahre auf die Suche nach neuen elektro-optischen Effekten zur Realisierung neuartiger elektronischer Anzeigen (Displays). Erstrebt wurde die Kompatibilität mit der sich abzeichnenden batteriebetriebenen Halbleiterelektronik (Taschenrechner, digitale Uhren etc.), ein flaches Design, grosser optischer Kontrast und sehr geringer Leistungsverbrauch. Trotz des damals schlechten Rufes organischer Materialien, instabil zu sein, waren Flüssigkristalle wegen ihrer starken Doppelbrechung eine von vielen Optionen.

Ihre Vision eines neuen, digital ansteuerbaren elektro-optischen Effektes, dessen Kontrast auf einer elektrisch steuerbaren Polarisationsänderungen von Licht in Mikrometer dünnen, um 900 verdrillten nematischen Flüssigkristallkonfigurationen beruht, wurde 1970 von den beiden Forschern M. Schadt und W. Helfrich in den Basler Labors von F. Hoffmann-La Roche realisiert und patentiert. Die Erfindung und deren weltweite Lizenzierung des als *twisted nematic liquid crystal display* (TN-LCD) bekannt gewordenen Effektes, triggerte die LCD-Industrie.

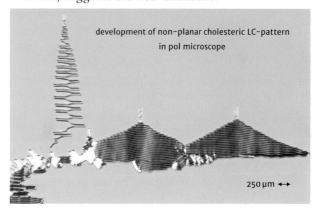

development of non-planar cholesteric LC-pattern in pol microscope

250 μm

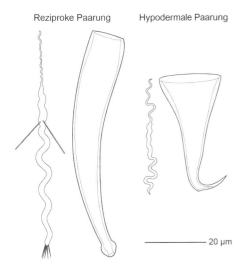

Reziproke Paarung   Hypodermale Paarung

20 μm

Spermien mit und ohne Widerhaken: *Macrostomum*. Plattwürmer haben diverse Spermien (links) und Kopulationsorgane (rechts).

Spermien haben eine scheinbar einfache Aufgabe: sie sollen die männlichen Gene zu einer weiblichen Eizelle bringen und mit ihr fusionieren, um so die befruchtete Zygote zu bilden, aus der ein Embryo und schliesslich ein ausgewachsener Nachkomme wird. Aber wenn diese Aufgabe so einfach ist, wieso sind Spermien so divers?

Erstaunlicherweise führt uns die Antwort gleich zum eigentlichen Ursprung der männlichen und weiblichen Strategien: Die männliche besteht in der Herstellung von vielen kleinen und die weibliche in der von wenigen grossen Keimzellen. Dieser Zustand – genannt Anisogamie (griechisch für 'ungleiche Heirat'), da die Geschlechter einen ungleichen Beitrag an die Zygote leisten – ist aus der Isogamie entstanden, wo die fusionierenden Keimzellen gleich gross waren und es also noch keine Geschlechter gab.

Die männliche Strategie entstand, weil es sich lohnte, viele kleine Keimzellen in die Befruchtungslotterie zu schicken, um dadurch andere Individuen beim Wettbewerb um die zu befruchtenden Keimzellen auszubooten. Dies hatte aber zur Folge, dass die aus solchen Fusionen resultierenden Zygoten zu klein wurden, um dem Embryo genügend Energie für die er-

folgreiche Entwicklung mitzugeben, was folglich die weibliche Strategie dazu zwang, grössere, aber deshalb auch weniger zahlreiche Keimzellen zu machen. Der Evolution der Geschlechter unterliegt also ein grundlegender sexueller Konflikt, in dem die Produzenten der grossen Keimzellen dann auch oft wählerisch wurden, von wessen Spermien ihre nun teuren Eier befruchtet werden sollten. Ein Spermium befindet sich also einerseits in einem Verdrängungskampf gegen andere Spermien, gleichzeitig muss es auf dem Arbeitsweg auch noch mit weiblichem Widerstand rechnen.

Nun kennen wir vor allem Tiere, bei welchen jedes Individuum – wie auch beim Menschen – zeitlebens nur eine dieser Strategien anwendet, es gibt bloss Männchen und Weibchen. Aber diese Strategien lassen sich auch anders verteilen. So gibt es zum Beispiel Fische, bei denen jedes Individuum zuerst als Weibchen reift, aber später das Geschlecht wechselt und zum Männchen wird.

In unserer Forschung untersuchen wir allerdings Tiere, welche immer sowohl männlich wie weiblich sind, sogenannte Simultan-Zwitter. Für einen solchen stellt sich die Frage, was er denn von seinem Geschlechtspartner will, welcher ja auch beide Geschlechter trägt. Das kann zur kuriosen Situation führen, in der jeder dem anderen Spermien geben möchte – um eine Chance in der Befruchtungslotterie zu ergattern – aber gleichzeitig keine Spermien erhalten möchte, sei es, weil er in dieser Rolle wählerisch ist, oder weil er schon ausreichend Spermien erhalten hat.

Bei unseren Studienobjekten, Plattwürmern der Gattung *Macrostomum*, gibt es zwei Lösungen. Bei einer paaren sich die Partner reziprok, sodass beide gleichzeitig beide Geschlechterrollen einnehmen. Das führt aber zum Empfang ungewünschter Spermien, welche der Wurm dann wieder aus seinen weiblichen Genitalien zu saugen versucht. Das aber gelingt oft nicht, denn die Spermien haben Widerhaken. Bei der anderen Lösung wird gar nicht erst gefragt: Dem Partner werden viele kleine Spermien einfach mit einem nadelförmigen Kopulationsorgan unter die Haut injiziert, worauf diese einfacheren Spermien selber durch das Gewebe zum Ei finden.

Peter Scheiffele

Schön komplex – Erkennungssignale im Gehirn

Was unterscheidet uns von einem Wurm? Diese Frage hat eine Vielzahl von Antworten. Vielleicht ist es einfacher zu fragen: Was haben wir mit einem Wurm gemeinsam? Eine überraschende Antwort ist, dass wir und der Fadenwurm *(Caenorhabditis elegans)* eine sehr ähnliche Anzahl von Genen besitzen, die Proteine kodieren, etwa 20 000. Wie kann das überhaupt sein? Wenn Gene den Bau unseres Körpers steuern, dann sollten wir doch weitaus mehr Gene besitzen als ein Wurm. Wir sind doch «so viel komplizierter» und scheinbar weiter entwickelt.

Schauen wir uns das menschliche Nervensystem an – das Gehirn ist wohl das komplizierteste unserer Organe – es besteht aus (ungefähr) einhundert Milliarden Nervenzellen, jede bildet im Durchschnitt eintausend Verbindungen, sogenannte Synapsen. *C. elegans* hat (genau) 302 Neuronen! Bei uns, wie auch beim Wurm, verbinden Synapsen einzelne Nervenzellen in Netzwerke, die unseren Reflexen, aber auch komplexen Denkprozessen zugrunde liegen. Struktur und Funktion solcher Netzwerke werden sehr präzise gesteuert – selbst kleine Abweichungen können signifikante Verhaltensstörungen hervorrufen. Wie kann die Vielzahl von Synapsen (100 000 000 000 000), die in unserem Gehirn ausgebildet werden, reproduzierbar platziert werden?

In der Tat gibt es einen genetischen Bauplan für die neuronale Vernetzung. In identischen (eineiigen) Zwillingen findet man Vernetzungsmuster, die einander ähnlicher sind als die in nicht identischen, zweieiigen Zwillingen. Wenn die Anzahl der Gene derartig limitiert ist – wie kann unser Erbgut dann ausreichend Erkennungssignale kodieren, die neuronale Netzwerke mit den richtigen synaptischen Verknüpfungen und Eigenschaften entstehen lassen?

Nervenzellen tragen auf ihrer Oberfläche Erkennungsmoleküle, die wie ein Schlüssel oder Barcode agieren. Einzelne Gene kodieren dabei mehr als nur eine Form des Erkennungsmoleküls. Das wird erreicht durch einen Prozess, in dem Kopien von verschiedenen Teilstücken eines Gens in unterschiedlichen Kombinationen zusammengefügt (zusammengespleisst) werden. Von einem einzelnen Gen können dadurch

Hunderte von verschiedenen Erkennungsmolekülen kreiert werden, die die Ausbildung von Synapsen mit den richtigen Partnern und den gewünschten Eigenschaften vorantreiben.

Und was unterscheidet uns nun von einem Wurm? Im Menschen, und insbesondere im menschlichen Gehirn, ist das Ausmass des Spleiss-Prozesses weitaus stärker ausgeprägt – das heisst, obwohl wir eine ähnliche Anzahl von Genen besitzen, produzieren diese Gene weitaus mehr unterschiedliche Proteine. So können wir uns also weiterhin auch aus biologischer Sicht für komplex und besonders halten.

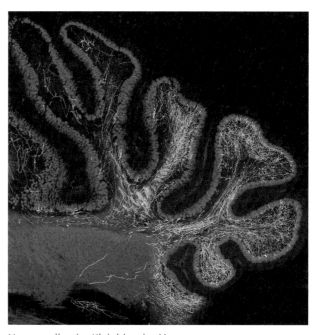

Nervenzellen im Kleinhirn der Maus
Foto © A. Kalinovsky und P. Scheiffele, Biozentrum, Universität Basel, 2011

Aus einer jungsteinzeitlichen Seeufersiedlung von Twann am Bielersee, welche zwischen 3093 und 3072 datiert werden kann, fand sich unter den zahlreichen Tierknochenabfällen ein vollständig erhaltener Mittelhandknochen (Metacarpus) eines Hausrindes. Die ausserordentlich geringe Länge des Knochens von knapp 18,5 Zentimetern erlaubte die Berechnung einer Widerristhöhe von nur 112 Zentimetern. Es handelte sich um ein sehr kleinwüchsiges, weibliches Hausrind. Im Vergleich dazu liegen die Schulterhöhen heutiger Fleckviehkühe bei zwischen 140 bis 145 Zentimetern. Ihrer Gestalt nach weisen aber die Gelenk- und die Schaftbreiten des kurzen Mittelhandknochens auf eine kräftige Vorderextremität hin. Es handelte sich also um ein gedrungenes, kräftiges Tier. Aufgrund der Vermessung von Hausrinderknochen aus der gleicher Zeit trifft diese Charakterisierung auf die meisten Hausrinder zu. Neben den morphologischen und metrischen Untersuchungen erlauben genetische Analysen des Twanner Rinderknochens noch detailliertere Erkenntnisse. Glücklicherweise enthielt der über 5000 Jahre alte Rinderknochen noch DNA-Reste, welche sequenziert werden konnten. Analysiert wurde die mütterliche (matrilineare), mitochondrielle DNA. Diese wird seit den 1970er-Jahren des letzten Jahrhunderts sehr intensiv untersucht, sodass die genetische Entstehungsgeschichte der Hausrinder sehr genau nachgezeichnet werden kann. Aufgrund archäologischer Funde wissen wir, dass die Hausrinder vor mehr als 10 000 Jahren im Vorderen Orient domestiziert wurden. Ihr wilder Vorfahre ist der Auerochse *(Bos primigenius primigenius)* dieser Region. Mit Hilfe der matrilinearen genetischen Information lässt sich diese lokale Unterart des Nahen Ostens von der europäischen Unterart des Auerochsen unterscheiden. In beiden geografischen Räumen lebten also Auerochsen, aber nur der Auerochse im Nahen Osten wurde domestiziert. Die im Nahen Osten zu Haustieren gewordenen Rinder gelangten mit der Ausbreitung der frühen bäuerlichen Kulturen nach Mitteleuropa. Alle europäischen Hausrinder tragen bis zum heutigen Tag eine genetische Signatur, welche sie eindeutig als Nachkommen des Auerochsen des Nahen Ostens aus-

weist. Erstaunlicherweise trägt nun aber unser Twanner Rind eine matrilineare Signatur, welche auf den europäischen Auerochsen verweist. Da Nachweise für eine Domestikation des europäischen Auerochsen fehlen, muss das bedeuten, dass vor mehr als 5000 Jahren Twanner Bauern weibliche Auerochsen mit männlichen Hausrindern kreuzten. War das Zufall? Im gleichen Zeitraum treten in unserer Region die ersten archäologischen Nachweise von Rädern, Wagen und Jochen auf. An den Knochen der Hausrinder aus dieser Zeit lassen sich auch erste leichte pathologische Veränderungen nachweisen, welche die Nutzung der Hausrinder als Zugtiere belegen. Wurden durch die Twanner Bauern vor mehr als 5000 Jahren möglicherweise bewusst weibliche Auerochsen in den Hausrinderbestand eingekreuzt, um dadurch gedrungene, kräftigere Tiere zu erhalten, welche optimaler als Zugtiere genutzt werden konnten?

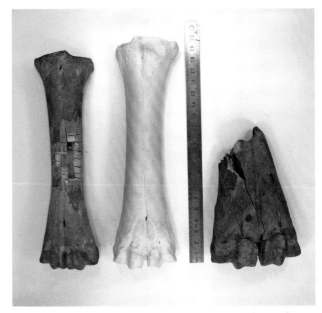

Links: Mittelhandknochen des Twanner Hausrindes nach Probenentnahme für die genetische Analyse.
Mitte: Mittelhandknochen eines heutigen Hinterwälderrindes.
Rechts: unteres Gelenkende eines bronzezeitlichen Mittelhandknochens eines Auerochsen (Abri St. Joseph, Lutter, [F]).
Foto © Jörg Schibler

Alexander F. Schier

Development – a window into biological principles

Animals are made of thousands to billions of cells, but they start life as a single cell – the fertilized egg. The goal of Developmental Biology is to understand how this transformation comes about: how do cells divide and die? How do they interact and specialize? Remarkably, the answers to these questions have not only taught us much about development per se but about Biology in general, including our understanding of human disease. I will describe how some of these monumental discoveries were made and how they opened windows into biological principles.

How do cells divide and die? As cells multiply, they cycle through distinct stages, including the duplication of the genome and the division into two daughter cells. During the early development of sea urchins, these cycles are synchronized between different cells. This property was exploited to detect proteins that are present at high levels during some stages of the cell cycle and at lower levels during other stages. This approach resulted in the discovery of Cyclins – proteins that help tell a cell when to divide (Nobel Prize 2001). Conversely, studies in the nematode *(C. elegans)* identified cells that are programmed to die, and screens for mutants in which these cells survive identified key genes required for cell death (Nobel Prize 2002). Remarkably, proteins similar to those identified in nematodes and sea urchins are found in humans and also control the human cell cycle and cell death.

How do cells make the right structure at the right place? Mutant studies in the fruit fly *(Drosophila melanogaster)* identified dozens of genes that regulate the development of different body parts (Nobel Prize 1995). Not only did these studies lead to the discovery of genetic principles of development but many of these genes are also involved in human birth defects and diseases such as cancer. For example, the Hedgehog pathway controls the development of fly larvae and is misregulated in human brain cancers. Thus, seemingly esoteric studies in fruit flies laid the foundation for understanding human biology, and even resulted in anti-cancer drugs.

What is the difference between different cells – the genome itself or the interpretation of the genome?

Cloning studies in the frog *(Xenopus laevis)* showed that the cell nucleus contains the information to make the cell types in an animal, and that this information is still present in differentiated cells. Analogously, a few factors that regulate how the genome is read can reprogram a differentiated cell into a stem cell that can give rise to all cell types. These studies (Nobel Prize 2012) showed that the same genome is present but read differently in different cells, and laid the foundation to reprogram human cells into different cell types for studying disease or creating organs for transplantation.

Finally, developmental biologists invented technologies that are now of wide use. For example, studies in nematodes revealed that short pieces of RNA can repress or destroy complementary RNAs (Nobel Prize 2006), and experiments with mouse cells led to genome engineering technologies (Nobel Prize 2007). Thus, very fundamental research has given us tools to study and cure human diseases.

These examples highlight how the study of development elucidated fundamental biological mechanisms. In addition, these discoveries reveal that the study of creatures such as worms, flies, sea urchins and frogs can lead to important insights into our own biology.

Basel has made important contributions to this field, ranging from the description of tissue organization by Wilhelm His (born in Basel in 1831) to the discovery of developmental control genes by Walter Gehring and his colleagues. Since Developmental Biology is far from being understood, we can look forward to many more discoveries from Basel and beyond that will help us understand how animals develop and teach us much about all fields in Biology.

Why do microscopic objects in suspension, like small grains in a bowl of water, move randomly about in a seemingly perpetual motion? Why does a drop of ink, when placed in a glass of water, spread through the whole glass, thereby colouring it over time, without anyone stirring the water? Both processes underlie the phenomenon of diffusion, which is intimately related to «Brownian motion». But what drives this motion?

The name refers to Scottish botanist Robert Brown, who described the phenomenon in 1827 when observing pollen grains randomly moving in suspension. The origin of this motion, however, remained an open question for the next eighty years until the beginning of the 20th century, when Einstein gave the first correct explanation for the phenomenon in his work *Über die von der molekulartheoretischen Theorie der Wärme geforderte Bewegung von in ruhenden Flüssigkeiten suspendierten Teilchen.* Moreover, his work provided the answer to a heated debate amongst physicists at the time: on the mere existence of molecules and atoms.

Einstein's 1905 paper starts with the claim that, «according to the molecular-kinetic theory of heat, bodies of a microscopically visible size suspended in liquids must, as a result of thermal molecular motions, perform motions of such magnitudes that they can be easily observed with a microscope». In other words, the grains in the above example would visibly move due to them being constantly bombarded by rapidly moving water molecules. The molecules in turn move faster the hotter the solution is – and vice versa. From the randomness of these collisions follows the erratic movement of the grains. It was, however, unclear at the time whether or not these molecules, or atoms, would even exist, as there had thus far been no means to address their existence experimentally.

Einstein thus provided a framework to verify his conclusions, therefore the molecular-kinetic theory and along with it the existence of molecules and atoms. In a series of systematic and carefully conducted experiments, Joan Perrin could prove Einstein's hypothesis and settled the argument about the existence of molecules in 1909. Using the relations Einstein outlaid in his publication, Perrin and his students ob-

tained precise measurements of the diffusion coefficient of such suspended particles, from which a measure of Avogadro's number could be derived. That is to say, Perrin measured with at the time unprecedented precision the number of atoms in a gram of matter. To put into perspective just how small molecules are, we can use Avogadro's number to derive that one gram of water contains about as many molecules as there are grains of sand on planet earth.

Even though Einstein's work helps understanding the driving force behind Brownian motion, it does not immediately explain why the ink in the above example colours the whole glass rather than just part of it. However, we can intuitively appreciate that a random process such as Brownian motion will produce a random output, such as our evenly coloured glass of water. The process of mixing follows the same principle as rolling dice results in an even distribution of all sides over time rather than predominantly one side. In the same way it's more likely for ink and water molecules to distribute evenly amongst each other than to stay bunched up.

As the ink will never spontaneously unmix itself from the water, it follows that, without additional work or energy in general, this process may not be reversed. In order to maintain a state of certain organisation, a continuous input of energy is hence necessary.

Keeping a strict organisation is on the other hand an essential property of every living organism, for single cell microbes as well as more complex forms of life like plants and animals. The natural tendency of every system towards its minimal organisation has thus to be constantly counteracted in order to stay alive by consuming energy – in the form of an apple, for example.

Es muss wohl im Januar 1999 gewesen sein, als meine Frau und ich unser kleines Zelt im Franklin-Gordon-Nationalpark auf Tasmanien für die Nacht aufgeschlagen hatten. Wir waren auf Sammeltour für unsere Forschungsarbeiten und wollten einige Tage Pause machen, eine kleine Wanderung im Gebiet unternehmen, und dann die Insel weiter erkunden. Jetzt hatten wir im dichten Gebüsch des Campsites eine Lücke gefunden, um uns einzurichten. Schnell kam die Nacht, es war stockdunkel, niemand anders war in der Nähe und wir fühlten uns weit weg von allem.

Es dauerte nicht lange, bis raschelnde Geräusche aus dem Dickicht zu hören waren. Ausser sehr giftigen Schlangen gibt es in Tasmanien wenig, was einem gefährlich werden kann. Also, die Taschenlampe gezückt und durch die Büsche gebrochen – bei einem Biologen ist die Neugier stets grösser als die Bedenken. Es waren keine Schlangen, aber im Lichtkegel der Lampe schaute uns ein Tasmanisches Filander (Pademelon, *Thylogale billardierii*) an – erstarrt in der Bewegung, grosse Knopfaugen, grau, und irgendwie geduckt unter den vielen tiefliegenden Ästen, wohl auf dem Wege aus der Deckung für die nächtliche Futtersuche. Dieses grelle Gemälde dauerte nur einen kurzen Moment, dann hüpfte es davon. Ja, es hüpfte! – und verschwand schnell zwischen den vielen verschlungenen Ästen und der niedrigen dunkelgrünen Decke der Blätter, an die es bei jedem Hüpfer mit dem Rücken unsanft anstiess; das dumpfe, rhythmische Aufsetzen der Hinterbeine auf dem Waldboden war noch eine kurze Zeit zu hören.

Wir waren zu jenem Zeitpunkt schon einige Monate in Australien und hatten schon so manches Känguru in freier Wildbahn gesehen. Tatsächlich sahen wir in jener Nacht noch weitere kleine Säugetiere, konnten sie hüpfen hören und die aufsetzenden Beine durch unsere dünnen Matratzen auf dem Boden fast spüren. Doch diese nächtliche Begegnung war einer jener magischen Momente, wo etwas, was man oft so beiläufig wahrnimmt, plötzlich anders wirkt – ja, plötzlich wurde einem bewusst: in dieser Welt hüpft alles irgendwie ungeschickt auf zwei Beinen herum, wo es doch eigentlich wendig und flink davonrennen sollte. In diesem sehr dichten Unterholz hüpfend zu fliehen, scheint wahrlich nicht gerade die beste Idee zu sein. Zugegeben, nicht alle australischen Säugetiere bewegen sich auf diese Weise fort. Wombats laufen gemächlich auf allen Vieren, Possums sind quirlige Kerlchen und huschen durch die Bäume, aber selbst das Felsenkänguru hüpft schnell und geschickt die Felsen rauf und runter, während das Baumkänguru immerhin auch mal ganz normal auf den Ästen herumturnt.

Was aber in dieser dunklen tasmanischen Nacht entstand, war die sinnliche Erfahrung, wie anders diese Welt ist. Zu oft hat man es wohl schon in tollen Naturfilmen im Fernsehen gesehen, als dass einem die Seltsamkeit dieser Fortbewegungsweise auffällt. Immerhin könnte ja auch alles anders sein – die Kängurus rennen wie Gazellen davon, und die Kaninchenkängurus (Potoroos) huschen flink um die nächste Ecke. Aber es wird gehüpft!

Man hat festgestellt, dass die grossen Kängurus mit ihrer Fortbewegung viel weniger Energieaufwand für grosse Strecken betreiben müssen. Das macht Sinn in einer Welt, wo ein grossräumig trockenes Klima vorherrscht, mit unberechenbaren Regenfällen, und deshalb Nahrung nur lokal vorkommt, sodass man immer wieder grosse Distanzen zurücklegen muss. Aber das ist vermutlich kein wirkliches Erfordernis für die kleinen Känguru-Verwandten im Dickicht Tasmaniens. Dennoch haben sie die gleiche Grundausstattung der Fortbewegung geerbt, eine Hypothek der gemeinsamen Abstammung – und der Luxus, dank der Isolation Tasmaniens, sich nicht gegen modernere, flinkere Arten behauptet haben zu müssen – wenigsten bis in die jüngste Zeit.

Diese Nacht liess uns plötzlich und unerwartet die unheimliche Kraft des Evolutionsprozesses hautnah erleben. Übrigens auch am nächsten Morgen, wo wir als – im Laufe der Evolution – tagaktiv gewordene Spezies übernächtigt aus dem Schlafsack krochen …

Haben Sie schon einmal Elfen gesehen oder vielleicht gehört? Nein? Sie sind nicht alleine. Die wenigsten von uns hatten je dieses Glück. Aber früher dachte man, dass Elfen nachts auf Waldlichtungen tanzen. Gesehen hat man sie nie, nur ihre feinen Glöckchen waren gut zu hören. Diese Glöckchen kann man vielerorts bei uns in der Region nachts immer noch hören, aber die Verursacher sind nicht (mehr) Elfen, sondern Geburtshelferkröten. Wenn eine Gruppe von Männchen an einem lauen Abend zwischen März und August den hellen, glockenartigen Paarungsruf ertönen lässt, so erzeugt das Konzert durchaus eine mystische Stimmung. Der Ruf hat der Geburtshelferkröte im Volksmund auch den Namen «Glögglifrosch» eingetragen. Die Geburtshelferkröte ist das einzige Amphib, bei dem auch die Weibchen rufen. Diese Rufe hört man allerdings nur in Teilen des Verbreitungsgebiets der Art; wieso, ist noch unbekannt.

Geburtshelferkröten sind kleine, maximal fünf Zentimeter lange und unscheinbar grau gefärbte Kröten mit goldenen, senkrechten Spaltpupillen. Nicht nur der Ruf, sondern ihre Lebensweise unterscheidet sich stark von dem, was als typische Lebensweise eines Amphibs unseren Kindergärtnern und Schülern beigebracht wird.

Geburtshelferkröten betreiben Brutpflege. In unseren Breitengraden bei Amphibien ein wenig verbreitetes Phänomen, ist diese vor allem bei tropischen Fröschen und Kröten sowie nordamerikanischen Salamandern weit verbreitet, findet sich aber auch bei den einheimischen Salamandern. Bei der Geburtshelferkröte ist das Männchen für die Brutpflege verantwortlich. Bei der Paarung, welche an Land stattfindet, wickelt sich das Männchen die Eischnüre um die Hinterbeine. Das Weibchen geht daraufhin seiner Wege. In den Nächten nach der ersten Paarung kann sich das Männchen noch mit ein oder zwei weiteren Weibchen paaren und auch deren Gelege übernehmen. Dann trägt es manchmal weit über hundert Eier mit sich herum.

Drei bis vier Wochen betreibt das Männchen Brutpflege. In dieser Zeit ist es stumm und ruft nicht. Damit die Eier ideale Bedingungen vorfinden, hält sich das Männchen meist in Unterschlüpfen auf. Peptide aus dem Hautsekret schützen die Eier im feuchten Mikroklima vor der Verpilzung. Evolutiv ist die Brutpflege wahrscheinlich als Anpassung an Fliessgewässer und deren Nutzung als Lebensraum für die Larven entstanden. Kaulquappen der meisten Froschlurche können nach dem Schlupf nicht schwimmen. Die Larven könnten also der Strömung nicht widerstehen. Wenn aber das Männchen der Geburtshelferkröte die Gelege mit schlupfreifen Larven zu einem Gewässer trägt, so können diese bereits schwimmen, und das gefährliche kleinste Larvenstadium wird übersprungen.

Nach dem Absetzen der Larven kann sich das Männchen im selben Sommerhalbjahr erneut verpaaren. Die Larven entwickeln sich vergleichsweise langsam, und die meisten machen die Metamorphose zur Kröte erst im Folgejahr.

Nach den Elfen drohen nun auch die Geburtshelferkröten zu verschwinden. In den letzten Jahrzehnten ist mehr als die Hälfte der Bestände in der Schweiz erloschen. In der Region Basel und im Jura gibt es im schweizerischen Vergleich noch viele, wenn auch meist kleine Populationen. Freuen wir uns also, wenn wir nachts bei einem Weiher die feinen Glockentöne hören! Es sind keine Elfen, aber Amphibien mit einer faszinierenden Lebensweise.

Geburtshelferkröten bei der Paarung
Foto © Benedikt R. Schmidt

Schon als Kinder lernen wir, dass wir und unsere gesamte Umwelt, Festkörper, Flüssigkeiten und Gase aus Atomen bestehen. Dabei kommt oft die Frage auf: Wie sehen diese Atome eigentlich aus?

Das erste Bild, das wir zu sehen bekommen, zeigt Atome als Kugeln, die aneinandergereiht Moleküle und Kristalle bilden. Spätere Modelle zeigen einen winzigen Atomkern, um den Elektronen auf Bahnen schwirren, ähnlich den Planeten im Sonnensystem: ⚛. Aber wir sehen immer nur Zeichnungen von Atomen, keine Fotos – warum nicht?

Wenn wir herausfinden wollen, wie etwas aussieht, dann betrachten wir es im Licht. Wir beleuchten es mit einer Lampe, deren Licht vom Objekt teils absorbiert und teils reflektiert wird, und fangen das reflektierte Licht mit unseren Augen oder einer Kamera auf. Die Frage nach dem Aussehen wird also präziser: Wie reagiert ein Atom auf Licht?

Licht besteht aus elektromagnetischen Wellen. Diese Wellen haben eine bestimmte Wellenlänge: je nach «Farbe» wird diese Länge in Kilometern (Radiowellen), Zentimetern (Mikrowellen), Mikrometern (Infrarotlicht), Nanometern (sichtbares und ultraviolettes Licht) oder Picometern (Röntgenstrahlen) gemessen. Ein Atom hat einen Durchmesser zwischen 60 und 600 Picometern, abhängig von der Sorte. Um die Struktur eines Atomes zu sehen, benötigen wir Licht mit einer Wellenlänge, die kleiner als dieser Atomdurchmesser ist. Machen wir also ein hochauflösendes Röntgenfoto von einem Atom!

Nun bestehen die elektromagnetischen Lichtwellen aber aus Lichtteilchen (Photonen), die eine quantenmechanische Anregung des elektromagnetischen Feldes sind. Das kann man sich so vorstellen, dass jede elektromagnetische Welle nur in klar definierten Amplituden schwingen kann: Entweder schwingt sie gar nicht, oder sie schwingt mit einem *Quant* von Energie, oder mit zwei usw. Die Grösse eines solchen Lichtenergiequants hängt umgekehrt proportional mit der Wellenlänge zusammen, so dass Röntgenstrahlen mit Wellenlänge hundert Picometer bereits eine Lichtteilchenenergie von über 10 000 Elektronenvolt besitzen. Ein einziges Röntgenlichtteilchen hat damit zehntau-

sendmal mehr Energie als hinreichend ist, um ein Atom zu zerschlagen und seine äussersten Elektronen wegzureissen. Können wir das zerstörerische Röntgenlicht nicht einfach abschwächen, um das Atom intakt abzubilden? Nein, es sind die Lichtteilchen selbst, die zu grosse Energiepakete darstellen; ein einzelnes Röntgenphoton ist schon zu viel!

Wir sind nun schon tief in der Quantenphysik, in der erstens jede Beobachtung das Objekt verändert und zweitens die Stärke der Einwirkung durch die Beobachtung nicht frei gewählt werden kann. Wir haben also die Wahl: entweder betrachten wir das Atom mit langwelligem Licht, dessen Lichtteilchen das Atom zwar intakt belassen, aber die viel kleinere Atomstruktur nicht auflösen können; oder wir benutzen kurzwelliges Röntgenlicht, das zwar genügend Auflösung bringt, aber das Atom bei der Beobachtung zerstört. In beiden Fällen bekommen wir kein Bild des Atoms.

Damit bringt uns die Frage nach dem Aussehen eines Atoms bis an die philosophische Grenze der Quantenmechanik. Eigenschaften sind darin nur *operationell* definiert: Eine Eigenschaft existiert nur, wenn wir sie auch tatsächlich messen können. Wir müssen also feststellen, dass Atome die Eigenschaft des Aussehens schlicht nicht besitzen.

Wir können jedoch genauestens beschreiben, wie Atome mit Licht verschiedenster Wellenlängen wechselwirken; nur hat diese Wechselwirkung nichts mit der klassischen Vorstellung des bildhaften Aussehens zu tun. Ausserdem wissen wir, wie Atome mit anderen Atomen wechselwirken (Chemie, Kristallographie, Rasterkraftmikroskopie) und wie sie mit Elektronen zusammenspielen (Elektronenmikroskopie, Rastertunnelmikroskopie). Das quantenmechanische Atommodell erlaubt uns, in jeder Situation präzise Voraussagen zu machen, wie sich ein Atom verhalten wird. Die Eigenschaft des Aussehens, der wir auf der menschlichen Ebene so viel Wichtigkeit zuordnen, kommt darin gar nicht vor.

Der gute Rodrigo de Jerez, Kampfgefährte von Kolumbus und erster Zigarrenraucher Europas, wurde 1493 von der Inquisition in Andalusien zu sieben Jahren Kerker verurteilt (wegen Hexerei, denn «nur der Teufel kann einem Menschen die Fähigkeit geben, Rauch aus dem Mund auszuatmen»). Als er dann im Jahr 1500 wieder in die Freiheit entlassen wurde, war Zigarrenrauchen aber bereits ein etabliertes Vergnügen der besseren Gesellschaft geworden – der edle Rodrigo erwies sich als Wegbereiter eines globalen Imperiums der Tabakkonzerne und der ebenfalls milliardenschweren, an deren Folgen anknüpfende Gesundheitsindustrie. Was der Gute aber nicht ahnen konnte, war, dass er seinen Hang zum exotischen Kraut möglicherweise einem Quäntchen Neandertaler-DNA verdankte, das unerkannt in seinem vornehmen spanischen Genom residierte. Und kaum einer oder eine der modernen Zeitgenossen, denen wegen ihres Hangs zur Zigi zwar nicht mehr gerade die Inquisition droht, aber doch die soziale Ächtung und die beengende Quarantäne einer Smokers' Lounge oder ein lausig kaltes Rauchertischchen draussen vor der Beiz, und die sich mittels Nikotin-Pflaster, Akupunktur, Meditation, Homöopathie, Rolfing, Spagyrik oder anderen todsicheren Methoden vom lästigen Drang zu befreien versuchen, ahnt, dass es ihr Neandertaler-Vorfahre ist, der ihnen hier und jetzt das Leben schwer macht. Denn: Ein bisschen Neandertaler-Genom tragen wir alle in uns, das hat die Erforschung archaischer DNA in den letzten Jahren klargemacht. Ein paar Prozent unseres sonst so topmodernen Genoms verdanken wir den gelegentlichen Seitensprüngen unserer _Homo sapiens_-Vorfahren und Vorfahrinnen mit (so hoffen wir doch) attraktiven Vertreterinnen und Vertretern der Neandertaler. Genetisch gesehen waren diese _liaisons dangereuses_ meist nicht so glücklich, der Grossteil der Neandertaler-Gene wurde im Lauf der Generationen wieder aussortiert, aber einiges ist uns doch erhalten geblieben. Darunter sind Gene, die für uns auch heute noch durchaus nützlich sind, aber halt auch andere, die uns hin und wieder im Wege stehen. So zum Beispiel die winzige Punktmutation rs3025343 (ein Adenin anstelle eines Guanins) in der DNA von Chromosom neun.

Träger dieses Neandertaler-Überbleibsels im Genom haben sehr viel mehr Mühe, mit dem Rauchen aufzuhören, als ihre Zeitgenossen ohne dieses genetische Erbstück. Andere von uns haben vielleicht die Punktmutation rs901033 ererbt (ein Thymin anstelle eines Guanins) in einem Intron des Gens _SLC6A11_ auf dem Chromosom drei. Dieses Gen, das ein Transportprotein für einen Neurotransmitter beschreibt, spielt beim verstärkten Hang zum Nikotin eine zentrale Rolle.

Dies sind zwar wissenschaftliche Fakten, aber durchaus keine Ausreden, um befriedigt durchzuatmen und unseren Hang zum blauen Dunst den armen Vorfahren anzulasten – so einfach geht Biologie nicht! Viele zusätzliche Faktoren bestimmen schliesslich mit, wie gross unsere Versuchung ist und ob wir ihr dann auch nachgeben. Bleibt die ungelöste Frage: Haben die Neandertaler auch schon geraucht – 50 000 Jahre vor der Entdeckung Amerikas und des Tabaks? Und sind sie vielleicht deshalb ausgestorben? Haben sie sich förmlich vom Erdball weggeraucht? Oder war vielleicht gar ein Neandertaler der originale _Marlboro Man,_ noch ohne Stiefel und Cowboyhut, aber immerhin schon ganz schön urig? Fragen über Fragen, über die es sich im Dunst einer guten Zigarre mal nachzudenken lohnt.

Von meinem Fenster aus sehe ich auf eine Ackerfläche. Ist diese trocken, scheint sie hell, ist sie nass, dann ist sie dunkler. Je nach Feuchte ändert sich also ihre Albedo, ihr Rückstrahlvermögen für einfallende Strahlung.

Immer wenn ich diesen Effekt beobachte, denke ich von Neuem, dass dies recht sachdienlich ist. Denn bei Trockenheit braucht der Ackerboden ja keine zusätzliche Wärme, da diese ihn nur noch mehr austrocknen würde. Positiv also, wenn Sonnenstrahlen zurückgeworfen werden. Umgekehrt ist dies bei Nässe. Da ist es meist gut, Wärme aufzunehmen und dadurch überschüssige Feuchte loszuwerden.

Doch die Veränderung der Albedo hat nicht nur Effekte auf die Bodentemperatur und Bodenfeuchte, sondern letztendlich auf alle Lebensvorgänge im Boden. Denn ist der Boden zu feucht oder zu trocken, zu kalt oder zu warm, wird dadurch die Aktivität der Bodenorganismen gehemmt, Prozesse der Humusbildung werden verlangsamt, chemische Prozesse verändert und die Verfügbarkeit von Nährstoffen reduziert. Allenfalls kann dadurch die gesamte Lebensgemeinschaft des Standortes in Mitleidenschaft gezogen werden.

Die Albedo vermag also als physikalische Grösse Lebensvorgänge in einem gewissen Masse zu beeinflussen. Und wie sieht das umgekehrt aus? Inwieweit vermag auch das Leben auf physikalische Grössen Einfluss zu nehmen?

James Lovelock, und Andrew Watson haben vor Jahren die Computersimulation «Daisyworld» entworfen. Dieses Modell zeigte auf einfache Weise, dass theoretisch, trotz stetig steigender Sonnenstrahlungsintensität aufgrund selbstorganisierender biologischer Rückkopplungsprozesse von weissen und schwarzen Gänseblümchen (Daisy), die Erdtemperatur annähernd konstant bleiben kann. Die Autoren wollten mit diesem Modell die Plausibilität der Gaia-Hypothese (Lovelock und Margulis) untermauern, welche eine Selbstregulation diverser Umweltparameter eines belebten Planeten durch das Leben selbst postuliert, also die Erde selbst als eine Art Superorganismus darstellt. Da dies nicht nur intensive naturwissenschaftliche, sondern auch theologische Diskussionen auslöste, bemerkte James Lovelock dazu: «Ich denke mir alles, was die Erde tun mag, etwa die Klimasteuerung, als automatisch, nicht als Willensakt; vor allem denke ich mir nichts davon als ausserhalb der strengen Grenzen der Naturwissenschaften ablaufend.»

«Daisyworld» ist ein sehr einfaches Modell, welches uns beispielhaft das Zusammenspiel von belebter und unbelebter Natur zeigt. In der Realität sind die Interaktionen zwischen dem Leben und den physikalischen Gegebenheiten weitaus komplexer und auch durch die besten Computermodelle wohl kaum je wirklich umfassend zu veranschaulichen. Die Forschungen um den Klimawandel und die Biodiversität der letzten Jahre zeigen die Fülle an Interaktionen zwischen dem Leben und den physikalisch-chemischen Parametern sehr eindrücklich.

Trotz seiner Einfachheit hat «Daisyworld» jedoch dazu beigetragen, dass wir heute vermehrt vernetzt und in holistischen, öko-systemischen Dimensionen denken, und die Arbeit von Lovelock, Watson und Margulis haben zur Erkenntnis um das komplexe Zusammenspiel physikalischer, chemischer und biologischer Zusammenhänge beigesteuert, welches über Jahrmillionen eine schier unvorstellbare Vielfalt an Leben auf unserem Planeten entstehen liess. Eine Vielfalt, die es dem Leben ermöglicht, auf den dauernden Wandel äusserer Faktoren zu reagieren. Heute wissen wir, dass wir Teil eines Systems sind, dessen stetiges Merkmal dauernder Wandel ist, und dessen Stärke und Stabilität darauf beruht, dass es dank einer Vielzahl von Mechanismen auf Änderungen reagieren und diese soweit puffern kann, dass sich das feine, hauchdünne Band von Leben halten und weiterentwickeln kann.

Die Veränderung der Ackerfläche-Albedo nach einem Regenfall ist meist sehr unscheinbar, erinnert mich aber immer wieder an die Vielschichtigkeit und letztendliche Opportunität natürlicher Systeme, und wie wesentlich es ist, Vielfalt zu erhalten.

The evolution of the eye has always been of special interest when discussing the origin of complex organs.

In *On the Origin of Species,* Charles Darwin defined eyes as examples of "organs of extreme perfection and complication" and he himself was puzzled by their evolutionary origin: how could such complex, and indeed "perfect structures" have evolved? Simply by a process of random variation and selection from a prototypic eye, consisting of nothing more than a photoreceptor cell and pigment cells?

At the Biocenter in Basel, Walter Gehring and his collaborators have focused on characterizing the genes which control eye development in animals, ranging from jellyfish to *Homo sapiens.* They could demonstrate that these key genes are evolutionary conserved throughout different animal phyla, thereby strongly suggesting that the origin of all eyes is monophyletic. The next obvious question is: how has the first primitive prototypic eye evolved? Two explanations were proposed: one hypothesis is based on cellular differentiation, the other one on symbiosis. Here I'd like to focus on the Symbiont Hypothesis, otherwise known as the "Russian Doll model". It assumes that photosensitivity first arose in photosynthetic cyanobacteria that were subsequently taken up by red algae as primary chloroplasts. These red algae in turn were taken up by dinoflagellates as secondary chloroplasts and in some species evolved into a most sophisticated eye organelle, as found in some dinoflagellates like *Erythropsis* and *Warnovia* (Figure), which lack chloroplasts. Because dinoflagellates are commonly found as symbionts in jellyfish, it is far from inconceivable that photoreceptor genes have been transferred from one species to the other. Dinoflagellates – unicellular organisms – have multiple types of eyespots. For example, *Erythropsis* and *Warnowia* possess complex eyespots called "ocelloids" containing two elements which are fundamental to a functional camera-type eye: a photoreceptor (the retinal body) and a refractive lens. The evolutionary significance of this unique morphologic structure still remains an enigma.

When I was working as a postdoc in the Gehring lab, I was involved in a research project dealing with the evolutionary origin of the eye. I was sent to Jean and Colette Febvre at the marine biology station in Villefranche-sur-Mer, to collect plankton.

As *Erythropsis* and *Warnowia* are far from abundant, I could collect no more than a hundred cells in a month. Nevertheless, I managed to isolate the DNA, which was sent to our collaborators, Takashi Gojobori and his team, for further analysis. They could demonstrate that both *Erythropsis* and *Warnowia* have a gene encoding rhodopsin: a light-sensitive receptor protein involved in visual phototransduction. Moreover, they found that this rhodopsin gene is expressed in the retinal body. Taken together, these results show that the ocelloid functions as a photoreceptor. The dinoflagellates rhodopsin is related to bacterial (and not eukaryotic) rhodopsin, thereby lending further support to the "Russian Doll model": most probably, a dinoflagellate incorporated a cyanobacterium as an endosymbiont – which subsequently became 'domesticated'. The challenge that now lies ahead is to compare the genomes of dinoflagellates and jellyfish – in search for the evolutionary origins of that most remarkable organ in the animal kingdom: the eye.

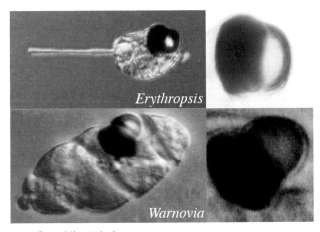

Foto © Makiko Seimiya

Der Flug der beiden grossen Albatrosse, Königsalbatros *(Diomedea epomophora)* und Wanderalbatros, *(Diomedea exulans),* zeigt zwei Besonderheiten: Das grosse Gewicht von rund zehn Kilogramm im Verhältnis zur Flügelfläche und das «Dynamische Segeln». Albatrosse fliegen schnell – mit 70 bis 110 Stundenkilometern – über den Ozean.

Besondere Anpassungen sind für die Landung auf dem terrestrischen Untergrund des Nistplatzes erforderlich. Dieses Manöver ist für einen Flugkörper mit hoher Minimalgeschwindigkeit von etwa 60 Stundenkilometern ein gefährliches Unterfangen. Das könnte leicht mit einem Zerschellen enden. Um aber die Minimalgeschwindigkeit halten zu können, die erforderlich ist, um den Absturz zu verhindern, müssen die Vögel ihre jeweilige Geschwindigkeit laufend messen können, um allfällige Korrekturen anbringen zu können. Dazu sind in erster Linie mechanische Wahrnehmungen im Bereich des Gefieders wichtig; die Albatrosse nutzen die Federschäfte der Deckfedern der Flügel und der Brustfedern um Strömungsvibrationen zu registrieren. Deren Intensität ist ein Mass für die Geschwindigkeit. Zudem scheinen die röhrenförmigen Nasenöffnungen auf dem Schnabel mit dem tastsensiblen Inneren der Nase einen «Staudruckmesser» zu bilden.

Die Albatrosse sind hervorragende Segler, die während des Fluges fast nie mit den Flügeln schlagen müssen. Charakteristisch ist, dass die Fluggeschwindigkeit bei diesem Segeln durchwegs recht hoch ist. Die funktionelle Minimalgeschwindigkeit, die wegen eines drohenden Strömungsabrisses mit der Folge eines Absturzes nicht unterschritten werden darf, beträgt etwa 60 Stundenkilometer. Die tatsächlich meistens gegenüber der Luftmasse geflogene Geschwindigkeit liegt bei etwa 70 Stundenkilometern oder etwas darüber.

Albatrosse nützen für ihr dynamisches Segeln die Tatsache aus, dass der in Richtung und Intensität konstant blasende Wind wegen der Reibung an der Wasseroberfläche weiter unten langsamer strömt als in einigen Dutzend Metern Höhe. Mit dem Wind kann der Vogel abwärts gleiten. Er gewinnt nicht nur durch den «Fall» Geschwindigkeit, sondern auch noch dadurch, dass sich die Luft um ihn verlangsamt. Erst dicht über dem Wasser kurvt der Vogel in den Gegenwind. Der verleiht ihm Auftrieb und lässt ihn steigen. Beim Steigflug gerät er in den noch schnelleren höheren Gegenwind, was den Auftrieb nochmals verstärkt. In der Höhe aber, wo der Gegenwind nicht mehr schneller wird, kurvt er wieder in die Windrichtung, und der Abwärtsflug beginnt von Neuem. Oft gestalten sich die Flugfiguren etwas komplizierter, da die See mit hohen Wellen bewegt ist. Albatrosse scheinen die Dynamik der Wellen sehr genau zu erfassen; zuweilen verschwinden sie in Wellentälern, um dicht über der Wasseroberfläche über einen Berg zu schiessen. Nur selten berührt eine Flügelspitze das Wasser.

Dass ein Albatros, nachdem er auf der Wasserfläche treibend auf Nahrungssuche war, beim Start in die Luft sehr mühsam auf langer Strecke auf dem Wasser tretend beschleunigen muss, zeigt, dass er in physikalischer Hinsicht zu den «kritischen» Fliegern gehört. Mit anderen Worten: Albatrosse brauchen eine ausserordentlich hohe Minimalgeschwindigkeit (gegen 60 Stundenkilometer), um sich überhaupt in der Luft halten zu können. Das bedingt nicht nur, dass der Start eine so aufwendige Beschleunigung erfordert, sondern dass der Vogel während des Fluges die Minimalgeschwindigkeit nicht unterschreiten darf, da er sonst wegen des Strömungsabrisses abstürzen würde. Wenn es windstill ist, was glücklicherweise selten der Fall ist, braucht der startende Vogel einen langen Beschleunigungsweg, bis er sich in die Luft erheben kann.

Radek C. Skoda

Stammzellorganisation der Blutbildung: Fluch oder Segen?

Blut erfüllt Aufgaben als Abwehrorgan gegen Infektionen und als Transportmedium für Sauerstoff, Boten- und Nährstoffe. Es besteht aus einem flüssigen Anteil, genannt Plasma oder Serum, und einem zellulären Anteil, der dem Blut eine Vielzahl von Funktionalitäten verleiht. Blutzellen, die Zelltrümmer und Mikroorganismen 'fressen' können, sind bereits bei Schwämmen zu finden. Bei Vertebraten erreicht Blut den höchsten Grad an Diversität der Zellen und Komplexität der regulatorischen Netzwerke, welche die Blutbildung steuern. Die Blutbildung, auch Hämatopoese genannt, wird zeitlebens aus einer kleinen Zahl von Blutstammzellen im Knochenmark gespeist. Ihre Zahl wird wesentlich durch die Anzahl sogenannter Nischen bestimmt, das sind Orte im Knochenmark, an denen die Stammzellen von spezialisierten Nischenzellen ernährt werden. Blutstammzellen haben ein enormes Regenerationspotential und sind in der Lage, alle Zelltypen, rote Blutzellen, weisse Abwehrzellen und Blutplättchen zu bilden. Da Blutzellen meist nur eine kurze Lebensdauer besitzen, müssen sie laufend ersetzt werden. Die Masse der Zellen, die wir generieren, ist enorm: Pro Jahr produziert der Mensch das Äquivalent des eigenen Körpergewichts (etwa siebzig Kilogramm) an neuen Blutzellen. Wie dies möglich ist, ohne dass Störungen auftreten, zum Beispiel Leukämien entstehen, ist eines der Wunder, die wir zu verstehen versuchen.

Ein Schlüssel zum Verständnis der Funktionsweise der Hämatopoese liegt in der Stammzellorganisation. Unter normalen Bedingungen teilen sich die echten Stammzellen nur selten. Die Blutbildung wird überwiegend aus Vorläuferzellen gespeist, die sich vermehren und zu Blutzellen ausreifen. Da diese Vorläuferzellen eine beschränkte Lebensdauer haben, eliminieren sich potentiell schädliche Mutationen von selbst. So bleibt das Erbgut der echten Stammzellen vor Mutationen geschützt. Bei gesteigertem Bedarf an Blutzellen, etwa bei Infekten oder mit zunehmendem Alter, werden auch die Stammzellen zur Zellteilung gezwungen und sind so einem grösseren Risiko ausgesetzt, Mutationen zu erwerben.

Angesichts dieser Konstellation ist es verständlich, dass bösartige Erkrankungen der Blutbildung seltener sind als bei der enormen Zellproduktion zu erwarten wäre. Leukämien, die trotz dieser Absicherungen entstehen, behalten eine Stammzellorganisation bei. Leukämische Stammzellen bilden ein Reservoir, das durch Therapie nur schwer beeinflussbar ist und aus dem häufig Rückfälle der Leukämie entstehen. Unsere eigene Forschung über chronische Leukämien hat gezeigt, dass die Mutationsrate in den leukämischen Stammzellen überraschenderweise nicht erhöht ist, dafür aber Mutationen in Genen, welche die Stammzelleigenschaften erhöhen, positiv selektioniert werden. Leukämische Stammzellen kreieren oft ihre eigenen Nischen und zerstören gleichzeitig die Nischen der gesunden Stammzellen, was die Ausbreitung der Leukämie auf Kosten der normalen Blutbildung begünstigt. Diese Erkenntnisse führen zu neuen Therapieansätzen, die versuchen, mehrere für die leukämischen Stammzellen essentielle Vorgänge gleichzeitig zu hemmen.

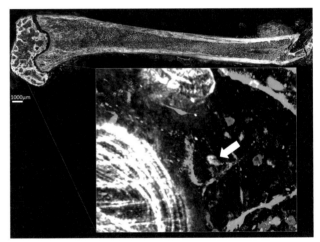

Schnitt durch einen Knochen. Blutgefässe des Knochenmarks sind hellblau. Im Ausschnitt vergrössert ist eine Blutstammzelle (gelb, durch Pfeil markiert), umgeben von Nischenzellen (nicht angefärbt), einzelnen Vorläuferzellen (rot und grün) sowie Knochen (weiss).
Foto © K. Kokkaliaris und T. Schroeder, D-BSSE, ETH Zürich

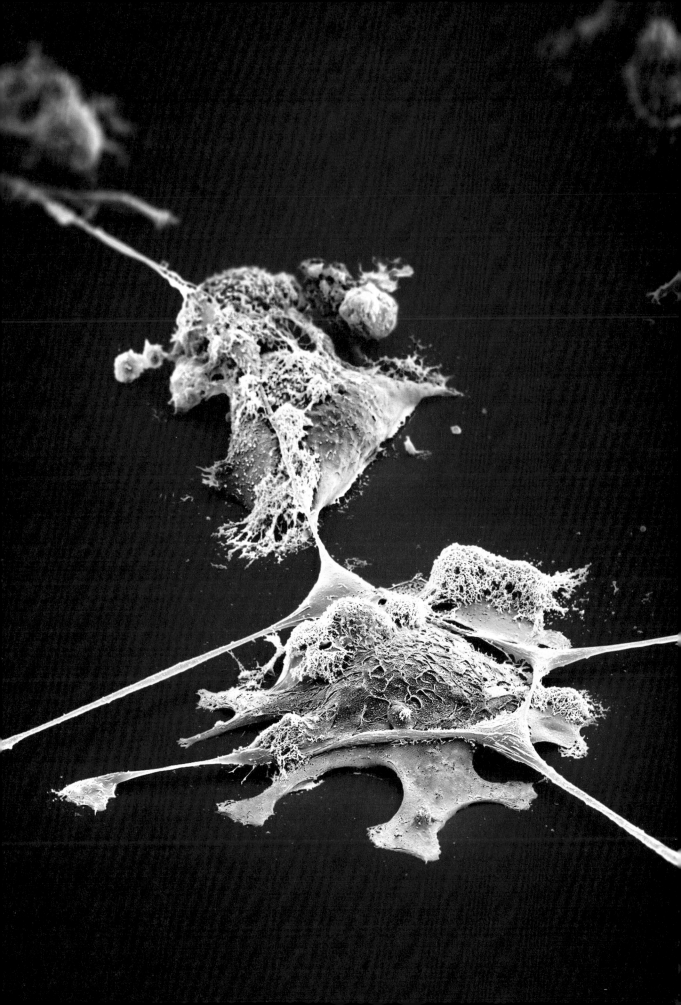

Was ist Leben? Die naturwissenschaftliche Definition lautet: Wenn etwas Stoffwechsel betreiben, wachsen, sich selbstständig fortpflanzen und weiterentwickeln kann, dann handelt es sich um ein Lebewesen. Die kleinste Einheit, die diese Eigenschaften hat, ist die Zelle. Obwohl es eine Vielzahl von Zellen gibt, unterscheiden sie sich vor allem dadurch, ob die Erbinformation (DNA), die sie von Generation zu Generation weitergeben, in einem Kern geschützt verpackt oder offen und zugänglich in der Zelle vorhanden ist. Im ersten Fall spricht man von Eukaryonten, im letzteren von Prokaryonten. Während Bakterien zu den Prokaryonten zählen, gehören die Zellen in unserem Körper zu den Eukaryonten. Sie haben einen Zellkern, in dem die DNA auf sogenannten Chromosomen organisiert ist.

Damit nicht genug! Die Eukaryontenzelle ist ausserdem eine Symbiose mit einem Bakterium eingegangen. Diese Symbiose war so erfolgreich, dass das Bakterium sogar den Grossteil seiner Erbinformation lieber geschützt im Zellkern seines Wirts unterbrachte, während der Wirt die Energieproduktion fast ausschliesslich dem Symbionten überliess. Heute bezeichnen wir den Symbionten als Mitochondrium, und ohne Mitochondrien können unsere Zellen nicht genug von dem universellen Energieüberträger ATP produzieren, um zu überleben.

Die Eukaryontenzelle schuf membranumhüllte Reaktionsräume und grenzte lebenswichtige biochemische Prozesse voneinander ab. So entstanden das endoplasmatische Retikulum, in dem Proteine hergestellt werden, die in anderen Reaktionsräumen benötigt werden, sowie Stoffe, die für die Kommunikation zwischen Zellen notwendig sind; der Golgi-Apparat, in dem Zucker an Proteine angehängt wird, um deren Funktionalität zu erhöhen; das trans-Golgi-Netzwerk, die Sortierstation, von der Proteine ihren finalen Funktionsort finden. Natürlich gibt es auch eine Recyclingstation in der Zelle, das Lysosom, das ausserdem als Sensor für den Stand der Vorräte, wie zum Beispiel Fett-Tröpfchen, Zucker und Aminosäuren dient. Schliesslich wird ein Kommunikationssystem benötigt, über das die Zelle mit ihrer Nachbarschaft

in Verbindung steht, die Endosomen. All diese membranumhüllten Organellen sind eingebettet im Cytoplasma, und ihre Position in der Zelle ist oft durch das Cytoskelett bestimmt, das auch für einen Grossteil der Kommunikation zwischen den einzelnen Organellen verantwortlich ist.

Die relativ genaue Verteilung der Funktionen führte dazu, dass man sich eine Zelle ein bisschen wie ein Dorf auf dem Land vorstellte. Dieses besteht aus einzelnen Häusern (den Organellen) mit viel Platz dazwischen (dem Cytoplasma), welche durch Strassen (dem Cytoskelett) miteinander verbunden, mit Fahrrad, Auto, Taxi oder Bus (verschiedene Transportmittel) erreichbar und von einer schützenden Mauer (der Plasmamembran) umgeben sind. Ob in einem Haus eine laute, rauschende Party ist, stört die Bewohner der anderen Häuser wenig. Doch dieser Vergleich ist weit gefehlt! Eine Zelle ist wie eine eng bebaute Stadt mit Reihenhäusern, Hochhäusern und Mietskasernen. Laute Partys beinträchtigen die Nachbarn. Die Zelle ist dicht gepackt und die verschiedenen Organellen berühren einander. Obwohl man Kontaktstellen zwischen den Zellorganellen schon seit den 1950er-Jahren mit Elektronenmikroskopen beobachtet und beschrieben hatte, erkannte man erst in diesem Jahrhundert, dass es sich bei den Kontaktstellen nicht um Zufallsbegegnungen wegen der räumlichen Enge, sondern um Kommunikationszentren handelt. Wir gehen heute davon aus, dass jedes Organell mindestens ein anderes Organell kontaktiert. Die Zelle funktioniert als Kollektiv und für ein solches ist es wichtig zu wissen, was in den anderen Häusern oder Wohnungen vor sich geht und wie es um die einzelnen Bewohner bestellt ist. Bislang wissen wir, dass über solche Kontaktstellen Ionen und Lipide transportiert werden können. Wie dies geschieht, und wie diese Kontaktstellen auf der molekularen Ebene funktionieren, gebildet und wieder abgebaut werden, ist weitestgehend unbekannt.

Eine Mikroskopierstunde in Botanik während meines Biologiestudiums bleibt mir bis heute sehr deutlich in Erinnerung. Botanische Pflanzenteile mikroskopieren ist eine sehr beschauliche, aber meist wenig spektakuläre Angelegenheit, aber nicht so an diesem Tag! Wir mikroskopierten die Sporangienkapseln beim Wurmfarn. Sporangienkapseln sehen auf den ersten Blick aus wie ein grosser Sack mit einem seltsamen wirbelsäulenartigen Arm, der sich um den Sack legt (der sogenannte Annulus). Hier verbirgt sich ein Mechanismus, der die sich meist nur sehr langsam bewegenden Pflanzen in ein ganz neues Licht rückt: ein Mini-Schleuderkatapult zur Ausbreitung der Sporen, die sich in dem Sack befinden. So werden sie weit verbreitet. Diese plötzlichen, explosionsartigen Bewegungen unter dem Mikroskop zu beobachten, überraschte und beeindruckte mich sehr.

Sicher sind jedem schon die braunen Flecken auf der Blattunterseite von Farnen aufgefallen. Diese sogenannten Sori haben je nach Farnart unterschiedliche Formen, beim Tüpfelfarn beispielsweise sind sie kreisrund. Betrachtet man sie genauer, sieht man, dass jeder Sorus eine Ansammlung einzelner Sporangien ist. Sporangien selbst sind Behälter für die Sporen der Farne, die der ungeschlechtlichen Fortpflanzung dienen. Ein Sporangium ist, wie unter dem Mikroskop sichtbar wird, eine runde Kapsel, an die sich ein auffälliger Zellenstrang wie ein grosser Arm um die Kapsel legt (Annulus). Der Strang wird aus speziellen Zellen mit starren Zellwänden gebildet, bis auf die äussere Schicht, die dünn und durchlässig ist. Befeuchtet man nun ein solche reife Sporenkapsel mit Wasser, saugen sich diese Zellen voll. Durch die äussere Haut verdunstet das Wasser recht schnell, besonders unter dem warmen Mikroskop, aber auch in der Natur bei entsprechend günstigen Wetterverhältnissen. Dabei baut sich ein starker Unterdruck in den Zellen des Annulusstranges auf.

Nun kommt der Katapult-Mechanismus zum Vorschein: Der bisher gekrümmte Strang streckt sich plötzlich, der Sporensack reisst auf und legt die Sporen frei. Wegen der plötzlich auftretenden Kavitationseffekte (es tritt Luft in die Zellen ein) biegt sich der Annulus in seine Ausgangsposition zurück und die Sporen werden weit weg geschleudert, mit Geschwindigkeiten von bis zu zehn Metern pro Sekunde.

Die Schleuderwirkung wird noch verstärkt, da beim Zurückschnellen des Annulus eine «Hydraulikbremse» für den notwendigen Stoppmechanismus sorgt (wie beim Katapult, wenn der Hebelarm am Querbalken abrupt gestoppt wird), da das durch die Kavitationsbläschen verdrängte Wasser nicht schnell genug aus den umliegenden Zellwänden ergänzt werden kann. Die Hydraulikbremse ist daher in den Annuluszellen selbst eingebaut.

Ein solch komplizierter Mechanismus, der mit nur ganz wenigen, zwölf bis dreizehn Zellen auskommt, ist an Genialität kaum zu überbieten. Die Minischleuder lässt sich leicht unterm Mikroskop betrachten. Einfach beim nächsten Waldspaziergang zwischen Juli und Oktober nach braunen Flecken unter Tüpfelfarnblättern suchen, ein kleines Stück vom Farnblatt mitnehmen, die braunen Flecken zuhause abkratzen, anfeuchten und unterm Mikroskop anschauen!

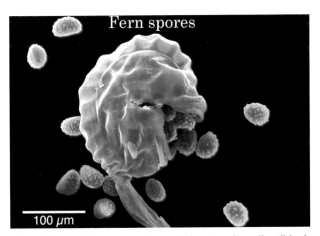

Ein geöffnetes Farnsporangium mit den Annuluszellen (blau), die den Katapult bilden, und den austretenden Sporen (grün).

Menschen bestehen zu etwa siebzig Prozent aus Wasser, und unser Körper schaut darauf, dass der Wassergehalt innerhalb enger Grenzen stimmt. Wenn wir schwitzen, werden wir durstig, damit wir die verlorene Flüssigkeit ersetzen; gleichzeitig spart der Körper Wasser, indem er den Urin konzentriert. Die Niere filtriert das Blut und holt aus dem Filtrat alles Wertvolle, einschliesslich der meisten Flüssigkeit, zurück. Umgekehrt, wenn wir viel – 'über den Durst' – trinken, wird der Urin verdünnt belassen, um die überschüssige Flüssigkeit abzugeben. Die Wasserrückgewinnung wird durch das Hormon Vasopressin ermöglicht, das in der Hirnanhangsdrüse ausgeschüttet wird und an Zellen in der Niere bindet.

Die durch Vasopressin ermöglichte Flüssigkeitseinsparung zeigt sich deutlich bei Patienten, die wegen einer vererbten Genmutation dieses Hormon nicht mehr produzieren: Statt der normalen 1–1,5 Liter müssen sie 10–12 Liter pro Tag «Wasser lassen» und sind entsprechend durstig, um diese Menge Flüssigkeit aufzunehmen; die Krankheit nennt man *Diabetes insipidus.* Der Name geht auf alte Zeiten zurück, als die Ärzte den Urin zur Diagnose schmeckten und von süssem Urin *(Diabetes mellitus)* auf Zuckerkrankheit und von dünnem Urin eben auf *Diabetes insipidus* (lateinisch für geschmacklos) schlossen.

Eine Besonderheit dieser Mutationen im Gen für Vasopressin – man kennt über fünfzig verschiedene – ist, dass sie sich dominant auswirken, das heisst, dass eine einzige Fehlinformation auf dem mütterlichen oder dem väterlichen Chromosom genügt, die Krankheit auszulösen, obwohl ja noch eine korrekte Genkopie vorhanden ist. Im Gehirn von Patienten sind die Zellen, die das Hormon produzieren, verschwunden. Das defekte Vasopressinprotein führt offenbar zum Absterben der produzierenden Zellen, sodass auch das unveränderte Hormon nicht mehr hergestellt wird.

In Zellkulturen kann man das Verhalten von normalen wie auch mutierten Proteinen beobachten. Die normalen falten sich gleich nach der Herstellung in ihre korrekte Form und wandern auf dem Sekretionsweg in der Zelle weiter. Schliesslich packen sie sich zusammen zu sogenannten Granula, bis ein Signal ihre Ausschüt-

tung ins Blut auslöst. Die mutierten Proteine dagegen können nicht korrekt falten, werden darum zurückgehalten und aggregieren zu verwickelten Fibrillen, ähnlich den Amyloidaggregaten, die wir von anderen neurodegenerativen Krankheiten wie Alzheimer oder Parkinson kennen. Wie bei diesen dürften die Vasopressinamyloide für den Zelltod verantwortlich sein.

Amyloidaggregation ist aber nicht immer schädlich. Man hat Prozesse entdeckt, wo sie einem nützlichen Zweck dient. So gibt es Hinweise, dass die Granula der Hirnanhangsdrüse natürlicherweise aus Amyloiden bestehen. Die Aggregate von mutiertem Vasopressin sind deshalb vielleicht kein Zufall, sondern das Resultat der Evolution, die die Fähigkeit dazu für die Granulabildung entwickelt hat. In Zellkultur konnte man denn auch zeigen, dass die gleichen Abschnitte im Protein für die krankmachende Aggregation in *Diabetes insipidus* und für die natürliche Bildung sekretorischer Granula verantwortlich sind. Es wird aber noch viel Wasser den Harnleiter hinunterfliessen, bis man die molekularen Einzelheiten versteht.

Laterne zum Pissoir am Schlüsselberg
Foto © Jonas Rutishauser

Unser Gehirn und wie es funktioniert, bleibt immer noch eines der grössten Mysterien der Wissenschaft. Mit vermutlich über achtzig Milliarden Nervenzellen und nochmals tausendmal mehr synaptischen Verbindungen scheint es fast unmöglich, das menschliche Gehirn je zu verstehen. Derzeit ist es in der Tat auch mit modernsten Techniken nicht möglich, das Gehirn als Ganzes zu studieren, und vermutlich wird dies auch für eine lange Zeit so bleiben. Soll die Wissenschaft also einfach kapitulieren? Dies würde nicht dem naturwissenschaftlichen Geist entsprechen. Auch grosse Herausforderungen wurden nicht einfach ignoriert, sondern es werden Wege gesucht, diese Fragen anzugehen. Hier kommen vergleichbar 'einfache' Tiere wie die Fruchtfliege *(Drosophila melanogaster)* zum Einsatz. Die molekularen und genetischen Mechanismen, welche im Gehirn der Fliege vorgehen, sind weitgehend identisch mit den Prozessen beim Menschen. Doch wie komplex ist das Gehirn einer Fruchtfliege? Es mag überraschen, dass auch eine winzig kleine Fruchtfliege ein Gehirn besitzt, welches ihr ein riesiges Spektrum von komplexem Verhalten erlaubt. Zum Beispiel können Fliegen lernen und ein Gedächtnis aufbauen oder komplizierte soziale Interaktionen zeigen. Allerdings besitzt ihr Gehirn nur knapp 200 000 Nervenzellen. Genetische Methoden und Tricks erlauben es, einzelne Zellen aus diesem Netzwerk zu manipulieren, ihre Aktivität im lebenden Tier zu messen oder einzelne Synapsen zu visualisieren. Auch zeigt das Gehirn der Fliege ähnliche Alterungserscheinungen wie das des Menschen. Für die Erforschung der genetischen und molekularen Mechanismen von neurodegenerativen Krankheiten wie zum Beispiel Alzheimer können kranke Neuronen mit hoher Präzision analysiert werden. Bei Alzheimer kommt es zu Fehlern beim Abbau von einem bestimmten Membranprotein. Als Nebenprodukt werden dabei sogenannte Amyloid-Beta-Peptide geformt. Diese Amyloid-Beta-Peptide können Aggregate im Gehirn bilden, welche verschiedene Vorgänge in den Nervenzellen beinträchtigen. Auch bei der Fliege führen Amyloid-Beta-Peptide zu einer verkürzten Lebensdauer, motorischen Defekten und erhöhter Vergesslichkeit. Wir konnten nun zeigen, dass die Lerndefekte durch Schlaf weitgehend rückgängig gemacht werden können. Auch beim Menschen sind Schlafprobleme und Vergesslichkeit bei Alzheimerpatienten häufig. Mit genetischen Testverfahren an den Fliegen können nun erstmals die Auswirkungen und Zusammenhänge von Schlaf, Vergesslichkeit und Alzheimer molekular und mechanistisch untersucht werden. Somit werden diese kleinen Gehirne für ein grundsätzliches Verständnis von Gehirnkrankheiten eine ganz grosse Bedeutung haben.

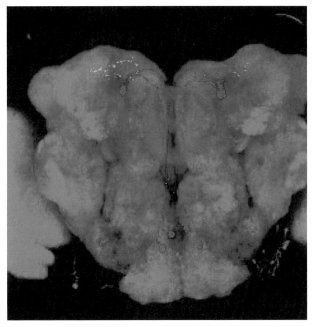

Foto © Simon Sprecher

Foto © Eva Sprecher-Uebersax

Cerf-volant, cervo volante, ciervo volante – können Hirsche denn fliegen? Nein, Käfer können fliegen! In manchen romanischen Sprachen heisst unser grösster einheimischer Käfer, der Hirschkäfer, «Fliegender Hirsch». Tatsächlich erinnern männliche Hirschkäfer mit ihren imposanten, hirschgeweihförmigen Oberkiefern an Hirsche. Oder sind es Drachen? *Cerf-volant* heisst auf Französisch beides, «Hirschkäfer» und zugleich «Drachen». Aber wie kommt es dazu?

Der stattliche Hirschkäfer *(Lucanus cervus)* faszinierte schon im Altertum und hatte wie kein anderes Insekt die Ehre, abgebildet und in Geschichten erwähnt zu werden, etwa bei Sophokles, Aristophanes und Ovid. Als Spielzeug wurde er an einem Faden wie ein Drachen fliegen gelassen. Bis ins 17. Jahrhundert sagte man ihm eine Heilwirkung auf verschiedene Beschwerden nach, er soll Glück und Reichtum, aber auch Feuer in Häuser gebracht haben. Er ziert zahlreiche Stilllebenbilder, taucht auf Altartafeln und in Gebetbüchern auf, tritt in anthropomorpher Gestalt in satirischen Bildgeschichten und in Kinderbüchern auf und verziert wertvolle Schmuckgegenstände. Albrecht Dürer, Georg Flegel und zahlreiche andere Maler verewigten ihn auf ihren Bildern. Noch heute ist der Hirschkäfer ein beliebtes und immer wieder auftauchendes Motiv auf Gemälden, Schmuck und Porzellan.

Hirschkäfer im Feld zu beobachten, ist äusserst spannend. In der Gegend um Basel bestehen kleine Hirschkäferbestände, die sich vor allem auf stadtnahe Gebiete südlich von Basel konzentrieren, in Arlesheim und Münchenstein zum Beispiel. Im Juni treffen sich dort Hirschkäfer auf Strünken zur Paarung. An warmen Abenden kurz vor Sonnenuntergang kann man Männchen auf Brautschau beobachten.

Die Weibchen nagen an Bäumen, um an deren süssen Saftstrom zu gelangen. Das Saftmahl lockt auch Männchen aus grosser Distanz an, die mit ihren übergrossen Mandibeln gegen Rivalen kämpfen, aber keine Baumrinde bearbeiten können. Für die Geschlechterfindung im Nahbereich spielen Pheromone eine wichtige Rolle. Während die Männchen nach der Paarungszeit bereits Anfang Juli sterben, leben die Weibchen einige Wochen länger. In dieser Zeit legen sie über zwanzig Eier einzeln im Wurzelbereich morscher Baumstrünke oder auch in Häckselhaufen. Nach etwa zwei Wochen schlüpfen die jungen Larven.

Ihre Entwicklungszeit dauert etwa fünf Jahre. Die Larven sind wie alle *Lucanidae* auf Totholz, vorzugsweise von Eichen, angewiesen. Sie ernähren sich von morschem, mit bestimmten Pilzen zersetztem Holz und durchlaufen drei Larvenstadien. Sie können zirpen, indem sie mit dem Schenkelring (Trochanter) des Hinterbeines über die Hüfte (Coxa) des Mittelbeines streichen. Dieses Geräusch ist für das menschliche Ohr hörbar. Es dient vielleicht der Abschreckung von Feinden oder der innerartlichen Kommunikation.

Einige Tiere liessen sich während der Hauptflugzeit im Freiland verfolgen, indem sie mit Minisendern ausgestattet wurden. Dabei zeigte sich, dass Weibchen wenig flugfreudig sind, während die Männchen auf der Suche nach Weibchen auch über längere Distanzen (>100 Meter) fliegen. Wie ferner Videoaufnahmen im Gehege enthüllten, mögen die Käfer im Wahlversuch Kirschen ganz besonders und ziehen sie Zuckerwasser, Ahornsirup und Aprikosen vor. Das ist nicht erstaunlich, denn alte Bäume mit blutenden Saftmalen sind im Raum Basel selten, aber wilde Kirschbäume stehen an vielen Waldrändern, wo Hirschkäfer fliegen.

Während des Zweiten Weltkriegs wurde ich auf dem Hof Cras-d'Hermont im Dorf der Gilberte de Courgenay geboren. In meiner Kindheit hatte ich die Möglichkeit, die Natur zu durchstreifen, sie zu beobachten und zu erleben.

Damals gab es ausser extensiven Ackerfeldern Weiden und Blumenwiesen, die im Juli gemäht wurden. Das Heu wurde nach zwei bis drei Tagen getrocknet, mit Pferden und Heuwagen auf den Hof gebracht und in der riesigen Scheune für den Winter gelagert. Ein zweiter Schnitt wurde bei schönem Wetter Anfang September durchgeführt. Im Oktober wurden Kühe oder Kälber durch die Felder getrieben, um das letzte Futter zu ernten.

Schon damals interessierten mich die Blumenwiesen, und bereits als Vierjähriger entdeckte ich seltene Orchideen wie die Knabenkräuter, die Bienen-Ragwurze, die Handwurze, die Spitzorchis und das Affen-Knabenkraut. In den Hecken und an Waldränder wuchsen Breitkölbchen, Sumpfwurze und Waldvögelein.

Heute besteht der Bauernhof noch, aber die Blumenwiesen sind verschwunden und durch Kunstwiesen ersetzt worden. Dafür wurden intensiv bewirtschaftete Getreide- und Maisfelder angebaut, die mit Kunstdünger, Herbiziden, Fungiziden und Insektiziden behandelt wurden. Eine ganz andere Landschaft ist entstanden!

Vor 25 Jahren wurde ich angefragt, ein Projekt für die ökologische Kompensation beim Bau der Autobahn A16 in der Ajoie (Kanton Jura) vorzuschlagen. Unter anderem empfahl ich, zwei Parzellen hinter dem Pinienwald in Bas d'Hermont vom Getreide- und Maisfeld zur Blumenwiese umzugestalten. – War dieser Vorschlag nur ein unrealistischer Traum?

Nach dem Kauf der insgesamt rund drei Hektar grossen Parzellen für die A16 wurden diese zu Blumenwiesen umgewandelt. Auf einem Drittel der Parzellen wurde der Mutterboden entfernt und die ganze Fläche mit einer Mischung «UFA Wiesenblumen CH» mit einer Aussaatstärke von zehn Gramm pro Quadratmeter eingesät.

Beide Parzellen werden heute nach vertraglich festgehaltenen Vereinbarungen von zwei Bauern bewirtschaftet: Die Flächen werden erst nach dem 15. Juni und bis zum 1. Juli gemäht. Ein zweiter Schnitt (auch Emd genannt) oder die Abweidung durch Kühe ist im September zugelassen. Untersagt ist jegliches Ausbringen von Dünger.

Die umgewandelten Wiesen sehen heute ähnlich aus wie die Blumenwiesen, die ich in meiner Kindheit erlebte. Es ist erstaunlich, dass auf Arealen, auf denen noch vor sechs Jahren Mais angepflanzt wurden, sich heute sechs Orchideenarten angesiedelt haben. Anzunehmen ist, dass winzige Orchideensamen aus Biotopen der Region vom Wind auf die umgewandelten Parzellen geweht worden sind. Dank der *Mykorrhiza*-Pilze im Boden konnten die Samen keimen und sich zur Pflanze weiterentwickeln.

Heute sind die neuen Blumenwiesen in Courgenay ein Beispiel dafür, wie intensiv genutzte Flächen zu an Biodiversität reicheren Landschaften umgewandelt werden können.

Die beste Zeit, sich davon selbst ein Bild zu machen und die Blumenwiesen zu besuchen, ist jeweils Ende Mai.

Helm-Knabenkraut (*Orchis militaris*)
Foto © Samuel Sprunger

Wer will schon manipuliert werden? Also habe ich eigentlich Verständnis, wenn sich Menschen vor einer Genmanipulation im Mais fürchten. Andererseits wünschen wir, dass wir uns ständig an die Umwelt anpassen und gegen die meisten gefährlichen Organismen immun werden. Wir finden es daher völlig in Ordnung, dass unser Körper Antikörper produziert und hoffen gleichzeitig, uns dabei nicht zu verändern oder zumindest keine Genmanipulationen an unseren Körper heranzulassen.

Wer sich vor einer einzelnen Genmanipulation im Mais fürchtet, dem sollte beim Gedanken an Antikörper allerdings das Herz in die Hose rutschen. Antikörper sind nämlich Eiweisse, für die es keine Gene gibt. Sie werden aus Gensegmenten, einer Art kleiner Genschnipsel, zusammengebaut. Das ist ein grossartiger Trick der Evolution, weil wir somit mit unseren läppischen 30 000 Genen mehrere Milliarden Antikörper zusammenbauen können. Dieser Vorgang nennt sich Genrearrangement und führt dazu, dass wir und alle anderen Säugetiere ein riesiges Repertoire an Abwehrmolekülen produzieren, um uns im Normalfall eigentlich gegen fast alles zu schützen.

Diesen Schutz legen wir uns übrigens sozusagen als Vorrat an. Da Antikörper klebrige Moleküle sind, die das Fremde, uns Bedrohende erkennen können, müssen sie vor dem Fremden im Körper sein. Als Baby haben wir über die Nabelschnur einen kompletten Satz, das ganze Repertoire, von der Mutter erhalten. Vom ersten Lebenstag an muss dann aber unser Immunsystem die Welt selber kennenlernen und eigene Antikörper herstellen. Nach etwa drei Monaten sind bloss noch zehn Prozent der mütterlichen Antikörper in uns, gleichzeitig haben wir aber das Wesentliche des Fremden bereits auswendig gelernt. Das klingt nun sehr harmlos, beruht aber fast ausschliesslich auf Genmanipulationen.

Damit ein Antikörpermolekül entsteht, muss eine einzelne Immunzelle, man nennt sie B-Zelle, mehrmals verschiedene Genschnipsel zusammenkleben. Dabei wird übrigens frisch drauflos gepfuscht. Manchmal wird zu viel DNA eingeklebt, manchmal zu wenig, dann wiederum falsch geschnitten. Ja, es wird noch

komplizierter: Weil der Antikörper am Schluss aus zwei verschiedenen Eiweissmolekülen besteht, kann es vorkommen, dass die beiden Hälften nicht zueinander passen. Um ein einziges Antikörpermolekül herzustellen, musste die B-Zelle bisher im Durchschnitt schon fast zehn Genmanipulationen durchführen. Sollten die Antikörper aber für unseren Körper nicht passen, erhält die B-Zelle nochmals und eine letzte Chance, um von vorne zu beginnen, da wir schliesslich alle Gene in doppelter Ausführung haben. In fast fünfzig Prozent der Fälle schafft die B-Zelle das nicht und muss dann ein erbarmungsloses Selbstmordprogramm starten. Ja, unser Immunsystem ist nicht zimperlich: Was nicht passt, wird umgebracht.

Bis jetzt haben wir den unbedeutenden Fall einer einzelnen B-Zelle angeschaut. Das Immunsystem besteht aber aus Milliarden von solchen Zellen. Für jeden möglichen Eindringling brauchen wir Hunderte von verschiedenen Antikörpern, jeweils von B-Zellen produziert, die je nur eine Art von Antikörper herstellen können. Können wir also überhaupt so viele Zellen produzieren? Ja, wir bestehen nämlich aus beinahe 10^{14} Zellen. Zehn Prozent davon sind Immunzellen, weshalb es etwas mehr als drei Monate dauert, bis wir ein komplettes Repertoire herstellen. Wer gerne rechnet, hat nun genügend Angaben, um herauszufinden, wie viele Genmanipulationen in unserem Körper geschehen müssen, damit wir unser Immunsystem 'updaten' können.

Ich habe es ausgerechnet, und bitte erschrecken Sie nicht, es sind eine Million Genmanipulationen pro Sekunde.

Mir bereitet es ein gutes Gefühl, dass mein Immunsystem sich tagtäglich dermassen anstrengt und genmanipuliert, was das Zeug hält, nur um mich am Leben zu halten. Vielleicht fürchte ich mich deshalb nicht vor einer Genmanipulation im Mais. Wer so etwas «Frankenfood» nennt und mir mit Frankenstein Angst einjagen will, erinnert mich aber an Pinocchio, dem die Nase mit jeder Lüge länger wird.

Reinhard F. Stocker

Was uns Fliegen(maden) über den Geruchssinn lehren

Wir kennen es alle, das enervierende Sirren einer Stechmücke, oder die kleinen Taufliegen, die sich oft in Scharen an den Früchten auf dem Balkon laben. Wie finden diese Tierchen eigentlich ihre für sie überlebenswichtigen Ziele? Da sie diese auch in der Dunkelheit aufzuspüren vermögen, können visuelle Signale wohl keine Rolle spielen. Offensichtlich es ist der Geruch, der sie anzieht.

Über weite Distanzen derart schwache Duftquellen orten? Schwer zu verstehen für uns, die wir uns vor allem visuell und akustisch orientieren. Aber welchen der Sinne hat die Evolution nun zuerst 'erfunden'? Wie nehmen einfache Lebewesen Nahrungsquellen oder Gefahren wahr? Indem sie nach den chemischen Stoffen suchen, die aus diesen Quellen stammen. Dazu sind nur die passenden Rezeptormoleküle auf der Zelloberfläche erforderlich; bindet der Stoff daran, so wird die Zelle aktiviert und löst schliesslich im Organismus ein zielgerichtetes Verhalten aus. Einer dieser 'chemischen Sinne' ist der Geruchssinn, der flüchtige Stoffe in der Luft wahrnimmt.

Dass Insekten so empfindlich auf Düfte reagieren, macht sie zu idealen Objekten bei der Erforschung des Geruchssinns. Besonders die Taufliege *(Drosophila melanogaster)* bietet sich dafür an, nicht nur weil sie ein klassisches genetisches Modell ist, sondern jüngst auch ein wichtiges Untersuchungstier in der Neurobiologie geworden ist.

Dies aus zwei Gründen: Erstens, fast alles, was höhere Tiere können, kann *Drosophila* auch. Wie alle Tiere kann sie beispielsweise dank ihres Gehirns auf Sinnesreize passend reagieren, zum Beispiel eine Futterquelle ansteuern. Aber während den höheren Säugetieren etwa zehn Milliarden Hirnzellen zur Verfügung stehen, muss sich die Fliege mit 100 000 begnügen. Was ist da naheliegender, als die allen Tieren gemeinsamen Hirnleistungen an einem so viel einfacheren Modell zu studieren?

Zweitens erlauben es die modernen genetischen Methoden bei *Drosophila,* die meisten ihrer Hirnzellen nicht nur zu identifizieren, sondern auch individuell zu aktivieren oder zu blockieren, um so herauszufinden, welche Rolle sie bei einem bestimmten Verhalten spielen.

Noch einfacher ist die Made von *Drosophila*. Sie besitzt nur etwa 10 000 Nervenzellen. Sie 'kann' zwar etwas weniger als eine Fliege, ist aber punkto Geruchssinn immerhin zu einem so komplexen Verhalten wie «assoziativem Lernen» fähig. Wie der Hund des legendären Gedächtnisforschers Pawlow kann sie einen Duft mit einem Belohnungsreiz verknüpfen. Und sie tut dies mit nur 21 Geruchssinneszellen! Zum Vergleich: Hunde haben mehr als einhundert Millionen davon.

Dies ist die Stärke des einfachen Modellsystems *Drosophila*-Made: Man weiss heute nicht nur, welche Rezeptormoleküle auf jeder ihrer 21 Geruchszellen sitzen, man kennt auch die Duftstoffe, die daran binden und weiss, wie die 21 Zellen mit ihren Zielzellen im Gehirn kommunizieren. Das Madenhirn ist jüngst mit Tausenden von elektronenmikroskopischen Aufnahmen vollständig rekonstruiert worden. Damit wird man bald wissen, wie die 10 000 Nervenzellen miteinander verknüpft sind, das heisst, man wird das komplette Schaltschema eines Gehirns kennen. Zusammen mit der Fähigkeit, jede Zelle nach Wunsch ein- oder auszuschalten, dürften wir in absehbarer Zeit so komplexe Dinge wie Duftwahrnehmung oder assoziatives Lernen auf dem Niveau identifizierter Nervenzellen verstehen, und damit erstmals wissen, wie ein Gehirn diese Phänomene überhaupt ermöglicht.

Grosse Überraschungen bieten neue Erkenntnisse von Biologen in Spanien. Sie beobachteten, dass Maden, bei denen 20 der 21 Geruchssinneszellen experimentell blockiert wurden, immer noch fähig sind, eine Duftquelle anzusteuern; sie merken auch, wenn sie sich von ihr entfernen und kehren als Folge davon um. Etwas provokant darf man nun wohl die Frage stellen: wozu braucht ein Hund einhundert Millionen Geruchssinneszellen, um eine Duftquelle zu orten, wenn es die Fliegenmade mit einer einzigen schafft? So beschränkt, wie eine Made aussieht, scheint sie wohl nicht zu sein!

Jürg Stöcklin

Die Riesen-Rhabarber aus dem Himalaya und der Urknall

Blühende *Rheum nobile* in Huluhai, Provinz Shangrila, Yunnan, China auf 4450 Höhenmeter. Foto © Jürg Stöcklin

Hochgebirgspflanzen sind meistens kleinwüchsig und langlebig. Individuen einiger Arten können hunderte oder gar tausende Jahre alt werden. Gebirgspflanzen vermeiden wenn möglich die in der Kälte besonders risikoreiche Etablierung aus Samen. Sie kompensieren dieses Risiko durch extreme Langlebigkeit und häufiges Blühen und Reproduzieren.

Überraschenderweise gibt es bei tropischen Gebirgspflanzen auch eine eher seltene Lebensform: Riesenstauden, die viele Jahren als Rosette wachsen, einmal blühen, dann eine riesige Anzahl von Samen bilden, sich dabei erschöpfen und absterben. Die Blüte solcher Riesenstauden ist spektakulär. Sie wird, wegen der Vielzahl gebildeter Samen, auch als «Urknall»-

(Big Bang-) Vermehrung bezeichnet. Berühmte Beispiele sind die Riesenbromelie *(Puya raimondii)* aus den hohen Anden in Peru, das Silberschwert *(Argyroxiphium sandwicense)* auf Vulkangebirgen Hawaiis, Wildprets Natternkopf *(Echium wildpretii)* auf dem Vulkan Teide auf Teneriffa, oder die Riesenlobelien, zum Beispiel *Lobelia telekii,* der ostafrikanischen Hochgebirge.

Im Himalaya beschrieb 1855 Joseph Dalton Hooker, Zeitgenosse Darwins und langjähriger Direktor von Kew Gardens, die Riesen-Rhabarber *(Rheum nobile):* «Ohne Zweifel die bemerkenswerteste der zahlreichen erlesenen alpinen Pflanzen des östlichen Himalajas.» Hooker machte sich damals über den aussergewöhnlichen Lebenszyklus seiner Entdeckung keine Gedanken. Erst seit der zweiten Hälfte des 20. Jahrhunderts beschäftigen sich Biologen mit der Demografie von Pflanzen, um evolutionsbiologische Prozesse und die Vielfalt von Lebensstrategien zu verstehen. Die Zeit, die die erwähnten Riesenstauden benötigen, um gross genug zu werden, um zu blühen und dann abzusterben, ist dabei eine Schlüsselgrösse.

Persönlich sah ich die majestätische *Rheum nobile* erstmals 2011 in China. Keiner meiner chinesischen Begleiter vermochte zu sagen, wie alt die Pflanze wird. Meine wissenschaftliche Neugier war geweckt. Wie konnte das Geheimnis der Pflanze aufgedeckt werden? Jahre- oder gar jahrzehntelang frisch gekeimte Pflanzen zu beobachten, war keine Option. Hingegen kann anhand von Zensus-Daten Demografie modelliert werden. Während vier Jahren wurden Wachstum und Schicksal von 750 markierten Rosetten unterschiedlicher Grösse in zwei Populationen notiert. Die Modellrechnung ergab, dass es rund dreissig Jahre dauert, bis die Rosetten gross genug sind, um zu blühen. Sie bilden dann 4000 bis 10 000 Samen und sterben. Bestäubt wird der Riesen-Rhabarber von Fliegen, die gleichzeitig einen Teil der sich entwickelnden Samen parasitieren und zur Eiablage nutzen. Dies ist ein Beispiel für einen fragilen, aber offensichtlich stabilen Mutualismus zwischen parasitischem Bestäuber und Pflanze. Wenn Hooker all das bereits gewusst hätte, wäre seine Begeisterung über den entdeckten Riesen-Rhabarber sicher noch grösser gewesen!

Es gibt Tage, die bleiben im Gedächtnis haften. Zum Beispiel der 11. August 1999. Zur besten Mittagszeit schob sich an jenem Mittwoch der Mond vor die Sonne und verdunkelte mit seinem Schatten die Region. Basel lag zwar nur am Rande des Kernschattens, aber mit etwas Wetterglück liess sich ein Stück weiter nördlich ein grandioses Naturschauspiel beobachten. Besonderes Glück hatten einige Amateurastronomen, die auf der Suche nach einer Lücke in den Wolken Richtung Ardennen fuhren. Gegen Mittag installierte sich die Truppe auf einer sanften Anhöhe in der Nähe von Verdun und wartete auf das Jahrhundertereignis. Tatsächlich rissen die Wolken unmittelbar vor Beginn der totalen Finsternis auf und gaben den Blick frei auf die Sonne, über die sich der Mond in seiner Grösse schob.

Ein unglaubliches Ereignis. Zunächst verzauberte bläulich-schwarzes Licht die Umgebung, dann verdunkelte sich der Tag schlagartig. Eine schwarze Scheibe bedeckte die Sonne und an ihren Rändern glitzerte die Korona. Eine unwirkliche Szenerie beherrschte für zwei Minuten die Sinne – die Welt schien den Atem anzuhalten, dann gab der Mond die Sonne wieder frei. Es war, als würden die Himmelsobjekte von einem unsichtbaren Maschinisten präzise verschoben. Dass Anfang und Ende der Totalität auf Bruchteile einer Sekunde genau mit dem vorausberechneten Szenario übereinstimmten, war zwar wenig überraschend, aber doch beruhigend. Der Ablauf verdeutlichte die unglaubliche Kraft der Natur. Schöner kann der Kosmos seine Gesetzmässigkeiten nicht zeigen, die der Mensch zwar exakt berechnen, aber nicht beeinflussen kann.

Hält man sich vor Augen, dass da ein Stück lebloses Gestein, das vor ca. 4,5 Milliarden Jahren durch den Himmelskörper Theia aus der Erde herausgehauen wurde und seither unseren Planeten umkreist, Ursache der Finsternis ist, wächst die Ehrfurcht. Hätte diese kosmische Kollision nicht stattgefunden, wäre Leben, wie wir es kennen, wohl nie entstanden. Denn der Mond hat die taumelnde Rotationsachse der jungen Erde stabilisiert. Der Trabant hat eine beruhigende Wirkung und mässigt das Klima, das sonst sprunghafter zwischen extremen Hitze- und Kälteperioden

hin- und herpendeln würde. Nur so bildeten sich auf der Erde ideale Bedingungen, die Biomoleküle hervorbrachten.

Es hat also seine Richtigkeit, wenn sich der Trabant ab und zu mit einer Finsternis inszeniert. Das Schauspiel wusste im Übrigen auch ein Grosser der Physik zu nutzen, Albert Einstein. Als er 1915 die Gravitationskraft mit der Geometrie von Raum und Zeit verknüpfte, blieben viele Kollegen skeptisch. In seiner allgemeinen Relativitätstheorie sind Raum und Zeit keine starren Mitspieler, sondern bilden ein vierdimensionales Kontinuum, das sich durch die Gravitation ändert. Kurz gesagt, kann Masse den Raum verbiegen. Aufgrund seiner Theorie sagte Einstein voraus, dass Lichtstrahlen von Sternen durch das Schwerefeld der Sonne abgelenkt werden. Dies lässt sich während einer Finsternis nachweisen, weil dann Sonne und Sterne gleichzeitig zu beobachten sind. Am 29. Mai 1919 konnte Einsteins Vorhersage in Brasilien bestätigt werden. Diese Finsternis machte ihn berühmt, denn sie räumte letzte Zweifel an seiner Theorie aus.

Ob Albert Einstein damals auch ehrfürchtig in den verdunkelten Himmel geblickt hat, ist nicht überliefert. Uns einfache Beobachter lässt das Schauspiel allerdings schon etwas abheben – man muss ja nicht immer auf dem Boden bleiben.

Phase der Totalität der Sonnenfinsternis vom 11. August 1999
Foto © Philippe Duhoux / ESO

Viele Pflanzenarten koexistieren in artenreichen Gemeinschaften. Erwartet würde, dass stärkere Arten schwächere verdrängen. Lässt sich das Paradoxon von Koexistenz und kompetitiver Verdrängung auflösen?

Regenwälder gehören zu den artenreichsten Ökosystemen der Erde. Auch Magerwiesen beherbergen viele verschiedene Pflanzenarten. Den Pflanzengemeinschaften ist aber nicht nur der enorme Artenreichtum gemeinsam. Ihre Pflanzen brauchen Sonnenlicht als Energiequelle, um CO_2 in Zucker zu verwandeln und mit andern Nährstoffen in ihren Körper einzubauen. Die Konkurrenz um Licht, Wasser und Nährstoffe ist enorm. Im Gegensatz zu Tieren können Pflanzen nur beschränkt auf 'Futtersuche' gehen, denn sie haben eine festsitzende Lebensweise. Daher spielen räumliche Muster bei der Konkurrenz eine entscheidende Rolle.

In einem extrem artenreichen Regenwald auf Borneo mit mehr als hundert Baumarten pro Hektare wurde das Wachstum und die Position aller Bäume erfasst. Wegen der festsitzenden Lebensweise wird das Wachstum vor allem durch Nachbarn beeinflusst. Also stellt sich die Frage, ob Bäume der eigenen Art das Wachstum anders beeinflussen als Bäume anderer Arten. Dazu wurde die Nachbarschaft aller Bäume ermittelt und das Wachstum in Beziehung zu Nachbarn derselben und der fremden Arten gesetzt. Die Analyse ergab, dass viele Arten geklumpt, also in Gruppen von Individuen der gleichen Art vorkommen. Bäume mit Nachbarn derselben Art hatten aber eine um bis zu fünfzig Prozent reduzierte Wachstumsrate, verglichen mit jenen ohne artgleiche Nachbarn. Dies deutet darauf hin, dass räumliche Muster die Koexistenz von unterschiedlich starken Arten fördert: durch Verstärkung innerartlicher Konkurrenz bei den stärkeren Arten und Verlangsamung der Verdrängung durch zwischenartliche Konkurrenz bei den schwächeren Arten.

Die Schlussfolgerung wurde experimentell getestet. Vier einjährige Pflanzenarten wurden zufällig und geklumpt in allen möglichen Mischungen ausgesät. Auf einer Versuchsfläche waren immer drei oder vier Arten und dieselbe Anzahl Samen pro Art. Nur das räumliche Muster war zufällig oder geklumpt.

Im Herbst wurde geerntet und die Samen gezählt. Es zeigte sich, dass der stärkste Konkurrent, der Hühnerdarm *Stellaria media,* im geklumpten Muster weniger, die schwächeren Pflanzenarten aber in demselben Muster mehr Samen als im zufälligen Muster produzierten. Die zweitstärkste Art, das Hirtentäschchen *Capsella bursa-pastoris,* produzierte im geklumpten Muster in den Drei-Arten-Mischungen nur dann mehr Samen, wenn die stärkste Art ebenfalls vorhanden war. Wir können festhalten, dass geklumpte Muster den Ausschluss schwächerer Arten durch Konkurrenz mit stärkeren Arten bremsen. Dabei spielen zwei Effekte eine Rolle. Einerseits werden starke Arten durch verstärkte Konkurrenz innerhalb ihrer eigenen Art gebremst. Andererseits profitieren schwache Arten. Diese erfahren innerhalb der eigenen Art weniger Konkurrenz und können mehr Samen produzieren, als wenn sie mit den stärkeren Arten im zufälligen Muster konkurrieren. Möglicherweise erklären damit räumliche Muster und ihre Wirkung auf die Konkurrenz das Paradoxon der Koexistenz.

Viele Fragen bleiben allerdings offen. Zum Beispiel wurde ein in der Evolution sozialer Insekten wichtiges Phänomen – die Verwandtenselektion – in der Pflanzenökologie noch zu wenig untersucht. Wegen der geringen Samenausbreitung gehören benachbarte Pflanzen meist nicht nur zur selben Art, sondern sind auch mehr oder weniger verwandt. Dies kann negative oder positive Folgen haben. Im Regenwald konnten wir starke negative Effekte innerartlicher Konkurrenz nachweisen, vor allem bei Arten mit flugunfähigen, schweren Samen. Wenn aber Effekte geringer Verbreitung so negativ sind, warum haben die Baumarten nicht bessere Verbreitungsmechanismen entwickelt? Könnten andere Mechanismen eine grössere Rolle spielen als bisher angenommen? Könnte eine geringe Verbreitung auch ein Vorteil sein?

«Natur! Du bist die Wahrheit! / Dein Buch ist aufgeschlagen / Seit tausendjähr'gen Tagen; / Du hältst es Jedem hin, / Und keine Lüg' ist drin.» Mit diesen Versen besang der österreichische Romantiker Carl Adam Kaltenbrunner die Welt in seiner Ode «An die Natur» (1834).

Natur ist Wahrheit – dieselbe romantische Gleichung stellte 150 Jahre später der Basler Aussteiger und Naturforscher Bruno Manser im Tropenwald von Borneo auf, in ganz anderem Kontext und wohl ohne Kenntnis von Kaltenbrunners Lyrik. In seinen Tagebüchern aus dem Regenwald berichtet er um 1986 über eine Kletterpartie auf einen Urwaldriesen im malaysischen Sarawak:

«Und so klettere ich eines Tages, nach vielem Wenden, Bücken und Kriechen durch Moosdickicht, auf einer Hügelkuppe auf einen Baum. Da brech ich zuoberst in der Krone nach Bärenart einige Äste und setz mich in das Nest, umgeben von einem Chor schmucker Kannenpflanzen. Und als ich die unberührten Täler des Seridanflusses sehe – bis hinauf auf die grün wallenden Bergkämme, die kaum je ein menschlicher Fuss betreten hat, da kommen mir schier die Tränen. Natur – du bist Wahrheit – auch ohne menschliches Zutun.»

Seit Beginn des Entdeckungszeitalters hat die Vorstellung des unberührten Urwalds die Phantasie europäischer Entdecker und Naturphilosophen angeregt. Und oft sahen sie den Wald nicht nur als Hort der Wahrheit, sondern auch der Moral. Jean-Jacques Rousseau siedelte in seinem kulturkritischen *Diskurs über den Ursprung und die Grundlagen der Ungleichheit unter den Menschen* von 1755 die Menschen in ihrem Urzustand im Wald an. Dort lebten sie allein und zurückgezogen, bevor sie durch die Erfindung des Eigentums und der Zivilisation verdorben wurden.

Der amerikanische Schriftsteller und Philosoph Henry David Thoreau schritt 1845 zum Selbstversuch und zog sich für zwei Jahre zur Suche nach dem «eigentlichen, wirklichen» Leben in eine Blockhütte im Wald von Massachusetts zurück. Thoreaus Erfahrungsbericht *Walden oder Leben in den Wäldern* wurde zur Aussteiger-Bibel und inspirierte nicht nur die Hippie- und Flower-Power-Generation, sondern auch Ikonen des gewaltfreien Widerstands wie Mahatma Gandhi und Martin Luther King.

Eine ganz andere Form der Wahrheitssuche, die Suche nach dem Gesetz der Entstehung der Arten, trieb den britischen Naturforscher Alfred Russel Wallace Mitte des 19. Jahrhunderts in den Wäldern Südostasiens um. Während seines achtjährigen Aufenthalts auf den Inseln des Malaiischen Archipels sammelte er über 125 000 naturwissenschaftliche Objekte (darunter sehr viele Käfer) und beschrieb über eintausend neue Tier- und Pflanzenarten. Wie konnte es nur sein, dass die Natur derart viele unterschiedliche Lebensformen hervorgebracht hatte?

Nach jahrelanger Lektüre im «Buch der Natur» des tropischen Regenwalds wurde Wallace immer gewisser, dass er die Wahrheit im Wald gefunden hatte: «Je mehr ich darüber nachdachte, desto mehr wuchs meine Überzeugung, dass ich schliesslich das langgesuchte Gesetz der Natur gefunden hatte, das die Frage nach dem Ursprung der Arten beantwortet.»

Seine Auffassung über die Einflüsse der Umwelt auf die Entstehung neuer Arten legte Wallace in einem Brief an Charles Darwin dar – unabhängig von diesem war Wallace zu dem Schluss gekommen, dass natürliche Auslese die entscheidende Rolle spielt. Darwin bekam nach der Lektüre von Wallace' Brief Angst, dass ihm dieser mit der Publikation seiner Entdeckung zuvorkommen könnte. Um sich die Priorität in der Entdeckung der Evolutionstheorie zu sichern, liess Darwin am 1. Juli 1858 Auszüge seiner Schriften zusammen mit einerSchrift Wallace' vor der Linnean Society in London verlesen. Noch vor Wallace' Rückkehr nach Europa publizierte Darwin sein weltberühmtes Buch *Über die Entstehung der Arten.*

Wallace konnte sich damit trösten, parallel zu Darwin auf die gleiche Idee gekommen zu sein. – Doch hatte er zu lange im Wald nach der Wahrheit gesucht.

Zu den Denkmustern meiner Zoologie gehörte, dass die bei Individuen einer Art festgestellten Eigenschaften arttypisch sind. Im Zoo Basel lehrte mich ein 14-jähriges Mädchen, das sich mit einem als störrisch geltenden Esel angefreundet hatte, dass Tiere Einzelwesen, sogar Persönlichkeiten sind, mit sehr individuellen Eigenschaften. Menschenaffen, Java-Makaken, Fuchsmangusten, und nicht nur sie, bestätigten uns dies durch individuelle Erfindungen. Es waren Streifenbarben *(Mullus surmuletus),* die mir darüber hinaus beibrachten, dass ein Tierindividuum nicht nur durch seine Art und seinen Charakter definiert ist, sondern gelegentlich auch als Teil einer Biozönose.

Als heikelsten Bewohnern eines neuen Mittelmeeraquariums wollten wir den Streifenbarben, kleinen, am Boden lebenden Fischchen, Gelegenheit geben, ihren Lebensraum kennenzulernen, bevor robustere Mitbewohner dazu kamen. Da sie durch ihre Färbung Auskunft über ihr Befinden geben, ist einfach festzustellen, wann sie sich wohlfühlen. Entgegen unseren Erwartungen signalisierten sie uns aber auch am dritten Tag immer noch Stress. Unsere Geduld war am Ende, und wir gaben, Risiko hin oder her, freischwimmende Kleinfische mehrerer Arten hinzu. Für die Streifenbarben war auf einmal der «Himmel» mit anderen Fischen bevölkert, und sie signalisierten Wohlbefinden.

Ein leerer «Himmel» bedeutet offenbar Gefahr im Verzug, alle andern sind bereits in Deckung gegangen. Natürlich fühlen sich die Streifenbarben in dieser Situation gestresst. Ein bevölkerter «Himmel» hingegen bedeutet Entwarnung, kein Feind weit und breit, Entspannung. Der eben noch bleiche Fisch zeigt nun seine Färbung, die Wohlbefinden signalisiert.

Jahre später. Im Etoscha-Haus tummeln sich in der Hauptanlage verschiedene Bewohner einer Kopje: Borstenhörnchen, Siedelweber, Agapornis und andere mehr. Ein paar Schritte weiter sollte sich eine Gruppe Klippschliefer in einer eigenen Anlage einleben. Diesen heiklen Pfleglingen wollten wir jede Aufregung ersparen. Beide Gehege waren vom Besuchergang durch recht hohe Glasbrüstungen getrennt. Der erste Tag verlief gut, doch am nächsten Morgen waren die Klipp-schliefer in der Kopje-Anlage. Sie wurden wieder in ihr Gehege gebracht, wo sie auch «brav» blieben bis Besucher und Tierpfleger am Abend verschwunden waren. Doch am zweiten Morgen fand man sie wiederum in der Hauptanlage. Am fünften Tag war eine Entscheidung fällig. Nicht zum ersten Mal signalisierten Tiere durch hartnäckiges Wiederholen von unerwünschtem Verhalten eine suboptimale Haltung. So brachten uns zum Beispiel Indische Panzernashörner durch wiederholtes Abreiben ihrer Hörner an Beton dazu, ihnen reichlich Alternativen von angenehmeren Reibestellen aus Holz anzubieten. Sollten wir auch dem Verhalten der Klippschliefer nachgeben und sie in der Hauptanlage belassen? Hatten sie möglicherweise das gleiche Problem wie weiland die *Mullus surmuletus?*

Nun gehören Streifenbarben und Klippschliefer fraglos verschiedenen Welten an, die unterschiedlicher kaum sein könnten. Dennoch – sollte vielleicht an beiden Orten das Mit- und Nebeneinander der Arten nicht belanglos sein? Sollten auch auf den Kopjes die anwesenden Tierarten eine Warn- und Alarmgemeinschaft bilden, die nicht nur das Wohlbefinden, sondern auch das Überleben der beteiligten Individuen bestimmt?

Die Klippschliefer bewohnen seither die Hauptanlage. Und sie respektierten jetzt die Abschrankung, die sie vorher spielend übersprungen hatten. Wir aber hatten gelernt, dass Arten nicht nur aus Individuen bestehen, sondern dass diese mit Vertretern anderer Arten in wechselnder Zusammensetzung Funktionsgemeinschaften bilden, die über das bilaterale Räuber-Beute-Verhalten oder die Beziehung von Parasit und Wirt hinausgehen.

Diese Erkenntnis wurde durch Empathie und Intuition gewonnen. Wenn sie sich in der Praxis bewährt, genügt dies dem Tiergärtner. Dem Wissenschaftler, der auf Zählen, Messen und Rechnen beharrt, steht offen, sie mit seinen Methoden zu erhärten.

Vorbei an den Skeletten der im Salzschlamm verendeten Tiere, kämpfte er sich mühsam vorwärts. Immer wieder brach die Salzkruste. Warmer Salzschlamm, vermischt mit scharfen Salzkristallen, quoll in die Stiefel und mischte sich mit dem Blut der zerkratzten Beine. Vom Himmel stach die Äquatorsonne und zermürbte den Forscher, der ausgezogen war, den Nachweis für die vermutete Brutkolonie von Flamingos zu erbringen. – Das Ziel erreichte er nicht. Erschöpft, dehydriert und enttäuscht musste er umkehren, wollte er nicht sein Leben aufs Spiel setzen. So beschrieb 1959 Leslie Brown die Hölle des Lake Natron in Kenia. Er brauchte Wochen, um sich zu erholen.

Salzseen, abflusslose Gewässer mit starken Schwankungen in Wasserstand und Salzkonzentration, sind der Lebensraum der Flamingos. In ihnen entwickelt sich unter günstigen Bedingungen eine Biomasse, deren Qualität die von Biomasse in Süss- und Meerwasser weit übersteigt. Sie zu nutzen, ermöglicht den Flamingos ein zu einem hochdifferenzierten Filterapparat umgestalteter Schnabel. Wie die günstigen Nahrungsbedingungen sind auch günstige Brutbedingungen zeitlich begrenzt und unregelmässig. Um trotz erschwerter Bedingungen erfolgreich zu brüten, haben die Flamingos spezielle Verhaltensweisen entwickelt.

Der Zoologische Garten Basel gehörte Mitte der 1950er-Jahre zu den Pionieren der beginnenden Flamingozucht in Zoos. Die Beringung in unterschiedlichen Farben seit 1962 erlaubte sehr weitgehende Einsichten. Bei umsichtigem Vorgehen können Zoobeobachtungen so zu einem besseren Verständnis von Phänomenen beitragen, die in der Natur nur sehr schwer zu beobachten sind.

Schwerpunkt der Beobachtungen war über die Jahrzehnte die Anpassung des Brutverhaltens der Flamingos an ihren Lebensraum. Es stellte sich dabei heraus, dass aus dem Verhaltensinventar des Ortswechsels Rituale entwickelt wurden, die den Zusammenhalt von Gruppen bewirken und den hormonalen Zyklus der beteiligten Vögel synchronisieren – dies unabhängig von Ort und Zeitpunkt des Brütens. Ein günstiger Wasserstand in der Salzpfanne vorausgesetzt, kann die Brut dann sehr schnell beginnen. Die

bereits zuvor erreichte Gleichzeitigkeit mindert unnötige Aggressionen und Eiverluste, erhöht die Chance der Jungen zu überleben und verkürzt die Zeit, in der junge Flamingos ortsgebunden sind. Wenn sie 10 bis 15 Tage alt sind, schliessen sie sich in mitunter riesigen Krippen zusammen, in denen sie ausschliesslich von ihren Eltern gefüttert werden.

Lange Zeit war es ein Rätsel, womit die Jungen gefüttert werden. Im Zoo Basel bemerkte man bereits in den ersten Brutjahren, dass es nicht vorverdaute Nahrung ist, sondern ein in Speiseröhre und Vormagen abgesondertes Sekret. In Zusammenarbeit mit Universität und der Hoffmann La Roche AG konnte die Zusammensetzung der milchartigen Flüssigkeit bestimmt werden, die besonders in der ersten Zeit durch Carotinoide und Blut leuchtend rot gefärbt ist.

Brütende Flamingos bei sommerlicher Hitze
Foto © Adelheid Studer-Thiersch

Karl Martin Tanner

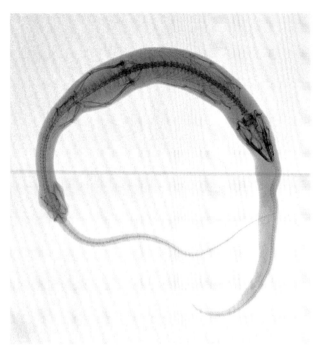

Röntgenbild © R. Giani, Kantonsspital Liestal

Der 5. Juli 1978, im 162. Jahr nach der Gründung der NGiB. Wir führten mit dem Jugendnaturschutz Baselland im Mendrisiotto, am Fuss des Monte San Giorgio, ein Sommerlager durch und waren nach einem Ausflug auf dem Weg zurück zum Lagerhaus. Da lagen sie am Strassenrand. Sie mussten erst kurz zuvor verendet sein, denn es zeigten sich noch keinerlei Spuren von Verwesung. Der kuriose Fund löste aus, was auch schon vor 200 Jahren bei Naturforschenden abgelaufen wäre. *Man …*

… ist fasziniert von einem Phänomen und hält erste Fakten fest: Juvenile Aspisviper *(Vipera aspis),* aus deren Mund der Schwanz einer ausgewachsenen Mauereidechse *(Podarcis muralis)* hängt, gefunden in der Gemeinde Meride, am Rand der Teerstrasse in der Nähe der Häusergruppe von Crocifisso.

… stellt Fragen: Weshalb ist die Viper gestorben? Ist sie erstickt?

… konstruiert Hypothesen: Die Eidechse dürfte dem Giftbiss der Schlange erlegen sein. Die Schlange selbst muss ja beim Verschlingen einer Beute auch atmen können, also ist bei ihr der Tod durch Ersticken unwahrscheinlich.

… dokumentiert und konserviert: Es werden Fotos und, zuhause, ein Röntgenbild gemacht, dann wird der Fund in Sprit gelegt.

… misst, analysiert und hält die neuen Fakten fest: Länge der Viper: 18,5 cm, Länge der Eidechse: 19,5 cm, wovon 7,5 cm des Schwanzes aus dem Mund der Schlange ragen. Das Skelett der Eidechse ist im Röntgenbild viel deutlicher zu sehen als jenes der Schlange. Der Kopf der Beute ist grösser als derjenige der Jägerin. Der rechte Unterkieferknochen der Viper ist gegen die Schädelmitte verschoben (siehe Abbildung).

… aktiviert sein Vorwissen: Junge Vipern fressen besonders häufig kleine Eidechsen. Der Anfang der Luftröhre befindet sich bei den Vipern im vorderen Bereich des Unterkiefers.

… studiert Quellen: Bei der Geburt messen die Vipern 18–21 cm. Terrarianer beobachten bisweilen, dass Schlangen versuchen, eine zu grosse Beute auszuspucken, und dass sie sterben können, wenn ihnen dies nicht gelingt. Die Ursache dafür sei darin zu suchen, dass bei einer zu langen Dauer des Verdauungsvorgangs Faulgase das Beutetier aufblähten und dieses dadurch die inneren Organe der Schlange, unter anderem die Atmungsorgane, zusammenquetsche.

… zieht Schlussfolgerungen und entwickelt neue Fragen: Die Viper könnte also doch erstickt sein. Müsste aber dann nicht zumindest die vordere Hälfte der Eidechse schon Zeichen von Zersetzung zeigen? Was nicht der Fall ist. Oder ist, ganz einfach, die Unterkieferasymmetrie als Indiz für die tödliche Verletzung durch ein Fahrzeug zu interpretieren?

An diesem Punkt sei die Frage nach der Todesursache der kleinen Viper den Herpetologen zur Klärung übergeben. Zu bemerken bleibt, dass sich Schülerinnen und Schüler bereits vom ersten Schuljahr an den Naturphänomenen im Rahmen des forschend-entdeckenden Lernens mit genau denselben Schritten nähern können.

Und ein Letztes: Glücklich zu nennen sind alle, die den Mund nicht zu voll nehmen.

Schmeissfliegen *(Calliphoridae)* sind uns eher lästig, als dass sie uns faszinieren. Über tausend Arten sind bekannt. Die Weibchen werden über mehrere hundert Meter hinweg durch den Verwesungsgeruch von Fleisch und Fisch angezogen und legen in diese Fleischreste ihre Eier. Der anziehende Geruch entsteht durch den bakteriellen Abbau der Proteine. Jede Schmeissfliegen-Art hat ihr bestimmtes Geruchsmuster, ihren molekularen Cocktail, womit sie über die Sinnesorgane der Antennen auf den Abbauprozess aufmerksam wird und zum Eierlegen losfliegt. Dieses einzigartige Charakteristikum wird in der forensischen Medizin genutzt, um den Todeszeitpunkt von Leichen, die mit Schmeissfliegen-Maden besiedelt sind, zu bestimmen: Ein hochspannendes und attraktives Phänomen. Uns Parasitologen und Infektionsbiologen interessieren die Möglichkeiten der direkten Übertragung von Krankheitskeimen (Viren, Bakterien) und Parasiten (z.B. Amöbenzysten) durch Schmeissfliegen dank ihrem wunderbar und einzigartig ausgestalteten Leckrüssel.

Eine Gattung der Schmeissfliegen vermag uns Parasitologen besonders zu faszinieren: die *Auchmeromyia.* Sie bewohnt das südliche Afrika. Nicht der Verwesungsgeruch zieht die Weibchen an, sondern Menschen- und Tiergeruch. Sie legt ihre Eier in den trockenen Boden von Hütten oder in die Höhlen der Erdferkel, Wild- und Warzenschweine. Larven entwickeln sich, indem sie in der Nacht in Phasen von zwanzig Minuten, unterbrechend Blut an schlafenden oft dicht nebeneinanderliegenden Menschen – oder Warzenschweinen – saugen. Zweimal pro Larvenstadium muss Blut eingenommen und verdaut werden, damit der nächste Entwicklungsschritt erfolgen kann.

Die Larven von *Auchmeromyia* (Kongo-Bodenmade) sind obligate, temporäre Ektoparasiten von Mensch und Tier. Fesselnd wird nun diese Lebensweise, wenn das Blut von Mensch oder Tier Endoparasiten oder virale wie bakterielle Infektionskeime enthält. Die Parasiten können die Lebensweise ihrer Wirte ausnützen, aber die komplizierten, ebenfalls sehr faszinierenden, indirekten Lebenszyklen in Wirt und Überträger umgehen und so ihre Reservoire kontinuierlich vergrössern.

Professor Rudolf Geigy und Marianne Kaufmann haben diese direkte, mechanische «Übertragung im Schlaf» im Anschluss an eine Feldstudie in Tansania in einem originellen Artikel beschrieben.

Normalerweise wird die afrikanische Schlafkrankheit durch die zur Gattung der Zungenfliegen *(Glossinidae)* zählende Tsetsefliege in einem virtuosen Zyklus mit sexueller und asexueller Vermehrung übertragen. Viele Wildtiere wie vor allem Antilopen, Rinder, Warzenschweine und Löwen sind als Reservoir-Tiere bedeutend (sind infiziert, aber werden nicht krank). Die Verbindung der indirekten und direkten Übertragung durch die «Zusammenarbeit» zwischen Tsetse- und Schmeissfliege eröffnet der Ausbreitung der Schlafkrankheit neue Dimensionen und es wird noch schwieriger, eine Eliminierung oder gar Ausrottung der Schlafkrankheit zu realisieren.

Phänomene wie dieses 'Joint Venture' von Fliegen schenken uns Freude und Energie, weiter durch transdisziplinäre Beobachtungen, Analysen und Interventionen in einem Ökosystem Wirt-Parasit-Interaktionen zu studieren sowie Lösungswege für die Bekämpfung und Eliminierung zu finden. *Natura obscura purum gaudium et fascinatio.*

Tsetse- und Schmeissfliegen erschweren die Kontrolle der Afrikanischen Schlafkrankheit.
Quelle: Swiss Tropical and Public Health Institute (Swiss TPH)

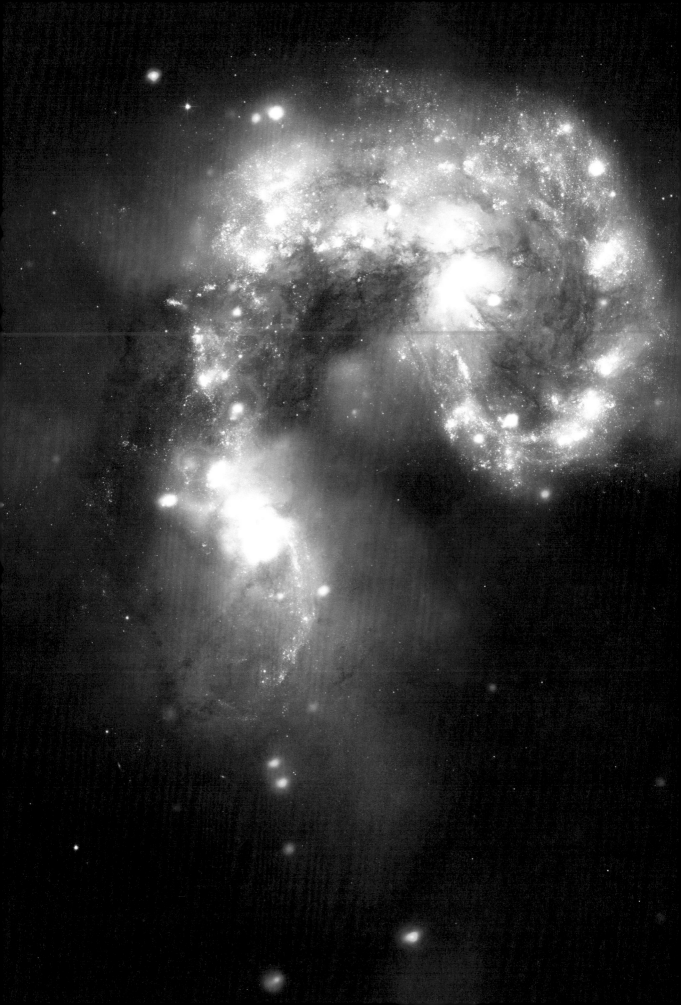

Die Kosmologie und moderne Teilchenphysik lehren uns, dass nur etwa vier Prozent unserer Welt aus Materie besteht, wie wir sie kennen (aus Atomen mit ihren Kernen und Elektronenhüllen), während etwa 26 Prozent aus «dunkler» Materie besteht, die wir nur durch ihre Gravitationswechselwirkung in Galaxien und Galaxienclustern erkennen, und weitere etwa 70 Prozent aus dunkler Energie, die für die beschleunigte Expansion des Universums verantwortlich ist (und Einsteins kosmologischer Konstanten entspricht). Wir wollen uns hier mit der Frage beschäftigen, wie die 'normale Materie' (also die vier Prozent, bestehend aus den uns bekannten chemischen Elementen) im Universum entstanden ist.

Im berühmten Urknall, dieser explosiven Expansion vor etwa 14 Milliarden Jahren, entstanden aus den ursprünglich bei höchsten Energien und Temperaturen vorhandenen Elementarteilchen lediglich die Elemente H, He und Li mit ihren Isotopen ^{1,2}H, ^{3,4}He und ^{7}Li. Dieses verwunderliche Ergebnis hängt damit zusammen, dass die Temperaturen zwar hoch genug waren, um jene Kernverschmelzungen zu ermöglichen, die schwerere Atomkerne hätten entstehen lassen. Die Dichten waren aber zu gering, als dass die Lücken der stabilen Atomkerne bei den instabilen Isotopen ^{5}He und ^{8}Be überwunden werden konnten. Kerne dieser Nukleonenzahlen (der Summe von Protonen und Neutronen) fünf und acht haben Zerfallszeiten von weniger als einer Billiardstelsekunde und zerfallen quasi sofort, wenn nicht gleich ein weiterer Einfang stattfindet. Der aber benötigt hohe Materiedichten, wie sie bei den entsprechenden Temperaturen im frühen Universum nicht vorlagen. Solche Bedingungen gibt es nur im Inneren von Sternen. Somit sind wir alle das Ergebnis von Sternprodukten, erbrütet in ihrem Inneren und abgeblasen in Form von 'Winden' oder Explosionen. Damit Sterne über längere Zeiten 'stabil' sind, benötigen sie Druck gegen die zusammenziehende Gravitationskraft. Unter normalen Bedingungen ist dieser durch eine 'Zustandsgleichung' gegeben, welche von Dichte und Temperatur abhängt. Um eine Abnahme des Drucks wegen der Abkühlung via Lichtabstrahlung zu verhindern, muss ständig Energie nachge-

liefert werden. Bei Kernfusionen von H bis hin zu Fe und Ni wird Energie frei, da die Bindungsenergie von Atomkernen pro Nukleon bis dahin zunimmt. Sterne können also ein H-Brennen (Fusion von H zu He), He-Brennen (Fusion von He via hoch instabilem Be zu C und O), C-Brennen (Fusion zu Ne und Mg), O-Brennen (Fusion zu Si und S) und ein Si-Brennen (Entstehen von Fe und Ni) durchlaufen, bis keine Energie mehr durch Fusionen freigesetzt werden kann. Die Folge ist ein katastrophaler Kollaps, der zu einem zentralen Neutronenstern und einer Supernova-Explosion führt, die alle erbrüteten Elemente ins interstellare Medium schleudert. Sterne mit anfänglich weniger als acht Sonnenmassen durchlaufen nicht alle Brennphasen, sondern bilden nach dem He-Brennen einen zentralen (aus C und O bestehenden) Weissen Zwerg und blasen ihre Hülle in Form von Planetarischen Nebeln ab.

Wie können wir aber die Entstehung von Elementen schwerer als Fe und Ni, inklusive Ag, Au, Pb, U und Th erklären? Dazu müssen Bedingungen herrschen, in denen schon mittelschwere Atomkerne und viele freie Neutronen vorliegen. Diese erzeugen durch Einfang schwerere Isotope des gleichen Elements bis hin zu einem instabilen Isotop, welches durch Betazerfall das nächste Element erzeugt usw. Solche Bedingungen ergeben sich während der Spätphase der Entwicklung massearmer Sterne mit niedrigen Neutronendichten. Doppelsternsysteme können zu einer Vielzahl anderer Phänomene führen (Novae, Typ Ia Supernovae, Röntgenbursts, aber auch Neutronensternverschmelzungen). Letztere emittieren Gravitationswellen und schleudern kleine Bruchteile der Gesamtmasse (10^{-3} bis 10^{-2} Sonnenmassen) ins interstellare Medium. Bei den herrschenden Neutronendichten bilden sich die schwersten Elemente wie U und Th (ebenso Au, Pt und Ag). Ihr Ehering oder Schmuck ist also ein Produkt der Sterne im Universum.

Kugelsternhaufen mit der Katalogbezeichnung M13. Aufnahme von Charles Trefzger mit der 40 cm-Schmidt-Kamera der Regio-Sternwarte Metzerlen.

Seit Urzeiten haben die Menschen den gestirnten Himmel beobachtet und bewundert – man sah in ihm das Urbild für das Unvergängliche, das Göttliche schlechthin. Erst die moderne Naturwissenschaft stellte die Frage nach der Herkunft der schier unerschöpflichen Energie der Sonne und damit auch der unzähligen Sterne des Nachthimmels.

Um die Mitte des 19. Jahrhunderts schlug der Physiker Hermann von Helmholtz als Energiequelle der Sonne die Gravitationsenergie vor, welche bei der Kontraktion des Sonnenkörpers frei wird und schätzte ab, dass unser Zentralgestirn seinen Energiebedarf auf diese Weise während etwa 30 Millionen Jahren abdecken kann (sog. Helmholtz-Kelvin Zeitskala). Die Geologen erkannten bald das wesentlich höhere Alter der Erde; damit reicht diese Energiequelle bei weitem nicht aus. Doch ganz unbedeutend ist die Kontraktionsenergie nicht: nach den Vorstellungen der modernen Astrophysik spielt sie in den Frühphasen der Sternbildung eine wichtige Rolle.

Die Kernphysik brachte den Durchbruch bei der Lösung des Problems der stellaren Energieerzeugung. Bei der Fusion von Wasserstoff zu Helium (dem sog. Wasserstoffbrennen) ist der entstehende Heliumkern etwa 0,7 Prozent leichter als die vier Wasserstoffkerne – dieser Massendefekt wird gemäss der berühmten Einsteinschen Formel $E = mc^2$ in Energie umgewandelt. Die Sonne verliert dadurch pro Sekunde eine Masse von vier Milliarden Kilogramm! Diese Energie wird im Zentrum bei einer Temperatur von etwa 15 Millionen Grad Kelvin freigesetzt.

Während in sonnenähnlichen Sternen die Proton-Proton-Reaktion vorherrscht, verläuft das Wasserstoffbrennen bei den massereichen Sternen über den CNO-Zyklus (Bethe-Weizsäcker-Zyklus). Das Wasserstoffbrennen ist so ergiebig, dass es den Energiebedarf während etwa 80 Prozent der Lebensdauer eines Sterns abdecken kann.

Ist der Wasserstoffvorrat im Zentrum aufgebraucht, steht eine weitere, aber nicht mehr so ergiebige Fusionsreaktion zur Verfügung: das Heliumbrennen. Drei Heliumkerne verschmelzen zu einem Kohlenstoffkern. Dies ist die Energiequelle der Roten Riesen, einem späten Entwicklungsstadium, das auch unsere Sonne in ferner Zukunft einmal durchlaufen wird. Die meisten Mitglieder des oben abgebildeten Kugelsternhaufens M13 sind rote Riesensterne. Schwere Sterne, deren Massen die Sonnenmasse um das Zwanzigfache übertreffen, können noch weitere Brennphasen zur Energieproduktion ausnutzen. Dabei werden Kerne wie Neon, Magnesium, Sauerstoff usw. im Sterninnern angereichert; beim Eisen schliesslich endet die Energiegewinnung durch Fusionsreaktionen, da der Eisenkern die höchste Bindungsenergie pro Nukleon aufweist. Als Typ II-Supernova endet das Leben der massiven Sterne; die synthetisierten Atomkerne werden weggeschleudert, wobei das interstellare Medium mit schweren Elementen angereichert wird.

Und so hat das Leuchten der Sterne während vergangener Äonen dazu beigetragen, aus Wasserstoff und Helium, welche der Urknall synthetisiert hat, die restlichen Elemente aufzubauen. Damit ist die Grundlage für die Vielfalt der materiellen Welt geschaffen worden, in der wir heute leben.

Jeder kennt sie, manch einer hat sie auch schon 'live' gesehen – Giraffen, die leicht schlaksig wirkenden Bewohner der Savannen Afrikas. Vielleicht durfte man sie schon in freier Wildbahn beobachten. Oder man hat zugesehen, wie sie im Basler Zolli von hoch aufgehängten Futterkörben naschen. Womit wir bereits beim herausstechenden Merkmal sind: Giraffen sind gross – und vor allem ihr überdimensional langer Hals erlaubt es ihnen, hochliegende Nahrungsquellen zu erschliessen, die für viele andere Tierarten unerreichbar bleiben. Doch wie wird er so lang, der Hals der Giraffe?

Wie bei vielen anatomischen Extremen im Tierreich kann man sich dieser Frage auf zwei Zeitebenen nähern: Einerseits auf der Zeitebene der Evolution: Wie verändert sich der Bauplan einer Tierart über Hunderte von Generationen, um die Nachkommen optimal an die jeweilige Umwelt anzupassen? Andererseits auf der Ebene der Entwicklung eines jeden Individuums: Wie wird dieser Bauplan während der Embryogenese umgesetzt? Wie weit können sich entwicklungsbiologische Mechanismen so verändern, dass am Ende ein Tier das Licht der Welt erblickt, dessen Hals so viel länger ist als der seiner weit entfernten Urahnen?

Auf der evolutiven Ebene wird vermutet, dass die heutigen Giraffen aus waldbewohnenden Vorfahren hervorgegangen sind, die dem Okapi (Waldgiraffe) ähnlich sahen. Als diese Tiere die offenen Lebensräume der Savanne zu erschliessen begannen, dürfte sich ein langer Hals beim 'Abgrasen' von Akazienbäumen als äusserst nützlich erwiesen haben. Tiere mit einem etwas längeren Hals hätten also die knapp vorhandenen Nahrungsressourcen optimal(er) ausgenutzt, und damit einen höheren Fortpflanzungserfolg gehabt. Durch solch natürliche Selektion wurde der Hals über Generationen länger und länger, bis hin zu den Grenzen des physikalisch und physiologisch Möglichen.

Giraffen sind jedoch nicht die einzigen Tiere, die sich durch einen langen Hals einen Vorteil bei der Nahrungssuche verschaffen. Verschiedene Wasservögel, wie Schwäne oder Gänse, benutzen ihre langen Hälse, um unter der Wasseroberfläche Nahrung zu erreichen. Ebenso die in der Zwischenzeit ausgestorbenen Brachiosaurier, die ähnlich den Giraffen die Baumkronen abweideten.

Interessant wird es jedoch, wenn wir bei diesen Tieren ins Innere ihrer Hälse schauen, auf die Anzahl Halswirbel in ihrem Skelett. Ein Brachiosaurier hatte 14 Halswirbel. Die Gans besitzt 17, ein Schwan sogar 25. Die Giraffe? Nur sieben! Sieben Halswirbel, das Maximum wie bei allen anderen Säugetieren auch. Zwar sind die einzelnen Giraffen-Halswirbel viel länger als bei einem Schwan, es sind aber dennoch nur deren sieben.

Um diese Kuriosität zu verstehen, wenden wir uns der embryonalen Entwicklung der Halswirbel zu. Wirbel entstehen aus kleinen, segmentierten Strukturen, den embryonalen Somiten. Früh in der Embryogenese, zum Zeitpunkt ihrer Bildung, besitzen diese Somiten noch keine klar ersichtliche Identität: Das heisst, ein Halssomit sieht aus wie ein Brustsomit oder ein Lendensomit. Molekular ist das Äussere des späteren Wirbels jedoch bereits im Somiten klar vorbestimmt – eine Gruppe von Musterbildungs-Genen, die sogenannten *Hox*-Gene, werden aktiv und bestimmen, wie sich die spätere Morphologie eines jeden Wirbels entwickeln wird. Es gibt also «Hals-*Hox*»-Gene, «Brust-*Hox*»-Gene oder «Lenden-*Hox*»-Gene – die endgültige Gestalt hängt davon ab, wann und in welchem Somit welches dieser *Hox*-Gene aktiviert wird.

Aufgrund der für Säugetiere spezifischen Regulation dieser *Hox*-Gene in der Entwicklung anderer Organe, können aber bei Säugern maximal sieben Somiten einen «Hals-*Hox*»-Bauplan zugeteilt erhalten. Man spricht in solchen Fällen von *developmental constraint* (entwicklungsbiologischer Barriere). Anders als bei Vögeln kann eine Giraffe als Säugetier also gar nicht mehr als sieben Halswirbel haben. Was bleibt nun als einzig möglicher Weg zu einem langen Giraffenhals? – Diese sieben Halswirbel in ihrer Entwicklung so gross und lang wie möglich wachsen zu lassen.

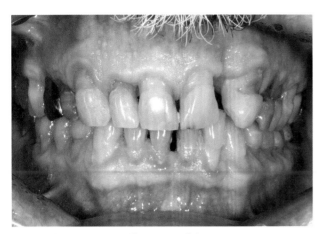

Abschleifungen und keilförmige Defekte
Foto © Jens C. Türp

«Dort wird Heulen und Zähneknirschen sein» – dies ist gleich an sechs Stellen im Matthäus-Evangelium zu lesen. Das Knirschen mit den Zähnen, dies belegen dentalanthropologische Funde, scheint so alt zu sein wie die Menschheit selbst. Es tritt vorzugsweise im Schlaf auf. Im Wachzustand wird hingegen öfter mit den Kiefern gepresst. So gut wie alle Menschen knirschen oder pressen, die einen mehr, die anderen weniger. Man kann daher mit Recht von einem menschlichen Naturphänomen sprechen.

Immerhin jeder zehnte Mensch weist wegen Zähneknirschen und/oder Kieferpressen klinisch relevante Symptome auf. Dazu gehören Verspannungen, teilweise auch Schmerzen in den Kaumuskeln, vor allem beim morgendlichen Erwachen – ein Indiz für nächtliche Kieferaktivität. Typisch für Knirscher sind darüber hinaus Abschleifungen der Schneidekanten der Frontzähne. Die Eckzähne sind dann nicht mehr spitz, sondern flach, und in der Ansicht von vorne weisen alle Frontzähne, wie mit einem Lineal gezogen, dieselbe Höhe auf, was ursprünglich nicht der Fall war. In fortgeschrittenen Fällen können die Kauflächen der Seitenzähne ebenfalls betroffen sein; dann sind die Zahnhöcker abgeflacht oder gar nicht mehr vorhanden. Bei Pressern können sich ab dem fünften Lebensjahrzehnt keilförmige Defekte ausbilden. Diese befinden sich im Zahnhalsbereich einzelner Zähne und

erwecken den Eindruck, als hätte jemand mit einer Axt eine Kerbe in den Zahn geschlagen (siehe Foto).

Der häufigste Grund für Zähneknirschen und Kieferpressen ist emotionaler Stress. Andere Ursachen sind der Konsum natürlicher (z.B. Cannabisprodukte) und synthetischer Drogen (darunter das von dem Basler Chemiker Albert Hoffmann im Jahre 1938 synthetisierte LSD), die ärztlich indizierte Einnahme von Antidepressiva oder Barbituraten sowie bestimmte Krankheiten (z.B. die Aufmerksamkeitsdefizit-/Hyperaktivitätsstörung) und Verhaltensstörungen (z.B. soziale Phobien). Schliesslich spielen auch genetische Faktoren eine Rolle.

Therapeutisch steht die Verhinderung negativer Auswirkungen an den Zähnen, in der Kaumuskulatur und in den Kiefergelenken im Vordergrund. Die international übliche Standardtherapie beinhaltet drei Vorgehensweisen, die man mit dem Kürzel «SMS» zusammenfassen kann. Das erste «S» steht für Selbstbeobachtung mittels farbiger Aufkleber. Diese klebt man auf Alltagsdinge (Telefon, Stuhl, Spiegel, Schrank etc.). Wenn man im Tagesverlauf zufällig einen Aufkleber erblickt, soll man sich fragen, ob die Zähne in Kontakt sind oder nicht bzw. ob man gerade unbewusst presst oder knirscht. Ziel ist es, die Kiefer im Alltag möglichst entspannt zu lassen, indem sich die Zähne möglichst nicht berühren.

Das «M» in «SMS» bezieht sich auf Muskelentspannung. Durch Erlernen und regelmässiges Durchführen eines Entspannungsverfahrens kann es gelingen, dass man die Zähne weniger häufig und weniger heftig in Kontakt bringt.

Das zweite «S» verweist auf eine Schienentherapie. Durch Überdecken der Zähne eines Kiefers mit einer Kunststoffschiene während des Schlafs werden Zähne, Kaumuskeln und Kiefergelenke geschützt. Innerhalb der Kiefermuskeln führt die Schiene zu einer Funktionsmusteränderung und damit zu einer günstigeren Kraftverteilung. Auf diese Weise gelingt es in den meisten Fällen, die Folgen des Kieferpressens und Zähneknirschens in Schach zu halten.

Sylvain Ursenbacher

Cryptic differentiation: when morphology does not follow history

Numerous scientific discoveries resulted from fortunate hazard; but curiosity is the best vector for scientists to exploit such particular observations. In the past numerous species have been morphologically studied and, in a lot of cases, distinct taxa have been described. More recently, the use of molecular markers allowed the determination of historical reconstruction of the lineages, conducting the confirmation or invalidation (for instance when morphological differentiations are related to very quick local adaptation) of the species status. On the opposite, the genetic analyzes have also frequently led to the recognition of new taxa, particularly when morphological differences are null or weak even though genetic differentiation is old. The name of "cryptic species" has been used for such taxa with similar morphology but with distinct phylogenetic relationship.

In the Alps, three viper species are known and have been described since the period of Linnaeus in the 18th century: the Asp viper (Aspisviper, *Vipera aspis*), the sand viper (Hornotter, *Vipera ammodytes*) and the adder (Kreuzotter, *Vipera berus*). Morphological adaptations to alpine habitats have been demonstrated in the asp viper, with a larger zigzag pattern on the back of the individuals, or even with a high proportion of individuals completely black. In the adder, some variability has also been observed, resulting in old descriptions of several subspecies.

During recent studies on the genetic diversity within alpine adder populations, it appeared that all the samples from the Piemonte region demonstrated a large genetic differentiation with all adder genetic groups. After the genetic comparison with all known Eurasian vipers, it became apparent that these samples belonged to a new, undescribed species. After the completion of additional sampling in the region conducted during two years with several Italian colleagues, it was possible to define the current distribution area of this species, as well as analyze it morphologically. Large genetic and some slight morphological differences conducted us to define this taxon as a new viper species, *Vipera walser,* in honour of the Walser people, who colonize the distribution area of this species.

The more astonishing was the genetic relatedness of this new species. Indeed, the most closely related species are currently occurring in the Caucasus region. But the isolation of *V. walser* is old (about five millions years), thus this species probably colonized Western Europe in the late Miocene or early Pliocene, when the temperature decreased in Europe. It also means that *V. walser* was able to find refugia during the Pleistocene with all the rapid and dramatic temperature variations during this period.

The occurrence of a "cryptic" viper species was particularly astonishing for all European herpetologists, and poses several questions about the phylogeography of the whole *Vipera* genus, but also on the reason for such morphological congruences between *V. berus* and *V. walser.* All these elements need more investigations in order to better understand the phylogeny and the ecology of Eurasian vipers.

Vipera walser: top left: juvenile with the normal zigzag coloration; adult female with a melanistic coloration.
Fotos © Sylvain Ursenbacher

Als Biologe interessiere ich mich für Aussergewöhnliches in der Natur. Eine solch spezielle Erfahrung hatte ich während meines Studiums in den frühen 1980er-Jahren. Damals erhielt ich die Einladung, an einer Sektion einer *Latimeria chalumnae* im Naturhistorischen Museum Basel teilzunehmen. Anwesend waren der damalige Direktor des Museums, Urs Rahm, mein Doktorvater David Senn und der bekannte Biologe Hans Fricke vom Max-Planck-Institut in Seewiesen. Es war eine kleine Sensation, weil noch nie eine *Latimeria* in Basel 'zu Gast' gewesen war. Was wir vor uns hatten, war ein ungefähr 150 Zentimeter langer, urtümlich aussehender Fisch mit eigenartigen Flossen. Dass er sehr penetrant nach Formalin roch, konnte die Faszination nicht beeinträchtigen. Das Tier, das zu den Quastenflossern *(Crossopterygiern)* gehört, hat eine faszinierende Geschichte. Die ältesten bekannten Fossilien, die zu dieser Klasse von Fischen gehören, gehen auf das Unterdevon, also etwas mehr als 400 Millionen Jahre zurück. Fossilien, die einer zweiten Art der Quastenflosser zugeordnet werden, sind auch aus Indonesien bekannt. Interessanterweise hat man aber aus Epochen nach der Oberkreidezeit (vor 70 Millionen Jahren) keine Fossilien mehr gefunden. Man dachte, diese Tiere wären – wie die Dinosaurier – ausgestorben und nicht mehr lebend aufzufinden.

Im Jahr 1938 war darum die Sensation umso grösser, als ein Quastenflosser im Beifang eines Fischkutters entdeckt wurde. Die Zoologin Marjorie Courtenay-Latimer erkannte sofort die einmalige Bedeutung des Fundes und übergab das Exemplar der Rhodes-Universität in Südafrika, wo es von Prof. J. L. B. Smith bestimmt wurde. Zu Ehren der Finderin gab er ihm den Namen *Latimeria chalumnae.* Chalumna deutet auf den Fundort im Mündungsgebiet des gleichnamigen Flusses hin. Dieser Fund bot zum ersten Mal die Gelegenheit, eine *Latimeria* genauer zu untersuchen. Es war sofort klar, dass dieses Tier mit seinen fleischigen Flossen ein Bindeglied zu den Landwirbeltieren bilden musste. Erst viel später wurden noch weitere Exemplare bei den Komoren gefunden, was die Vermutung nahelegte, es müsse sich dort eine Population befinden.

Es dauerte nochmals rund fünfzig Jahre, bis Hans Fricke, der über ein U-Boot verfügte, zu einer Expedition zu den Komoren mit dem Ziel aufbrach, die Quastenflosser in ihrem natürlichen Habitat zu finden und zu erforschen. Dies gelang ihm dann auch in ungefähr 200 Metern Tiefe an der Nordküste der Insel. Das U-Boot konnte bis 400 Meter abtauchen und so den gesamten Lebensraum der Quastenflosser untersuchen. Hans Fricke konnte dank den Tauchgängen einige sehr interessante Beobachtungen machen, die in zahlreichen Publikationen dokumentiert sind. So konnte er zum Beispiel filmen, dass diese Fische ihre Flossen in einer Art 'Kreuzgang' bewegen – so wie vierbeinige Landwirbeltiere. Deshalb nimmt man auch an, dass sich die Uramphibien aus den Quastenflossern entwickelt haben. Fricke konnte ausserdem nachweisen, dass die Crossopterygier eine Elektrorezeption in einem sogenannten Rostralorgan an der Schnauze besitzen. So können sie also nicht nur ihre Umgebung nach elektromagnetischen Feldern absuchen, sondern wahrscheinlich auch selbst mit einem elektrischen Organ in ihrer Epicaudalflosse (einer kleinen Verlängerung der Schwanzflosse) selbst elektromagnetische Signale aussenden. Wie diese Art der Kommunikation unter den Tieren funktioniert, ist allerdings noch nicht bekannt. Im Jahr 2008 hatte ich selbst die einmalige Gelegenheit, mit Hans Fricke in die Komoren zu fahren und die faszinierenden Tiere in über 200 Metern Tiefe in natura zu erleben. Es ist ein berückendes Erlebnis, die grossen Tiere dabei zu beobachten, wie sie sich im Passgang durch ihre Wohnhöhlen bewegen. Und es fällt einem nicht schwer vorzustellen, dass diese lebenden Fossilien Vorfahren von uns sein könnten.

An den Tschingelhörnern in Elm lässt sich die Glarner Überschiebung trefflich beobachten – dank dieser wird die Tektonik-Arena Sardona 2008 ins Weltkulturerbe der UNESCO aufgenommen. Die Zacken der einem Hundegebiss ähnlichen Tschingelhörner-Gebirgskette bestehen aus 250 bis 300 Millionen Jahre altem Verrucanofels. Darunter liegt eine 'nur' 25 bis 30 Millionen Jahre alte Flysch-Schiefer-Schicht, über die sich der Verrucano bei der Alpenfaltung geschoben hat; die jüngere Schicht liegt also unten, die ältere darüber. Im Flysch, in der Rückenverlängerung des grössten Tschingelhorns, liegt das Martinsloch – durch Erosion im brüchigen Schiefer entstanden, auf weit weniger dramatische Weise als in der Sage, nach welcher der Heilige Martin sich gegen einen diebischen Riesen wehrte. Als dieser ihm Schafe stehlen wollte, fuchtelte Martin mit seinem Stecken gegen den Riesen und traf damit den Fels. Es habe gekracht, der Riese sei verschwunden, aber im Berg habe das Martinsloch geklafft, nach den Worten des Dichters und ehemaligen Elmer Gemeindeschreibers Kaspar Hefti: «Sanggt Martin mit sym Schtegge, e Chuspe hert und schwär / zieht uf und wirft ne räsig nuch hinderem Uughüür här. / Es hallet i de Wände, as wen es Herrgottsgricht. / Dr Schpeer flüügt zmittst i Felse, as ne gad durebricht!»

Zweimal im Jahr, im Frühjahr und im Herbst, scheint die Sonne während ein paar Tagen durch das etwa 15 Meter weite, auf 2600 Metern über Meer gelegene Martinsloch auf das Dorf Elm. Am höchsten Punkt im Dorfkern, einem kleinen Hügel zwischen Sandgasse und Fleischgasse, 1000 Meter über Meer, soll es schon in prähistorischer Zeit ein Sonnenheiligtum gegeben haben. Seit 1493 steht dort die Kirche, welche die Sonne am 12. März jeweils um 08:52 Uhr und am 1. Oktober um 09:33 Uhr mit ihren durchs Martinsloch fallenden Strahlen während etwa zwei Minuten beleuchtet. Ihr Turm ist ebenfalls etwa 15 Meter hoch, sodass die Kirche gerade im Loch Platz fände.

Noch in den Sechzigerjahren des letzten Jahrhunderts interessierte sich kaum jemand für diese kosmische Uhr. Doch in den letzten Jahrzehnten fanden sich mehr und mehr Menschen ein, um dieses Naturschauspiel zu bewundern, einmal sogar eine japanische Reisegruppe, nachdem ein japanischer Fernsehsender von der Sonne im Martinsloch berichtet hatte.

Einmal wollten Jugendliche aus Flims das Martinsloch mit einer Plache abdecken, um mit diesem Bubenstreich die Schaulustigen unten in Elm zu überraschen. Doch hatten sie die physikalischen Folgen unterschätzt: Als sie das Loch mit der Blache verschlossen, führte die Temperaturdifferenz zwischen besonnter und schattiger Seite zu einem starken Sog, der die Blache wegriss und das Martinsloch in Kürze wieder den Sonnenstrahlen freigab.

Auch der Vollmond kann durchs Martinsloch scheinen, am gleichen Tag wie die Sonne, aber zwölf Stunden später. Zuletzt liess sich dieses Naturwunder am 2. Oktober 1982 um 20:32 Uhr beobachten; das nächste Mal soll es erst wieder am 1.10.2058 so weit sein.

Die Sonne im Martinsloch weckt unser Staunen und nährt das Vertrauen in die Kraft des Lichts, das sogar den harten Stein durchbrechen kann. Die naturwissenschaftliche Erscheinung hat bei mir durch meinen persönlichen Bezug dieses Staunen vertieft: Mein Grossvater, Emil Zwicky, Dorfschullehrer in Elm, hat das Loch vor etwa hundert Jahren mit seinen Schülern zum ersten Mal vermessen. Das Martinsloch hat mir meinen Vornamen gegeben; und an meinem Geburtstag scheint die Sonne durchs Martinsloch auf mein Haus in Elm, auf das Geburtshaus meiner Mutter. Aber auch ohne diese Verbindungen kann es einem kalt den Rücken hinunterlaufen, wenn das Licht hinter den Tschingelhörnern immer heller wird, wenn der Lichtkegel langsam hin zum Dorf wandert und der Strahlenstern sich plötzlich ums Martinsloch herum durch die Schutzbrille beobachten lässt. Wer dies erlebt, kann sich in diesem Kosmos beheimatet fühlen, dankbar für all die Lebenswunder, die durch das Zusammenspiel von Sonne und ihrem Lieblingsplaneten Erde möglich werden.

Leonardo da Pisa, genannt Fibonacci, publizierte 1202 sein epochales Werk *Liber Abaci*. Damit machte er in Europa die indische Rechenkunst bekannt und führte die dekadische Schreibweise der Zahlen ein. Im *Liber Abaci* erscheint als eher beiläufiges Rechenbeispiel die berühmte Kaninchenaufgabe: *«Quot paria coniculorum in uno anno ex uno pario germinentur»*. Jemand sperrt ein Kaninchenpaar in ein allseitig ummauertes Gehege, um zu erfahren, wie viele Nachkommen (paarweise gezählt) dieses Paar im Laufe eines Jahres haben werde. Es wird dabei vorausgesetzt, jedes Kaninchenpaar bringe monatlich ein neues Paar zur Welt (weisse Kreise in der Abbildung), und die Kaninchen würden vom zweiten Monat nach ihrer Geburt an gebären. Ferner geht man davon aus, dass kein Kaninchen stirbt (durchlaufende senkrechte Linien in der Abbildung) oder von aussen dazukommt. Für die Anzahl der Kaninchenpaare je Monat ergibt sich die Fibonacci-Folge:

1, 1, 2, 3, 5, 8, 13, 21, 34, 55, 89, 144 usw.

Die Abbildung illustriert die ersten sieben Monate. Horizontales Abzählen ergibt die Fibonacci-Folge. Nach einem Jahr sind wir bei 144 Paaren.

Es handelt sich hierbei um das älteste mathematisch formulierbare Wachstumsmodell. Es ist künstlich: Fremdeinflüsse sollen unter Laborbedingungen (allseitig ummauertes Gehege) abgeschirmt werden. Es geht von vereinfachenden Annahmen aus: im Beobachtungszeitraum soll kein Kaninchen sterben. Das Modell ist auf den ersten Blick asymmetrisch. Dies liegt am Reifeprozess der jungen Kaninchen, die erst nach dem zweiten Monat gebärfähig sind. Allerdings enthält das Modell eine Selbstreproduktion: Jeder weisse Punkt, also jedes neugeborene Paar, ist Ausgangspunkt eines Teilgraphen, der unter Berücksichtigung der Generationenverschiebung dem Gesamtgraphen ähnlich ist. Es liegt eine sogenannte fraktale Struktur vor.

Das Modell führt im Wesentlichen zu einem exponentiellen Wachstum. Der Zuwachsfaktor von einer Zeiteinheit zur nächsten nähert sich dem Verhältnis des Goldenen Schnittes an, also etwa 1,618. Die heute nach Fibonacci benannte Folge war aller-

dings schon vor seiner Zeit bekannt. Ihre früheste Erwähnung findet sich in der indischen Mathematik unter dem Namen Mātrāmeru in den *Chandahsūtras* des Sanskrit-Grammatikers Pingala (zwischen dem 5. und 2. Jh. v. Chr.). Die Fibonacci-Folge ist eines der einfachsten Beispiele des algorithmisch-rekursiven Denkens.

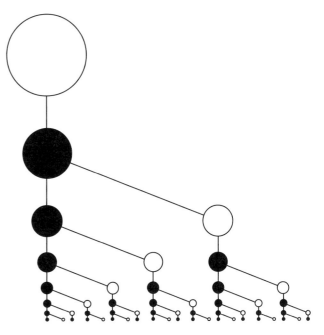

Wachstum der Kaninchenpopulation

Braunzottiger Milchling *(Lactarius mairei)*. Mykorrhiza mit Eichen.
Foto © Markus Wilhelm

Als Mykologe geht man mit etwas anderen Absichten durch den Wald als der Speisepilzsammler. Auch zu Jahreszeiten, in denen eher wenige Pilze zu finden sind. Pilze sind ja nur die Fruchtkörper des ansonsten unsichtbaren Organismus im Boden. So geht man oft längere Strecken ohne einen Pilz zu sehen. Wenn dann ein Pilz in Sicht kommt, findet man nicht selten in der Nähe mehrere Arten; sowohl verwandte sowie auch solche anderer Gattungen. Ob *Mykorrhiza* (Symbionten, mit Pflanzen in Symbiose lebend) oder *Saprotrophe* (Abbauende), das scheint keine Rolle zu spielen. Ich bezeichne das als 'Hotspot'-Phänomen; auch andere Mykologen bestätigen diese Beobachtung. Diese Gruppenbildung lässt vermuten, dass Myzelien (der eigentliche Organismus; die fadenförmigen Zellen des Pilzes im Substrat) offenbar bemerken, wenn ein anderes Myzel Pilze heranwachsen lässt. Etwa so: «Dem Nachbarn scheint es zu gefallen, also schaue ich doch auch mal nach!» Der Wald ist dann wieder ohne Pilze, bis man auf den nächsten 'Hotspot' trifft. Vermutlich erzeugen die Pilzmyzelien eine Substanz, die für andere Pilzmyzelien ein Signal darstellt, denn die Konkurrenz zu beherrschen ist auch unter Pilzen für die Fortpflanzung wichtig. Nachgewiesen ist das noch nicht, aber dieses Verhalten ist doch ein sehr auffälliges Phänomen. Sporen können dies auch kaum verursachen; diese werden durch ihre Kleinheit vom Wind extrem dünn verteilt.

Eine Besonderheit besteht auch unter *Mykorrhiza*-Arten, die ausschliesslich eine Baumart bevorzugen. In Monokulturen (auch natürlichen) sind diese Arten gar nicht so häufig anzutreffen wie man erwarten könnte. Sind aber mehrere Baumarten gemischt, so sind auffällig mehr Pilze der jeweiligen Baumart anzutreffen! Eine Erklärung wäre, dass bei gleichen Baumarten der Konkurrenzdruck fehlt: «Warum aufwändig Fruchtkörper erzeugen, wenn uns das Gebiet sowieso gehört»?

Die Vermutung, dass auch derart unscheinbare und fast unsichtbare Organismen wie die Pilze miteinander kommunizieren, ist schon sehr faszinierend! Es unterstreicht die Erkenntnis, dass vor allem im Waldboden alle Lebewesen in ein ungeheures Netz eingebunden sind und so auf Einflüsse reagieren können.

Yvonne Willi

Die Schweizer Flora – wo der Süden auf den Norden trifft

Die Jupiternelke *(Silene flos-jovis)* kommt in der Schweiz nur in den südlichen Kantonen vor. Foto © Jürg Stöcklin

Die meisten grösseren Organismen haben Verbreitungsareale mit klaren geographischen Grenzen. So verläuft die natürliche Verbreitungsgrenze einiger Pflanzenarten in der Schweiz entlang des Alpenhauptkamms. Viele mediterrane Arten schaffen es von Süden her gerade noch, ins Wallis, Tessin oder das Bündnerland vorzudringen. Von der Familie der Nelkengewächse, zum Beispiel, kommt ein Fünftel aller Arten in der Schweiz nur in den südlichen Kantonen vor. Beispiele für nördliche Arten mit guter Verbreitung in der Schweiz, die aber im Wallis und Tessin fehlen, sind die Hochmoorspezialisten Rosmarinheide und Moosbeere. Die geographischen Grenzen von Arten sind – neben der Diversität von Klimabedingungen und Böden – ein wesentlicher Grund, warum die Schweiz trotz ihrer geringen Grösse reich an Gefässpflanzenarten ist. Insgesamt sind es rund 3000 Arten. Wichtige Fragen der Biodiversitätsforschung sind deshalb: Warum haben Arten begrenzte Verbreitungsareale? Was hindert sie daran, sich geographisch auszudehnen?

Die Wissenschaft hat eine Handvoll von Erklärungen für dieses Phänomen. Eine erste und etwas triviale ist, dass die Verbreitung einer Art dort endet, wo geeigneter Lebensraum selten wird oder nicht mehr exis-

tiert. Ökologen sprechen in diesem Fall davon, dass eine Art nischenlimitiert ist. Die ökologische Nische ist die Kombination von allen Umweltfaktoren, die das Gedeihen einer Art erlauben. Gerade in der Landwirtschaft wird offenkundig, dass Arten nischenlimitiert sind. So liegt die nördliche Grenze des Weizenanbaus etwa dort, wo die Vegetationszeit mindestens 110 Tage mit 10°C oder mehr erreicht.

Eine zweite Erklärung ist, dass Landschaften natürliche Ausbreitungsbarrieren aufweisen, die geeignetes Habitat trennen. Eine solche Barriere bilden die Alpen. Heute sind sie vor allem ein topographisches Hindernis. Während vergangener Eiszeiten trennten sie die überhaupt bewohnbaren Habitate über lange Strecken. Ähnlich gelagert ist die dritte Erklärung, dass Arten ausbreitungslimitiert sind, weil ihre Nachkommen meist in der Nähe der Eltern aufwachsen. Viele Pflanzenarten können ihre Samen schlecht über grössere Distanzen verbreiten, weil die Samen unweit von der Mutterpflanze einfach zu Boden fallen. Dass Barrieren und eingeschränkte Ausbreitung oft der Grund für das Fehlen von Arten sind, zeigt sich sehr deutlich an eingeschleppten Arten, die sich unkontrolliert ausbreiten, lästig werden oder sogar zu ernsten wirtschaftlichen Problemen führen können (Neophyten-Problem).

Eine vierte Erklärung ist, dass Konkurrenten, Räuber oder Krankheiten die Verbreitung einer Art ausschliessen. Dies ist der Fall, wenn ein Ort Bedingungen aufweist, die der ökologischen Nische entsprechen, und die Art den Ort erreichen kann, aber andere Arten ihr das Leben schwer machen. Ein klassisches Beispiel ist der Rückgang der Prärievegetation weltweit. Starke Beweidung kombiniert mit der Unterdrückung von natürlichen Feuerereignissen hat dazu geführt, dass die ursprünglich dominierenden Grasarten immer mehr von Kräutern, Sträuchern und Bäumen verdrängt werden.

Oft sind es ungewollte Experimente, durch menschliches Tun bewirkt, die uns weiterbringen, zu verstehen, warum Arten geographisch begrenzte Verbreitungsareale haben und warum die Diversität an Arten weltweit so gross ist.

Wie ist der Federwechsel entstanden?

Nach der Entdeckung von gefiederten Dinosauriern und den Spekulationen über die Entstehung der Federn darf man sich auch Gedanken darüber machen, wie der organisierte Wechsel der Federn, die Mauser, entstanden sein könnte. Die Mauser hat bei den modernen Vögeln zwei Aufgaben zu erfüllen, nämlich das Gefieder in gutem Zustand zu erhalten und das Aussehen des Vogels zu ändern (Wechsel vom Schlichtkleid ins Prachtkleid). Wenn der Vogel sein Aussehen ändern will, muss die Einrichtung der Mauser bereits vorhanden sein, sie kann also nicht der Grund für die Entstehung eines geregelten Federwechsels sein. Dasselbe gilt für die Gefiederqualität. Das Federkleid nutzt sich ab und hat ein Verfalldatum. Der Zeitpunkt einer übermässigen Abnutzung darf aber nicht erreicht werden, denn dann wäre das Federkleid bereits unbrauchbar, und sein Austausch gegen ein neues Kleid käme zu spät. Deshalb kann die Mauser nicht als Reaktion auf die Abnutzung entstanden sein. Sie bringt dem Vogel nur dann einen Vorteil, wenn sie der Unbrauchbarkeit des Gefieders zuvorkommt.

Wir müssen also den Ursprung der Mauser woanders suchen: Nun, eine dritte Funktion des Federwechsels wird häufig vergessen, weil diese heute nur noch bei wenigen Arten vorkommt. Es ist die Aufgabe, die Länge der Federn dem Körperwachstum des jungen Vogels anzupassen.

Die ersten flugfähigen Vögel dürften Nestflüchter gewesen sein, die schon bald nach dem Schlüpfen fliegen konnten, vergleichbar mit den heutigen Hühnervögeln. Damit der wachsende junge Vogel seine Flugfähigkeit nicht verlor, mussten die Federn mit dem Körperwachstum Schritt halten und kontinuierlich erneuert werden. Sie erreichten ihre definitive Länge erst dann, wenn der Vogel seine definitive Grösse erreicht hatte. Wir können uns vorstellen, dass die Urmauser aus einer kontinuierlichen Mauserwelle bestand, die dem Körperwachstum entsprechend immer grössere Federn produzierte. Mit dem Erreichen der definitiven Körpergrösse liefen die Mauserwellen weiter, ohne aber längere, sondern stets gleich lange Federn zu bilden. Diese kontinuierliche Mauser kommt der Abnutzung stets zuvor. – Und darin liegt der grosse Gewinn:

Wenn die Federn vor ihrem Zerfall erneuert werden, kann durch Selektion die Zeitdauer entstehen, die bis zur Mauser verstreichen darf, bevor das Gefieder unbrauchbar geworden ist. Der Austauschmechanismus der Federn im Dienste des Wachstums ist eine Präadaptation für die Mauser im Dienste der Gefiedererhaltung. Diese kontinuierliche Mauser konnte im Verlauf der Evolution durch selektionswirksame äussere Ereignisse (etwa Saisonalität) oder innere Umstellungen (Brutgeschehen, Wanderungen) angepasst werden. Sie konnte verlangsamt, beschleunigt, unterbrochen oder in den Dienst des wechselnden Aussehens gestellt werden. Unter den heutigen Vögeln dürften die Grossfusshühner (Abbildung) dem Urmausertyp am nächsten kommen. Das Junge schlüpft mit einer voll entwickelten ersten Schwingengarnitur, die im Schlüpfmoment noch am Auswachsen ist, mit der es aber vom ersten Tag an fliegen kann. Die Schwungfedern werden dann in geregelter Reihenfolge kontinuierlich ausgewechselt, sodass ständig eine neue Mauserwelle über den Flügel läuft. Das Flugvermögen bleibt dabei stets erhalten. Dieser Vorgang geht schliesslich ohne Unterbrechung in den Adultzyklus über.

Buschhuhn (*Alectura lathami*) am Schlüpftag. Museumspräparat. Foto © Naturhistorisches Museum, Basel

Cytochromes P450 are ubiquitous in Nature. These enzymes catalyze oxidations at sulfur, nitrogen, epoxidation of double bonds and hydroxylation of C-H bonds to C-OH. Catalysis is performed by an iron porphyrin **1** similar to the one occurring in hemoglobin, the O_2 – carrier in mammals. The significant differences to hemoglobin are the protein structure and the unique thiolate ligand coordinating to iron at the proximal site. Reaction proceeds by binding the substrate, see **2**, followed by reduction of Fe(III), O_2 attachment to Fe(II) and subsequent reductive cleavage of the O-O bond leading to a very reactive Fe=O species that inserts one oxygen atom into e.g. C-H bonds. In order to accomplish this the substrates are bound in the substrate binding site such that the target C-H bond is properly oriented towards iron. The stereospecific hydroxylation of the substrate camphor to 5-hydroxy camphor **3** is shown in Figure 1.

This enzyme family is extremely important to humans in particular for the metabolism of drugs and other xenobiotics. By action of various P450s in the liver, drugs are oxidized becoming more water soluble and better excretable. The whole procedure can be understood as a defensive mechanism of the body.

As metabolism reduces the original concentration of the drug, patients need a further dosage in order to maintain a therapeutically significant concentration in the blood. Substrate binding and the rate of metabolism are important if patients take several drugs. If drug (1) binds to P450 much stronger than drug (2) the latter cannot be metabolized sufficiently fast generating unfavorable high blood concentrations. This "drug-drug-interaction" can lead to serious complications.

On the other hand many cytochromes P450 in our body are involved in the biosynthesis of hormones such as oestrogen or testosterone from cholesterol.

In our group we have synthesized several P450 active site analogues, such as the iron porphyrin with thiolate coordination **4**, which play a significant role in understanding the complicated reaction mechanism of these enzymes and finally turned out to be useful for catalytic, P450-like oxidations of substrates.

Regarding "drug-drug-interactions" we have synthesized a testosterone derivative **5** which binds well to one of the most important hepatic P450s (CYP3A4), see Figure 2. With this compound in hand one can easily identify drugs binding too strong to CYP3A4 using fluorescence measurement. When **5** binds to P450 its fluorescence is quenched, however if a substrate that binds more strongly is added **5** is replaced and hence fluorescence is restored.

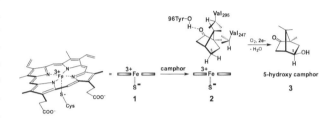

Figure 1: Binding and oxidation of the substrate camphor

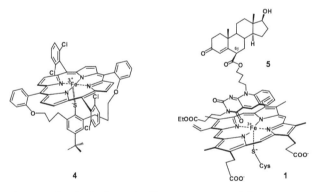

Figure 2: Catalytically active P450 enzyme model **4**, and binding of the steroidal inhibitor **5** on top of the iron porphyrin **1** of CYP34.

Die Erfindung des Knotens ist wesentlich älter als viele Menschen denken. Zu den ersten Knotenbildnern gehören sicher die Schleimaale *(Myxoinoida)*.

Die ältesten bekannten Fossilien, die sich ihnen oder sehr nah verwandten Tiergruppen zuordnen lassen, stammen aus dem Kambrium (einem Zeitalter vor etwa 500 Millionen Jahren).

Schleimaale oder Inger gehören zur Verwandtschaft der Kieferlosen *(Agnatha)*. Dazu zählen die bei uns besser bekannten Rundmäuler wie Meeres-, Fluss- und Bachneunauge. Schleimaale kommen mit Ausnahmen des Roten Meeres, des Arktischen und des Antarktischen Ozeans an den Küsten aller Meeresgebiete in 30 bis 2000 Metern Tiefe vor, und etwa 78 Arten sind bekannt. Ihre Verbreitung ist von verschiedenen Faktoren abhängig, unter anderem spielt die Wassertemperatur eine Rolle. Sie darf 20°C nicht überschreiten; optimal sind 10°C. Deshalb findet man die Tiere nur in gemässigten bis kalten Meeresgebieten in geringeren Tiefen von etwa 30 Metern; in den Warmwassergebieten der Tropen und Subtropen leben sie dagegen in wesentlich grösseren Tiefen.

Ihre Nahrung besteht zum einen aus Organismen des Bodens wie kleinen Weichtieren, Würmern, Einzellern und Bakterien, zum anderen aus Aas von am Meeresboden liegenden Fischen und anderen grösseren Tieren. Einen auf den Grund abgesunkenen, riesigen Walkadaver skelettieren sie kollektiv im Verlauf mehrerer Monate.

Ihr Problem ist: Da Schleimaale keinen Kiefer besitzen, können sie einen Kadaver nur abraspeln. Somit sind sie im Nachteil gegenüber den Kiefermäulern *(Gnathostomata)*, die grössere Stücke abbeissen können.

Und die Lösung sieht so aus: Schleimaale können sich an ihrer Beute festsaugen. Sie können sich aber weder mit dem Schwanz irgendwo festhalten noch schnell genug rückwärts schwimmen, um ein Stück herauszureissen. Die von ihnen entwickelte besondere Technik sieht folgendermassen aus:

Die überaus beweglichen Tiere bilden einen Knoten, der vom Schwanz her eingefädelt wird. Der Knoten bewegt sich nach vorne, bis er durch das Herausziehen des Kopfes wieder gelöst wird. Beim Herausziehen wirkt der Knoten des Fischkörpers als Widerstand. – Auf diese Weise können die Schleimaale Fleischstücke vom Kadaver abreissen.

Auf die gleiche Weise können die Tiere auch Schleimreste von ihrer Körpervorderhälfte abstreifen.

Dabei bleibt natürlich eine Frage: Was war zuerst? Wurde der Knoten 'erfunden', um Schleimreste zu entfernen oder um grössere Stücke aus einer Beute zu reissen?

Früher glaubte man, dass sich die Schleimaale etwa 30 Millionen Jahre vor der Auftrennung von Rundmäulern und Kiefermäulern von der Linie abgetrennt haben, was nahelegen würde, dass das Entfernen von Schleim zuerst vorkam. Neuere Untersuchungen deuten aber darauf hin, dass sich die Rundmäuler und Schleimfische gleichzeitig von den Kiefermäulern abgetrennt haben. Ausserdem muss man berücksichtigen, dass ein Schleimfisch gegenüber seinen Artgenossen einen Vorteil hat, wenn er ganze Stücke aus einer Beute herausreissen kann, anstatt nur zu raspeln. Somit wäre der Knoten nicht auf die Konkurrenz zu den Kiefermäulern zurückzuführen.

Dieses Beispiel zeigt sehr schön, wie sich die Lebewesen ständig auf neue Situationen einstellen müssen. Immer gleich zu bleiben, ist also keine Überlebensstrategie. Oder anders ausgedrückt: Tradition führt in den Untergang. Die Frage, was zuerst war, bleibt also offen und könnte nur mit einer Zeitmaschine geklärt werden.

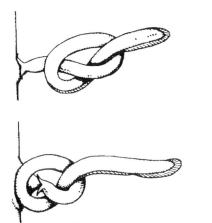

© Erbengemeinschaft Grzimek

Ein Umlaufberg aus der Vorzeit?

Auch aus geomorphologischer Sicht gibt es noch viele Fragen an unsere Landschaften. So ist das Gempenplateau südöstlich von Basel mit den beiden Gemeinden Gempen und Hochwald eine Kalklandschaft des Tafeljuras mit besonderen Eigenschaften: Im Gestein bilden sich durch Kalklösung Dolinen und grosse Höhlensysteme, die das Regenwasser unterirdisch abführen. Durch die daraus resultierende Armut an oberflächlichen Gewässern und die damit verbundene fehlende fluviale Abtragung sind die Geländeformen über Jahrtausende nahezu unverändert. So kommt es, dass in vielen Gebieten dieser Region Trockentäler existieren, die als Überreste der Eiszeiten aufgefasst werden. Damals lag unsere Region in der Zone des Dauerfrostbodens (Permafrost). Die Vegetation glich einer baumlosen Tundra, und die Böden waren hundert Meter tief oder noch tiefer gefroren. Die Jahresmitteltemperatur lag damals unter -4°C und sowohl Alpen- als auch Schwarzwaldgletscher umzingelten in der Riss-Eiszeit unsere Region. Sichere Zeugnisse der Gletscher geben die grosse Endmoräne von Möhlin oder das Moränenmaterial von Lupsingen. In jener Zeit tauten die Böden nur im Sommer auf und waren dann bei jedem Regenschauer einer intensiven fluvialen Dynamik und dem Phänomen der Solifluktion, des «Bodenfliessens» auf dem gefrorenen Unterboden, ausgesetzt. Weil die Karstabflüsse im Untergrund durch das gefrorene Wasser versiegelt waren, bahnten sich im Sommer das Schmelzwasser sowie die gelegentlich auftretenden Starkniederschläge auf den angetauten Böden über dem Permafrost ihren Weg ins Birstal. Die tiefen Trockentäler und der Solifluktionsschutt an den Hängen des Gempenplateaus erinnern an die Zeit, als die baumlose Tundra regierte und im Frühjahr das Schmelzwasser über dem Permafrost während Hochwasserereignissen zu regelrechten Flüssen anschwoll und tiefe Täler (z.B. das Wemstel) herausmodellierte, die heute ohne sichtbares Wasser am Talboden den Beobachter in Staunen versetzen.

Aus welcher Periode aber stammt der Umlaufberg auf dem Bild? Seine Form und seine Lage weisen darauf hin, dass er einst von einem Fluss umspült wurde, der ihn von Südosten erreicht haben muss. Doch braucht ein Fluss immer ein entsprechendes Einzugsgebiet – und dieses ist hier nicht vorhanden. Wurde auch dieser Umlaufberg durch die sommerlichen Abflüsse nach der Schneeschmelze und nach starken Niederschlägen in den Eiszeiten gebildet? Oder ist es eine vorzeitliche Geländeform aus einer viel weiter zurückliegenden Zeit des Tertiärs, welche dank den unterirdischen Karstabflüssen bis heute erhalten blieb? Dann wäre der Umlaufberg in einer Zeit entstanden, als es in unserer Region noch viel wärmer war als heute und heftige Niederschläge auf das neu durch Bruchtektonik entstandene Gempenplateau niedergingen. Die beim Hof Ziegelschüren seit dem 17. Jahrhundert überlieferte Verwendung von Tonmergeln zur Ziegelherstellung ist ein Hinweis darauf, dass um den Umlaufberg herum vorzeitliche Sedimente überdauert haben. Ihre Ablagerung über den Kalken des Erdmittelalters könnte ein Hinweis darauf sein, dass hier möglicherweise ein sehr altes Stück Erdoberfläche erhalten geblieben ist.

Gempenplateau mit Umlaufberg beim Hof Ziegelschüren, Blickrichtung Nordwest. Die weisse Linie markiert die Basis des Umlaufbergs.
Foto © Christoph Wüthrich

Michael Zemp

Toteis, Kalbungsfronten und galoppierende Gletscher

«Der globale Klimawandel lässt die Gletscher schmelzen.» Diese Meldung findet sich regelmässig in der Tagespresse und ist im Grundsatz leicht nachvollziehbar, denn steigen die Temperaturen, schmilzt das Eis. Ab und zu tauchen aber Meldungen von Gletschern auf, die sich dem globalen Trend widersetzen und stabil bleiben oder gar wachsen. – War es also doch nichts mit dem Klimawandel?

Um die Ausnahmen zu verstehen, müssen wir uns zuerst um den Normalfall kümmern. Gletscher entstehen dort, wo über den Winter mehr Schnee fällt als im Sommer wegzuschmelzen vermag. Sie befinden sich im Gleichgewicht mit den klimatischen Bedingungen, wenn der jährliche Schneezuwachs aus dem Nährgebiet die Eisschmelze auf der Gletscherzunge kompensieren kann. Verändert sich nun aber das Klima hin zu für den Gletscher ungünstigen Bedingungen (z.B. durch höhere Sommertemperaturen oder weniger Schneefall), schreibt der Gletscher eine negative Bilanz, wird dünner und schmilzt schliesslich zurück. So zeigen sich im Gletscherschwund eindrücklich die Folgen der globalen Erwärmung. In den Alpen hat der mittlere Temperaturanstieg um rund 1,5°C die Gletscherfläche seit 1850 um mehr als die Hälfte reduziert.

Eine Ausnahme bildet der Zmuttgletscher bei Zermatt. Nach Erreichen des letzten Hochstandes im 19. Jahrhundert ist die Gletscherzunge bis 1980 um mehr als einen Kilometer zurückgeschmolzen; ähnlich wie jene der anderen Gletscher im Mattertal. Dann aber stabilisierte sich seine Gletscherzunge, und seitdem werden keine Längenänderungen mehr beobachtet. Die hohen Schmelzraten haben zum Ausschmelzen von Schutt geführt und das Nachfliessen von Eis aus dem Nährgebiet reduziert. Damit hat sich die Gletscherzunge zu Toteis entwickelt und schmilzt langsam an Ort und Stelle ab.

Columbia und Harvard Glacier in Alaska sind Vertreter einer anderen Gruppe von Gletschern mit atypischem Verhalten. Während die Front des ersten seit 1980 um mehr als 15 Kilometer zurückgeschmolzen ist, vermochte jene des zweiten um mehr als einen Kilometer vorzustossen. Beiden ist gemeinsam, dass ihre Zungen nicht an Land enden, sondern ins Meer vorgestossen sind und dabei auf dem Meeresgrund eine mächtige Stirnmoräne vor sich hergeschoben haben. Durch den Kontakt mit dem Wasser ist ihr Gleichgewicht nicht nur durch Schneezuwachs und Schmelze bestimmt, sondern zusätzlich durch die Produktion von Eisbergen an der sogenannte Kalbungsfront. Je tiefer das Wasser ist, desto mehr Eis bricht vorne ab und schwimmt als Eisberg davon. Wenn ein solcher Gletscher nun den Kontakt mit seiner Stirnmoräne im Meer verliert, nehmen Wassertiefe und somit Kalbungsaktivität zu, und der Gletscher zieht sich noch weiter zurück. Erst nach einem Rückzug in seichteres Gewässer vermag der Eisnachfluss aus dem Nährgebiet die Gletscherzunge auf einer neuen Frontmoräne wieder vorstossen zu lassen. Dominiert durch diese Kalbungsdynamik können benachbarte Gletscher gleichzeitig imposante Vorstoss- und Rückzugsphasen zeigen.

Variegated Glacier in Alaska sei hier als Vertreter einer dritten Gruppe von Widerständlern genannt, den sogenannt galoppierenden Gletschern. Dabei handelt es sich um 'Eisgenossen', die in wiederkehrenden Zyklen massive Vorstossphasen zeigen mit bis zu 100 Metern am Tag. Dieser Prozess ist bisher nicht komplett erforscht. Klar ist jedoch, dass sich bei bestimmten Formen des Untergrundes ein Eisüberschuss im Nährgebiet und zugleich ein hoher Wasserdruck innerhalb des Gletschers aufbauen können. Letzterer reduziert die Reibung, der Eisüberschuss fliesst mit erhöhter Geschwindigkeit talabwärts und produziert spektakuläre Gletschervorstösse.

Meldungen von wachsenden Gletschern mögen auf den ersten Blick erfreulich erscheinen. Allerdings können sich auch diese Gletscher dem Klimawandel nicht entziehen und werden langfristig wie ihre 'normalen' Artgenossen dahinschmelzen.

Was wollen wir wissen? ... oder warum forschende Mediziner/innen wichtig sind

Natürlich möchten wir gerne 'alles' wissen. Als Forschende möchten wir vor allem begreifen, wie unsere Welt und Umwelt entstanden ist und funktioniert, und irgendwann die kleinsten Details der Entstehungsgeschichten aller Prozesse, der beteiligten Strukturen und mögliche Anwendungen des Eruierten möglichst komplett verstehen. Wir kennen zwar eigentlich 'alle' DNA-Sequenzen und verstehen deshalb seltene monogenetische Krankheitsprozesse, nicht aber die viel häufigeren Krankheiten, die durch viele Gene beeinflusst werden. Und wir kennen viele Kristallstrukturen – aber meistens nur eines bestimmten Zustandes des Moleküls – wir messen Bindungsstärken von Enzymen oder Antikörpern. Und obwohl wir heute einiges wissen, zum Beispiel wie Natrium-Pumpen von Neuronen funktionieren, bleibt weiterhin weitgehend offen, was wir eigentlich wissen wollen: Etwa wie Träume entstehen oder warum Tumore wie Karzinome oder Sarkome trotz möglicher Immunabwehr so erfolgreich sind?

Als Forscher müssen wir messen. Die Frage ist hier aber: Sollen wir alles messend quantifizieren, was wir irgendwie messen können? Oder ist es konstruktiver und vielleicht eher finanzierbar, wenn wir Messparameter im biologisch wichtigen Bereich wählen, selbst wenn wir dann noch nicht 'alles' wissen werden. Ein Beispiel aus der Immunologie vermag dies zu illustrieren: Antikörper binden komplizierte Eiweiss- oder Zuckerstrukturen mit einer messbaren Stärke (Affinität). Dies wird in mehr als 95 Prozent der Versuche an meist denaturierten Molekülen, die wir auf Plastik kleben, gemessen – ELISA-Test genannt. Die Bindungsstärken, die in physiologischer Salzlösung gemessen werden, sind üblicherweise etwa 100 000 Mal kleiner als jene der Bindung, die im Blut nötig ist, um ein Bakterium oder Virus zu eliminieren (zu neutralisieren). Da mehr als 95 Prozent der Antikörpermessungen den ELISA-Test benützen und nicht das Schwächer-Werden einer Infektion, ist es nicht erstaunlich, dass wichtige Regeln der Immunantwort nicht verifiziert werden können. Serotypen, spezifische z.B. den Virus der Kinderlähmung (Polio) 1 versus 2 versus 3 neutralisierende Antikörper, müssen eine 10 000 Mal stärkere mittlere Bindung aufweisen als Antikörper, die in einem ELISA-Bindungstest die vielen Polio 1, 2 oder 3 gemeinsamen Determinanten binden können. Der weitverbreitete und hoch empfindliche ELISA-Test misst also viele irrelevante Dinge, die für die Abwehr von Krankheit nicht wichtig ist.

Daraus schliesse ich, dass alles zu messen, was irgendwie gemessen werden kann, eigentlich nicht zu rechtfertigen ist, weil es oft nicht interessant und nicht wichtig ist und wir uns das nicht leisten können. In diesem Zusammenhang steht die Erfahrung, dass fragestellende Mediziner und Tierärzte zu oft bei den forschungsunterstützenden Institutionen benachteiligt werden, weil sie nicht alle methodischen Pfeile im Köcher haben und weil sie scheinbar angewandte 'problem- oder krankheitsgebundene Fragen' stellen und beantworten wollen. Die Krankheitsforschung hat doch eben den enormen Vorteil, dass pathophysiologisch denkende Forscher bei geschicktem gemeinsamem Vorgehen mit Molekularbiologen wesentliche Erkenntnisse an Krankheitsgeschehen, das heisst, offensichtlich wichtigen biologischen Prozessen gewinnen können, noch bevor wir generell und systematisch 'alles' wissen.

So gesehen ist problemnahe Krankheitsforschung besonders attraktiv und spannend, nicht nur, aber vor allem für Mediziner, weil Resultate einer überzeugenden Qualitätsprüfung unterworfen werden können: Wenn sich Krankheiten vermindern lassen oder Tod verhindert wird, ist die Wahrscheinlichkeit gegeben, dass die Erkenntnisse auch biologisch wichtig sind. Und das geht uns doch alle an. Wir wollen nicht nur messen, damit gemessen wird und daraus ein Paper entsteht, sondern wir möchten etwas Relevantes herausfinden und verstehen, was hoffentlich Bestand haben wird.

Samuel Zschokke

Warum sitzen Radnetzspinnen kopfunten im Netz?

Für in Radnetzen sitzende Spinnen ist es genauso normal, den Kopf unten zu haben, wie es für uns Menschen normal ist, den Kopf oben zu haben (Abb. A). Unser Kopf, mit den Augen, ist oben, damit wir die Umgebung besser wahrnehmen können. Radnetzspinnen hingegen sind praktisch blind, und deswegen spielt die Position der Augen für die Wahrnehmung keine Rolle.

Radnetzspinnen nehmen ihre Umgebung mit Sinneshaaren an den Beinen wahr, die feinste Vibrationen spüren, insbesondere jene des Netzes. Dabei können sie diese immer gleich gut wahrnehmen, unabhängig davon aus welcher Richtung sie kommen. So können sie die ins Netz geflogene Beute sofort wahrnehmen. Da Spinnen ihre Beute überwältigen müssen, bevor diese aus dem Netz flieht, müssen sie innerhalb nützlicher Frist alle Bereiche des Netzes erreichen können. Die Form der Radnetze ist also dann optimal, wenn die von der Spinne benötigte Zeit, um von der Nabe aus den Netzrand zu erreichen, in alle Richtungen gleich lang ist. Da Spinnen schneller abwärts laufen können als aufwärts, erklärt dies zum Teil, weshalb Radnetze nicht rund sind, sondern etwas nach unten verlängert (vgl. das grüne 'Netz' neben dem Weg-Zeit-Diagramm in Abb. B).

Wieso aber sitzen Radnetzspinnen kopfunten in ihrem Netz? Bei Spinnen ist die Lage des Kopfes wichtig für die Fortbewegung: wie die meisten Tiere können Spinnen vorwärts (d.h. mit dem Kopf voran) schneller laufen als rückwärts. Wie schnell Spinnen einen bestimmen Ort im Netz tatsächlich erreichen können, hängt also auch davon ab, ob sie kopfunten oder kopfoben auf der Nabe sitzen. Falls nämlich Beute vor der

Spinne ins Netz geflogen ist, kann sie gleich in Richtung Beute loslaufen; andernfalls muss sich die Spinne zuerst umdrehen, was Zeit kostet. *Kopfunten* sitzende Spinnen müssen sich also umdrehen, wenn die Beute *oberhalb* der Spinne im Netz ist, und sie müssen dementsprechend den *oberen* Rand so viel näher zur Nabe legen, wie sie in der durch das Umdrehen benötigten Zeit hätten *aufwärts* laufen können (rote Linien in Abb. B). Sässen Spinnen hingegen *kopfoben* im Netz, müssten sie den *unteren* Rand des Netzes so viel näher zur Nabe legen, wie sie in der durch das Umdrehen benötigten Zeit hätten *abwärts* laufen können (blaue Linien in Abb. B). Und weil Spinnen schneller abwärts laufen können als aufwärts, müssen sie das Netz weniger verkleinern, wenn sie kopfunten sitzen. Oder anders ausgedrückt: Netze, deren Ränder von kopfunten sitzenden Spinnen innert einer gewissen Zeit erreicht werden können, sind grösser als Netze, deren Ränder von kopfoben sitzenden Spinnen in derselben Zeit erreicht werden können – und deshalb sitzen (fast) alle Spinnen kopfunten im Netz.

Es gibt aber einige tropische Spinnenarten der Gattung *Cyclosa,* die kopfoben im Netz sitzen. Dies hängt damit zusammen, dass diese Spinnen relativ klein sind, und sie somit ähnlich schnell aufwärts und abwärts laufen können, und dass die Beute manchmal innerhalb des Netzes nach unten purzelt. Computersimulationen konnten zeigen, dass es unter diesen Umständen vorteilhaft sein kann, kopfoben im Netz zu sitzen. Dementsprechend sind die Radnetze dieser Spinnen denn auch unten statt oben verkleinert – umgedrehte Spinnen bauen also umgedrehte Netze (Abb. C).

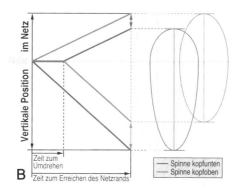

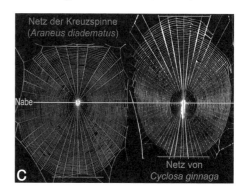

Reto Brun
Präsident der Naturforschenden Gesellschaft
in Basel (NGiB)

Epilog

Der Anlass für dieses einzigartige Buch ist das 200-Jahr-Jubiläum der Naturforschenden Gesellschaft in Basel (NGiB). Die Herausgeber hatten sich das Ziel gesteckt, für jedes Jahr des Bestehens unserer Gesellschaft einen Beitrag eines Naturwissenschaftlers oder einer Naturwissenschaftlerin zusammenzutragen. Ganz im Sinne des Wahlspruchs der NGiB «Seit 1817 im Dienst von Natur und Wissenschaft» möchten wir unseren Mitgliedern und der Bevölkerung der Regio Basiliensis dieses Buch vorlegen. Es soll uns die Naturwissenschaften in ihrer ganzen Breite vor Augen führen, uns Wissen und Wissenslücken aufzeigen und dabei auch auf problematische Aspekte des wissenschaftlichen Fortschritts hinweisen.

Wie ist es eigentlich vor 200 Jahren zur Gründung der NGiB gekommen? Im Jahr 1815 wurde in Genf die Schweizerische Naturforschende Gesellschaft (die heutige Akademie der Naturwissenschaften Schweiz) ins Leben gerufen. Unter den Gründungsmitgliedern war als einziger Basler Christoph Bernoulli. Der Berner Pfarrer und Naturforscher Jacob Samuel Wyttenbach, der erste Präsident der jungen Schweizerischen Gesellschaft, schlug dem Basler Mathematiker Daniel Huber vor, ebenfalls Mitglied zu werden. Gleichzeitig regte er an, Huber solle eine Naturforschende Gesellschaft in Basel gründen. Und so kam es, dass 1817 gerade einmal 22 Gründungsmitglieder die NGiB ins Leben riefen.

Schon in den ersten Jahren prägten grosse Persönlichkeiten die Geschichte der NGiB, die sehr stark mit der Universität Basel vernetzt war. Die Universität Basel war zu diesem Zeitpunkt auf einem Tiefpunkt angelangt, nur wenige Neuimmatrikulationen waren zu verzeichnen, und die Naturwissenschaften hatten nicht einmal einen Lehrstuhl. Das änderte sich erst 1820, als drei Lehrstühle, für Mathematik, Naturgeschichte sowie Physik und Chemie, geschaffen werden konnten, die von Daniel Huber, Christoph Bernoulli und Peter Merian besetzt wurden, alle drei Mitglieder der noch sehr jungen NGiB. Wie kaum etwas anderes sollte diese den ersten Aufschwung der Naturwissenschaften in der heute als Wissens- und Forschungsstandort bekannten Stadt Basel beflügeln.

Seit jener Gründung haben sich die Naturwissenschaften aus einer Handvoll Fachbereiche in ein äusserst komplexes Gefüge von hoch spezialisierten Disziplinen entwickelt, ein Trend, der immer noch anhält. Die Komplexität ist enorm und erschwert es auch, Forschungsarbeiten aus einem anderen Fachgebiet zu verstehen.

Im Verlauf der Zeit hat sich die Aufgabestellung der NGiB den neuen Umständen angepasst. War sie vor 200 Jahren eine Gruppierung von Naturforschern, die diskutierten, publizierten und auch die lokale Politik massgeblich beeinflussten, so will sie heute der Bevölkerung der Regio Basiliensis Naturkunde und Naturwissenschaften näherbringen und aktuelle Probleme thematisieren. Und während früher die NGiB wie eine Akademie funktionierte, in die man berufen wurde, steht heute jedem an Naturforschung interessierten Laien eine Mitgliedschaft offen. Was gleich bleibt, ist die Faszination für die Natur und ihre Phänomene, die auch heute noch lang nicht alle erklärt werden können. Mit dem Fortschritt hat das Wissen exponentiell zugenommen, ebenso auch die Zahl der offenen Fragen.

Dieses prächtige Buch wurde vom Vorstand der NGiB in Auftrag gegeben. Die drei Herausgeber sind Mitglieder der Gesellschaft und haben ehrenamtlich viel Zeit und Herzblut in dieses Projekt investiert. Ich möchte ihnen meinen grössten Dank für den enormen Einsatz aussprechen, ohne den dieses grandiose Projekt nie zustande gekommen wäre. Mein Dank geht auch an die 200 Autorinnen und Autoren, die der NGiB ihre Beiträge als Jubiläumsgeschenk übergeben haben. Und nicht zuletzt geht mein herzliches Dankeschön an die Akademie der Naturwissenschaften Schweiz und die vielen weiteren Sponsoren, die uns bei der Finanzierung von *natura obscura* unterstützt haben. Ich wünsche Ihnen viel Spass beim Lesen. Lassen Sie sich von den 200 Artikeln wieder neu für die Naturwissenschaften begeistern!

Die Autorinnen und Autoren

Ursula Ackermann-Liebrich (*1943), Professorin em. für Sozial- und Präventivmedizin der Universität Basel (jetzt Teil des Swiss TPH). Nach Medizinstudium Weiterbildung in Public Health in Chile und London. Nach internationaler Tätigkeit Aufbau des Instituts für Sozial- und Präventivmedizin an der Uni Basel und 1993 Wahl zur ersten Ordinaria der Medizinischen Fakultät. Wichtigster Forschungsschwerpunkt: Umwelt und Gesundheit.

Markus Affolter (*1958) ist Professor für Entwicklungsbiologie am Biozentrum der Universität Basel. Studierte an der ETH Zürich und an der Laval University in Québec City, Canada. Von 1988 bis 1993 Postdoc im Labor von Walter J. Gehring am Biozentrum. Seither am Biozentrum in Basel tätig. Seine Forschung beschäftigt sich mit der Organbildung bei Drosophila und Zebrafischen. Mitglied des Nationalen Forschungsrates des Schweizerischen Nationalfonds.

Christine Alewell (*1966) ist seit 2003 Professorin für Umweltgeowissenschaften an der Universität Basel. Nach einem Studium in Biologie spezialisierte sie sich während ihrer Promotion und Habilitation in der Biogeochemie. Heute gilt ihr Forschungsinteresse insbesondere den Auswirkungen von Bodendegradation auf die Stoff- und Sedimentkreisläufe in der Atmosphäre und Hydrosphäre.

Kurt W. Alt (*1948) war bis 2013 Professor für Anthropologie am Fachbereich Biologie der Universität Mainz und lehrt und forscht jetzt an der Danube Private University in Krems, Österreich, wo er das Zentrum für Natur- und Kulturgeschichte des Menschen leitet. Seine Forschung an der Schnittstelle zwischen der Natur und Kultur des Menschen mit der Medizin führt er als Gastprofessor auch am Department für Biomedical Engineering und Department für Umweltwissenschaften der Universität Basel durch.

Florian Altermatt (*1978) ist SNF-Professor für Gemeinschaftsökologie an der Universität Zürich und der Eawag. Studierte in Basel Biologie und promovierte am Zoologischen Institut über Metapopulationsdynamiken von Wasserflöhen. Postdoc-Aufenthalt an der Universität von Kalifornien in Davis. Sein Forschungsfeld liegt in der Ökologie und Evolutionsbiologie, wobei er unterschiedliche Organismen für experimentelle Studien nutzt.

Valentin Amrhein (*1971) ist Dozent für Ornithologie und Naturschutz in der Abteilung Zoologie des Departements Umweltwissenschaften, Universität Basel. Er hat in Basel Biologie studiert und bei Heinz Durrer über den Gesang der Nachtigall dissertiert. Seit 1999 ist er Leiter der Forschungsstation Petite Camargue Alsacienne, die von einem privaten Basler Verein getragen und an die Universität Basel angegliedert ist.

Werner Arber (*1929), Professor em. für molekulare Mikrobiologie am Biozentrum der Universität Basel. Für seine in den frühen 1960er-Jahren an der Universität Genf gemachte Entdeckung der bakteriellen Restriktionsenzyme erhielt er 1978 zusammen mit zwei amerikanischen Kollegen den Nobelpreis in Medizin/Physiologie. Seine experimentelle Forschung mit Populationen von Mikroorganismen widmete er auch in Basel seit 1971 der Erkundung von Naturgesetzen der genetisch geleiteten Lebensprozesse mit spezieller Beachtung der die Biologische Evolution antreibenden molekularen Prozesse.

Christine Baader (*1962), Biologiestudium an der Universität Basel, Promotion in Entwicklungsbiologie. Forschungsaufenthalte in Japan und England. Höheres Lehramt an der ETH Zürich, seitdem Unterrichtsverpflichtung am Gymnasium Muttenz. Mitbegründerin des BioValley College Networks. Über den Unterricht hinaus für die naturwissenschaftliche Bildung im Raum Basel engagiert.

Kurt Ballmer-Hofer (*1951) ist Titularprofessor für Biochemie am Biozentrum der Universität Basel und Forschungsgruppenleiter am Paul Scherrer Institut in Villigen. Er hat am Biozentrum doktoriert, war Postdoktorand an der Harvard Medical School und Juniorgruppenleiter am Friedrich Miescher Institut in Basel, wechselte dann ans Paul Scherrer Institut, wo er sich mit der Struktur- und Funktionsanalyse von Membranrezeptoren beschäftigt.

Harriet Regina Bandi (*1962) studierte klassische Biologie und Biochemie in Basel, 1987 diplomierte sie bei Prof. Dr. Volker Schmid in Entwicklungsbiologie und doktorierte 1992 bei Dr. George Thomas (FMI) und Prof. Dr. Jürg Rosenbusch (Biozentrum) in Biochemie. Nach längerem Auslandsaufenthalt (Postdoc) seit 2010 Biologielehrerin am Gymnasium Muttenz.

Bruno Baur (*1955) ist Professor für Naturschutzbiologie und Leiter des Instituts für Natur-, Landschafts- und Umweltschutz an der Universität Basel. Er ist Mitgründer und Mitglied des Beirats des Forums Biodiversität der Schweizerischen Akademie der Naturwissenschaften. Seine Forschungsschwerpunkte sind anthropogene Veränderungen der Biodiversität, invasive Arten und die Biologie von seltenen und gefährdeten Arten.

Hans-Peter Beck (*1953) ist Titularprofessor für Molekulare Parasitologie an der Universität Basel und seit 1995 Forschungsgruppenleiter in der Molekularen Parasitologie am Swiss TPH. Studium und Promotion in Tübingen, Postdoc in Edinburgh und Glasgow. Von 1989 bis 1994 Abteilungsleiter am Papua New Guinea Institute of Medical Research. Habilitation an der Universität Witten-Herdecke 1995. Forschungsschwerpunkt ist die Zellbiologie des Malariaerregers.

Barbara Berli (*1978) studierte Biologie und Nachhaltige Entwicklung (Sustainable Development) in Basel. Im Rahmen ihrer jeweiligen Abschlussarbeiten arbeitete sie am Istituto delle Science Marine (ISMAR) in Venedig und an der University of Alberta (UofA) in Edmonton, Canada. Seit 2014 führt sie in der Forschungsgruppe Prof. Walter Salzburgers Studien der Populationsgenetik von Salmoniden in der Region Basel durch.

Daniel Berner (*1975) ist in Zürich aufgewachsen und hat dort Geographie studiert. Auf seine Doktorarbeit in Ökologie an der Universität Basel folgte ein Aufenthalt an der McGill Universität in Montreal zur Erforschung der Artbildung. Seit 2008 forscht er am Zoologischen Institut der Universität mit Schwerpunkt ökologische und molekulargenetische Grundlagen der biologischen Diversifizierung, seit 2012 als Assistent, Forschungsgruppenleiter und Dozent.

Hans Peter Bernhard (*1941), Promotion in Zoologie bei Prof. Adolf Portmann. Weiterbildung in Humangenetik an der Yale University. Professor für Humangenetik an der Columbia University. Habilitation für das Fach Zellbiologie an der Universität Basel. Dozent für Entwicklungsbiologie mariner Organismen am Observatoire océanologique der Université Pierre et Marie Curie in Banyuls-sur-Mer.

Daniel Bernoulli (*1936), Studium an der Universität Basel. Dissertation: Geologie des Monte Generoso; 1963 bis 1967 Geologe in der Erdöl-Exploration; 1973 bis 1986 a.o. Prof. für Geologie, Universität Basel; 1986 bis 2000 o. Prof. ETH und Universität Zürich. 1978 Wissenschaftspreis der Stadt Basel. Forschungsschwerpunkte: Tektonische Entwicklung von Ozeanen und Gebirgen: Atlantik, Alpen-Mittelmeergebiet, Asien.

Josef Bertram (*1936), Mitglied der Arbeitsgemeinschaft für Vegetationskunde Basel. Beschäftigt sich seit über dreissig Jahren mit Moosen. Mitarbeiter bei der Inventarisierung der Schweizerischen Moosflora. Mehrere bryosoziologische Untersuchungen in Naturschutz-Reservaten in den Alpen und im Jura der Schweiz.

Bruno Binggeli (*1953) ist Titularprofessor für Astronomie am Departement Physik der Universität Basel; Studium daselbst. Längere Aufenthalte an den Carnegie Observatories in Pasadena (USA), am Las Campanas Observatory in Chile und am Osservatorio Astrofisico di Arcetri in Florenz. Forschungen zur Struktur von Galaxien. Interdisziplinäre Essays über Astronomie, Poesie und Musik.

Brigitte Braschler (*1971) hat an der Universität Basel studiert und 2003 mit dem Doktorat in Zoologie abgeschlossen. Es folgten verschiedene Postdoc-Stellen in England und Südafrika. Seit 2013 erforscht sie an der Universität Basel den Einfluss von vom Menschen verursachten Umweltveränderungen auf die Biodiversität.

Thomas Brodtbeck (*1943), Organist, Botanikstudium. Mitautor *Flora von Basel und Umgebung 1980–1996*, Arbeitsgemeinschaft für Vegetationskunde Basel, Mitarbeit *Vielfalt zwischen den Gehegen*, Zoo Basel, 2008 (Pflanzen, Pilze etc.), Inventarisierung von Pilzen, v.a. Phytoparasiten.

Reto Brun (*1947), Prof. em. für Med. Parasitologie an der Universität Basel und Unit Head am Schweizerischen Tropen- und Public Health-Institut. Forschungsinteressen: Kontrolle der Afrikanischen Schlafkrankheit in Zusammenarbeit mit Partnern in Afrika; Suche nach neuen Wirkstoffen gegen Malaria und die Afrikanische Schlafkrankheit. Meistzitierter Parasitologe in 2011 im deutschsprachigen Raum Europas.

Christoph Bühler (*1970) ist Biologe und arbeitet als Projektleiter bei der Hintermann & Weber AG in Reinach, einer Planungs- und Beratungsfirma im Bereich Natur- und Landschaftsschutz. Einer der thematischen Schwerpunkte seiner Arbeit sind Amphibien. Die kantonale Bestandesüberwachung der Amphibien im Aargau leitet er seit ihrem Beginn im Jahr 1999.

Marc Bühler (*1975), Prof. für Molekularbiologie und Forschungsgruppenleiter am Friedrich Miescher Institut in Basel. Studierte an der Universität Bern Zoologie und hat in Molekularbiologie doktoriert. Seit seinem Forschungsaufenthalt an der Harvard Medical School in Boston erforscht er Funktionen von RNA in der Epigenetik.

Roland P. Bühlmann (*1943), Studium der Chemie und Dissertation am Schweizerischen Vitamininstitut der Universität Basel. 1976 Gründung der Bühlmann Laboratories AG zur Entwicklung, Herstellung und zum weltweitem Vertrieb von In-vitro-Diagnostika. Aktueller Schwerpunkt: «Companion Diagnostics» zur Überwachung von Medikamententherapie möglichst nahe am Patienten.

Dirk Bumann (*1967) ist in Berlin geboren, hat dort Biologie und Chemie studiert und ist über Stationen in München, Woods Hole (USA), Berlin und Hannover nach Basel gekommen, wo er seit 2007 Professor für Infektionsbiologie am Biozentrum der Universität ist. Er erforscht die Aktivitäten von Krankheitserregern in infizierten Wirtsgeweben.

Daniel Burckhardt (*1953) promovierte an der ETH Zürich. Nach einem Postdoc in Liverpool arbeitete er von 1985 bis 1997 als wissenschaftlicher Mitarbeiter am Muséum d'histoire naturelle in Genf und von 1997 bis 2015 als Konservator für Entomologie am Naturhistorischen Museum Basel. Seine Forschungsschwerpunkte sind die Systematik von Blattflöhen und Mooswanzen sowie die Entomofaunistik der Schweiz.

Leonhard Burckhardt (*1953), Prof. Dr. phil., verheiratet, zwei Töchter. Ausbildung an den Universitäten Bern und Basel, Dozent für Alte Geschichte in Basel, daneben Lehrtätigkeit in Bern, Zürich und Freiburg, mehrere durch den SNF finanzierte Forschungsprojekte (u.a. Neueditionen von Schriften von Jacob Burckhardt), politisch aktiv als Grossrat und Bürgerrat.

Toni Bürgin (*1957) hat an der Universität Basel Biologie studiert und bei David G. Senn eine Doktorarbeit über die Schädelasymmetrie der Plattfische verfasst. Nach einem Aufenthalt an der Universität Leiden/NL bearbeitete er im Rahmen eines Nationalfonds-Projektes fossile Fische aus der Mittleren Trias des Monte San Giorgio. Seit März 1996 ist er Direktor des Naturmuseums St. Gallen.

Thomas R. Bürglin (*1959) hat am Biozentrum der Universität Basel Biologie studiert und promovierte 1987. Nach einem Postdoc an der Harvard Medical School von 1988 bis 1994 leitete er eine Forschungsgruppe am Biozentrum von 1994 bis 2001, wo er 2001 habilitierte. Von 2001 bis 2014 war er am Karolinska Institutet in Schweden tätig. Jetzt lehrt und forscht er am Departement Biomedizin der Universität Basel.

Paul Burger (*1956), Prof. Dr., leitet den Fachbereich Nachhaltigkeitsforschung im Departement Gesellschaftswissenschaften der Universität Basel. Er ist auch Head des Upper Rhine Clusters for Sustainability Research und zusammen mit Prof. Stefanie Hille Leiter des Arbeitsbereichs 2 zu «Change of Behavior» innerhalb des sozioökonomischen Energieforschungszentrums SCCER-CREST.

Peter Burri (1941–2016) promovierte in Geologie an der Universität Basel und arbeitete während 35 Jahren weltweit in der Explorationsindustrie. In Basel begleitete er seit 2005 das Projekt Deep Heat Mining kritisch und setzte sich für eine schweizweite Erforschung der Tiefengeothermie ein.

Roland Buser (*1945) em. Professor für Astronomie am Departement Physik der Uni Basel. Forschungsaufenthalte in Bonn-Hoher List, Edinburgh, U.C. Berkeley und Caltech. Berater der NASA am Space Telescope Science Institute in Baltimore und Gastprofessor in Strasbourg. Schwerpunkte in Forschung und Lehre: theoretische Photometrie; Struktur und Entwicklung von Galaxien, speziell der Milchstrasse; Naturphilosophie.

Franz Conen (*1964) kam 2003 von der School of Geosciences, University of Edinburgh, zu den Umweltgeowissenschaften an der Universität Basel, wo er als wissenschaftlicher Mitarbeiter weiterhin Wechselwirkungen zwischen Landflächen und der Atmosphäre untersucht.

Armin Coray (*1955), wissenschaftlicher Zeichner und Dozent an der Zürcher Hochschule der Künste und der Hochschule Luzern – Design & Kunst. Seit 1979 freier Mitarbeiter am Naturhistorischen Museum Basel, beschäftigen ihn u.a. die regionalen Erdbockkäfer-

Populationen sowie Heuschrecken und Wirbellose in Baumpilzen. Publikationen zu Biologie, Ökologie, Faunistik, Determination und Nomenklatur.

Philippe F.-X. Corvini (*1972), Biotechnologe, hat in Nancy (Frankreich) studiert und ist Professor für Umweltbiotechnologie und Leiter des Instituts für Ecopreneurship an der Hochschule für Life Sciences FHNW. Er hat wichtige Beiträge zum Nachweis von ipso-Substitution in Schadstoffabbauenden Bakterien geleistet. Er ist Vizepräsident der European Federation of Biotechnology und Mitglied des Beratenden Organs des BAFU für Umweltforschung.

Heinz Durrer (*1936) ist emeritierter Professor für Medizinische Biologie der Universität Basel. Dissertation bei Prof. A. Portmann; Lehrer am MNG und Kantonalen-Lehrerseminar BS (Methodik: Biologie Oberstufe); Habilitation über «Schillerfarben der Vögel»; Engagement im Naturschutz: Mithilfe beim Bau von 21 Naturschutzgebieten um Basel und dem Aufbau einer Forschungsstation in der Petite Camargue Alsacienne. Wissenschaftspreis der Stadt Basel (1992).

Dieter Ebert studierte Biologie in München und Alabama, USA und promovierte in Basel in Evolutionsbiologie. Postdoc in Russland, Panama und England, bevor er an die Universität Basel zurückkehrte. 2001 wurde er Ordinarius für Ökologie und Evolution an der Université de Fribourg und 2004 Professor für Zoologie und Evolutionsbiologie an der Universität Basel. Sein Spezialgebiet ist die Evolution und Koevolution von Wirten und ihren Symbionten.

Adrian Egli (*1978), PD Dr. med. Dr. phil., Leiter der Abteilung «Klinische Mikrobiologie» am Universitätsspital Basel, erforscht die komplexe Wechselwirkung von Menschen und Pathogenen auf unterschiedlichen Ebenen, von den molekularen Mechanismen des Individuums bis zu den Effekten auf eine gesamte Population. Dabei steht deren Bedeutung für die Übertragung von Pathogenen in einer Population im Fokus.

Ralph Eichler (*1947) promovierte in Physik an der ETH Zürich. Forschungstätigkeiten in Stanford, Los Alamos, Hamburg, Zürich und am Paul Scherrer Institut Villigen (PSI). 1989 Professor für Physik an der ETH Zürich. Von 1995 bis1997 Forschungsleiter in Hamburg und von 2002 bis2007 Direktor des PSI. Von 2007 bis 2014 Präsident der ETH Zürich. Ab 2015 Stiftungsratspräsident von Schweizer Jugend forscht.

Andreas Erhardt (*1951), Prof. em. für Botanik an der Universität Basel und Biologielehrer am Gymnasium Bäumlihof. Studierte in Basel Zoologie und promovierte bei Prof. Heinrich Zoller in Botanik. Postdoc an der University of California und am Wau Ecology Institute in Papua New Guinea. Forschungsschwerpunkte sind Blüten- und Reproduktionsbiologie von Pflanzen und Interaktionen von Pflanzen und Insekten, vor allem Schmetterlingen.

Beat Ernst (*1959), Biologe und Fotograf. Arbeitet als selbständiger Fotograf in Basel mit den Schwerpunkten Architektur, Industrie und Wissenschaft. Führt ein Bildarchiv mit 13 000 Fotografien von 1850 Nutz- und Arzneipflanzen. Projektleiter des Umweltbildungsportals «regionatur.ch» (Natur und Landschaft der Region Basel).

Walter Etter (*1958) studierte an der Universität Zürich Biologie und Paläontologie und promovierte 1990. Es folgte ein Postdoc an der USC in Los Angeles. Seit 2001 ist er am Naturhistorischen Museum Basel als Kurator in der geowissenschaftlichen Abteilung tätig und hier verantwortlich für die grosse Sammlung wirbelloser Fossilien.

Klaus C. Ewald (*1941), Promotion und Habilitation in Geographie an der Universität Basel. 1987 bis 1993 Ordinarius für Landespflege an der Albert-Ludwigs-Universität Freiburg i.Br.; 1988 bis 1990 Dekan der Forstwissenschaftlichen Fakultät der Uni Freiburg; 1993 bis 2006 Ordinarius für Natur- und Landschaftsschutz an der ETH Zürich. 1970 Friedrich Metz Förderpreis für Diss. 1983 Ehrenmitgliedschaft der Naturforschenden Gesellschaft Baselland.

Ingrid Felger (*1955), Biologiestudium und Promotion an der Universität Tübingen. Dreijähriger Forschungsaufenthalt zum Thema Molekulare Epidemiologie der Malaria in Papua Neuguinea. Seit 1996 am Schweizerischen Tropen- und Public Health-Institut als Leiterin der Forschungsgruppe Molekulare Diagnostik. Titularprofessorin für Infektionsbiologie an der Universität Basel.

Thierry Freyvogel (*1929), Studium der Zoologie an der Universität Basel, Dissertation über den Verlauf der Malaria unter Einwirkung des Höhenklimas unter der Leitung von Prof. Rudolf Geigy. Aufbau und Leitung des Feldlaboratoriums des Schweizerischen Tropeninstituts (FLSTI) in Ifakara. 1972 bis 1987 Vorsteher des Schweizerischen Tropeninstituts. 1974 Wissenschaftspreis der Stadt Basel.

Haroun Frick (*1957) hat an der Universität Basel Biologie studiert und in Meeresbotanik diplomiert. Nach Kursen in Meeresbotanik an der Hopkins Marine Station der Stanford University (Kalifornien, USA) promovierte er an der Universität Zürich, wo er Blaualgen (Cyanobakterien) züchtete, um Proteine zu gewinnen. Seit sechs Jahren ist er Lehrbeauftragter der Universität Basel zum Thema «Biologie der Algen».

François Fricker (*1939), Professor für Mathematik an der Justus-Liebig-Universität Giessen (1973 bis 2004). Regelmässige Features in namhaften deutschsprachigen Zeitungen und Zeitschriften, wöchentliche Kolumne für *Das Magazin* und für die *NZZ am Sonntag*.

Kurt M. Füglister (*1947), Zoologe, hat in Zürich und Basel studiert und als Biologielehrer am Gymnasium Bäumlihof unterrichtet. Lehrbeauftragter für Fachdidaktik Biologie an der Universität Basel und Prof. em. an der Pädagogischen Hochschule der Nordwestschweiz, Initiator und Koordinator für Bildungsprogramme: Ökotage, bio24, ETH-Fallstudien, Bildungsplan für die Gymnasien Basel-Stadt.

Martin Fussenegger (*1968) ist Professor für Biotechnologie und Bioingenieurwissenschaften an der ETH Zürich. Er studierte Molekulare Mikrobiologie am Biozentrum der Universität Basel. Martin Fussenegger hat das Departement Biosysteme der ETH Zürich in Basel mit aufgebaut und ist Mitglied der Schweizer Akademie für Technische Wissenschaften sowie der Kommission für Technologie und Innovation.

Sebastien Gagneux (*1969) ist Professor für Infektionsbiologie an der Universität Basel und Leiter der Tuberkuloseforschung am Schweizerischen Tropen- und Public Health-Institut. Studium und Promotion in Basel, Postdocs in Stanford und Seattle (USA), und bis 2010 Forschungsgruppenleiter am Medical Research Council in London (GB). Seine Forschung befasst sich mit der Ökologie und Evolution der Tuberkulose.

Eugen Silvano Gander (*1941), Biologiestudium an der Uni Basel, Dissertation am STI unter der Leitung von Prof. Dr. T.A. Freyvogel. Postdoc am ISREC, Northwestern University und Université Paris VI. Seit 1974 Professor für Molekularbiologie an der Universidade de Brasília, seit 1982 Projektleiter an der Empresa Brasileira de Pesquisa Agropecuária. Generelles Arbeitsgebiet: Regulationsmechanismen der Genexpression.

Susan M. Gasser (*1955) ist Direktorin des Friedrich Miescher Institute for Biomedical Research (FMI) und Professorin für Molekularbiologie an der Universität Basel. Sie studierte Biologie und Biophysik an der Universität Chicago und doktorierte am Biozentrum in Biochemie. Es folgten Forschungstätigkeiten am ISREC und an der Universität Genf. Sie interessiert sich für die Mechanismen im Zellkern, die die Vererbung des Genoms beeinflussen.

Jürgen Gebhard (*1940), Dr. rer. nat. h.c. (Uni Erlangen-Nürnberg, 1998), Dr. phil. h.c. (Uni Basel, 1998). Bis 2005 als Zoologischer Präparator am Naturhistorischen Museum Basel tätig. Ab 1978 Forschungs- und Schutzprojekte mit Fledermäusen in der Region Basel (teilweise nebenamtlich, meist aber in der Freizeit). Betreuung von Diplom- bzw. Masterarbeiten und einer Dissertation.

Ila Geigenfeind (*1978), Studium der Biologie I an der Universität Basel. 2015 Diplom in Wirbeltierbiologie bei Prof. David G. Senn. 2011 Promotion in Epidemiologie bei Prof. Daniel Haag-Wackernagel. Mehrjährige Assistenz in der Lehre während des Studiums. Lehrdiplom für Maturitätsschulen. Seit 2012 Ausstellungskuratorin für Naturwissenschaften im Museum.BL in Liestal.

Daniel L. Geiger (*1967) ist in Basel aufgewachsen und hat sein Diplom in Biologie I bei David Senn abgeschlossen. Nach Dissertation und Lehraufträgen an der University of Southern California in Los Angeles ist er nun Curator of Malacology (Weichtierkunde) am Santa Barbara Museum of Natural History. Neben marinen Schnecken gilt sein Interesse der Orchideengattung *Oberonia*.

Laurent Gelman (*1970), Leiter der «Facility» für Mikroskopie und Bildverarbeitung am Friedrich Miescher Institut in Basel seit 2010. Studium am Institut National Agronomique in Paris und Doktorarbeit in Molekularbiologie am Institut Pasteur in Lille und der Universität in Strassburg. Nach dem Postdoc am IGBMC in Strassburg, Maître-Assistant an der Universität in Lausanne.

Oreste Ghisalba (*1946), Prof. em. für Biotechnologie an der Universität Basel. Bis 2008 Leiter der Biokatalyseforschung bei Ciba-Geigy/Novartis. 1991 bis 2002 Leiter des Schwerpunktprogramms Biotechnologie des Schweizerischen Nationalfonds, 1996 bis 2010 Mitglied Leitungsausschuss TA Swiss, 1997 bis 2015 Mitglied der Kommission für Technologie und Innovation KTI. Seit 2016 Ehrenmitglied der NGiB.

Roberto Giobbi (*1959) ist freischaffender Zauber-künstler, Fachschriftsteller und Seminarleiter. Sein fünf-bändiges Werk *Grosse Kartenschule* ist in acht Sprachen erschienen und gilt als Standardwerk. Er ist Mitglied der Escuela Magica de Madrid, einer modernen Denkschule der Zauberkunst, der weltweit vierzig Mitglieder ange-hören. International errungene Titel in Zauber- und Illusionskunst runden sein Profil ab.

Sacha Glardon (*1969) hat am Biozentrum der Univer-sität Basel Biologie studiert und 1998 bei Prof. Walter J. Gehring über die genetische Kontrolle der Entwicklung der Augen promoviert. Als Postdoc im Labor von Prof. Gehring und danach in der Hoffmann La Roche AG als Clinical Scientist in der Medikamentenentwicklung tätig. Seit 2004 Biologie- und Chemielehrer am Gymnasium Bäumlihof.

Stefan Graeser (*1935), Prof. em. für Mineralogie. Stu-dium in Bern bei Prof. Ernst Niggli, 1964 Promotion über ein Thema im Binntal. Postdoc in Isotopen-Geologie in Bern. Ab 1969 Naturhistorisches Museum in Basel. 1971 Habilitation an der Universität Basel. Forschungs-schwerpunkte: Mineralbildung in den Alpen. Seit über dreissig Jahren CH-Repräsentant in der Commission on New Minerals, Nomenclature and Classification (CNMNC).

Christian Griot (*1957) ist seit 1994 Leiter des Instituts für Virologie und Immunologie in Mittelhäusern und Bern. Er hat an der Universität Zürich Veterinärmedizin studiert und an der ETH Zürich dissertiert. 2006 erlang-te er den Master of Public Administration der Universi-tät Bern. Seit 2016 hat er zusätzlich eine Professur an der Vetsuisse-Fakultät der Universität Bern.

Ueli Grossniklaus (*1964) ist Direktor des Instituts für Pflanzen- und Mikrobiologie und Professor für Entwick-lungsgenetik der Pflanzen an der Universität Zürich. Er studierte an der Universität Basel und promovierte 1993 bei Walter J. Gehring am Biozentrum. Danach leitete er eine Forschungsgruppe am Cold Spring Harbor Labora-tory in New York, bevor er 1999 in die Schweiz zurück-kehrte. Er erforscht die molekularen Mechanismen der pflanzlichen Reproduktion und der epigenetischen Ver-erbung.

Stephan Grzesiek (*1959) ist Professor für Strukturbio-logie am Biozentrum der Universität Basel. Er studierte Biophysik an der FU Berlin und arbeitete bei Hoff-mann-La Roche, an den National Institutes of Health, USA, und an der Universität Düsseldorf. Er entwickelt

Kernspinresonanzmethoden zur Bestimmung der Struk-tur und Dynamik von Biomolekülen. Von 2008 bis 2016 Mitglied des Schweizer Nationalen Forschungsrates.

Bernardo Gut (*1942) aufgewachsen in Argentinien, studierte Naturwissenschaften in Zürich, wo er 1965 promoviert wurde. Von 1967 bis 2005 unterrichtete er Naturwissenschaften, Philosophie und Spanisch am Gymnasium Münchenstein. Er schrieb über die Konsis-tenz formaler Systeme und veröffentlichte ein Buch über Bäume in Patagonien.

Daniel Haag-Wackernagel (*1952) ist Biologe, lehrt und forscht an der Medizinischen Fakultät der Univer-sität Basel. Er interessiert sich vor allem für die vielfäl-tigen Interaktionen des Menschen mit dem Tier.

Daniel R. Haefelfinger (*1960) studierte in Basel und Zürich, promovierte bei Prof. H. F. Rowell in Biologie und arbeitet als Biologielehrer am Gymnasium Münchenstein.

Flavio Häner (*1983), Promotion in Basel, wissenschaft-licher Mitarbeiter im Pharmazie-Historischen Museum der Universität Basel, Wissenschaftshistoriker und Kulturgüterschützer, Autor des Buchs *Dinge sammeln – Wissen schaffen. Die Geschichte der naturhistorischen Sammlungen in Basel, 1735–1850.*

Ambros Hänggi (*1957) hat an der Universität Bern promoviert (Naturschutzfragestellungen am Beispiel von Spinnen). Seit 1990 ist er in verschiedenen Funk-tionen am Naturhistorischen Museum in Basel tätig und hat in Genf und Basel mehrere Masterarbeiten und Dis-sertationen mit Spinnen betreut.

Hannes Hänggi (*1978), dipl. phil. nat. Geologe, Projekt-leiter Sachplan geologische Tiefenlager.

Ernst Hafen (*1956) ist Professor am Institut für Mole-kulare Systembiologie und ehemaliger Präsident der ETH Zürich. Er hat ein starkes Interesse an der Genomfor-schung und der personalisierten Medizin. 2012 gründete er den Verein «Daten und Gesundheit» und 2015 die Genossenschaft MIDATA, die ihren Mitgliedern eine sichere Speicherung, Verwaltung und Kontrolle ihrer persönlichen Daten ermöglicht.

Leonhard Hagmann (*1958), aufgewachsen in Wohlen (AG), wohnhaft in Therwil. Chemiestudium und Disser-tation an der ETH Zürich, Postdoc an der Scripps Insti-tution of Oceanography in La Jolla, San Diego, USA.

Naturstoffchemiker bei Sandoz Agro in Basel, LC-NMR-Spektroskopiker bei Novartis Crop Protection in Basel, NMR-Spektroskopiker für Strukturaufklärung von Agrowirkstoffen bei Syngenta in Stein (AG).

Georg Halder (*1967) ist Professor für Genetik an der Universität Leuven in Belgien. Er studierte an der Universität Basel und hat 1996 bei Walter Gehring promoviert. Nach einem Postdoc an der Universität von Wisconsin in Madison war er Professor am MD Anderson Cancer Center in Houston Texas von 2000 bis 2012. Seine Forschung beschäftigt sich mit Organwachstum und Regeneration in Drosophila und der Maus mit Fokus auf den Hippo-Signalweg.

Christoph Handschin (*1973), aufgewachsen in Gelterkinden, hat in Basel studiert und doktoriert. Nach einem Forschungsaufenthalt an der Harvard Medical School in Boston wurde er auf eine Assistenzprofessur am Physiologischen Institut der Universität Zürich berufen. Heute arbeitet er als Ordinarius am Biozentrum der Universität Basel und erforscht die molekularen Grundlagen der Skelettmuskulatur.

Renée Heilbronner (*1950) war bis 2015 Professorin für Geowissenschaften an der Universität Basel. Ihr Hauptinteresse sind die geophysikalischen Aspekte der Gesteinsdeformation, welche sie mit Methoden der digitalen Bildanalyse untersucht. Seit 2009 gibt sie auch regelmässig Vorlesungen an der Volkshochschule beider Basel zum Thema «Tatort Plattengrenze».

Matthias Hempel (*1982) Physikstudium im Fachbereich Physik der Universität Frankfurt am Main, Promotion in Physik an der Universität Heidelberg. Seit 2010 wissenschaftlicher Mitarbeiter am Departement Physik der Universität Basel. Forschungsschwerpunkte: Neutronensterne, Sternenexplosionen, Zustandsgleichung.

Hans Hess (*1930), Studium Pharmazie, Dr. phil., Dr. phil. h.c. Uni Basel (1989). Industrieapotheker Ciba-Geigy bis 1991. Paläontologie als Hobby, Schwerpunkt Stachelhäuter. Neunzig paläontologische Publikationen. Korrespondierendes Mitglied Paläontologische Gesellschaft (D). Freiwilliger Mitarbeiter Naturhistorisches Museum Basel.

Adrian Heuss (*1975) ist Partner und Berater bei der Kommunikationsagentur advocacy ag in Basel und Zürich. Er hat am Biozentrum der Universität Basel studiert, danach die Ringier Journalistenschule in Zofingen ab-

solviert und als freier Wissenschaftsjournalist gearbeitet. Seit über zehn Jahren ist er als Berater im Bereich Wissenschafts- und Gesundheitskommunikation tätig.

Volker Heussler (*1962) ist molekularer Parasitologe und hat seine Dissertation über parasitische Trematoden verfasst. Derzeit ist er amtierender Direktor des Instituts für Zellbiologie der Universität Bern. Er arbeitet seit vielen Jahren eng mit Kollegen des Tropeninstituts Basel auf dem Gebiet der Malariaforschung zusammen.

Martin Hicklin (*1943), Wissenschaftsjournalist, arbeitet seit 1965 in Basler Zeitungen. 1979 bis 2003 war er Mitglied der Chefredaktion der Basler Zeitung, schreibt dort Kolumnen, darunter eine für Kinder. 2004 war er an der Gründung der Kinder-Uni beteiligt und wurde 2011 Ehrendoktor der Universität Basel. Als Ehrenmitglied der Naturforschenden Gesellschaft Basel arbeitete er an der Redaktion dieses Buches mit.

Sebastian Hiller (*1976) ist Professor für Strukturbiologie am Biozentrum der Universität Basel. Er studierte an der ETH Zürich und promovierte bei Kurt Wüthrich. Danach war er Postdoc an der Harvard Medical School. Seine Forschung verwendet hochauflösende Kernspinresonanzspektroskopie (NMR), um biophysikalische Grundeigenschaften molekularer Systeme, insbesondere von Chaperonen der Membranproteinbiogenese, zu verstehen.

Erika Hiltbrunner (*1962), Biologiestudium und Promotion an der Universität Basel. Forschungstätigkeiten über waldökologische Themen an der ETH Zürich und am Institut für Angewandte Pflanzenbiologie (Schönenbuch). Seit 2002 Forschungsschwerpunkt in alpiner Ökologie, Geschäftsführerin der Alpinen Forschungs- und Ausbildungsstation ALPFOR nahe dem Furkapass (www.alpfor.ch). Lebt in Isenthal (UR).

Simon Hohl (*1993), MSc Biologe, seit Kindesalter von der Ornithologie fasziniert. Seine Masterarbeit befasst sich mit dem Einfluss menschlicher Störungen auf den Gesang der Nachtigall. Seit 2010 verfolgt er mehr oder weniger systematisch den herbstlichen Vogelzug im Oberbaselbiet, vor allem von Liestal aus.

Barbara Hohn (*1939), Prof. em., studierte Chemie, Biochemie und Molekularbiologie in Wien, Tübingen und Stanford. Ihre Forschungstätigkeit als Gruppenleiterin am Friedrich Miescher Institut in Basel führte zu bahnbrechenden Resultaten bezüglich dem Zusammenbau von Viren, der Transformation von Bakterien und Pflanzen, der genetischen Rekombination und schliesslich der Epigenetik. Wissenschaftspreis der Stadt Basel 1992.

Thomas Hohn (*1938), Prof. em., Virologe und Molekularbiologe. Studien in Wien, Tübingen und Stanford, Gruppenleiter am Biozentrum, am Friedrich Miescher Institut, Basel und am Botanischen Institut, Uni Basel. Forschungsschwerpunkt Pflanzenvirologie (Replikationszyklus, Charakterisierung der Gene und ihrer Funktionen, Assembly, Transcription und Translation, intrazelluläre Lokalisation).

Patricia Holm (*1959), Prof. Dr. rer. nat. Leiterin Forschungseinheit Mensch-Gesellschaft-Umwelt, Departement Umweltwissenschaften der Universität Basel. Umweltforschungspreis der Universität Bern. Forschungsschwerpunkte: Ökologie und Ökotoxikologie antarktischer Fische, Auftreten und Auswirkungen von Mikroplastik, Invasionsbiologie und -ökologie von Schwarzmeergrundeln.

Rosmarie Honegger (*1947) ist em. Professorin für Pflanzenbiologie und Mykologie der Universität Zürich. Seit Kindesbeinen an Pflanzen, Pilzen und insbesondere Flechten interessiert, hat sie in Basel Biologie mit Hauptfach Botanik studiert. Nach intensiver zell- und molekularbiologischer Forschungs- und Lehrtätigkeit an der Universität Zürich folgte seit der Emeritierung die Untersuchung fossiler Flechten und Pilze.

Ann-Christin Honnen (*1981), seit Januar 2017 Postdoktorandin am Swiss TPH (invasive Stechmücken), Studium der Biologie an der Christian-Albrechts-Universität zu Kiel, danach Promotion über die Auswirkungen künstlichen Lichts in der Nacht auf Stechmücken an der FU Berlin.

Werner Huber (*1944) Chemielaborant. Studiert seit fast vierzig Jahren die Tag- und Nachtfalterwelt in der Region Basel.

Peter Huggenberger (*1955), Prof. Dr., promovierte an der ETH Zürich. Seit 1997 Leiter der Forschungsgruppe Angewandte und Umweltgeologie der Uni Basel und Beauftragter der Uni Basel für Kantonsgeologie. Schwerpunkte der Forschung bilden die Prozesse der Grundwasserzirkulation und die nachhaltige Bewirtschaftung von Wasser- und Energieressourcen im Untergrund von urbanen Gebieten.

Matthias Hunziker (*1984) hat 2011 an der Universität Basel den Master in Geographie gemacht. Seitdem schreibt er eine Dissertation über die Eigenschaften des Bodenkohlenstoffs in sich ändernden Systemen, mit Aufenthalten in Island, Grönland und in den Alpen, und macht sich häufig die vielseitige Anwendbarkeit einer GIS-Software in Forschung und Lehre zunutze.

Peter Itin (*1955), Medizinstudium an der Universität in Basel. 1992 Habilitation zum Thema Trichothiodystrophie nach einem Forschungsaufenthalt an der Mayo Clinic in Rochester, Minnesota. Leiter Dermatologie am Kantonsspital Aarau von 1997 bis 2006, danach Chefarzt Dermatologie am Unispital Basel. Schwerpunkt: genetische Hautkrankheiten.

Urs Jenal (*1961), Prof. für molekulare Mikrobiologie am Biozentrum der Universität Basel. Studierte und promovierte an der ETH Zürich und ist nach einem Forschungsaufenthalt an der Stanford University seit 1996 an der Universität Basel tätig. Seine Forschung beschäftigt sich mit der Frage, wie Bakterien ihr Wachstum und Verhalten steuern und wie dies bei Krankheitskeimen zur Ausbildung von chronischen Infektionen beiträgt.

Leo Jenni (*1941), Professor em. für medizinische Parasitologie und Umweltwissenschaften am Schweizerischen Tropeninstitut (ehemals STI) und der Stiftung Mensch-Gesellschaft-Umwelt (MGU) des Kantons Basel-Landschaft an der Uni Basel. Dissertation bei Prof. Rudolf Geigy (STI). Verschiedene Forschungsaufenthalte in England, Ostafrika und in den USA. Wissenschaftspreis der Stadt Basel 2001.

Lukas Jenni (*1955), Prof. Dr., Wissenschaftlicher Leiter der Schweizerischen Vogelwarte Sempach und Titularprofessor an der Universität Zürich. Forschungsschwerpunkte: Ökophysiologie der Zugvögel, Mauser der Vögel, Auswirkungen von Umweltveränderungen und Klimawandel auf die Vogelwelt.

Thomas Jermann (*1960) hat an der Universität Basel Biologie studiert und bei David Senn über semiamphibische Fische dissertiert. Seit 1994 arbeitet er im Zoo Basel als Kurator des Vivariums. Zwischen 2005 und 2011 war er zudem Zoofotograf. Er hält gelegentlich Vorlesungen oder führt Exkursionen zu marinbiologischen Themen durch.

Thomas Jung (*1962) hat an der ETH Zürich Physik studiert. Um neue, mechanische und kontakfreie magnetische Kontrastverfahren mit dem kurz davor erfundenen Kraftmikroskop zu entwickeln, kam er 1987 an die Uni Basel. Im Nanolab in Basel erforscht er als Professor neue Formen der Selbstorganisation und Chemie an Oberflächen, so auch am Paul Scherrer Institut mit Röntgenlicht.

Markus Kappeler (*1951), Studium der Zoologie in Basel. Doktorat 1981 mit einer Feldstudie zu Verhalten, Ökologie und Bestandssituation des Silbergibbons auf Java. Zahlreiche Reisen in die Tropen der Alten und Neuen Welt − von Galapagos im Westen bis Samoa im Osten. Freischaffender Publizist.

Liam Keegan (*1957) studied Biology at University College Dublin and completed his PhD at Harvard University. After post-doctoral training with Professor Walter Gehring in Basel from 1990 to 1996, he became a senior research scientist at the MRC Human Genetics Unit in Edinburgh. He is presently a Principal Investigator at the new Central European Institute for Technology (CEITEC), at Masaryk University Brno, in the Czech Republic.

Georg Keller (*1980) ist Forschungsgruppenleiter am Friedrich Miescher Institut in Basel. Er studierte an der ETH Zürich Physik und hat in Neuroinformatik an der ETH Zürich und der Universität Zürich doktoriert. Seit seinem Forschungsaufenthalt am Max-Planck-Institut für Neurobiologie in Martinsried, Deutschland, untersucht er die visuelle Verarbeitung im Gehirn und wie Erwartungen die Wahrnehmung beeinflussen.

Urs Kloter (*1956), Chemielaborant und Weiterbildung in Agrobiologie. Von 1982 bis 2009 in der Forschungsgruppe von Prof. W. J. Gehring im Biozentrum der Uni Basel, Abteilung Zellbiologie mit Schwerpunk Drosophila-Genetik und Entwicklungsbiologie. Seit 2009 Biologieassistent im Gymnasium Bäumlihof in Basel.

Boris A. Kolvenbach (*1979) promovierte bei Prof. Andreas Schäffer am Lehrstuhl für Umweltwissenschaften der RWTH Aachen. Er ist wissenschaftlicher Mitarbeiter am Institut für Ecopreneurship der Hochschule für Life Sciences, Fachhochschule Nordwestschweiz. Seine Forschungsschwerpunkte sind Umweltmikrobiologie und der Abbau organischer Schadstoffe in der Umwelt.

Shigeru Kondo (*1958) obtained his PhD in Immunology from the University of Kyoto and absolved a post-doctoral training in Developmental Biology at the Biocenter in Basel, under supervision of Prof. Walter

Gehring. At present, he is full Professor at the University of Osaka, exploring the mechanisms that guide morphogenesis and 3D patterning, from both a theoretical and an experimental perspective.

Christian Körner (*1949), emeritierter Professor für Botanik. Er promovierte an der Universität Innsbruck.1989 bis 2014 Ordinarius an die Universität Basel. Interessensschwerpunkte spiegeln sich in Lehrbüchern wie *Alpine Plant Life* oder *Alpine Treelines*. International bekannt ist seine Gruppe für CO_2-Forschung. Studierenden ist Christian Körner als einer der vier Autoren des Standard-Botaniklehrbuches *Strasburger* bekannt.

Annetrudi Kress (*1935) ist emeritierte Professorin für Histologie und Embryologie an der Medizinischen Fakultät der Universität Basel. Sie hat Zoologie studiert und an der Marinen Station in Plymouth (UK) zum Thema «Opisthobranchier» bei Prof. A. Portmann promoviert. Später erfolgte der Wechsel an das Anatomische Institut. Forschungsthemen beinhalteten Reproduktionsstudien u.a. bei Beuteltieren und Opisthobranchiern.

Nikolaus Kuhn (*1970) ist seit 2007 Professor für Physiogeographie an der Universität Basel. Nach dem Studium der Physischen Geographie spezialisierte er seine Forschungen auf Oberflächenprozesse und deren Bedeutung für das Systemverhalten von Landschaften. Regionale Schwerpunkte seiner Arbeit liegen in Trockengebieten und Gebirgsräumen.

Daniel Küry (*1958), Biologe, seit 1989 freiberuflich tätig im Natur- und Gewässerschutz, seit 1996 Teilhaber der Life Science AG sowie Lehrbeauftragter für Gewässerökologie an der Universität Basel. Redaktionskommission der regionalen wissenschaftlichen Zeitschriften, zahlreiche Publikationen zur Pflanzen- und Tierwelt sowie Lebensräumen der Region Basel, Webprojekt (www.regionatur.ch).

Alex Labhardt (*1950) hat nach dem Zoologie-Studium an der Universität Basel mit einer Feldarbeit zur Biologie des Braunkehlchens im Waadtland im Auftrag der Vogelwarte Sempach promoviert. Nach beruflicher Tätigkeit als Biologielehrer an einem Basler Gymnasium widmet er sich nun vermehrt seiner Leidenschaft, der Naturfotografie.

Jose Lachat (*1952) ist Zoologe und unterrichtete bis 2015 Biologie am Wirtschaftsgymnasium Basel. Seit 2007 arbeitet er zudem als wissenschaftlicher Mitarbeiter in der Forschungsgruppe «Integrative Biologie» am Departement Biomedizin der Universität Basel. Er interessiert sich in seiner wissenschaftlichen Arbeit vor allem für das Verhalten und die Ökologie mariner Organismen sowie im Speziellen für das Verhalten einheimischer Amphibien.

Martin Langer (1959), Prof. für Mikropaläontologie an der Universität Bonn. Promotion an der Universität Basel bei Lukas Hottinger (1989). Forschungsschwerpunkte in der Biogeographie, Biodiversität und Paläobiologie rezenter und fossiler Protisten und in der angewandten und industriellen Mikropaläontologie. 2011 Lehrpreis der Universität Bonn.

Ronny Leemans (*1958) studied biology at the University of Ghent (Belgium) and obtained his doctoral degree at the Laboratory of Molecular Biology, under supervision of Prof. Walter Fiers. Following a postdoctoral training at the laboratories of Prof. Walter Gehring and Prof. Heinrich Reichert at the Biocenter in Basel, he became senior scientist at the Institute of Molecular Biology in Barcelona. Currently, he works as a freelance science journalist.

Maria Lería Morillo (*1976) ist in Sevilla aufgewachsen und hat dort und in Florenz, Berkeley und Barcelona Kunstgeschichte studiert. In ihrer 2015 abgeschlossenen Dissertation untersucht sie die Wechselbeziehung zwischen Kunst und Wissenschaft am Beispiel der Basler Mikropaläontologen Manfred Reichel und Lukas Hottinger. Derzeit forscht und unterrichtet sie an der Facultad de Bellas Artes der Universität Barcelona.

Urs B. Leu (*1961) leitet die Abteilung Alte Drucke und Rara der Zentralbibliothek Zürich. Er studierte Geschichte, Kirchengeschichte, Mittellatein, Altertumswissenschaften und Paläontologie an den Universitäten Zürich, Frankfurt und Heidelberg. 2010 war er Stipendiat der Princeton University Library. Er ist Verfasser verschiedener Publikationen zur frühneuzeitlichen Buch-, Kirchen- und Wissenschaftsgeschichte.

Felix Liechti (*1957) ist Leiter der Abteilung Vogelzugforschung der Schweizerischen Vogelwarte Sempach und Lehrbeauftragter an der Universität Basel. Er studierte an der Universität Zürich und promovierte in Zoologie an der Universität Basel. Seine Forschung beschäftigt sich mit dem Einfluss der Umwelt auf das Zugverhalten der Vögel. Sein Spezialgebiet ist die Erforschung des Zuges mit Hilfe von Radargeräten.

Marc Limat (*1970), Dipl. Biologe, Leiter Museum.BL.

Patrick Linder (*1954) ist in Basel aufgewachsen und hat am Biozentrum studiert. Nach der Dissertation in Genf verbrachte er drei Jahre in Gif-sur-Yvette. Danach kehrte er nach Basel zurück, wo er während sieben Jahren eine Forschungsgruppe leitete. 1994 zog es ihn wieder nach Genf, an die medizinische Fakultät. Seine Forschung behandelt RNS-Metabolismus in Bakterien. Er ist ordentlicher Professor und leitet die Abteilung für Mikrobiologie und molekulare Medizin an der Universität Genf.

Lilla Lovász (*1982) war zunächst Journalistin in Ungarn und studierte dann Biologie an der University of West Hungary. Seit 2015 setzt sie ihre Studien am Zoologischen Institut der Universität Basel fort. Sie arbeitet an der Forschungsstation Petite Camargue Alsacienne, erforscht dort die Ökologie der Vögel und hilft bei Planung und Erfolgskontrolle der Renaturierung in der Petite Camargue.

Henryk Luka (*1960) wurde in Lipnica Mała (Polen) geboren. Er studierte Landwirtschaft in Krakau und promovierte an der Universität Basel. Seit 1991 arbeitet er als Projektleiter am Forschungsinstitut für biologischen Landbau in Frick sowie an der Universität Basel, Departement Umweltwissenschaften. Zur seinen Arbeitsgebieten gehören Funktionelle Biodiversität sowie Taxonomie und Biogeographie der Käfer.

Hanspeter Luterbacher (*1938) studierte an der Universität Basel Geologie und Paläontologie. Dissertation mit einem mikropaläontologischen Thema. Stipendiat des Nationalfonds am Naturhistorischen Museum Basel, Mikropaläontologe bei Esso Production Research, Bègles. 1978 bis 2003: Lehrstuhl für Mikropaläontologie an der Universität Tübingen. Heute Mitarbeiter am Museu Geològic del Seminari, Barcelona.

Felicitas Maeder (*1946), Sekretärin verschiedener Nonprofit-Institutionen, zuletzt im Lehr- und Forschungsprogramm MGU/Uni Basel. Weiterbildung in Kulturmanagement, Engagement im Kultur- und Umweltbereich. Seit 1998 ehrenamtliche Mitarbeiterin am Naturhistorischen Museum Basel, Initiantin des Projekts «Muschelseide». 2012 Ehrendoktorin der Philosophisch-Historischen Fakultät der Uni Basel.

Pascal Mäser (*1969) leitet die Parasite Chemotherapy Unit am Swiss TPH und ist Professor für Parasitologie und Protozoologie an der Universität Basel. Seine Forschung zielt auf die Entwicklung neuer Medikamente gegen Malaria und die Afrikanische Schlafkrankheit ab. Vorstandsmitglied der NGiB.

Timm Maier (*1974) in Göttingen, Deutschland. Studium der Biochemie an der Universität Tübingen, Doktorarbeit in Strukturbiologie an der Freien Universität Berlin. Postdoc und Oberassistent an der ETH Zürich. Von 2011 bis 2016 Assistenzprofessor und seit 2016 ausserordentlicher Professor für Strukturbiologie an der Universität Basel.

Hanspeter Marti (*1954) studierte Biologie an der Universität Basel. Dissertation in Tansania über die Zwischenwirtschnecken der Blasenbilharziose, einer Wurmkrankheit des Menschen. Er leitet das Diagnostik-Zentrum des Swiss TPH, das als nationales Referenzzentrum auf die Diagnose von Parasitenerkrankungen des Menschen spezialisiert ist.

Jürg Meier (*1954) studierte an der Universität Basel Biologie und promovierte 1983 bei Professor Thierry A. Freyvogel über das Gift südamerikanischer Lanzenottern. Er ist Titularprofessor für Zoologie an der Universität Basel und Inhaber einer Beratungsfirma. Seit 2002 ist er Präsident der Gemeinsamen Tierversuchskommission der Kantone Baselstadt, Baselland und Aargau.

Marion Mertens (*1969) hat Umweltwissenschaften an der TU Braunschweig studiert und anschliessend an der Universität Bayreuth mit einem See-Sanierungsprojekt doktoriert. Danach leitete sie während vier Jahren ein Projekt zum Schutz schweizerischer Fischbestände an der Eawag. Seit 2008 arbeitet sie für die Life Science AG. Zusammen mit Kollegen schrieb sie das Buch *Der Lachs, ein Fisch kehrt zurück.*

Christian A. Meyer (*1956), Prof. Dr. für Paläoökologie an der Universität Basel, Terrestrische und randmarine Ökosysteme des Mesozoikums, 2000 bis 2017 Direktor Naturhistorisches Museum Basel, 1997 Goldmedaille für hohe Verdienste um die Stadt Olten, 2003 Huesped Illustre del Ciudad de Sucre (Bolivien), 2009 Prix Wartenfels.

Ernst Meyer (*1962) ist Professor für Experimentalphysik an der Universität Basel. Er ist Experte im Bereich der Rastersonden-Mikroskopie, insbesondere der Rasterkraftmikroskopie, und untersucht elektrische und mechanische Phänomene auf der Nanometerskala.

Sandro Meyer (*1990) ist Doktorand am Institut für Natur-, Landschafts- und Umweltschutz(NLU) der Universität Basel. 2015 Master in Ökologie und Evolution an der Universität Bern. Von 2008 bis 2012 Bachelor bei der University of Dundee, Schottland. Derzeit untersucht er die Auswirkungen von Urbanisierung auf Ökosystemleistungen und Pflanzengallen.

Andreas Moser (*1956) studierte Biologie an der Universität Basel und promovierte bei Prof. Thierry Freyvogel. Seit 1987 Wissenschaftsjournalist, Redaktor und Tierfilmer, seit 1993 Redaktionsleiter und Moderator der Sendung «NETZ NATUR» beim Schweizer Radio und Fernsehen in Zürich. 2006 Ehrendoktorat der Vetsuisse-Fakultät der Universität Zürich sowie diverse Medienpreise.

Moyna K. Müller (1966), Diplom an der Universität Basel mit einer Arbeit über «Die Fischfauna der Solothurner Schildkrötenkalke». 1985 wanderte sie nach Neuseeland aus. Zurzeit Doktorandin an der University of Otago mit dem Thema «Wie der Weg von Land zu Wasser die Schultermorphologie der Waltiere beeinflusste».

Oliver Müller (*1989) studierte bis 2014 Physik an der Universität Basel, an der er derzeit in Astronomie promoviert. Schwerpunkt der Dissertation ist die Suche nach Zwerggalaxien im nahen Universum und ihre Implikationen für heutige kosmologische Modelle. In seiner Freizeit entwickelt er Computerspiele und bloggt über Astronomie.

Renate Müller Burckhardt (*1963) studierte Germanistik und Gräzistik an den Universitäten Basel und Hamburg. Abschluss lic. phil. I. Seit 1997 arbeitet sie am Naturhistorischen Museum Basel.

Edith Müller-Merz (*1944), Dissertation über Strukturanalysen rotaloider Foraminiferen, Universität Basel. Forschungsstudien über Symbionten von Foraminiferen am City College of New York. Mitarbeit in den mikropaläontologischen Sammlungen des Naturhistorischen Museum Basel. Freischaffende in Wissensvermittlung. Verantwortliche für Erdwissenschaften am Solothurner Naturmuseum.

Peter Nagel (*1950), Studium der Biologie und Geographie in Saarbrücken, Deutschland, dort auch Promotion und Habilitation. 1995 Berufung an die Universität Basel als Professor für Natur-, Landschafts- und Umweltschutz / Biogeographie. Umwelt- u. naturschutzrelevante Projekte in der Regio Basiliensis sowie in den (Sub)tropen Afrikas und Asiens. Fachgebiete: Biogeographie, ökologische und phylogenetische Entomologie; Spezialgebiet: Paussinae.

Rolf Niederhauser (*1951), lic. rer. pol., freier Schriftsteller in Basel. Publizierte Reportagen und Kolumnen (in *TA* und *BaZ-Magazin*) sowie Romane und Erzählungen, die sozialgeschichtliche Brennpunkte der Gegenwart fokussieren, zuletzt die Odyssee *Seltsame Schleife* (Zürich, 2014), worin eine wissenschaftliche Recherche zur Natur des menschlichen Bewusstseins in die persönliche Erfahrung jenes Missing Link mündet, der die Welt im Innersten nicht zusammenhält.

Erich Nigg (*1952) ist Professor für Zellbiologie und Leiter des Biozentrums der Universität Basel. Nach Studium und Doktorat an der ETH Zürich hat er in San Diego (USA), Zürich, Lausanne, Genf und München auf den Gebieten Zell- und Molekularbiologie geforscht und gelehrt. Seine experimentelle Forschung beschäftigt sich mit der Teilung menschlicher Zellen bzw. dem Einfluss von Störungen der Zellteilung auf verschiedene Krankheiten.

Andreas Ochsenbein (*1956), geboren und aufgewachsen in Langnau im Emmental. Von 1973 bis 1975 Ausbildung als Biologielaborant. 1985 Ausbildung als Tierpfleger. Von 1979 bis 2001 Mitarbeiter bei Prof. H. Durrer, seit 2001 Mitarbeiter bei Prof. D. Haag-Wackernagel. Seit 2002 Betreuer der Reservate Eisweiher/Wiesenmatten in Riehen.

Mary A. O'Connell (*1959) studied Molecular Biology at Albert Einstein College of Medicine New York with Lucy Shapiro. She did her postdoctoral training with Nancy Hopkins, M.I.T, and subsequently with Walter Keller at the Biozentrum in Basel. Thereafter she became Group Leader at the MRC and is the currently ERA Chair at CEITEC, Masaryk University, Czech Republic. Her research focuses on the role of RNA modification in innate immunity.

Martin Oeggerli, alias Micronaut, (*1974) promovierte in Molekularbiologie an der Universität Basel. Er arbeitet seit 2006 als Wissenschaftsfotograf. Seine Arbeit basiert auf der Rasterelektronenmikroskopie und wurde mehrfach ausgezeichnet, u.a.: International Photographer of the Year, Deutscher Preis für Wissenschaftsfotografie, Best Scientific Cover Image. Artikel und Bilder erscheinen in: BBC, *Cell*, *Nature*, *VOGUE* und *National Geographic*.

Jürg Oetiker (*1957) studierte Biologie und Chemie in Basel und promovierte 1989 am Friedrich Miescher Institut. Danach folgten Postdocs im NARO, Tsukuba (Japan), Plant Gene Expression Center, UC Berkeley (Kalifornien) und UC Davis (Kalifornien). Seit 1996 ist er am Botanischen Institut der Universität Basel und unterrichtet Pflanzenmolekularbiologie und Pflanzenphysiologie. Forschungsinteresse: Pflanzliche Hormone.

Hans Rudolf Olpe (*1947), PD Dr. em., unterrichtete Psychopharmakologie an der medizinischen Fakultät und Neurobiologie am Biozentrum in Basel. Er war tätig als Forscher und Manager in verschiedenen Funktionen in der Ciba-Geigy AG und Novartis AG. Studium und Promotion in Zoologie an der Universität von Basel, Weiterausbildung als Neurobiologe in Zürich, Mailand, New York und Irvine, Kalifornien.

Jens Paulsen (*1960) hat bei Prof. Zoller in Basel Biologie studiert und ist technischer und wissenschaftlicher Mitarbeiter am Botanischen Institut der Universität Basel. Er hat mit Prof. Körner mehrere Projekte im Zusammenhang mit Gebirge und Gebirgswald abgeschlossen. Wie bei Biologen üblich, gibt es bei ihm keine Trennung zwischen privaten und beruflichen Interessen.

Werner Pauwels (*1951) ist in Basel aufgewachsen und hat dort Zoologie, Botanik, Chemie und Geografie studiert. Nach der Oberlehrerausbildung WWF-Projekt in West-Jawa über Ökologie und Verhalten des Bindenschweins. Dissertation bei Rudolf Schenkel. Unterrichtete an verschiedenen Gymnasien in Basel, zuletzt am Gymnasium Leonhard.

Antoine Peters (*1968) ist Senior Group Leader am FMII und Professor für Epigenetik an der Universität Basel. Nach dem Studium der Molecular Life Sciences und Doktorat in Genetik an der Wageningen Universität hat er in Seattle und Wien auf den Gebieten Genetik, Chromatinbiologie und Epigenetik geforscht. Er beschäftigt sich mit der Funktion von Chromatinproteinen in der Keimbahn und in der frühen embryonalen Entwicklung.

Gerd Pluschke (*1952), Professor für Immunologie. Nach Biochemie-Studium und Promotion in Tübingen Forschungstätigkeiten in Deutschland, den USA und der Schweiz. Er leitet die Einheit für Molekulare Immunologie am Schweizerischen Tropen- und Public Health-Institut und befasst sich mit der Untersuchung von Wirt-Erreger-Wechselwirkungen zur Entwicklung von neuen Impfstoffen und Behandlungsmöglichkeiten für Tropenkrankheiten.

Ingo Potrykus (*1933), Prof. em. für Pflanzenwissenschaften, ETH Zürich; Chairman Humanitarian Golden Rice Board; Entwicklung und Anwendung von Gentechnologie mit Pflanzen zur Ernährungssicherung in Entwicklungsländern; Ehrendoktorate in Uppsala und Freiburg; Akademieberufungen (u.a.) Pontifical Academy of Sciences, Academia Europaea; Internationale Wissenschaftspreise.

Georges Preiswerk (*1948), Studium Medizin, Dr. med. Uni Basel. Statistiker, Biometriker bei Ciba-Geigy bis 1997, Abteilungsleiter Medizinische Datenanalyse und Statistiker im Krankenversicherungswesen (SanaCare, Sanitas). Im Ruhestand seit 2014. Ornithologie als Hobby seit Jugendjahren.

André R. Puschnig (*1968), Erdwissenschaftler, Dr. sc. nat. ETH Zürich. Kurator Geowissenschaften, Naturhistorisches Museum Basel.

Christoph Rehmann-Sutter (*1959) ist Professor für Theorie und Ethik der Biowissenschaften an der Universität Lübeck. Er studierte Molekularbiologie, Philosophie und Soziologie an den Universitäten Basel und Freiburg i.Br., promovierte an der TU Darmstadt und leitete an der Universität Basel die Arbeitsstelle für Bioethik. Er arbeitet mit hermeneutisch-phänomenologischen Methoden zu ethischen Fragen der Ökologie, Genetik und Medizin.

Heinrich Reichert (*1949) ist emeritierter Professor für Zoologie und Neurobiologie an der Universität Basel. Nach der Promotion an der Universität Freiburg und einem Postdoctorat an der Stanford University hat er zunächst an der Universität Basel und anschliessend an der Universität Genf gelehrt. Von 2000 bis 2015 leitete er als Ordinarius die Abteilung für Molekulare Zoologie am Basler Biozentrum.

Yvonne Reisner (*1968), Leiterin der kant. Fachstelle für Natur- und Landschaftsschutz des Kantons Basel-Stadt. Nach dem Studium an der Universität Basel promovierte sie an der BOKU Wien. Nach einigen Jahren Arbeit am Forschungsinstitut für biologischen Landbau und einem Postdoc-Projekt über Agroforestry an der Eidgenössischen Forschungsanstalt Agroscope widmet sie sich seit zehn Jahren der Arten- und Biotopförderung in Basel-Stadt.

Benjamin Ricken (*1985) studierte Biotechnologie in Aachen und Münster. Der Schwerpunkt seiner Arbeiten für die Promotion waren die biologische Mineralisierung von Sulfonamid Antibiotika und die Identifizierung involvierter Enzyme. Diese Arbeiten wurden am IEC der Hochschule für Life Sciences FHNW und der Eawag durchgeführt. Er wird seine Dissertation in Kürze an der RWTH Aachen einreichen.

Markus Ritter (*1954) ist Generalsekretär im Präsidialdepartement des Kantons Basel-Stadt. Er ist Feldbiologe und publiziert zu biologischen und geschichtlichen Themen. Mitglied in den Stiftungsräten der Stiftungen Lucius und Annemarie Burckhardt in Basel, Sculpture at Schoenthal in Langenbruck, Förderung der Pflanzenkenntnis in Basel und Pro Entomologia in Basel. Teilhaber der Firma Life Science AG in Basel.

Jakob Roth (*1945), Prof. em. Dr. phil. nat., war Medizinphysiker am Universitätsspital Basel (Leiter Abt. Radiolog. Physik). Seine Hauptgebiete waren Strahlenexpositionen, Strahlenschutz und Strahlenbiologie. Während 18 Jahren Mitglied der Eidg. Kommission für Strahlenschutz, davon sieben Jahre als Präsident, und acht Jahre Mitglied der Eidg. Kommission für das Messwesen. Diverse Ehrenmitgliedschaften.

Hugh Rowell (*1933) studierte und promovierte an der Universität Cambridge. Er kam 1980 nach Basel, als Vorsteher des Zoologischen Instituts, und blieb bis zur Emeritierung 1998. Seine Forschungsgebiete sind hauptsächlich Insekten, deren Neurobiologie, Physiologie, Ökologie und Systematik.

Markus Rüegg (*1959) studierte und promovierte an der Universität Zürich. Nach Postdoc an der Stanford University (USA) kehrte er 1992 in die Schweiz zurück. Er arbeitet als Professor am Biozentrum der Universität Basel. Sein Forschungsgebiet umfasst die molekularen Mechanismen, die für die Funktion der Muskulatur und deren Kommunikation mit dem Nervensystem wichtig sind. Zudem befasst er sich mit den molekularen Grundlagen von Gedächtnisprozessen im Gehirn.

Walter Salzburger (*1975) ist seit 2007 Professor für Zoologie und Evolutionsbiologie am Zoologischen Institut der Universität Basel. Seine Forschung beschäftigt sich hauptsächlich mit der Frage, wie neue Arten und somit biologische Vielfalt entsteht, was er u.a. anhand der besonders vielfältigen und artenreichen Buntbarsche im ostafrikanischen Tanganjikasee untersucht.

Martin Schadt (*1938), Doktorat in Experimentalphysik Universität Basel. Eintritt in die Forschung bei Roche. Gemeinsam mit W. Herfliegt Erfindung des TN-LCD-Effekts, der die LCD-Industrie begründete. Leiter der LC-Forschung und technologischer Gründer von ROLIC Ltd. Erfinder bzw. Miterfinder von neuen elektrooptischen Effekten und LC-Materialien (146 EU-Pund über 119 US-Patente). Verschiedene internationale Preise.

Lukas Schärer (*1969) studierte in Basel und Panama und promovierte in Bern in Evolutionsbiologie. Nach Postdocs in Paris, Panama, Innsbruck und Münster ist er seit 2006 Arbeitsgruppenleiter am Zoologischen Institut und seit 2012 Privatdozent für Evolutionsbiologie in Basel. Sein Fokus gilt der Evolution der geschlechtlichen Fortpflanzung und evolutionären Aspekten der Fortpflanzung bei Zwittern.

Peter Scheiffele (*1969), Studium der Biochemie in Berlin, Doktorat an den Europäischen Molekularbiologischen Laboratorien (EMBL) in Heidelberg, Postdoc an der University of California Berkeley und San Francisco. Nach einer Assistenzprofessur an der Columbia University (New York) seit 2008 Ordinarius am Biozentrum der Universität Basel, wo er die zellbiologischen Prinzipien des Aufbaus von neuronalen Netzwerken untersucht.

Jörg Schibler (*1953) ist Professor für Urgeschichte und Archäozoologie an der Universität Basel. Nach der Dissertation (1981) arbeitete er an den archäologischen Ämtern der Kantone Bern und Solothurn. Nach Habilitation (1988) und Wahl zum Extraordinarius (1995) an der Universität Basel forscht er hauptsächlich im interdisziplinären Übergangsfeld zwischen Naturwissenschaften und Archäologie.

Alexander Schier (*1964) ist Professor für Molekulare und Zelluläre Biologie an der Harvard University. Er studierte an der Universität und im Biozentrum Basel und promovierte bei Walter Gehring. Danach war er Postdoc an der Harvard Medical School bei Wolfgang Driever und Professor am Skirball Institute der New York University Medical School. Seine Forschung beschäftigt sich mit der Entwicklungs- und Verhaltensbiologie bei Zebrafischen.

Kai Schleicher (*1984) hat an der Universität Basel Molekularbiologie studiert und 2014 in Biophysik promoviert. Seine experimentelle Forschung untersuchte, wie sich molekulare Wechselwirkungen auf die Brown'sche Bewegung auswirken. Seit 2015 ist er wissenschaftlicher Mitarbeiter in der Imaging Core Facility des Biozentrums in Basel und bildet dort Doktoranden und Postdoktoranden in der Fluoreszenz- und Lichtmikroskopie zur Grundlagenforschung aus.

Angela Schlumbaum (*1956) studierte Biologie an der Universität Konstanz. Dissertation über Pflanzen-Pathogen-Interaktionen an der Universität Basel. 1993 etablierte sie archäogenetische Forschungen an der Universität Basel. Seit 2002 Lehrauftrag für Biomolekulare Archäologie. Forschungsschwerpunkte liegen in der zeitlichen und regionalen Entwicklung von Diversität bei Haustieren und Wildtieren im Kontext von archäozoologischen Fragestellungen.

Paul Schmid-Hempel (*1948), Prof. em. für Experimentelle Ökologie an der ETH Zürich (1991 bis 2016). Forschung in Afrika, Oxford, Vancouver, Melbourne. Von 1984 bis 1991 war er am Zoologischen Institut der Universität Basel tätig. Latsis-Preis 1988. 2007 bis 2015 Permanent Fellow am Wissenschaftskolleg zu Berlin. Forschungsschwerpunkte sind Wirt-Parasit-Interaktionen speziell bei Insekten.

Benedikt R. Schmidt (*1968) studierte in Basel Biologie, arbeitete für die Naturschutzfachstelle Baselland und promovierte 2003 an der Universität Zürich in Evolutionsbiologie. Er ist Mitarbeiter bei der Koordinationsstelle für Amphibien- und Reptilienschutz in der Schweiz (karch) und Forschungsgruppenleiter am Institut für Evolutionsbiologie und Umweltwissenschaften der Universität Zürich.

Roman Schmied (*1976) aus Liestal hat an der EPFL und in Austin (USA) Physik studiert. Seit seiner Promotion an der Princeton University (USA) forschte er am Max-Planck-Institut für Quantenoptik in München, am National Institute of Standards and Technology in Boulder (USA) und an der Uni Basel. Dort lehrt er derzeit Physik I und die Einführung in die Quantenmechanik am Computer.

Thomas Seebeck (*1945) war bis 2011 Professor am Institut für Zellbiologie der Universität Bern. Studium der Biologie an der Universität Basel und Dissertation in Molekularbiologie an der Universität Genf. Postdoc am

Weizmann Institute of Science in Rehovot und an der University of North Carolina. Forschungsschwerpunkt an der Universität Bern war die Erforschung der Afrikanischen Schlafkrankheit und anderer Bereiche der molekularen Parasitologie.

Christoph Seiberth (*1966) studierte an der Universität Basel Geographie, MGU und NLU und arbeitete mehrere Jahre in der Forschungsgruppe Bodenerosion von Prof. Hartmut Leser. Seit 1999 Mitinhaber und Geschäftsleiter des Spin-off-Unternehmens der Uni Basel GeoServe GmbH. Seit 2006 Geschäftsführer des Ökozentrums Langenbruck. Sein Hauptinteresse gilt der nachhaltigen Entwicklung von innovativen Lösungen für Mensch und Natur.

Makiko Seimiya (*1967) studied biology in Japan, Ochanomizu University in Tokyo. After obtaining her PhD, she moved to Basel in 1996 to join Walter Gehring's laboratory at the Biocenter as a postdoctoral fellow. There she did research on eye development. From 2008 until now, she has been working at the laboratory of Prof. Renato Paro in D-BSSE ETH Zürich.

David G. Senn (*1940) studierte an der Universität Basel Zoologie, Philosophie und Paläontologie, promovierte 1965 bei den Professoren Werner Stingelin und Adolf Portmann. Seit 1970 ist er Professor für Zoologie an der Universität Basel, hält breitgefächerte Vorlesungen und leitet das Labor für Wirbeltierbiologie. Als Meeresbiologe weilte er oft in der Antarktis und studierte den Flug der Albatrosse.

Radek C. Skoda (*1956), Professor für Molekulare Medizin an der Universität Basel; Leiter des Departements Biomedizin; SAMW-Mitglied; 1999 Ellermann-Preis, 2004 Cloëtta-Preis, 2007 Ham-Wasserman Lecture Award; Forschung über Blutstammzellen und chronische Leukämien, insbesondere über die molekulare und zelluläre Architektur von myeloproliferativen Neoplasien.

Anne Spang (*1967), Professorin für Biochemie am Biozentrum der Universität Basel. Sie studierte Chemische Technologie und Biochemie in Darmstadt und Paris und promovierte am MPI für Biochemie in München. Nach einem Postdoc an der UC Berkeley, leitete sie eine Nachwuchsgruppe am Friedrich-Miescher-Laboratorium. Sie forscht über die komplizierte Logistik der Protein- und mRNA-Lokalisation in der Zelle.

Eva Spehn (*1969) studierte Biologie und promovierte in Botanik bei Prof. Christian Körner an der Universität

Basel. Seit 2000 Geschäftsführerin des globalen Forschungsnetzwerks «Global Mountain Biodiversity Assessment» und seit 2012 wissenschaftliche Mitarbeiterin beim Forum Biodiversität an der Akademie der Naturwissenschaften SCNAT, wo sie die schweizerische Plattform für den Weltbiodiversitätsrat (IPBES) koordiniert.

Martin Spiess (*1955) studierte und promovierte an der ETH Zürich. Nach einem Postdoc am MIT in Cambridge, USA, kam er 1986 ans Biozentrum der Universität Basel. Er ist Professor für Biochemie und interessiert sich dafür, wie Proteine in die Zellmembranen eingebaut und an den Ort ihrer Funktion transportiert werden.

Simon Sprecher (*1976) ist Professor für Neurobiologie an der Universität Fribourg. Er studierte an der Universität Basel und war Doktorand im Labor von Heinrich Reichert am Pharmazentrum von 2002 bis 2005, danach Postdoc an der New York University. 2009 ging er nach Fribourg, wo er das Nervensystem und Verhalten von Tieren an der Fruchtfliege und andern wirbellosen Tieren untersucht.

Eva Sprecher-Uebersax (*1953) ist Entomologin und wissenschaftliche Mitarbeiterin am Naturhistorischen Museum Basel. Seit 1997 betreut sie die Käfersammlung Frey und befasst sich mit einheimischen und exotischen Hirschkäfern und mit Blattkäfern aus dem Himalaja. Verschiedene Forschungsreisen führten sie nach Nepal. Sie hat in Basel studiert und bei Prof. H. Durrer über Hirschkäfer im Raum Basel promoviert.

Samuel Sprunger (*1943), Tropenhaus-Fachgärtner im Botanischen Garten Basel, Kew Certificate. Fachlehrer für Pflanzenkunde und Biologie, AGS Basel. Ausstellungen und Publikationen, u.a. *Orchids from Curtis's Botanical Magazine, Iconographie des orchidées du Brésil, Bildatlas der Pflanzen*, Cypripedium calceolus Projekt Kurator der Renz-Stiftung. Entwicklung der Datenbank «World Orchid Iconography». Dr. h.c. Uni Basel 2003.

Beda M. Stadler (*1950), Prof. em. für Immunologie, Direktor des Universitätsinstituts für Immunologie an der Universität Bern. Grundlagen- und angewandte Forschung auf dem Gebiet der Allergologie und der Autoimmunität. Vizepräsident der Kommission für Technologie und Innovation des Eidgenössischen Departements für Wirtschaft, Bildung und Forschung; leitet das Life-Science-Team.

Reinhard F. Stocker (*1943), Studium I der Biologie und Doktorat an der Uni Basel (1972). Forschungsaufenthalt an der University of Washington, Seattle (1974 bis1975). Bis 2010 Prof. associé für Biologie an der Université de Fribourg. 2007 Verleihung des Théodore-Ott-Preises der SAMW (Schweizerische Akademie der Medizinischen Wissenschaften).

Jürg Stöcklin (*1951), Prof. Dr., ist Populations- und Evolutionsbiologe von Pflanzen und Forschungsgruppenleiter am Botanischen Institut der Universität Basel. In seiner Forschung untersucht er die Biodiversität alpiner Pflanzen und ihre Anpassung und Reproduktionsstrategien im Hochgebirge. Präsident der Basler Botanischen Gesellschaft und Chief-Editor der Zeitschrift *Alpine Botany*.

Stefan Stöcklin (*1960), Wissenschaftsredaktor und Biologe (MSc Molekularbiologie, Basel).

Peter Stoll (*1963) ist Privatdozent für Pflanzenökologie an den Universitäten Basel, Bern und Tübingen. Nach der Promotion (1995) an der Universität Zürich war er Postdoc in Swarthmore (USA), Kopenhagen (Dänemark) und Sapporo (Japan). Seine Hauptinteressensgebiete sind die Modellierung von Interaktionen zwischen Pflanzen und die Dynamik von Populationen und Pflanzengemeinschaften.

Lukas Straumann (*1969) ist Historiker und Geschäftsleiter des Bruno Manser Fonds in Basel.

Peter Studer (*1937) promovierte 1968 in Zoologie bei Adolf Portmann und Rudolf Geigy. Anschliessend Arbeit im Zoologischen Garten Basel bis 2002, zunächst als Leiter des neuen Vivariums, später als Vizedirektor und Direktor.

Adelheid Studer-Thiersch (*1939), Verhaltensstudien an Flamingos im Zoo Basel. Schwerpunkte: Brutbiologie und Anpassungen an die Brutbedingungen in Salzseen. Dissertation über die spezielle Balz der Flamingos (Gattung Phoenicopterus). Mitglied der Flamingo Specialist Group der IUCN. 2014: Award der International Flamingo Community «In Appreciation of a Lifetime of Dedication to Flamingo Conservation and Research».

Karl Martin Tanner (*1955), Dr. phil. II, Studium der Zoologie, Botanik, Geografie und Geologie in Basel. Mitarbeiter im Zentralsekretariat von Pro Natura in Basel, Gymnasiallehrer. 1994 bis 2006 Oberassistent an der Professur für Natur- und Landschaftsschutz, ETH Zürich.

2006 bis 2013 Dozent für Sachunterricht an der Pädagogischen Hochschule der Fachhochschule Nordwestschweiz. Seit 2014 freischaffend.

Marcel Tanner (*1952), Professor für Epidemiologie und medizinische Parasitologie, Universität Basel, Präsident Schweizerische Akademie der Naturwissenschaften, Präsident Drugs for Neglected Diseases initiative (DNDi), Direktor em. Schweizerisches Tropen- und Public Health-Institut (1997 bis 2015). 1987 Lalcaca Medal, 2000 Leverhulme Medal, 2008 Dr. h.c. Universität Neuchâtel, 2012 Basler Stern, 2015 Bebbi Bryys.

Friedrich-Karl Thielemann (*1951), Prof. em. für theoretische Physik; Präsident Plattform Mathematik, Astronomie, Physik der SCNAT; Hans A. Bethe-Preis der APS (2008), Humboldt-Forschungspreis (2009), Lise-Meitner-Preis der EPS (2012).

Charles Trefzger (*1947), Privatdozent für Astronomie an der Universität Basel, studierte Maschinenbau an der ETH Zürich und Astronomie an der Universität Heidelberg. Forschungsaufenthalte am Lick-Observatorium (University of California, USA) und an der Europäischen Südsternwarte ESO in Chile. Nationalfondsprojekte zur Erforschung der galaktischen Struktur. Von 1991 bis 2010 Gastlehrauftrag für Astrophysik an der Universität Bern. Mitgründer der Stiftung Regio-Sternwarte Metzerlen.

Patrick Tschopp (*1980) ist Assistenzprofessor für Zoologie und Entwicklungsbiologie am Zoologischen Institut der Universität Basel. Studierte am Biozentrum Basel, danach Doktorarbeit in molekularer Genetik am nationalen Forschungsschwerpunkt «Frontiers in Genetics», Universität Genf, und Postdoc an der Harvard Medical School, Boston. Sein Interesse gilt der Evolution der Genregulation und der Entwicklung des Wirbeltierskeletts.

Jens Christoph Türp (*1960), Professor am Universitären Zentrum für Zahnmedizin Basel. Arbeitsgebiet: Orofaziale Schmerzen und Funktionsstörungen des Kauorgans. Mehrjährige Tätigkeit an der School of Dentistry der University of Michigan in Ann Arbor. Habilitation an der Albert-Ludwigs-Universität Freiburg im Breisgau. Verfechter einer evidenzbasierten (nachweisgestützten) Medizin.

Sylvain Ursenbacher (*1974) ist wissenschaftlicher Mitarbeiter des Instituts für Natur-, Landschafts- und Umweltschutz an der Universität Basel. Nach der Promotion an der Universität Lausanne war er Postdoc an der Wales University (Bangor, UK). Seine Forschung ist auf Naturschutzbiologie fokussiert, oft anhand von Genanalysen. Zudem Mitarbeiter der Koordinationsstelle für Amphibien- und Reptilienschutz in der Schweiz (karch).

Heiner Vischer (*1956) studierte Biologie und promovierte mit einer Arbeit zur Sinnesphysiologie bei elektrischen Fischen in Basel. Siebenjähriger Postdocaufenthalt an der UCSD in La Jolla (USA) und Forschungen zur Entwicklung des elektrorezeptiven Systems bei elektrischen Fischen. Weitere Forschungen zur Regeneration des Nervensystems in Wirbeltieren am Biozentrum und am Zoologischen Institut in Basel.

Martin Vosseler (*1948), Dr. med., FMH Inn. Med., Ausbildung Kantonsspital BS, Harvard Medical School, Boston. Praxis (BS, 1982 bis 1995). 1981 Gründung der Schweizer Sektion der IPPNW (International Physicians for the Prevention of Nuclear War – Friedensnobelpreis 1985). 1997 Mitgründer des Energieforums sun21. 2007 Crewmitglied der ersten solaren Atlantiküberquerung. CH/EU-Solarpreis. Weitwanderungen für die Energiewende.

Hans Walser (*1944) ist in der Ostschweiz aufgewachsen. Mathematikstudium und Promotion an der ETH Zürich. Gymnasiallehrer, Lehrbeauftragter ETHZ und Uni Basel. Arbeitsgebiete: Geometrie, insbesondere Raumgeometrie, und ihre Didaktik («Hands-on Geometry») sowie Kugelgeometrie und globale Kartografie. Autor populärwissenschaftlicher Bücher.

Markus Wilhelm (*1953) ist gelernter Goldschmied und seit vierzig Jahren Tramführer in Basel sowie etwa gleich lang Amateurmykologe. Pilzkontrolleur, dann Mitglied der Wissenschaftlichen Kommission des Verbandes Schweizerischer Vereine für Pilzkunde. Inventare einiger Naturschutzgebiete (Petite Camargue Alsacienne, Reinacherheide, Blauenweide), Inventar der Pilzarten der Schweiz, des Elsass und Baden-Württembergs.

Yvonne Willi (*1971) ist Professorin für Pflanzenökologie am Departement Umweltwissenschaften, Universität Basel. Sie hat an der Universität Zürich Biologie studiert und später über die Populationsgenetik einer seltenen Pflanzenart in der Schweiz, dem Uferhahnenfuss, dissertiert. Derzeit beschäftigt sich ihre Forschung mit der Frage, was Arten in ihrer Anpassung einschränkt.

Raffael Winkler (*1949) ist Ornithologe und ehemaliger Konservator der Vogelsammlung des Naturhistorischen Museums Basel (1980 bis 2012). Er hat in Basel studiert und promoviert und von 1975 bis 1980 an der

Schweizerischen Vogelwarte Sempach im Ressort Faunistik gearbeitet. Seine Hauptarbeitsgebiete sind die Avifaunistik, der Vogelzug, die Morphologie des Gefieders und der Federwechsel der Vögel.

Wolf-Dietrich Woggon (*1942) studierte Geologie und Chemie an der FU Berlin und promovierte an der Universität Zürich in Organischer Chemie. Postdoc in Cambridge und Habilitation an der Universität Zürich. Professor in Basel, Departementsvorsteher. Forschungsinteressen in der Bioorganischen Chemie: Isolierung und Charakterisierung von neuen Enzymen, Untersuchung von Reaktionsmechanismen und Synthese katalytisch kompetenter Enzym-Modelle.

Urs Wüest (*1962) ist in Basel aufgewachsen und hat dort an der Universität Biologie studiert. Er hat bei David Senn über Harlequin-Feilenfische dissertiert. Seit 1998 arbeitet er als Sammlungsverwalter der Abteilung Biowissenschaften im Naturhistorischen Museum Basel. Dort macht er auch Führungen zu diversen Themen und zu den jeweiligen Sonderausstellungen.

Christoph Wüthrich (*1963), Promotion (1994) an der Uni Basel über die biologische Aktivität arktischer Böden. 1994 bis 1996 Postdoc an der Universität Tromsø zur Kohlenstoffbilanz subarktischer Moore. Seit 1997 Dozent und Projektleiter für Landschaftsökologie an der Uni Basel. Forschungsbereiche: Moore und Flusslandschaften. Seit 2002 hauptberuflich Geographie- und Biologielehrer am Gymnasium Bäumlihof.

Michael Zemp (*1976) ist Privatdozent an der Universität Zürich. Er hat Geographie studiert und promovierte 2006 zum Thema «Gletscher und Klimawandel im Alpenraum». Seit 2010 ist er Direktor des World Glacier Monitoring Service (www.wgms.ch) und koordiniert die internationale Gletscherbeobachtung.

Sandra Ziegler Handschin (*1970) leitet den Bereich Kommunikation am Friedrich Miescher Institute for Biomedical Research. Sie studierte Biologie II und promovierte in Zellbiologie am Biozentrum der Universität Basel, bevor sie in den Bereich der Wissenschaftskommunikation wechselte.

Rolf Zinkernagel (*1944) ist in Riehen und Basel aufgewachsen und hat in Basel Medizin studiert. Nach kurzer klinischer Tätigkeit ist er über Lausanne, Canberra (Australien) und die Scripps Clinic and Research Foundation (California) an die Pathologie des Universitäts-

Spitals Zürich gelangt. Er hat zur Immunabwehr von Infektionen gearbeitet und ist seit 2008 pensioniert. Für
die Entdeckung, wie das Immunsystem virusinfizierte
Zellen erkennt, erhielt er 1996, zusammen mit Peter
Doherty, den Nobelpreis für Medizin.

Samuel Zschokke (*1964), PD für Zoologie an der Universität Basel, Forschung über Spinnennetze, Habitat-
fragmentierung und die Biologie von Panzernashörnern
und Zwergflusspferden. Seit 2009 Biologielehrer am
Gymnasium Oberwil.

Abbildungsnachweis

Abbildung Umschlagseite 1
Krätzmilbe *(Sarcoptes scabiei)*
Massstab 700:1
Die meisten Milben werden kaum grösser als ein Punkt in dieser Bildlegende. Trotzdem bilden sie zusammen eine faszinierende und überaus artenreiche Tiergruppe. 1687 wurde die Krätze zur ersten bekannten Krankheit des Menschen mit identifiziertem Erreger. Die 0,3–0,5 Millimeter grossen Tiere leben in der Haut des Menschen, in die sie sich mit Hilfe von scharfen Mundwerkzeugen kleine Kanäle bohren.
© Martin Oeggerli 2012–2017, mit Unterstützung der Pathologie, Universitätsspital Basel, sowie durch K. N. Goldie, CCINA, Biozentrum, Universität Basel.

Abbildung S. 25
Sporenkapseln *(Bryopsida sp.)* einer Art aus der Gattung der Babelzehnmoose *(Dicranum)*
Massstab 50:1
Spiralmoose sind lebende Fossilien und gehören noch heute zu den am weitesten verbreiteten Pflanzen weltweit. Ihr Wachstum ist stark an vorhandene Feuchtigkeit gebunden. Gegen Ende eines Wachstumszyklus wächst aus dem Gametophyten eine gestielte Kapsel (Sporophyt) heraus. Während der Trockenzeit platzen die Kapseln auf und schleudern die mikroskopisch kleinen Sporen heraus.
© Martin Oeggerli 2006–2009, mit Unterstützung der Pathologie, Universitätsspital Basel, sowie durch Edith und Hermann Zgraggen, PTU.

Abbildung S. 37
Der reiche Galaxienhaufen MACS J0416.1–2403 im Sternbild Eridanus, ca. vier Milliarden Lichtjahre entfernt. Der immense Haufen von einer Billiarde Sonnenmassen (= tausend Milchstrassen) wirkt auf dahinter liegende Galaxien als «Gravitationslinse». Die Bilder der gelinsten Galaxien werden in feine, dünne Bögen verzerrt. Aufnahme mit dem Hubble-Raumteleskop, Bildgrösse ca. zwei Bogenminuten.
Quelle: NASA, ESA, STScI; L. Infante.

Abbildung S. 44
Federstrukturen Königspinguin
(Aptenodytes patagonicus)
Massstab 160:1
2010 entdeckten Wissenschaftler fossile Pinguin-Federn mit Farbeinlagerungen. Eine Pigmentanalyse ergab, dass die Farbe der Feder hauptsächlich Hellgrau und Rotbraun war. Heutige Pinguinfedern besitzen zusätzlich elliptische Melanosomen, die man bei Vögeln sonst nicht findet. Die Mikrostrukturen der Pinguinfeder weisen zahlreiche Anpassungen an den 'Unterwasserflug' dieser Tiergruppe auf.
© Martin Oeggerli 2012–2017, mit Unterstützung der Pathologie, Universitätsspital Basel, sowie durch K. N. Goldie, CCINA, Biozentrum, Universität Basel.

Abbildung S. 54
Gänseblümchen *(Bellis perennis)*
'Köpfchen', bestehend aus vielen Einzelblüten, gelten als herausragende Anpassung der Evolution an Insektenbestäubung und erlauben es einem Insekt, zahlreiche Blüten in kurzer Zeit zu besuchen und mit Pollen zu bestäuben.
© Martin Oeggerli 2007–2017, mit Unterstützung der Pathologie, Universitätsspital Basel, sowie der School for Life Sciences, FHNW.

Abbildung S. 77
Strahlentierchen *(Radiolaria)*
Massstab 1000:1
Strahlentierchen sind eine Gruppe mariner einzelliger Lebewesen mit einem Skelett aus Siliziumdioxid und organischen Bestandteilen. Das Skelett besteht aus einer zentralen Kapsel mit radial abstehenden Fortsätzen und ist normalerweise nicht grösser als 0,2 Millimeter. Radiolarien kommen als Plankton ausschliesslich im Meer vor und leben in oberflächennahen warmen Wasserschichten.
© Martin Oeggerli 2006, mit Unterstützung des C-CINA, Biozentrum, Universität Basel.

Abbildung S. 84
Muskelfasern *(Mus musculus)*
Massstab 500:1
Das Bild zeigt einen Querschnitt durch einen gesunden Muskel. Einzelne Muskelfasern (rot) unterscheiden sich deutlich von umliegendem Gewebe der extrazellulären Matrix (weiss). Beim Menschen kann die Stabilität der Muskeln durch Gendefekte beeinträchtigt sein. Betroffene leiden an degenerativer Muskelschwäche. Dieses Bild entstand im Rahmen eines neuen innovativen Forschungsprojektes, bei dem erstmals eine Therapie für diese Erkrankung entwickelt wird.
© Martin Oeggerli 2007–2017, mit Unterstützung der Pathologie, Universitätsspital Basel, sowie der School for Life Sciences, FHNW.

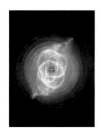

Abbildung S. 94
Der Planetarische Nebel NGC 6543 ('Katzenauge') im Sternbild Draco, ca. 3000 Lichtjahre entfernt. Die komplexe, schalenartige Struktur stammt von regelmässigen Ausbrüchen der Sternhülle, charakteristisch für das Spätstadium eines sonnenähnlichen Sterns. Im Zentrum der kompakte Überrest des Sterns, ein «Weisser Zwerg». Aufnahme mit dem Hubble-Raumteleskop, Bildgrösse ca. eine Bogenminute (ein Lichtjahr beim Objekt).
Quelle: NASA, ESA, HEIC. The Hubble Heritage Team (STScI/AURA); R. Corradi und Z. Tsvetanov.

Abbildung S. 133
Gänseblümchen *(Bellis perennis)*
Massstab 220:1
Einzelblüte eines Korbblütlers. Ursprünglich fünf Kronblätter sind bei dieser Art bei den randständigen Blüten zu einem auffällig langen weissen Kronblatt verwachsen. Der Griffel im Zentrum der Einzelblüte weist zwei breite, mit Noppen besetzte Narbenschenkel auf. Auf dem Kronblatt sind zwei winzig kleine Pollenkörner mit stacheligen Fortsätzen zu sehen (Durchmesser je 20 μm).
© Martin Oeggerli 2007–2017, mit Unterstützung der Pathologie, Universitätsspital Basel, sowie der School for Life Sciences, FHNW.

Abbildung S. 148
Wechselwirkendes Galaxienpaar Arp 273 (UGC 1810) im Sternbild Andromeda, ca. 340 Millionen Lichtjahre entfernt. Die Spiralarme der beiden Sternsysteme werden durch die gegenseitige Gezeitenkraft stark auseinandergezerrt. Die Wechselwirkung regt das Gas zu Sternbildung an (die blauen Knoten in der grossen Spirale markieren junge Sternhaufen). Aufnahme mit dem Hubble-Raumteleskop, Bildgrösse 2,6 Bogenminuten (260 000 Lichtjahre am Ort).
Quelle: NASA, ESA, The Hubble Heritage Team (STScI/AURA).

Abbildung S. 159
Darmbakterien *(Escherichia coli)*
Massstab 29 000:1
Bakterien sind unauffällige Erdenbewohner. 1676 wurden sie erstmals durch Antoni van Leeuwenhoek beschrieben. Während Bodenbakterien wichtige Nährstoffe für Pflanzen produzieren, leben Darmbakterien im Verdauungstrakt von Wiederkäuern, Pferden oder Hasen und werden dadurch zur lebenswichtigen Grundlage für die Ernährung des Menschen.
Copyright: © Martin Oeggerli 2007–2017, mit Unterstützung der Pathologie, Universitätsspital Basel, sowie der School for Life Sciences, FHNW.